ZHIYE JINENG PEIXUN JIANDING JIAOCAI

■ 职业技能培训鉴定教材 ■

计算机操作员

JISUANJI CAOZUOYUAN

（高级）

主　编　林　琳

编　者　邱丽双　林　涵

主　审　刘力平

审　稿　黄培周　陈　捷

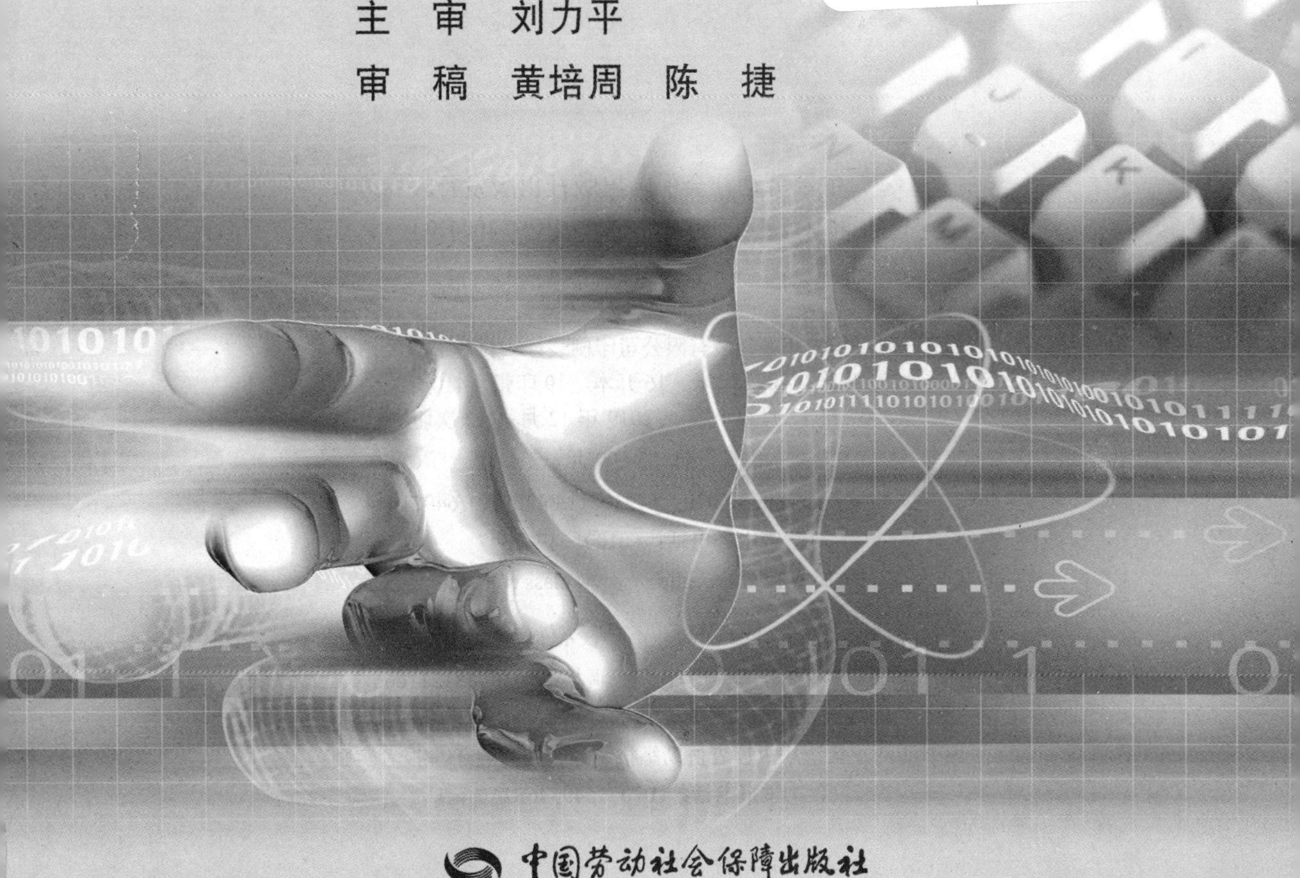

中国劳动社会保障出版社

图书在版编目（CIP）数据

计算机操作员：高级/劳动和社会保障部教材办公室组织编写．—北京：中国劳动社会保障出版社，2007

职业技能培训鉴定教材

ISBN 978-7-5045-6728-4

Ⅰ．计…　Ⅱ．劳…　Ⅲ．电子计算机-职业技能鉴定-教材　Ⅳ．TP3

中国版本图书馆 CIP 数据核字（2007）第 189382 号

中国劳动社会保障出版社出版发行

（北京市惠新东街 1 号　邮政编码：100029）

出 版 人：张梦欣

*

三河市华骏印务包装有限公司印刷装订　新华书店经销

787 毫米×1092 毫米　16 开本　19 印张　410 千字

2007 年 12 月第 1 版　2019 年 12 月第 12 次印刷

定价：30.00 元

读者服务部电话：（010）64929211/84209101/64921644

营销中心电话：（010）64962347

出版社网址：http: // www.class.com.cn

内容简介

本教材由劳动和社会保障部教材办公室依据《国家职业标准——计算机操作员》组织编写。本教材从职业能力培养的角度出发，力求体现职业培训的规律，满足职业技能培训与鉴定考核的需要。

本教材在编写中贯穿“以职业标准为依据，以企业需求为导向，以职业能力为核心”的理念，采用模块化的编写方式。全书按职业功能分为4个模块单元，主要内容包括计算机使用与日常维护、文字信息处理、多媒体信息处理、网络操作等。每一单元内容在涵盖职业技能鉴定考核基本要求的基础上，详细介绍了本职业岗位工作中要求掌握的最新实用知识和技术。

为便于读者迅速抓住重点、提高学习效率，教材中还精心设置了“培训目标”“考核要点”等栏目。每一单元后附有单元测试题及答案，全书最后附有理论知识和操作技能考核试卷，供读者巩固、检验学习效果时参考使用。

本教材可作为高级计算机操作员职业技能培训与鉴定考核教材，也可供中、高等职业院校相关专业师生参考，或供相关从业人员参加在职培训、岗位培训使用。

前　　言

1994 年以来，劳动和社会保障部职业技能鉴定中心、教材办公室和中国劳动社会保障出版社组织有关方面专家，依据《中华人民共和国职业技能鉴定规范》，编写出版了职业技能鉴定教材及其配套的职业技能鉴定指导 200 余种，作为考前培训的权威性教材，受到全国各级培训、鉴定机构的欢迎，有力地推动了职业技能鉴定工作的开展。

劳动保障部从 2000 年开始陆续制定并颁布了国家职业标准。同时，社会经济、技术不断发展，企业对劳动力素质提出了更高的要求。为了适应新形势，为各级培训、鉴定部门和广大受培训者提供优质服务，教材办公室组织有关专家、技术人员和职业培训教学管理人员、教师，依据国家职业标准和企业对各类技能人才的需求，研发了职业技能培训鉴定教材。

新编写的教材具有以下主要特点：

在编写原则上，突出以职业能力为核心。教材编写贯穿“以职业标准为依据，以企业需求为导向，以职业能力为核心”的理念，依据国家职业标准，结合企业实际，反映岗位需求，突出新知识、新技术、新工艺、新方法，注重职业能力培养。凡是职业岗位工作中要求掌握的知识和技能，均作详细介绍。

在使用功能上，注重服务于培训和鉴定。根据职业发展的实际情况和培训需求，教材力求体现职业培训的规律，反映职业技能鉴定考核的基本要求，满足培训对象参加各级各类鉴定考试的需要。

在编写模式上，采用分级模块化编写。纵向上，教材按照国家职业资格等级单独成册，各等级合理衔接、步步提升，为技能人才培养搭建科学的阶梯型培训架构。横向上，教材按照职业功能分模块展开，安排足量、适用的内容，贴近生产实际，贴近培训对象需要，贴近市场需求。

在内容安排上，增强教材的可读性。为便于培训、鉴定部门在有限的时间内把最重要的知识和技能传授给培训对象，同时也便于培训对象迅速抓住重点，提高学习效率，在教材中精心设置了“培训目标”“考核要点”等栏目，以提示应该达到的目标，需要掌握的重点、难点、鉴定点和有关的扩展知识。另外，每个学习单元后安排了单元测试题，每个级别的教材都提供了理论知识和操作技能考核试卷，方便培训对象及时巩固、检验学习效果，并对本职业鉴定考核形式有初步的了解。

本书在编写过程中得到福建省技工教育研究室、厦门市高级技工学校的大力支持和热情帮助，在此一并致以诚挚的谢意。恳切希望各使用单位和个人对教材提出宝贵意见，以便修订时加以完善。

劳动和社会保障部教材办公室

目 录

第1单元

计算机使用与日常维护

计算机的用途越来越广泛，在人们的生活和工作中无处不在。在计算机及外部设备的使用过程中，掌握正确的连接、使用方法及日常维护常识，对更好地使用计算机系统，确保设备安全可靠的运行，是必不可少的。本书中所讲的计算机一般指微型计算机。

随着计算机和数码产品的不断发展，许多外部设备如 MP3、MP4、打印机、扫描仪、数码相机、投影仪等与计算机连接，扩大了计算机应用。因此，了解和掌握计算机与常用外部设备的硬件连接与软件安装是非常必要的。

在计算机的使用过程中，保证系统有良好的工作环境，养成良好的操作习惯，了解主要部件的使用注意事项，掌握软、硬件的维护方法，注重计算机的日常维护，能极大地减少计算机系统的故障，防患于未然。不仅能使计算机保持稳定的工作状态，而且能最大限度地延长计算机的使用寿命。

第一节　计算机的日常维护

培训目标
- 能够完成计算机的简单维护
- 能够完成常用外部设备的安装和连接
- 能够完成计算机常用软件的安装与设置

一、计算机的使用环境

1. 温度

计算机工作的环境温度一般在 18～35℃之间，温度过高或过低将受到损害并加速其老化，从而影响计算机的使用寿命。因此，计算机应放在易于通风或空气流动的地方，这样便于温度的调节，放置计算机的房间最好有空调。另外，不要把计算机放置在阳光能直接照射到的地方，这种地方的温度容易升高，而且显示器屏幕上的荧光物质不能直接受阳光照射。

2. 湿度

计算机工作的环境湿度应保持在 20%～80%（相对湿度）之间。若超过 80%，容易引起结露，使元器件受潮变质，甚至发生短路现象；若低于 20%，则会由于干燥而使计算机系统易产生静电干扰，引起机器的错误动作，甚至造成元器件的损坏。因此在干燥的秋冬季节最好能设法使房间中的湿度达到计算机的需求。计算机工作环境要尽可能保持干燥，要避开水和其他液体的侵蚀。

3. 粉尘

计算机各组成部件很精密，都要求干净的工作环境。机箱是不完全密封的，灰尘会进入机箱并附着在各板卡的表面，造成散热不畅，堵塞计算机的各种接口，严重的还会引起板卡线路短路。软驱、光驱和显示器均是不完全密封的部件，灰尘很易进去，所以要注意环境的洁净，应做到以下几点：

（1）不要将计算机安置于粉尘较高的环境区域。

（2）进入机房时应换上干净的鞋，防止将灰尘带入。

（3）在机房进行教学时，最好不要使用会产生粉尘的粉笔，宜用水笔。

（4）机器长期不用时用罩子罩起来。

4. 电源

计算机的工作离不开电源，同时电源也是计算机产生故障的主要因素。因此，必须确保计算机使用的是适当功率的电源。要注意是否使用 220 V 的电压，电源的电压为 220 V，频率为 50 Hz。通常电网电压变化是有规律的，如晚间睡觉前电网电压易偏低，而半夜至清晨电网电压易偏高，如果电源电压总是偏高或偏低，则应购买一台在线 UPS。影响电源质量的因素包括电压瞬变、停电、电压不足或电压过高等，因此，在同一条线路上，若附近有空调、电冰箱等大功率电器设备正在使用或有强磁场时，最好不要使用计算机。

计算机所使用的电源尽量与照明电源分开，使用单独的插座。尤其注意避免与空调、马达、加热装置或大功率的电器使用同一条供电线路，共用一个插座，因为这些电器设备启动和使用时可能会改变电流和电压的大小，造成计算机关机，数据丢失，这会对计算机主板造成损害。有条件的用户，应配备稳压电源和不间断电源 UPS。在拔插计算机各部分的配件时，都应先断电，以免烧坏接口。不要频繁地开机、关机，确定暂时不使用计算机时才把它关掉。

5. 其他

计算机的使用环境除了上述各项外，还应注意以下几点：

（1）防磁。即防止电磁干扰。磁场对计算机系统十分有害，所以在计算机周围最好不要摆放音响、收录机和功放设备，这些设备会产生磁场磁化显示器、硬盘等部件。

（2）防静电。防止静电干扰。静电对计算机影响最大，严重时可造成清除内存及缓冲区信息，影响程序运行和数据的存取，烧毁集成电路芯片以及电路板。因此要确保计算机和外设有良好的接地，不要随意打开机箱和用手去触摸计算机的元器件，在空气干燥的地区，应适当增加房间里的空气湿度，减少静电。

（3）防雷电。在雷电严重时尽量不开机，注意将电源线和调制解调器上的电话线拔下，以免遭到雷击损坏，建议安装避雷器。

（4）防水。要防止计算机遭雨淋，防止水滴进入机内。

二、硬件系统的维护

1. 整机系统的维护

计算机系统能否保持正常运行，故障率能否降到最低，日常的维护与保养将起着决定性作用。要有效地进行日常维护和保养，就要了解计算机的结构特点、工作过程、使用方法、使用条件以及运行情况。对于计算机系统可能出现的故障，要坚持预防为主，维修为辅的原则。最有效的预防就是实施正确的操作和正确的防护。

计算机一旦出现故障，就会影响工作。因此，整机系统的维护是一项非常重要的工作。平时要注重对硬件的维护，让计算机更好地运行。可以从以下几方面来维护整机系统：

（1）保证工作环境的温、湿度，保持工作环境整洁、干燥、清洁，不要堆放其他无关的东西，如锐器、钝器、茶杯、果壳等，禁止吸烟。

（2）正确开机（先开外设电源，最后开主机电源），关机时要让系统自动关闭，即使用单击“程序”→“关闭系统”命令来关机后，切断电源，长期不用计算机时要切断电网电源，遇雷雨天气、电压不稳定等情况，尽量不使用计算机，另外，可以利用其他技术手段来保护计算机，如 UPS、避雷器等。

（3）当计算机在使用中因其他原因造成系统非正常退出时，应在重新启动后对硬盘进行扫描维护，及时修复文件或硬盘簇的错误。在这种情形下硬盘的某些文件或簇链接会丢失，给系统造成潜在的危险，如不及时扫描修复，会导致某些程序紊乱，有时甚至会影响系统的稳定运行。

(4) 经常对光驱和软盘驱动器进行除尘。

(5) 清除显示器和打印机中的灰尘，但不要轻易拆开除尘，可用干净的软布轻擦屏幕或用吸尘器轻吸灰尘，切忌用湿布擦洗。

(6) 清理键盘和鼠标。在关机情况下，用湿布或沾少量酒精清洗键盘和鼠标，清洗完毕应晾干后再开机使用。

2. 鼠标的维护

在 Windows 系统及软件操作中，鼠标是必不可少的输入设备。移动不灵的鼠标，会影响工作情绪和效率，使用时要注意以下几方面：

(1) 机械鼠标应定期清洗底部滚动小球以及检测轴。

(2) 应保持桌面的平整和清洁。

(3) 光电鼠标应使用专用鼠标垫。

(4) 切忌摔打鼠标、强拉鼠标连线。

3. 键盘的维护

键盘是重要的数据输入设备，使用时要注意以下几方面：

(1) 在击打时用力要适中，强烈的敲击会影响键盘的灵敏度甚至损坏。

(2) 定期用湿布清洁键盘表面，但注意不要将水滴到键盘内部。

(3) 使用一段时间后，可将键盘翻转过来轻轻拍打，以除去键缝中的灰尘。

(4) 不使用时应用防尘罩罩住，防止灰尘进入。

4. 光驱的维护

伴随着多媒体技术的广泛应用，光驱早已成为计算机的标准配置。光驱是一种读取速度快、读取数据量大的高精密度的外部存储设备。为减少光驱的故障率，延长其使用寿命，在使用时要注意以下几方面：

(1) 避免使用劣质光盘。

(2) 光驱里的灰尘可用吸尘器吸出，光盘读盘能力下降时，可使用光驱清洗盘清洗激光头。

(3) 光驱正在读盘时，不要强行弹出光盘；光盘应平整、顺势轻放入光驱托盘。

(4) 可以用棉球沾上清水或酒精擦洗光盘，禁止使用有腐蚀性的溶液擦洗。

(5) 拆卸、移动光驱，应避免震荡、撞击；日常注意防尘。

5. 软驱的维护

作为廉价、方便的存储设备，软驱仍是计算机系统中常用的配件。由于使用很频繁，加之密封性不好，所以也容易造成故障，在使用时要注意以下几方面：

(1) 尽量使用质量好的软盘，坚决避免使用有物理损伤和发生霉变的软盘。

(2) 软驱在读写数据时，不要强行取软盘，以免损坏软驱磁头和软盘。

(3) 日常使用注意防尘，定期清除软驱积尘。

6. 硬盘的维护

硬盘作为计算机系统中主要和重要的存储设备，一旦发生故障，将会给工作带来不便甚至严重的后果，在使用时应注意以下几方面：

(1) 在拆装、运输硬盘时，决不允许跌落、撞击。

（2）主机工作时避免搬动、晃动以及振动。

（3）硬盘在进行数据读写时，应避免突然掉电和突然关机。

（4）日常使用注意防尘，定期清除硬盘表面积尘，接触硬盘时注意消除静电。

7. 显示器的维护

显示器是计算机的主要外部设备，使用频繁，应该精心呵护，以延长其使用寿命。在使用时应注意以下几方面：

（1）使用过程中不要把亮度调得太高，一方面保护显示器，另一方面也保护用户的眼睛。

（2）显示器在工作时不要随意搬动，不能置于阳光直射下。

（3）不要让强磁场接近显示器。

（4）保证显示器供电的稳定。

（5）不要在显示器工作时清洁屏幕，清洁屏幕尽量用镜头纸或绸布，不能用化学试剂清洗。

（6）在设置显示属性、参数（分辨率、刷新频率等）时，不要调得超出最大支持范围。

（7）使用时注意通风、防尘，不使用时应用防尘罩罩住。

三、软件系统的维护

操作系统是控制和指挥计算机硬件和软件资源的系统软件，一个安全、稳定、完整的操作系统有利于系统的稳定工作和使用寿命。如果不注重保护操作系统，会引起“死机”，系统运行速度不断降低，频繁地出现软件故障。可以通过以下几点来维护操作系统：

1. 经常对系统进行查毒、杀毒

在计算机上安装公安部门认定的杀毒软件，保证能自动升级到最新的病毒特征库，打开实时监控，定期全盘扫描，随时查杀病毒。

2. 定时查看系统的“设备管理器”中有没有带黄色“!”或红色“×”的设备选项。如果发现有此种情况，说明硬件设备有问题或冲突，一般可以先删除该设备，然后进行“新硬件检测”重新安装该设备的驱动程序或进行驱动程序的升级，查出问题的原因，解决系统的冲突问题。

3. 定期查看系统日志，了解系统资源的运行状况，可以监控系统资源，审计操作行为，对一些可疑的行为进行警告，记录入侵行为的范围，为将来恢复系统提供帮助，生成报告等。

4. 运行“附件”→“系统工具”→“磁盘扫描程序”，搜索并删除硬盘中的各类临时文件、中间文件、衍生文件以及无效的文件。使磁盘空间及时释放，磁盘空间越大，系统操作性能越稳定，特别是C盘的空间尤为重要。

5. 清理不必要的启动项，可以运行“附件”→“系统工具”→“磁盘清理”程序，修复错误、交叉链接等磁盘错误；再运行“附件”→“系统工具”→“磁盘碎片整理程序”，并选定“重新安排程序文件以使程序启动得更快”选项。还可以进行系统的备份和数据的备份处理。

第二节 外部设备的连接和安装

一、计算机系统的安装

主机、显示器、键盘、鼠标组成计算机的基本系统，如图 1—2—1 所示。安装好基本系统，计算机就能正常工作了。虽然许多计算机的配置不同，但各个信号接口是相同的，因此安装方法也大致相同。

图 1—2—1 微型计算机基本系统

1. 主机接口面板说明

主机是计算机系统中最主要的设备，所有外部设备都要与主机相连接。图 1—2—2 是一种常见的主机背面示意图，它是与外部设备连接的接口面板。

2. 主机与显示器的连接

(1) 将主机放在桌面上，将显示器放置在适合的位置，屏幕朝前。

(2) 连接前，先将显示器电缆的 D 型 15 针插头按照正确的方向插入主机背面中的 15 孔的 D 型插座，即如图 1—2—2 所示的"显卡输出接口"上，然后用手将插头上的固定螺钉拧紧，如图 1—2—3 所示。

(3) 调整好显示屏的仰角和水平位置。

(4) 如果显示器是独立电源插头，将其插头直接插入三相交流电源插座中，否则将显示器的电源线插入图 1—2—2 右侧所示的"显示器电源接口"中。

3. 主机与键盘、鼠标的连接

大多数的键盘和鼠标都是使用 PS/2 的插头，如图 1—2—2 所示。一般情况下，靠近机箱侧面的是键盘接口。两种接口的上边有一个黑色塑料条，主机上的 PS/2 接口有一个凹槽，连接的时候要使这两个黑塑料条和凹槽对应才能插入，否则插不进去，还容易造成键盘或鼠标接口针脚的弯曲，如图 1—2—4 所示。

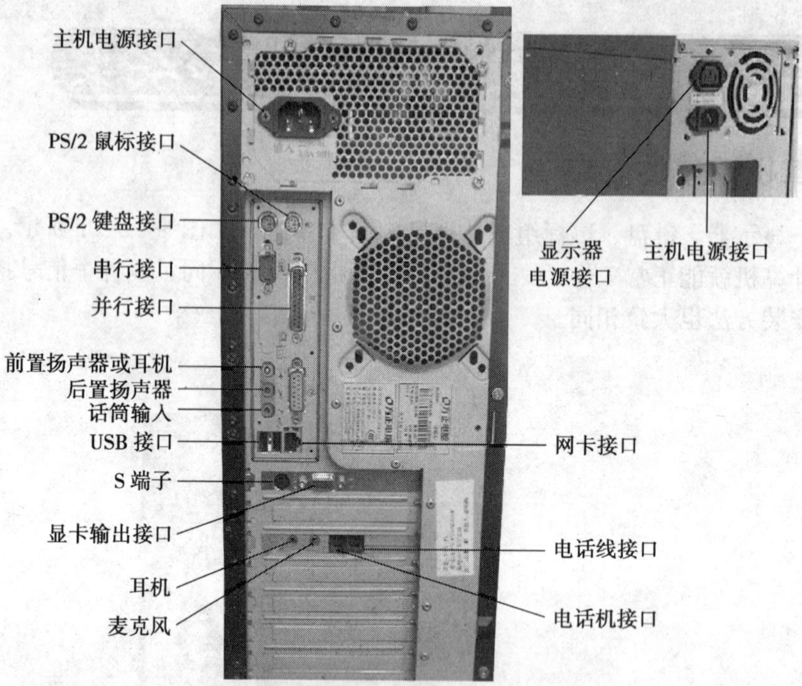

图 1—2—2　主机背面接口示意图

图 1—2—3　主机与显示器的连接

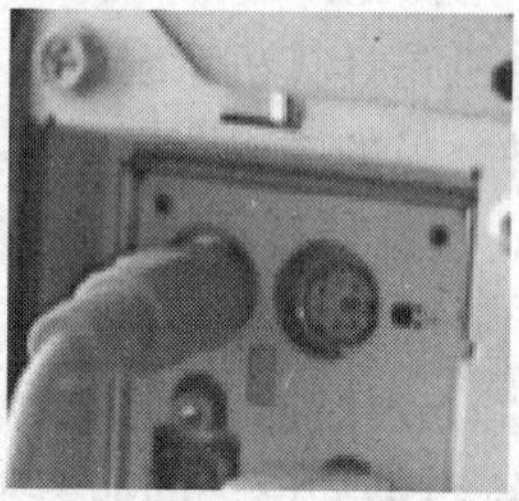

图 1—2—4　主机与键盘或鼠标的连接

如果键盘或鼠标使用的是 USB 插头，直接将插头插入主机背面的 USB 接口中即可。

二、UPS 的连接和安装

UPS 是不间断电源系统（Uninterruptible Power System）的缩写。其功能是为了保护计算机系统在停电之后继续工作一段时间，以使用户能够紧急存盘，不致因停电而影响工作或丢失数据。

1. UPS 的作用与性能

在计算机系统和网络应用中，UPS 主要起到两个作用：一是应急使用，防止突然断电而影响正常工作，给计算机造成损害；二是消除市电上的电涌、瞬间高电压、瞬间低电压、电线噪声和频率偏移等“电源污染”，改善电源质量，为计算机系统提供高质量的电源。UPS 分为后备式 UPS、在线式 UPS、在线互动式 UPS 三种类型。几种 UPS 的性能见表 1—2—1。

表 1—2—1　　几种 UPS 性能一览表

种类	后备式	在线式	在线互动式
容量	250 VA～2 kVA	1 kVA～100 kVA 以上	1 kVA～5 kVA
功能	基本功能	完全保护功能	较完全基本功能
转换时间	<10 ms	0 ms	4 ms
输出波形	方波	正弦波	正弦波
适用负载	计算机	高档计算机、服务器	工作站、网络设备

（1）后备式 UPS。采用抗干扰分级调压稳压技术，能向负载提供抗高频干扰的稳压电源。当电网供电故障时，电池逆变供电需要 4～10 ms 响应时间。后备式 UPS 不太适用对供电质量要求较高的设备。

（2）在线式 UPS。这种 UPS 的逆变器一直处于工作状态，它首先通过电路将外部交流电转变为直流电，再通过高质量的逆变器将直流电转换为高质量的正弦波交流电输出给计算机。在线式 UPS 在供电状况下的主要功能是稳压及防止电波干扰；在停电时则使用备用直流电源（蓄电池组）给逆变器供电。由于逆变器一直在工作，因此不存在切换时间问题，适用于对电源有严格要求的场合。另外，在线式 UPS 的供电持续长，一般用于对供电可靠性要求高的关键部门。

（3）在线互动式 UPS。集中后备式 UPS 效率高和在线式 UPS 供电质量高的优点，但稳频特性不理想，不适合做长延时。

2. 连接

图 1—2—5 所示为小型后备式 UPS，其连接方法如下：

（1）将主机的电源插头插入 UPS 背面的输出电源插座上。

（2）将 UPS 的电源线插入市电插座中。

（3）按下 UPS 面板中的电源开关，为主机提供电源。

三、音视频设备的连接和安装

1. 音频设备的种类

计算机系统中常见的音频设备主要是指声卡、音箱、耳机和麦克风（话筒）。

（1）声卡。它是多媒体的主要部件之一，是用来处理和播放声音的。声卡上有数模转换芯片（DAC），用来把数字化的声音信号转换成模拟信号，同时还有模数转换芯片（ADC），用来把模拟声音信号转换成数字信号。

（2）音箱。音箱分为有源音箱和无源音箱两种。对于有源音箱，首先将音箱插头插

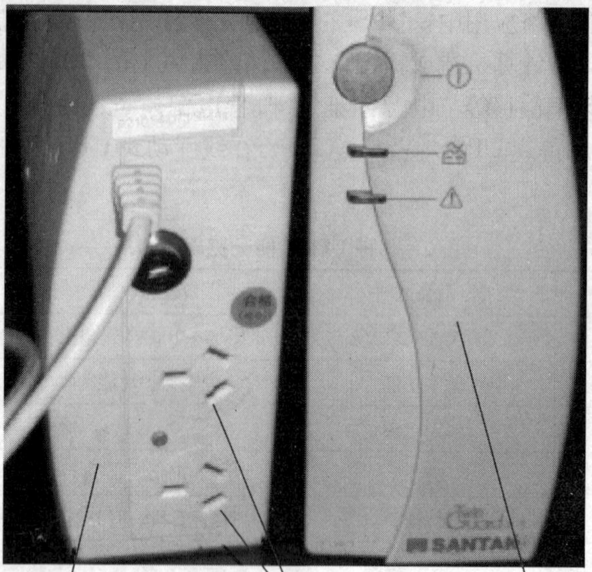

图 1—2—5　小型后备式 UPS 电源

入到主机背面的音频接口区中的扬声器接口，然后将音箱电源插头插到交流电源插座上。对于无源音箱和耳机，只需将音箱或耳机的插头插入扬声器接口中即可，如图 1—2—2 所示的“后置扬声器”接口。

（3）耳机和话筒。耳机和话筒又称耳麦，是一种常见的音频设备。耳机与音箱的作用相同，用来使计算机播放声音；话筒用来向计算机输入声音。

2. 连接

（1）音频设备的连接。对于有源音箱，首先将音箱插头插入到主机背面的音频接口区中的后置扬声器接口，然后将音箱电源插头插到交流电源插座上。对于无源音箱和耳机，只需将音箱或耳机的插头插入后置扬声器接口中即可，如图 1—2—6 所示。

图 1—2—6　音箱的连接

(2) 视频设备的连接。在常规配置的计算机系统中，视频设备通常是指显卡的输出。输出设备一种是显示器，另一种是电视设备，主机与电视设备的连接如下：

1）将如图 1—2—7 所示的S端子视频信号线中的接显卡S端子输出接口插入主机背面的S端子输出接口中。

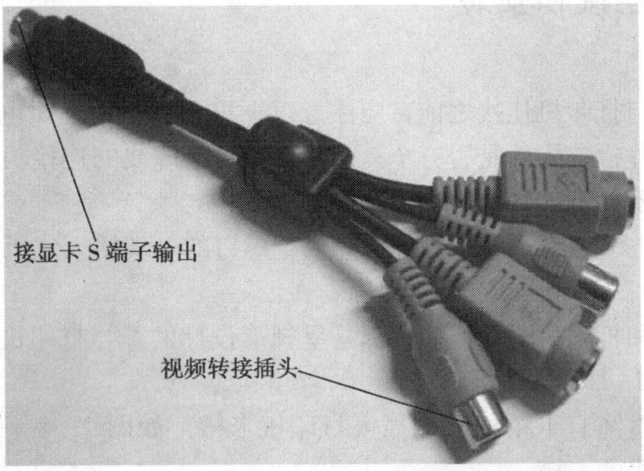

图 1—2—7　S端子 AV 转接线

2）将一个复合视频线的一端插入S端子的视频转接插头中，如图 1—2—8 所示。另一端接入电视机的视频输入接口中，如图 1—2—9 所示。

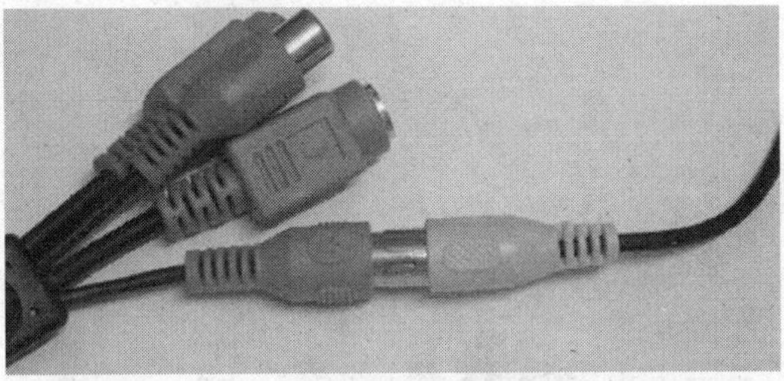

图 1—2—8　S端子的连接

图 1—2—9　S端子电视接口

3）打开电视机，将电视机切换到“视频”状态。

4）在 Windows 中对显示器进行适当的设置，启动双显示器功能，使计算机的图像能在电视机中显示。

四、打印机的连接和安装

1. 连接

在进行计算机与打印机连接之前，应注意以下事项：关闭主机电源；仔细阅读使用打印机安装说明书并检查配件是否齐全；确认打印机电缆线的连接功能，如图 1—2—10 所示。具体连接步骤如下：

（1）将打印机电缆线有两排插针和两颗固定螺钉的一端插入主机并口，如图 1—2—11 所示。

（2）主机并口和打印机电缆线插口都是呈梯形设计的，当打印机电缆插口插反时是插不进去的，如图 1—2—12 所示。

（3）将打印机电缆有卡槽的一端插入打印机卡槽，如图 1—2—13 所示，并将打印机的卡子卡住打印机的卡槽。

（4）将打印机的电源线一端接打印机，一端接电源插座。

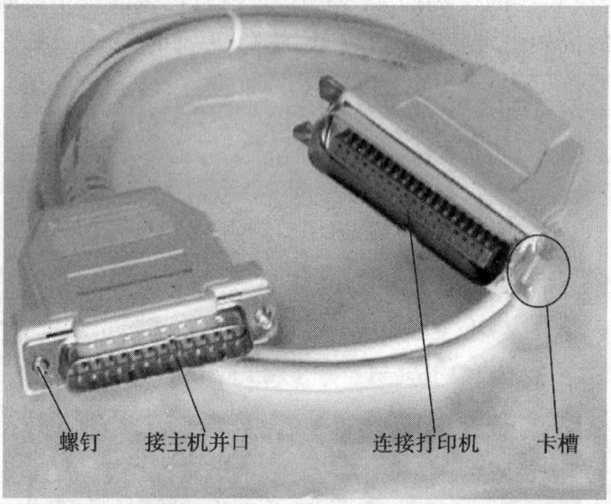

图 1—2—10　打印机电缆线

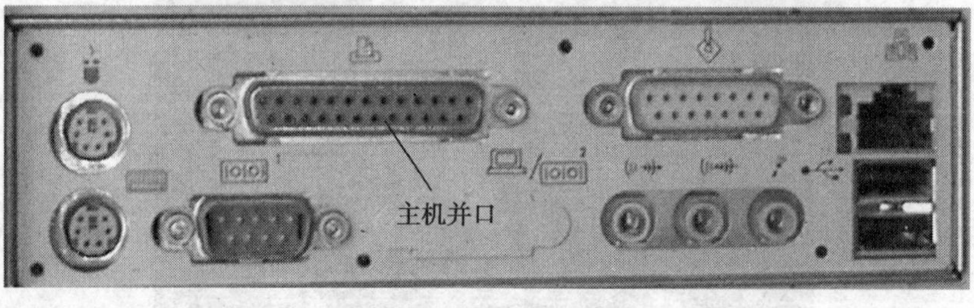

图 1—2—11　主机并口

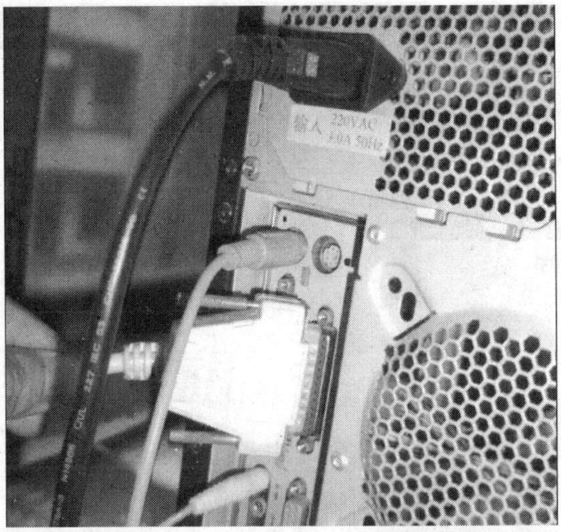

图 1—2—12　电缆一端连接主机并口

图 1—2—13　电缆一端连接打印机接口

2. 安装驱动程序

打印机是外部设备，使用前要安装好打印驱动程序。虽然各种打印机的驱动程序不通用，但安装的过程是相同的，安装打印驱动程序有如下三种情况：

（1）自动安装。Windows XP 系统中带有大量的打印驱动程序，将打印机与计算机连接好后，打开计算机和打印机的电源，当系统检测到新安装的打印机时，不需要用户自行安装驱动程序，Windows XP 系统能自动识别和安装，只要按照提示，一步一步地进行操作就能顺利安装。

（2）通过驱动盘安装。如果操作系统没有检测到新设备，就需要执行驱动光盘或软盘上的安装程序，一般文件名为 Setup. exe，按默认设置一步一步地安装即可。

（3）手工安装。

1）打开“控制面板”，双击“打印机和传真”，打开如图 1—2—14 所示的“打印机和传真”窗口。

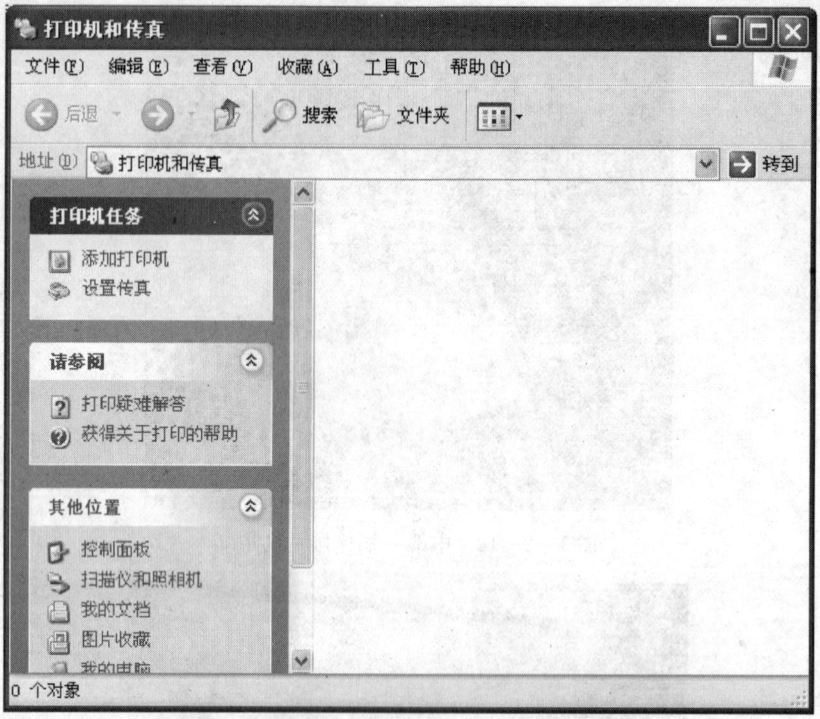
打印机和传真
文件(F) 编辑(E) 查看(V) 收藏(A) 工具(T) 帮助(H)
后退 搜索 文件夹
地址(D) 打印机和传真 转到
打印机任务
添加打印机
设置传真
请参阅
打印疑难解答
获得关于打印的帮助
其他位置
控制面板
扫描仪和照相机
我的文档
图片收藏
0 个对象

图 1—2—14 “打印机和传真”窗口

2）单击左侧窗口链接区域的“打印机任务”选项中的“添加打印机”链接，打开如图 1—2—15 所示的“添加打印机向导”窗口。

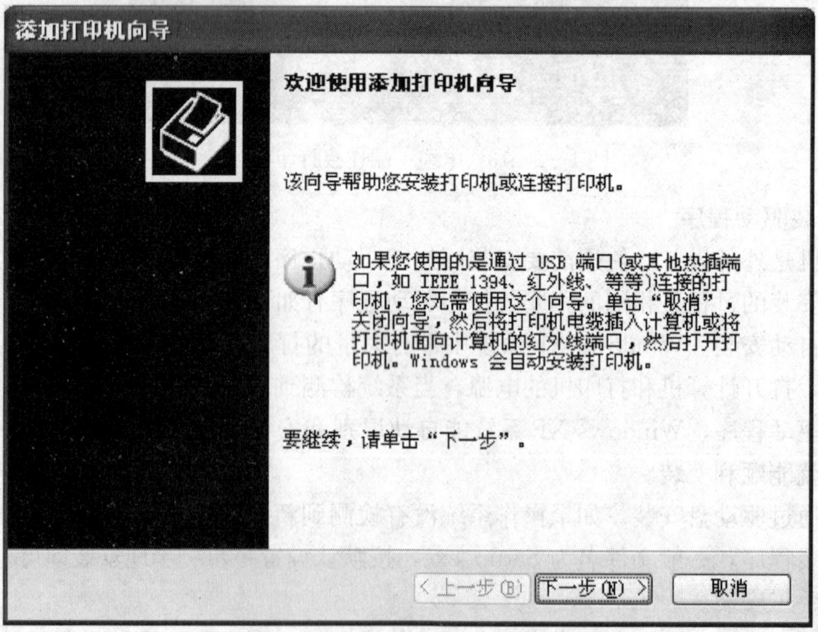
添加打印机向导
欢迎使用添加打印机向导
该向导帮助您安装打印机或连接打印机。
如果您使用的是通过 USB 端口(或其他热插端口，如 IEEE 1394、红外线、等等)连接的打印机，您无需使用这个向导。单击“取消”，关闭向导，然后将打印机电缆插入计算机或将打印机面向计算机的红外线端口，然后打开打印机。Windows 会自动安装打印机。
要继续，请单击“下一步”。
< 上一步(B) 下一步(N) > 取消

图 1—2—15 “添加打印机向导”窗口

3）单击“下一步”按钮，打开“本地或网络打印机”窗口，如图 1—2—16 所示。

4）选中“连接到此计算机的本地打印机”单选按钮，选中“自动检测并安装即插即用打印机”复选框，让安装向导自动检测即插即用打印设备的类型，单击“下一步”按钮，出现“新打印机检测”对话框，添加打印机向导自动检测并安装新的即插即用打印机，当搜索结束后，会提示用户检测的结果，如果用户要手动安装，单击“下一步”按钮继续，如图 1—2—17 所示。

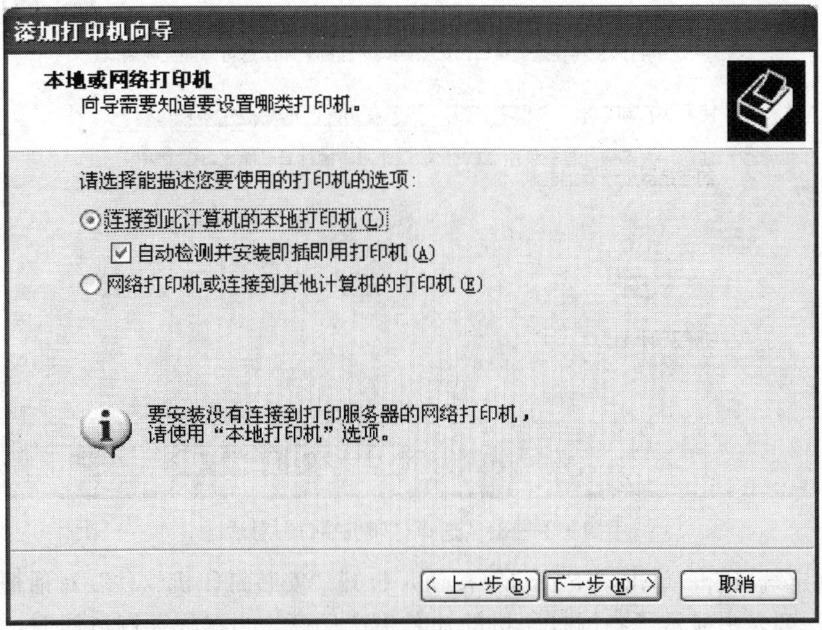
添加打印机向导
本地或网络打印机
向导需要知道要设置哪类打印机。
请选择能描述您要使用的打印机的选项：
连接到此计算机的本地打印机(L)
自动检测并安装即插即用打印机(A)
网络打印机或连接到其他计算机的打印机(E)
要安装没有连接到打印服务器的网络打印机，
请使用“本地打印机”选项。
< 上一步(B)
下一步(N) >
取消

图 1—2—16 “本地或网络打印机”对话框

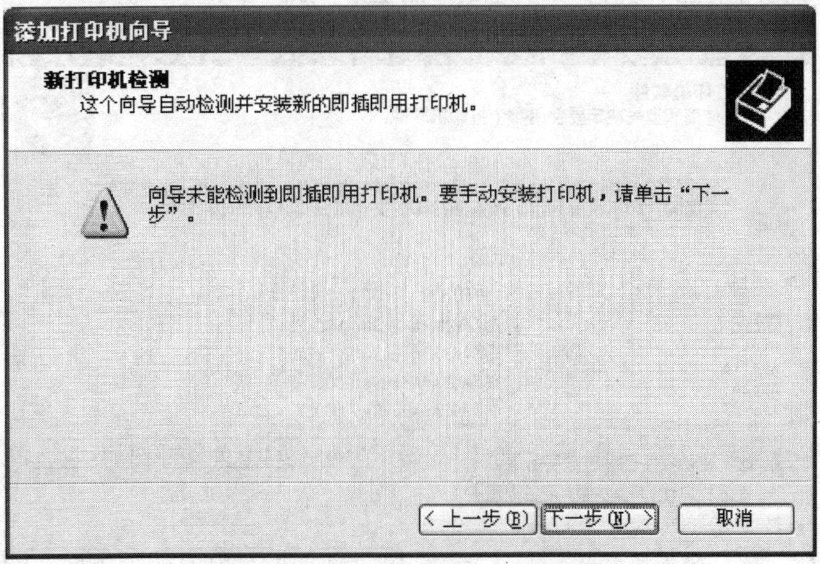
添加打印机向导
新打印机检测
这个向导自动检测并安装新的即插即用打印机。
向导未能检测到即插即用打印机。要手动安装打印机，请单击“下一步”。
< 上一步(B)
下一步(N) >
取消

图 1—2—17 “新打印机检测”对话框

5）安装向导打开“选择打印机端口”对话框，要求用户选择所安装的打印机使用的端口，在“使用以下端口”下拉列表框中提供了多种端口，系统推荐的打印机端口是LPT1，大多数的打印机也是使用LPT1端口与本地计算机通讯，如果用户使用的端口不在列表中，可以选择“创建新端口”单选项来创建新的通讯端口，如图1—2—18所示。

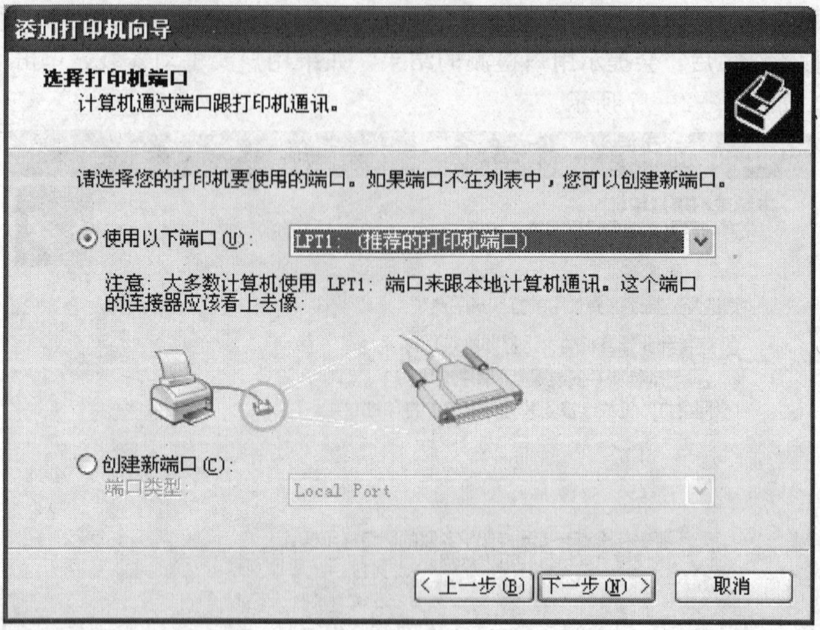
添加打印机向导
选择打印机端口
计算机通过端口跟打印机通讯。
请选择您的打印机要使用的端口。如果端口不在列表中，您可以创建新端口。
使用以下端口(U):
LPT1: (推荐的打印机端口)
注意: 大多数计算机使用 LPT1: 端口来跟本地计算机通讯。这个端口的连接器应该看上去像:
创建新端口(C):
端口类型:
Local Port
< 上一步(B)
下一步(N) >
取消

图1—2—18 “选择打印机端口”对话框

6）选定端口后，单击“下一步”按钮，打开“安装打印机软件”对话框，在左侧的“厂商”列表中显示了各国打印机的知名生产厂商，当选择某制造商时，在右侧的“打印机”列表中将显示该生产厂相应的产品型号，如图1—2—19所示。

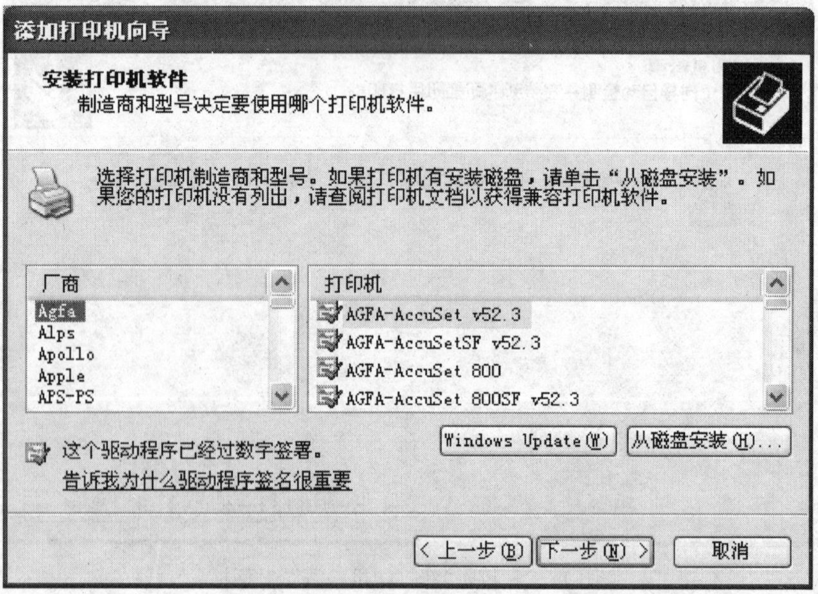
添加打印机向导
安装打印机软件
制造商和型号决定要使用哪个打印机软件。
选择打印机制造商和型号。如果打印机有安装磁盘，请单击“从磁盘安装”。如果您的打印机没有列出，请查阅打印机文档以获得兼容打印机软件。
厂商
Agfa
Alps
Apollo
Apple
APS-PS
打印机
AGFA-AccuSet v52.3
AGFA-AccuSetSF v52.3
AGFA-AccuSet 800
AGFA-AccuSet 800SF v52.3
Windows Update(W)
从磁盘安装(H)...
这个驱动程序已经过数字签署。
告诉我为什么驱动程序签名很重要
< 上一步(B)
下一步(N) >
取消

图1—2—19 “安装打印机软件”对话框

7）如果所安装的打印机制造商和型号未在列表中显示，可以使用打印机所附带的安装光盘进行安装，单击“从磁盘安装”按钮，打开如图 1—2—20 所示的对话框，插入厂商的安装盘，然后在“厂商文件复制来源”文本框中输入驱动程序文件的正确路径，或者单击“浏览”按钮，在打开的窗口中选择所需的文件，然后单击“确定”按钮，可返回到“安装打印机”对话框。

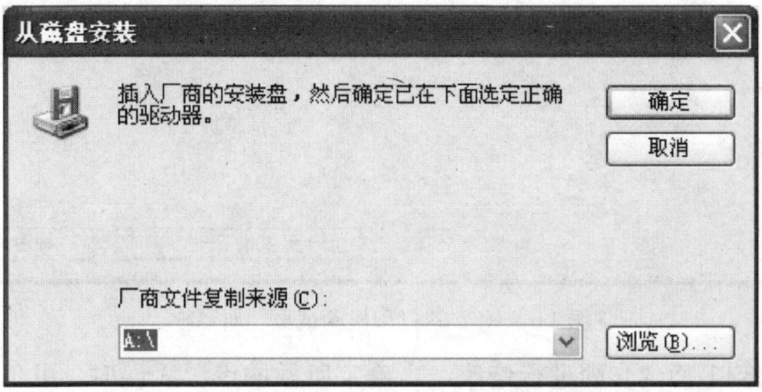
从磁盘安装
插入厂商的安装盘，然后确定已在下面选定正确的驱动器。
确定
取消
厂商文件复制来源(C):
A:\
浏览(B)...

图 1—2—20 “从磁盘安装”对话框

8）确定驱动程序的文件的位置后，单击“下一步”打开“命名打印机”对话框，可以在“打印机名”文本框中为新安装的打印机取一个名称，如图 1—2—21 所示。用户可以在此将这台打印机设置为默认的打印机，当设置为默认打印机之后，如果用户是处于网络中，而且网络中有多台共享打印机，在进行打印作业时，如果未指定打印机，将在这台默认的打印机上输出。

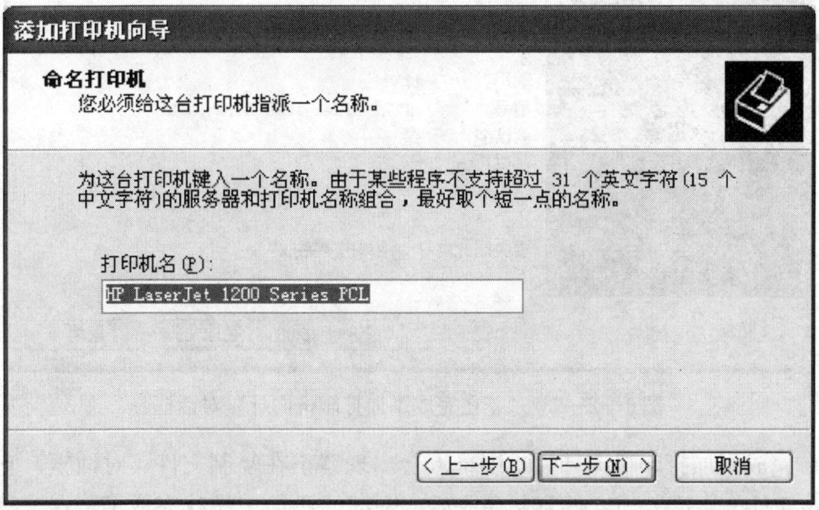
添加打印机向导
命名打印机
您必须给这台打印机指派一个名称。
为这台打印机键入一个名称。由于某些程序不支持超过 31 个英文字符(15 个中文字符)的服务器和打印机名称组合，最好取个短一点的名称。
打印机名(P):
HP LaserJet 1200 Series PCL
< 上一步(B)
下一步(N) >
取消

图 1—2—21 “命名打印机”对话框

9）单击“下一步”按钮，打开如图 1—2—22 所示的“打印测试页”对话框，如果打印机是连接的，并放好打印纸，可选择“是”单选按钮，使打印机进行测试页的打印。

10）单击“下一步”按钮，出现如图 1—2—23 所示的“正在完成添加打印机向导”对话框，在此显示了所添加的打印机的名称、共享名、端口以及型号等信息，可以单击

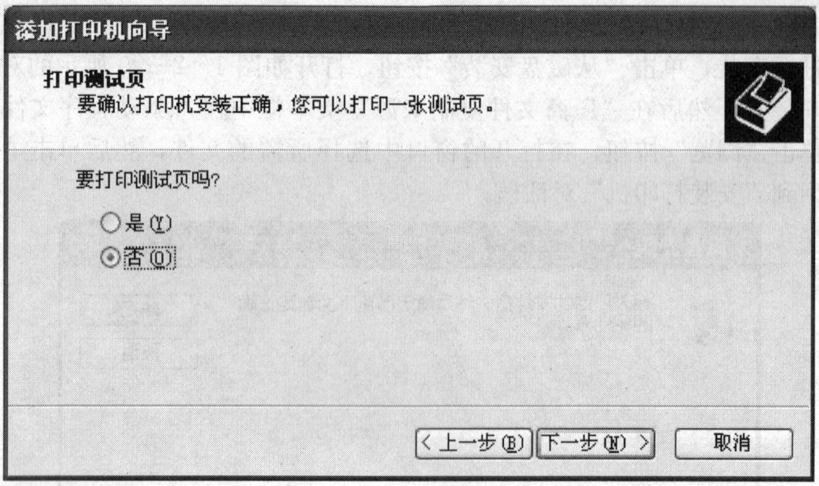

图 1—2—22 “打印机测试页”对话框

“上一步”返回到上面的步骤进行修改，当确定所做的设置无误时，可单击“完成”按钮关闭“添加打印机向导”对话框。

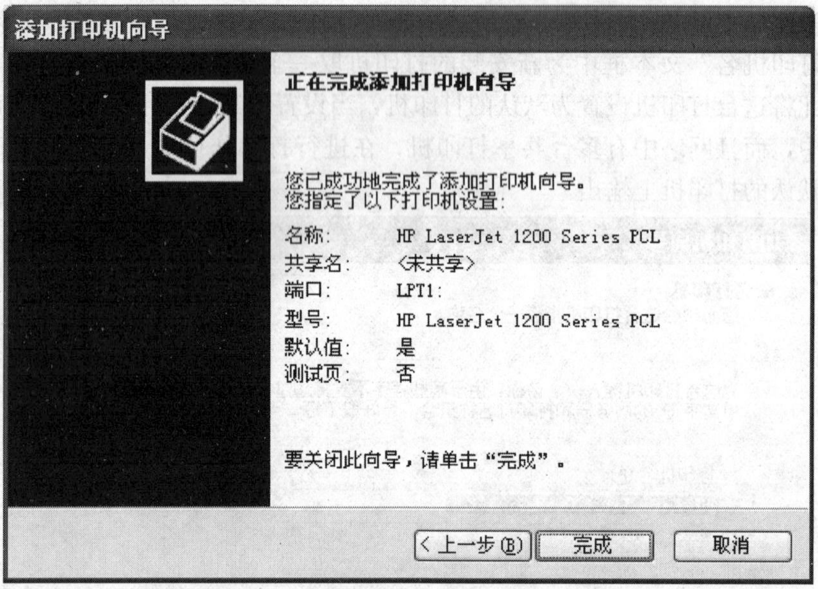

图 1—2—23 “正在完成添加打印机向导”对话框

11）在完成添加打印机向导后，屏幕上会出现“正在复制文件”对话框，它显示了复制驱动程序文件的进度，当文件复制完成后，全部的添加工作就完成了，在“打印机和传真”窗口中会出现刚添加的打印机的图标，如果用户设置为默认打印机，在图标旁边会有一个带“√”标志的黑色小圆，如果设置为共享打印机，则会有一个手形的标志。

3. 更换色带

在针式打印机的使用过程中，更换打印色带是日常工作中经常遇到的，由于不同厂商、不同型号打印机的色带盒的结构不相同，更换的方法会有差异。下面以 LQ1600K

为例，介绍更换色带的基本过程。

（1）关闭打印机电源，拿掉打印机的防尘盖。如果打印机一直在打印，可能打印头很热，这时应等打印头冷却后再更换色带。

（2）拆带芯。先拆去带架的面盖，再用右手食指扣住小齿轮的凹槽，拇指与食指成平行状，按住带架边缘。然后两指稍用力闭合，直到小齿轮与大齿轮分开一小段距离，大概 1 mm，接着用左手食指和拇指夹住入口处的带芯，将之向上抽出；另一边，用右手食指轻轻拨开弹簧片，接着用左手食指和拇指夹住出口处的带芯向上抽。最后将带架里面所有的带芯一并拿出。

（3）换带芯。打开新色带的外包装，取出色带盒，取带口用一个卡纸固定，用手指将卡盒口压紧，然后将卡盒反转放在带架底壳内，取出卡盒。接着抽出带芯的收口部分，余下的带芯分成左右两边按带架的走向引出，最后按拆带芯的步骤反操作将带芯装完，盖上面盖后按箭头方向转动齿轮以收紧带芯。

4. 打印机的清洁

（1）定期清洁。要保证打印机能很好地运行，应每年彻底清洁几次，清洁时要对打印机中的某些光电传感器表面进行除尘。

（2）定期上油。打印机中有很多机械传动部分，如字车的导轨，由于打印头经常在上面左右移动，有时会感到字车运行阻力增大，这时应擦除导轨上的污物，然后滴上一些仪表用油。

（3）清洗打印头。打印机使用一段时间后，打印的字体会出现字迹模糊等现象，这是由于打印机使用过程中，打印头始终受到色带油墨、纸屑以及打字蜡纸的蜡屑等物的污染，严重时会造成打印针滞针。这时应将打印头卸下，把打印头的针部在酒精中浸两三个小时，将脏物软化，再装入字车中，进行打印。

5. 更换硒鼓（碳粉盒）

以 HP LaserJet 1010 激光打印机为例，介绍更换硒鼓的方法。该打印机的打印碳粉盒端盖位于打印机的上部。要装卸打印碳粉盒、清除卡纸和清洁打印机，必须打开打印碳粉盒端盖。将手指插入其右侧的凹槽内，将打印碳粉盒端盖拉出，如图 1—2—24 所示。

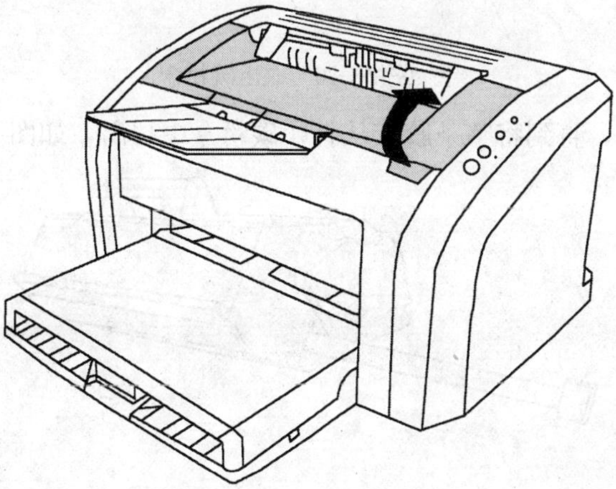

图 1—2—24　碳粉盒位置

（1）打开打印碳粉盒端盖，取出旧打印碳粉盒，如图 1—2—25 所示。为了防止打印碳粉盒受到损坏，应放置在阴暗处，并用纸盖住。

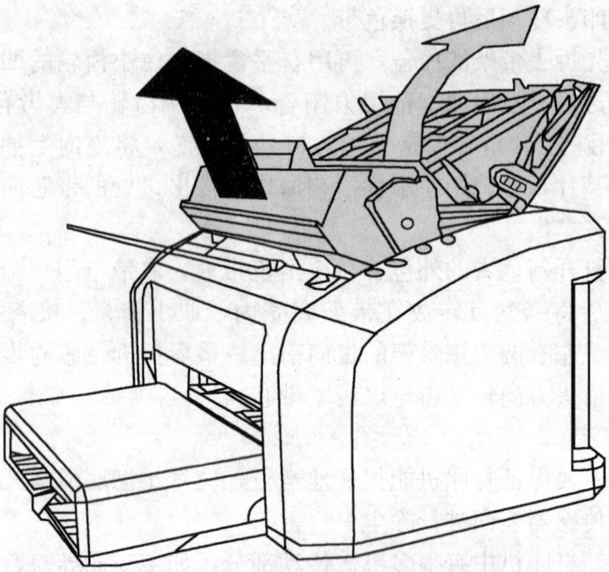

图 1—2—25　打开碳粉盒

（2）从包装中取出新打印碳粉盒并轻轻地左右摇晃，使碳粉在打印碳粉盒内部分布均匀，如图 1—2—26 所示。

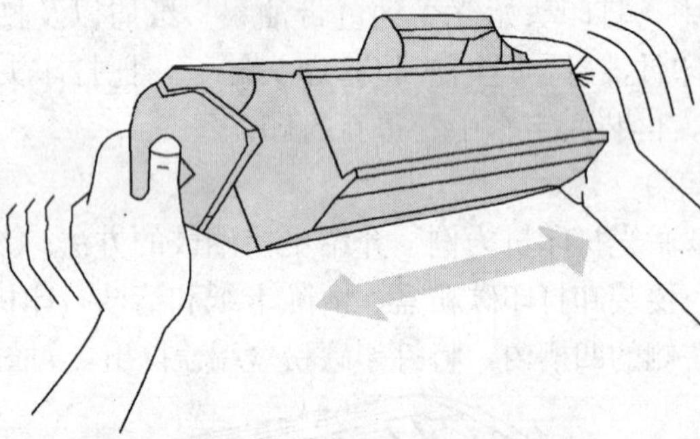

图 1—2—26　取出碳粉盒

（3）向外拉压片，直到将整条胶带从打印碳粉盒中拉出，如图 1—2—27 所示。

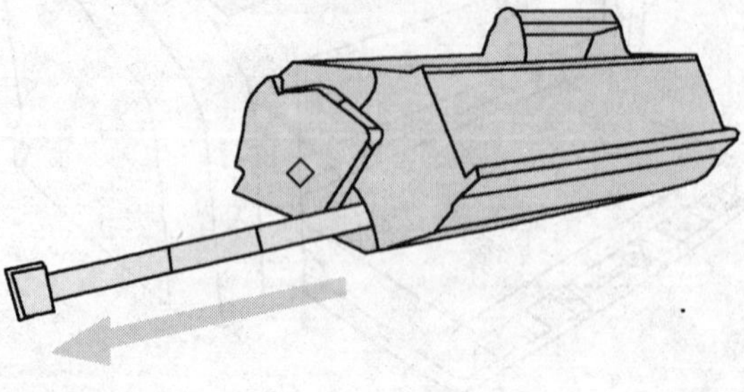

图 1—2—27　拉出压片

(4) 将打印碳粉盒插入打印机，确保打印碳粉盒放置到位，关闭打印碳粉盒端盖，如图 1—2—28 所示。

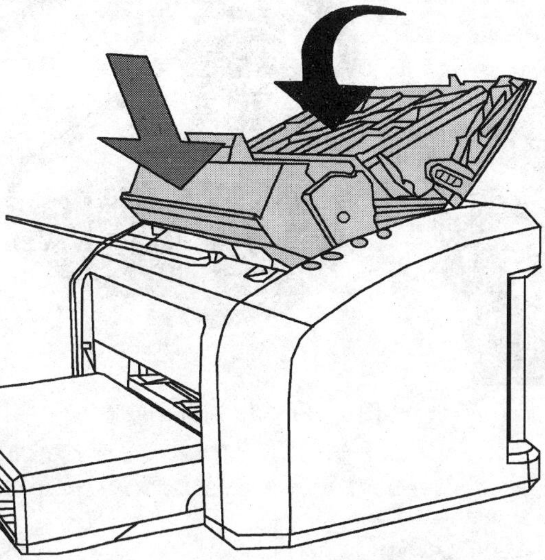

图 1—2—28　更换新碳粉盒

6. 添加碳粉

以 HP 5L/6L 激光打印机为例，介绍给硒鼓添加碳粉的方法。

(1) 给激光打印机添加碳粉，需要一瓶专用的碳粉，还有一些工具，例如，斜口钳、十字旋具、一字旋具、吹气球等，如图 1—2—29 所示。

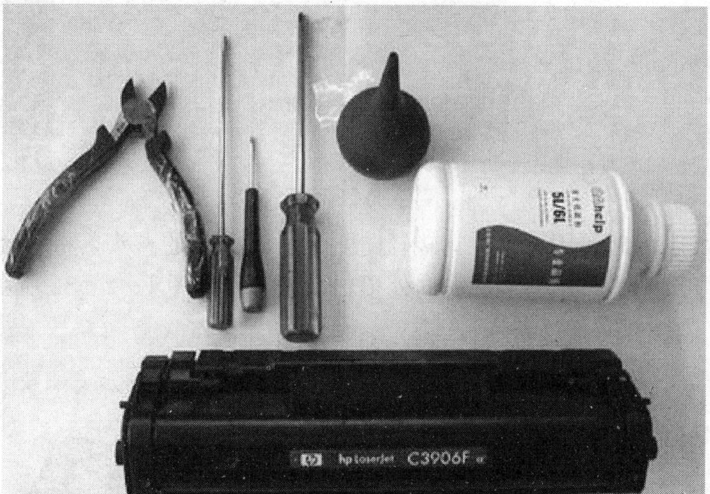

图 1—2—29　碳粉与工具

(2) 拿起硒鼓，用斜口钳把鼓芯有齿轮一头的定位销拔出，如图 1—2—30 所示。

有的碳粉盒是用铁丝作为卡扣，这时可用斜口钳轻轻地拔掉卡口上的铁丝，可打开硒鼓盖。

(3) 取出鼓芯定位销后，抓住鼓芯的塑料齿轮，拔出鼓芯，如图 1—2—31 所示。

图 1—2—30　打开硒鼓盖

图 1—2—31　拔出鼓芯

（4）取出鼓芯以后，用一字旋具轻轻向上挑出充电辊的一头，将它轻轻抽出。在充电辊的下面有一个销子，用一字旋具向外顶出小铁销，如图 1—2—32 所示。

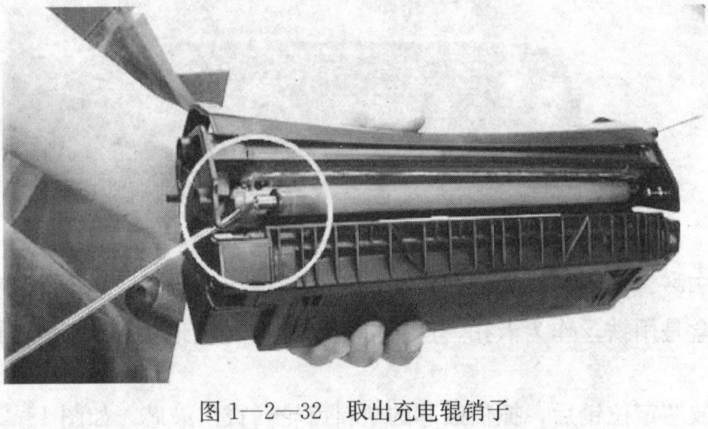

图 1—2—32　取出充电辊销子

（5）把顶出来的小铁销轻轻拔出，如图 1—2—33 所示。

（6）用十字旋具拧开硒鼓另一头的螺钉，将显影仓和废粉仓分开，如图 1—2—34 和图 1—2—35 所示。

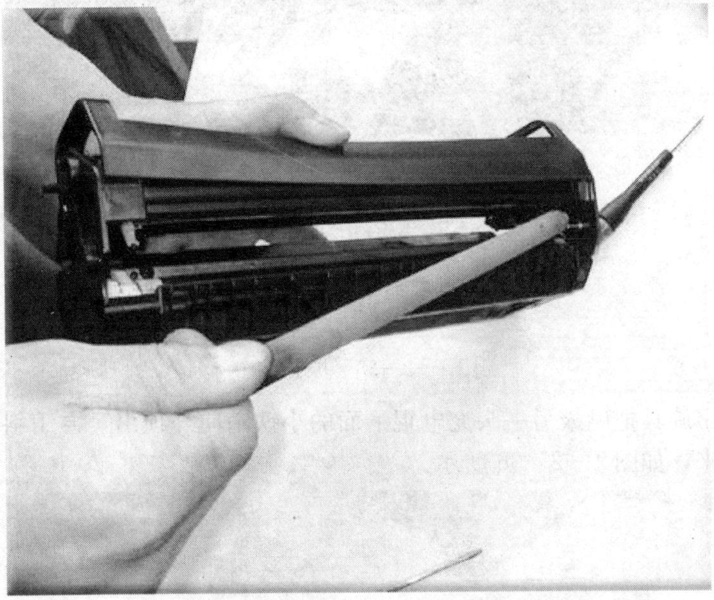

图 1—2—33　取出小铁销

图 1—2—34　硒鼓另一头螺钉

图 1—2—35　拧下螺钉

（7）用一字旋具把硒鼓另一头充电辊下面的小铁销向外顶出，再用斜口钳把顶出来的小铁销拔出来，如图 1—2—36 所示。

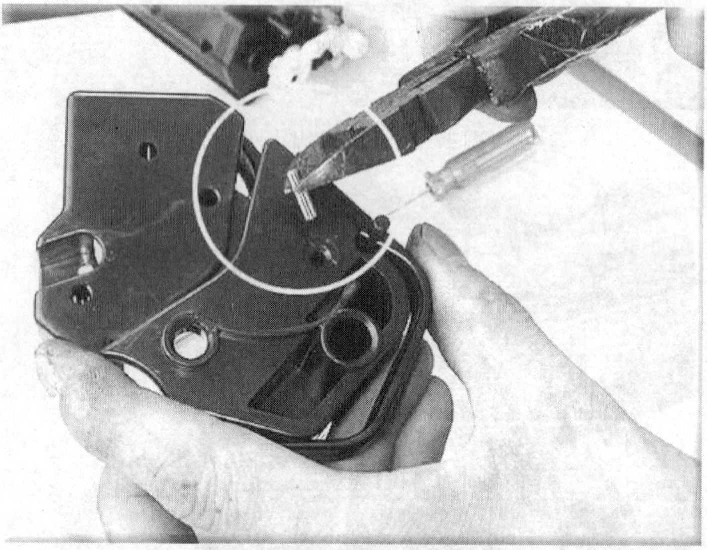

图 1—2—36　拔出小铁销

（8）用十字旋具把图中圆圈内的两个螺钉拧下，取出废粉仓内的鼓芯刮板，如图 1—2—37 和图 1—2—38 所示。

（9）用干净的软布对充电辊进行清洁，如图 1—2—39 所示。

（10）清洁充电辊后，安装充电辊和鼓芯，如图 1—2—40 所示。如果鼓芯有划伤，可以进行更换。

（11）取出显影仓上的磁辊，如图 1—2—41 所示。

（12）用布擦掉磁辊上的碳粉，如图 1—2—42 所示。

（13）用一张废纸叠成槽口形状，对粉仓进行加粉，如图 1—2—43 所示。加粉的时候，将瓶口左右来回移动，以便碳粉均匀地加入粉仓，也可以从旁边的加粉口取出盖子

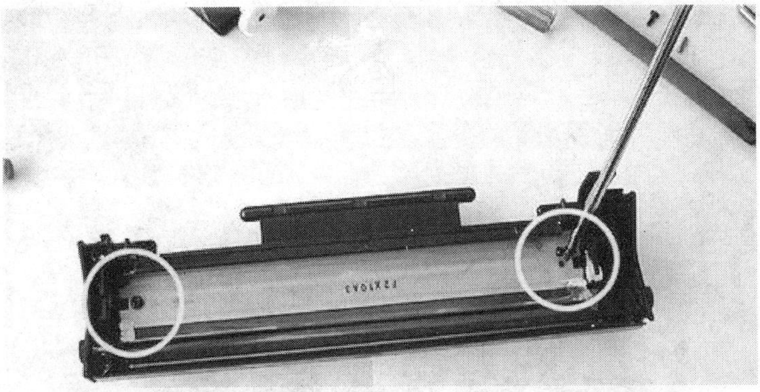

图 1—2—37　拧下鼓芯刮板螺钉

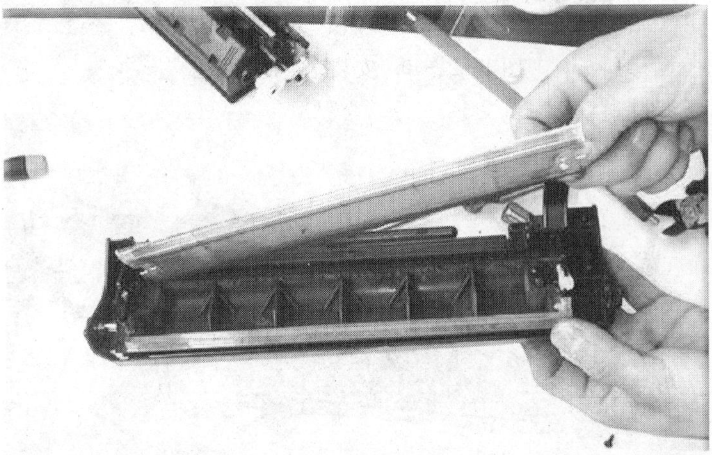

图 1—2—38　取出鼓芯刮板

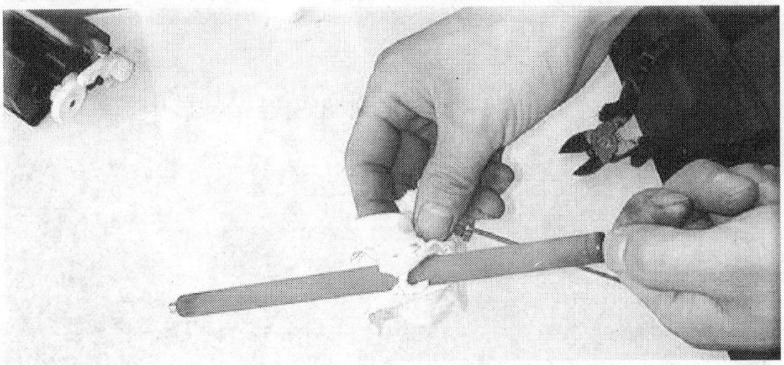

图 1—2—39　清洁充电辊

加粉。

（14）添加完碳粉之后，安装磁辊，合上齿轮盖，注意齿轮不要丢失或者反装，如图 1—2—44 所示。

（15）安装废粉仓和显影仓，如图 1—2—45 所示。

（16）固定充电辊小铁销（见图 1—2—46），保持与塑料口相平即可，完成添加碳粉过程。

单元 1

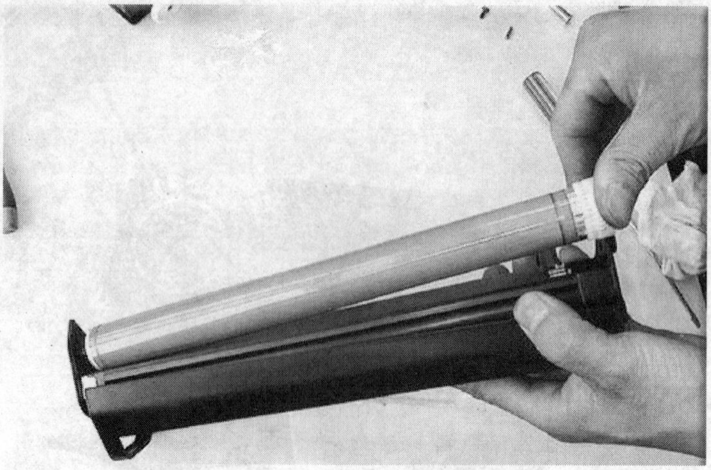

图 1—2—40　安装充电辊和鼓芯

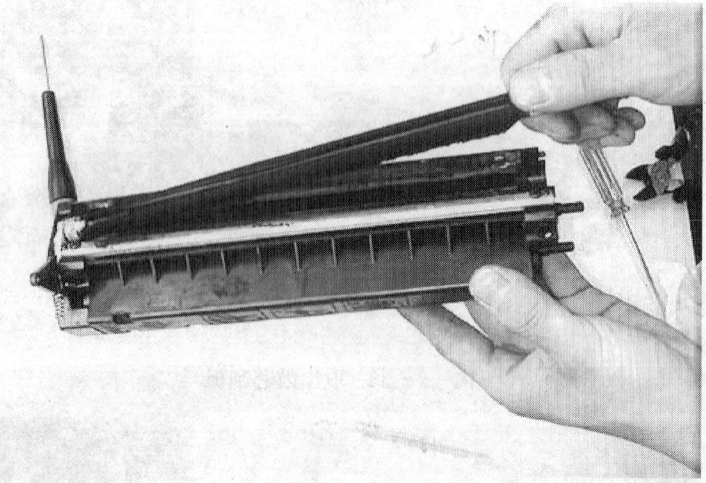

图 1—2—41　取出磁辊

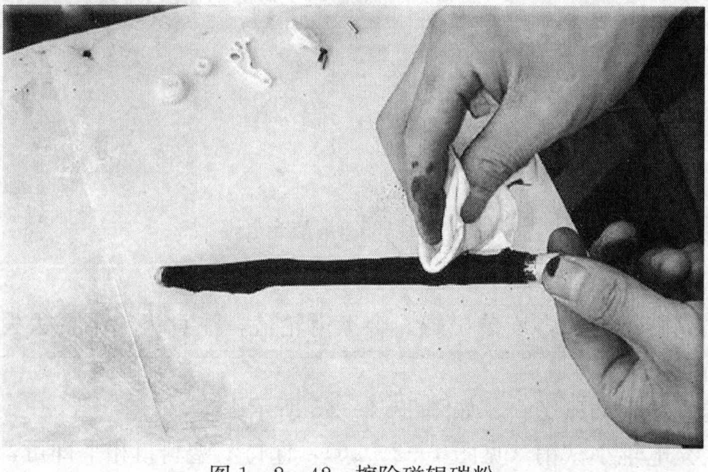

图 1—2—42　擦除磁辊碳粉

图 1—2—43　添加碳粉

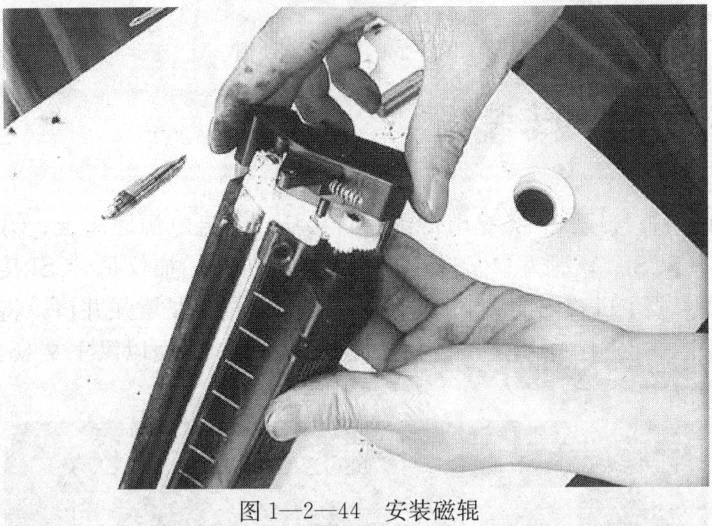

图 1—2—44　安装磁辊

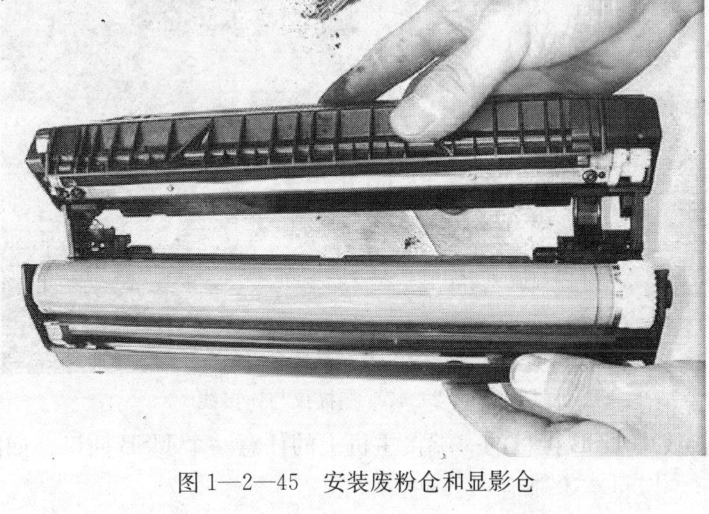

图 1—2—45　安装废粉仓和显影仓

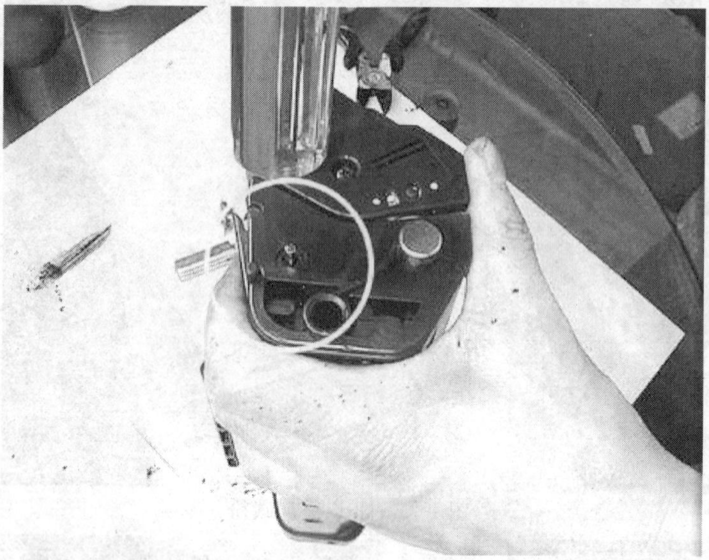

图 1—2—46 固定铁销

五、扫描仪的连接和安装

1. 连接

扫描仪有两条连接线：一条是电源线，直接插到交流电源插座上；另一条是数据电缆线。扫描仪有 SCSI、增强并口、USB 三种接口。如果扫描仪是 SCSI 接口，数据电缆线要插在 SCSI 卡或主机背面的 SCSI 接口中；如果扫描仪是增强并口，将接口插头插入并行接口中。图 1—2—47 所示是一台扫描仪及连接线。下面以汉王文豪 7600 为例，介绍扫描仪的连接方法。

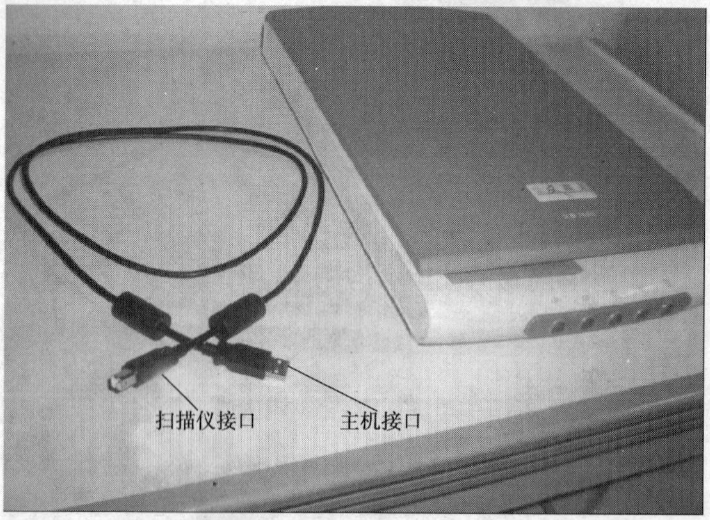

图 1—2—47 扫描仪与连接线

（1）将连接线中 USB 接口的一端接主机上的任意一个 USB 插口，如图 1—2—48 所示。

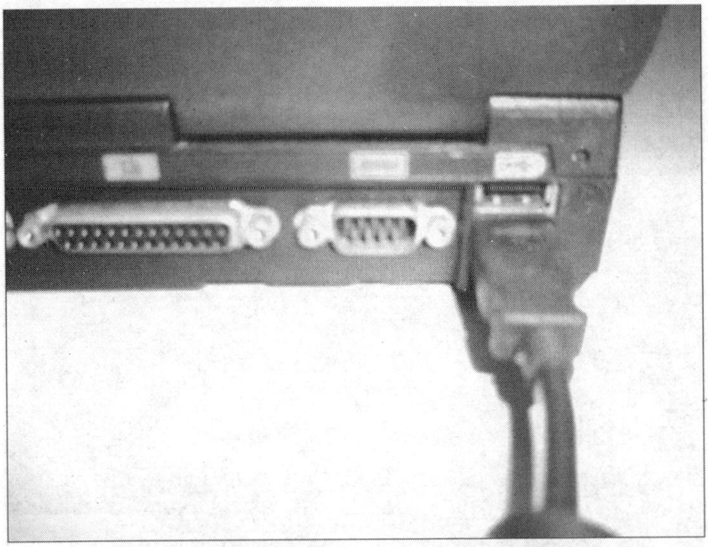

图 1—2—48　电缆一端连接主机 USB 口

（2）将连接线的另一端（小口）接扫描仪上的相应插口，并连接好扫描仪的电源，如图 1—2—49 所示。

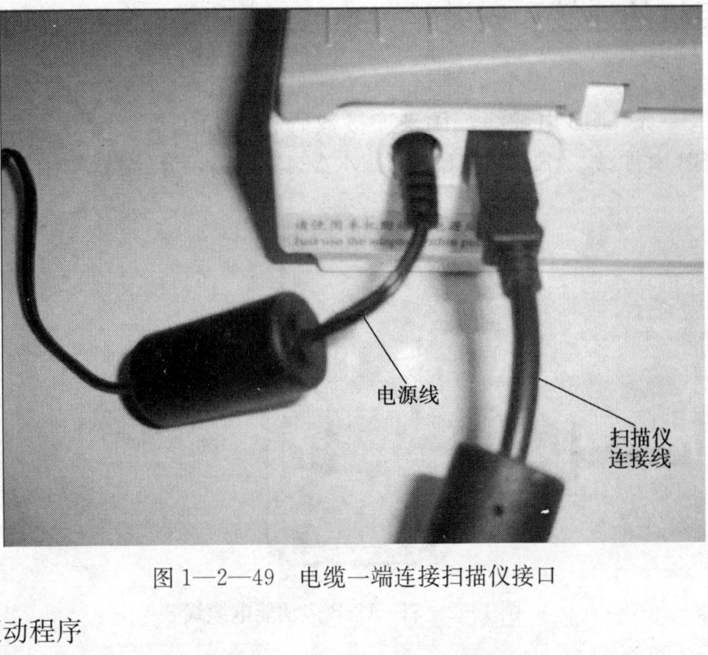

图 1—2—49　电缆一端连接扫描仪接口

2. 安装驱动程序

（1）将随机附带的光盘插入光驱，稍等片刻，屏幕上出现如图 1—2—50 所示的安装菜单。

（2）单击安装界面上的“扫描仪驱动”命令项，在弹出的“选择安装语言”界面中选择“中文（简体）”，单击“下一步”按钮。

（3）开始安装驱动程序，可按照屏幕提示进行操作，完成后返回到安装软件菜单主界面，单击需要安装的其他软件。

图 1—2—50　安装软件菜单主界面

六、数码相机的连接和安装

1. 连接

数码相机有一条 USB 电缆线，用来连接数码相机和主机。图 1—2—51 所示是一台数码相机及 USB 电缆线。下面以 FUJIFILM A345 为例，介绍数码相机的连接方法。

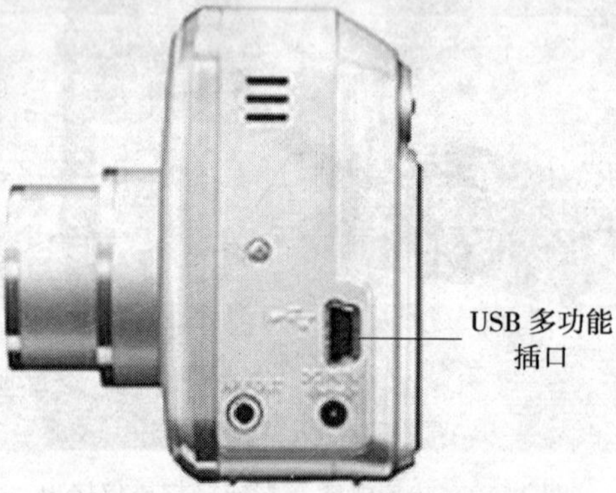

图 1—2—51　USB 多功能电缆线

（1）关闭数码相机电源。

（2）将电缆线的另一端（小口）插入数码相机的多功能插口，如图 1—2—52 所示。

（3）将随机附带的 USB 电缆线插入主机上的任意一个 USB 插口。

（4）主机与数码相机连接后，可以通过“我的电脑”直接对数码相机进行存取操作。

图 1—2—52　电缆一端连接数码相机接口

2. 安装驱动程序

新型的数码相机都支持 Windows XP 的“即插即用”功能，一般情况下不需要安装驱动程序，在 Windows XP 中直接当成一个移动硬盘使用。只有早期的产品或 Windows 98 和 Windows 2000 系统中，则需要安装驱动程序。数码相机一般都提供在各种操作系统中使用的驱动程序，当将数码相机与主机连接后，系统检测到新硬件，可以按系统的提示，一步一步地安装驱动程序。

七、投影仪的连接和安装

投影仪是一种新型的办公产品，应用十分广泛。随着技术的不断发展，现在的投影仪在功能上越来越强大，而体积却朝着小型化方面发展，便携式、超便携式投影仪逐渐成为主流。同时，投影仪的价格也越来越便宜。

1. 投影仪的分类

投影仪大致可分为三种类型：LCD（Liquid Crystal Display）液晶投影仪、DLP（Digital Lighting Process）数字光处理器投影仪和 CRT（Cathode Ray Tube）阴极射线管投影仪。

（1）LCD 投影仪（见图 1—2—53）。采用透射式投影技术，目前最为成熟。投影画面色彩还原真实鲜艳，色彩饱和度高，光利用效率很高，LCD 投影仪比用相同瓦数光源灯的 DLP 投影仪有更高的 ANSI 流明光输出，一般需要的亮度在 2 000～3 000 lm。目前市场高流明的投影仪主要以 LCD 投影仪为主。其缺点是黑色表现不是很好，对比度一般都在 500∶1 左右，而 DLP 的对比度可达 2 000∶1 以上。LCD 投影仪对字符图形的表现更好，投影画面的像素结构可以明显看到。

（2）DLP 投影仪（见图 1—2—54）。它是目前的主流投影仪，采用反射式投影技术，是现在高速发展的投影技术。其投影图像的灰度等级、信号噪声比大幅度提高，画面质量细腻稳定，尤其在播放动态视频时图像流畅，没有像素结构感，形象自然，数字图像

图 1—2—53　LCD 投影仪

还原真实精确。出于成本和机身体积的考虑，目前，DLP 投影仪多半采用单片 DMD 芯片设计，在图像颜色的还原上比 LCD 投影仪稍逊一筹，色彩不够鲜艳生动。

图 1—2—54　DLP 投影仪

（3）CRT 投影仪（见图 1—2—55）。采用技术与 CRT 显示器类似，是最早的投影技术。它的优点是寿命长，显示的图像色彩丰富，还原性好，具有丰富的几何失真调整能力。由于技术的制约，无法在提高分辨率的同时提高流明，直接影响 CRT 投影仪的亮度值，到目前为止，其亮度值始终徘徊在 300 lm 以下，加上体积较大和操作复杂，已

图 1—2—55　CRT 投影仪

经被淘汰。

2. 连接

虽然投影仪的种类繁多，不同产品的型号规格不同，功能也有所差异，但投影仪的接口功能基本相同。图 1—2—56 所示为一种投影仪的接口示意图。由于投影仪也是一台显示设备，而计算机只有一个 VGA 输出接口，所以，应配置一台 VGA 分配器，使计算机能同时输出显示信号到显示器和投影仪中。图 1—2—57 所示为一进二出的 VGA 分配器。

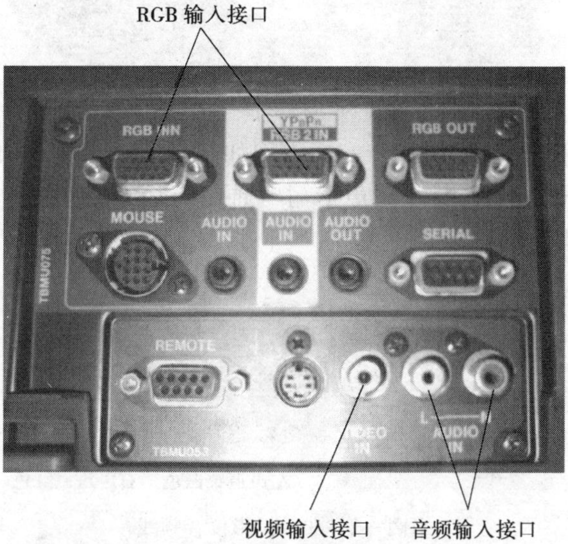

图 1—2—56　投影仪接口示意

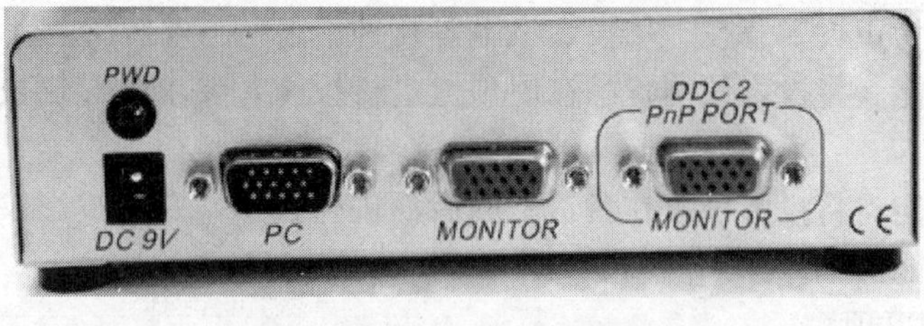

图 1—2—57　VGA 分配器

计算机与投影仪连接的操作如下：

（1）将如图 1—2—58 所示的 VGA 电缆的一端插入计算机 VGA 的输出插口，另一端插入 VGA 分配器的“PC”输入插口。

（2）将显示器的 VGA 连接线接至 VGA 分配器的一个输出端“MONITOR”。

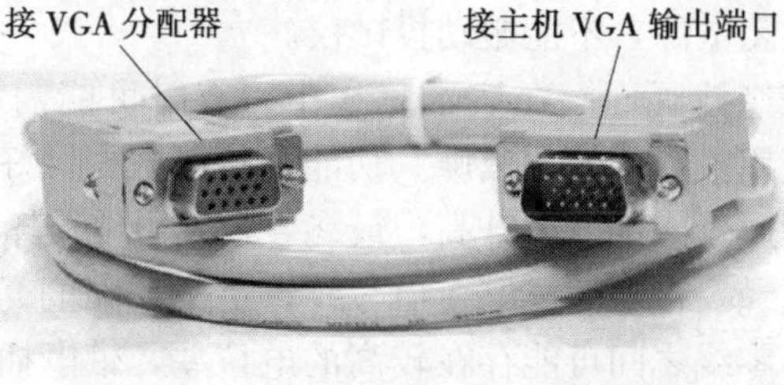

图 1—2—58　主机与 VGA 分配器的连接线

（3）将如图 1—2—59 所示随机配置的 VGA 连接线的一端接 VGA 分配器的输出端“MONITOR”，另一端接到投影仪的 VGA 输入插口中。

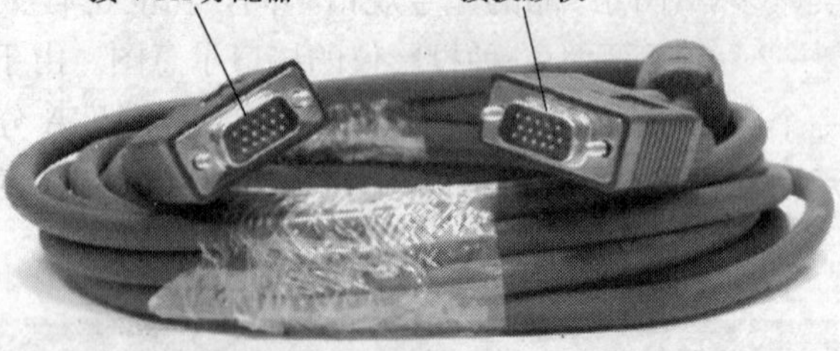

图 1—2—59　投影仪 VGA 连接线

（4）如果要利用投影仪发出声音，还需用如图 1—2—60 所示的音频信号连接线的一端（红色和白色插头）插入计算机声卡输出插孔，另一端（红色和白色插头）接到投影仪的音频输入接口中。

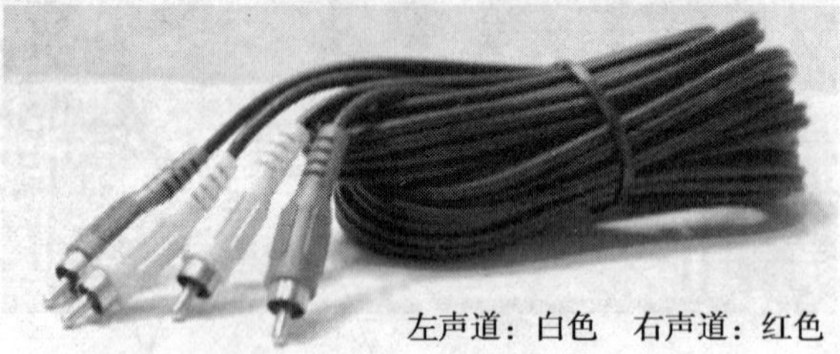

图 1—2—60　投影仪音频线

3. 投影方式

投影方式分为正投、背投、吊投、桌上等几种。

（1）吊顶功能。将投影仪倒置吊在屋顶上进行投影，要求投影仪投射的图像能实现上下翻转功能。

（2）背投功能。将投影仪放在背透幕的后面进行投影，要求投影仪投射的图像能实现左右翻转的功能。

4. 使用注意事项

第一，关机前不要立即断电。大多数投影仪都使用金属卤素灯，处于点亮状态时，灯泡两端的电压一般在 60～80 V，灯泡内的气体压强至少在 100 Pa 以上，而温度则高达上千度，灯丝处于半熔状态，因此按下关机按钮后，散热风扇仍然会高速旋转，这是出于保护投影仪的需要而特别设计的。按下关机按钮后，投影仪的电源指示灯会变成红色，注意此时要等待 2～3 min，以便让投影仪有一个缓冲的过程，从而让它在散热后自动停机，此时不要立即关闭电源，不能搬动投影仪。

第二，不宜用镜头盖遮挡画面。在演示过程中，有时可能需要暂时遮挡住某些画面，正确的做法应该是使用投影仪的“黑屏”功能进行屏蔽，最好不要用镜头盖进行遮挡，因为这样可能造成投影仪内部温度升高，最终导致元器件损坏。

第三，忌带电插拔电缆。带电插拔电缆信号线，是很危险的。因为当投影仪与信号源连接不同电源时，两根零线之间可能存在较高的电位差，带电插拔时可能导致插头与插座之间发生打火现象。

单元考核要点

考核类型	考核范围	考核点	重要程度
理论知识	微型计算机的日常维护	微型计算机的使用环境	★★★
		日常使用注意事项	★★
		整机系统的维护	★★
		鼠标的维护事项	★★
		键盘的维护事项	★★
		光驱的维护事项	★★
		软驱的维护事项	★★
		硬盘的维护事项	★★
		显示器的维护事项	★★
		软件系统的维护方法	★★★
	外部设备的安装和连接	微型计算机系统的总体结构	★★
		UPS 的作用、性能	★★
		音视频设备的作用、性能	★★
		打印机的作用、性能	★★
		扫描仪的作用、性能	★★
		数码相机的作用、性能	★★
		安装设备驱动程序的方法	★★
操作技能	微型计算机的日常维护	整机系统的维护	★★
		鼠标的维护	★★
		键盘的维护	★★
		光驱的维护	★★
		软驱的维护	★★
		硬盘的维护	★★
		显示器的维护	★★
		软件系统的维护	★★★
	外部设备的安装和连接	微型计算机系统的安装和连接	★★
		UPS 的安装和连接	★★
		音视频设备的安装和连接	★★
		打印机的安装和连接	★★
		扫描仪的安装和连接	★★
		数码相机的安装和连接	★★

单元测试题

一、填空题（请将正确的答案填在横线空白处）

1. 微型计算机工作的环境温度一般在________～________之间，湿度一般在________～________之间。

2. 不间断电源（UPS）分为后备式、在线互动式和________三种类型。

3. 在对电源要求严格的场合中，应选用________的UPS。

4. 在进行主机与外设连接时，要在________的情况下连接。

5. 投影仪大致可分为CRT、LCD和________三种类型。

6. 投影仪也是一台________设备，当计算机同时与显示器和投影仪相连接时，应加装一台________。

7. 将主机与打印机相连接后，如果操作系统没有检测到新设备，就需要执行________。

8. 音箱分为有源音箱和无源音箱，其中有源音箱需要提供________。

9. PS/2的键盘和鼠标接口是________互换的。

二、简答题

1. 硬件维护的内容主要有哪些？

2. 软件维护主要有哪些内容？

单元测试题答案

一、填空题

1. 18° 35° 20% 80%　2. 在线式　3. 在线式　4. 断电　5. DLP
6. 显示 VGA分配器　7. 附带的安装程序　8. 电源　9. 不能

二、简答题

答案略。

第2单元

文字信息处理

在文字信息处理的工作中，深入、广泛地掌握文字编排和数据处理软件的操作技能，不仅能用计算机处理信息、数据计算等方面的各种事务，而且将大大提高工作效率。

在日常的行政办公或商务活动中，需要处理大量的信函、传真、备忘录、会议通知、议程安排、计划、手册；有时要对文件进行批注、修订和传阅；在大型文档编排中设置页码、索引和目录；制作书籍；复杂格式的文档；数据计算、统计、分析等，因此掌握批注、样式、模板、域、大纲模式等高级应用技能，是十分必要的。

在现代的办公事务中，人们在处理文字信息的同时，还要对文档中的数据进行各种处理和分析。例如，在一份市场调查报告中，需要插入大量的数据资料，并且还要对这些原始数据做各种统计分析，增强论点的说服力。这时可以利用文字处理软件中的公式、图表以及将电子表格软件数据处理的结果链接和嵌入，达到文字信息与数据处理共享的目的。

第一节　版面编排

培训目标

→ 能够在规定时间内，根据样张或版式编排制作出 1～2 页较复杂的版面（版面分栏，文字编排格式有多种变化，字形有多种变化及修饰，含 2～4 幅图片）

一、批注

批注是给文档加的备注，批注能满足在审阅文档时只想在某些地方加入个人的评注而又不想修改正文的要求。

插入批注的操作步骤如下：

第一步：选定要插入批注的文本或项目，也可以将光标定位在文本的末尾。

第二步：单击“插入”菜单中的“批注”命令，Word 将以隐藏文字格式在文档中插入批注标记，同时打开批注输入框。

第三步：在批注输入框中的光标提示处输入批注文字，如图 2—1—1 所示。

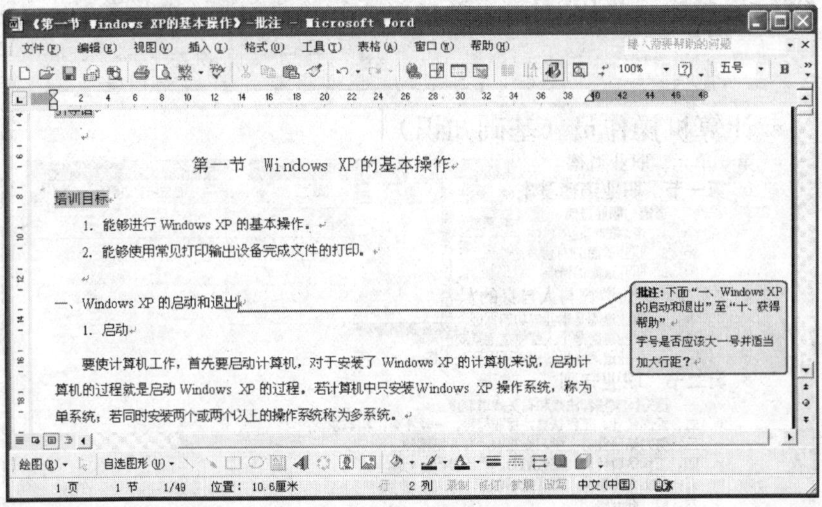
《第一节 Windows XP的基本操作》-批注 - Microsoft Word
文件(F) 编辑(E) 视图(V) 插入(I) 格式(O) 工具(T) 表格(A) 窗口(W) 帮助(H)
第一节　Windows XP 的基本操作
培训目标
1. 能够进行 Windows XP 的基本操作。
2. 能够使用常见打印输出设备完成文件的打印。
一、Windows XP 的启动和退出
1. 启动
要使计算机工作，首先要启动计算机，对于安装了 Windows XP 的计算机来说，启动计算机的过程就是启动 Windows XP 的过程。若计算机中只安装Windows XP 操作系统，称为单系统；若同时安装两个或两个以上的操作系统称为多系统。
批注：下面“一、Windows XP 的启动和退出”至“十、获得帮助”
字号是否应该大一号并适当加大行距？
1 页　1 节　1/49　位置：10.6厘米　2 列　中文(中国)

图 2—1—1　插入批注

第四步：单击“视图”菜单中的“工具栏”中的“审阅”命令，弹出如图 2—1—2 所示的“审阅”工具条，可以根据需要对批注进行进一步的编辑。

审阅
显示标记的最终状态
显示(S)

图 2—1—2　“审阅”工具条

单元 2

二、大纲视图

当编排的文档较长，并且文档具有多级标题和层次结构时，可以使用 Word 2003 提供的大纲视图。利用大纲模式可以非常方便地复制和移动文档内容，并可以重新组织文档。

1. 大纲视图的特点

大纲视图不仅能显示文档的内容，而且能显示文档的结构。一个较长的文档总是有多个层次级别，例如，一本书总是由许多章节构成。章是一本书的最高级别；章下有节，节是第二级别；节下有小节，小节是第三级别；小节下还可以根据需要再加细分；最后一个级别总是正文。在大纲模式中，可以根据需要只显示一个级别上的内容。

2. 大纲视图的基本操作

单击“视图”菜单中的“大纲”命令，Word 将以大纲视图显示文档。图 2—1—3 所示是一个以大纲视图排版的文档。Word 根据样式“标题 1”至“标题 9”以及其他的样式，将文档分为十个级别加以显示，每一个级别在显示时总是比上一级别向右缩排，以区别各级别之间的关系。标题前面的“⊕”形的符号按钮，表示在该标题下还有其他级别；前面是“▭”形的符号是正文，表示这是最低的一个级别。这些符号按钮称为大纲按钮，利用这些符号按钮可以完成对段落的升级或降级操作。

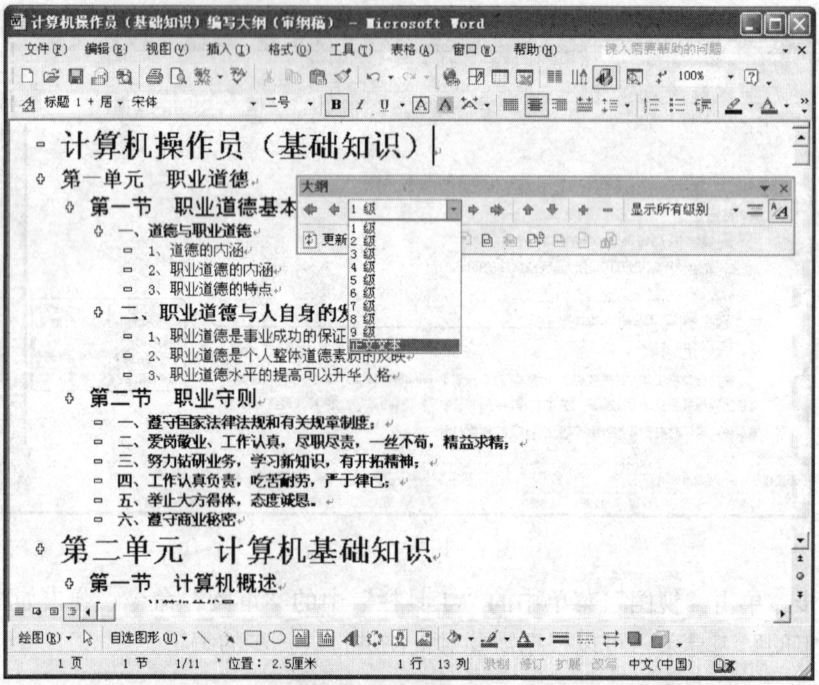

图 2—1—3 大纲视图下的文档

进入大纲模式后，会出现一个“大纲”工具栏，可以利用这些工具按钮来对文档进行编排和调整，大纲工具栏的按钮作用如图 2—1—4 所示。

(1) 显示与移动指定级别的内容。在大纲模式下，可以只显示文档的主要标题，也

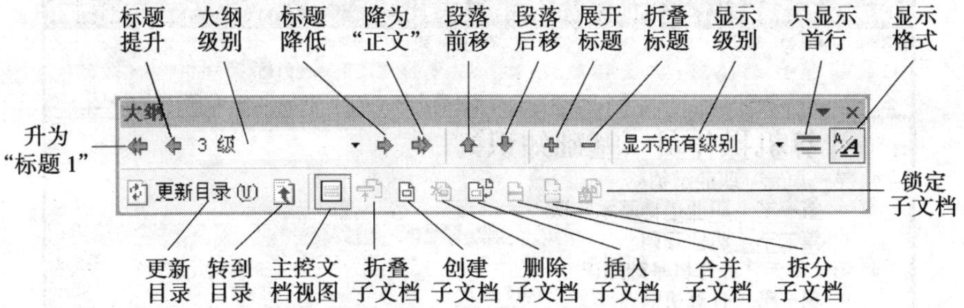

图 2—1—4 “大纲”工具栏

可以在显示主要标题的同时，显示某一级别下正文的详细内容，可以同时看到文档的大纲结构和文档的某一细节，使查看文档有详有略。

在“显示级别”下拉列表框中选择某一级别项，将显示这一级别以上各级的内容。例如，选择“显示级别 4”项，将显示从“标题 1”至“标题 4”样式的所有段落。

【例 2—1—1】 在图 2—1—3 中选择大纲工具栏上“显示级别”下拉列表框中的“显示级别 2”项，屏幕将显示从“标题 1”至“标题 2”样式的所有段落，如图 2—1—5 所示。

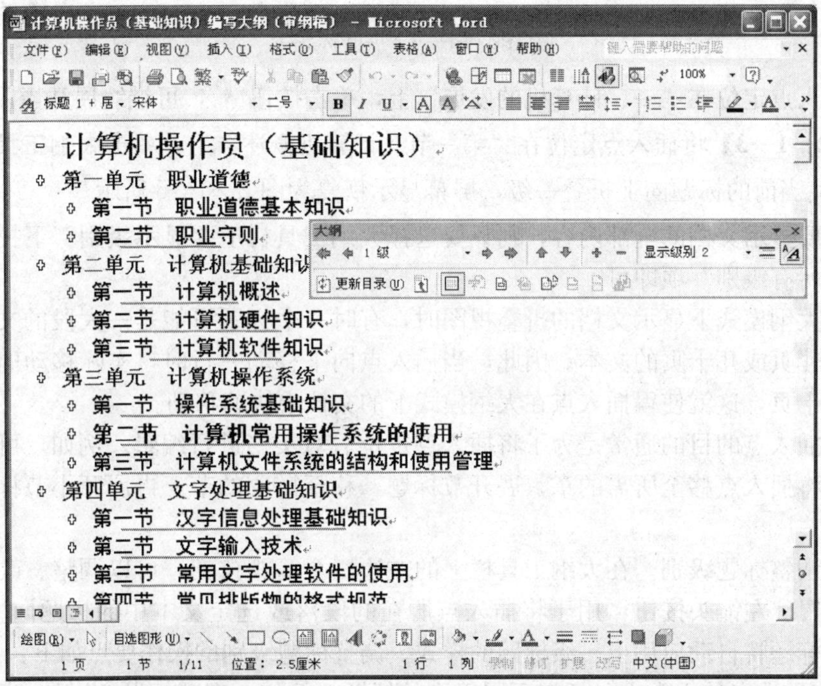

图 2—1—5 显示文档中的主要标题

在图 2—1—5 中，有些标题下面有一条灰色的下划波浪曲线，表示该标题下面还有其他内容：可能是以下级别的标题，也可能是正文内容。

【例 2—1—2】 将插入点定位在“第一节 计算机概述”上，单击大纲工具栏中的按钮 ✚，展开当前标题，如图 2—1—6 所示。

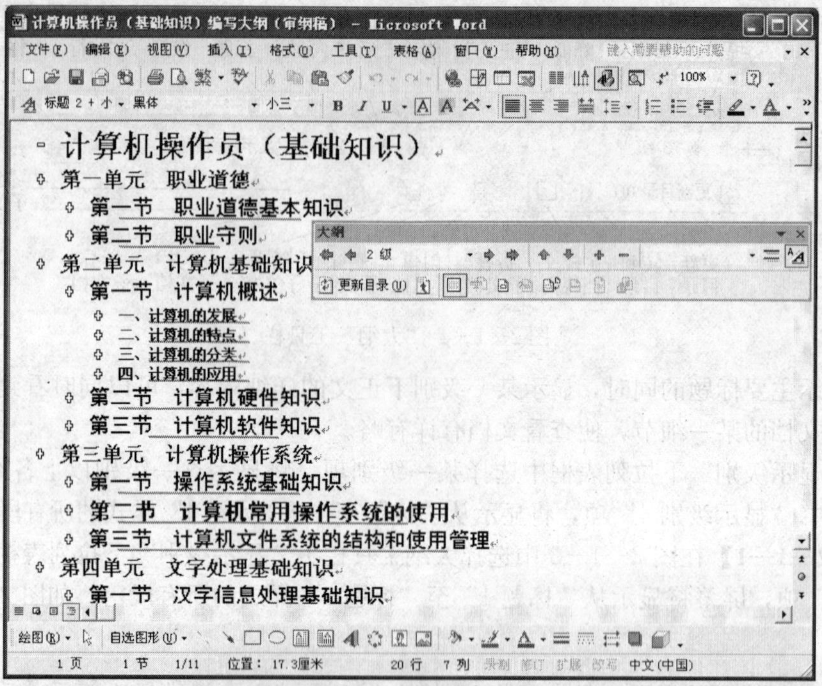

图 2—1—6 展开标题

单元 2

将插入点定位在“一、计算机的发展”上，单击按钮 + ，可继续展开当前标题。

【例 2—1—3】 将插入点定位在“第一节 计算机概述”上，单击大纲工具栏中的按钮 - ，使当前的标题向上折叠一级，屏幕显示恢复为图 2—1—5 所示。

如果要显示文档的全部内容，则只要选择大纲工具栏上“显示级别”下拉列表框中的“显示所有级别”项即可。

当在大纲模式下显示文档的折叠视图时，有时一个标题可能是一大段的文本，甚至可能是好几页或几十页的文本。因此，当插入点向下移动一行时，实际移动的距离就是几页或几十页，这就使得插入点在大纲模式下的文档中快速移动。

移动插入点的目的通常是为了将插入点定位后对文档进行编辑。例如，可以只显示章标题，将插入点移至所需的章，展开节标题，移至需要的节，再展开小节标题，直至正文。

（2）调整标题级别。在大纲工具栏上的左边六个箭头按钮，可以调整、改变标题的级别和位置。左箭头按钮，用于将插入点所在的段落或选定文本中的标题向上升一级，升级后的标题将自动应用上一级标题的样式。调整标题级别的操作要点如下：

1）如果选定的文本中包括有不同级别的标题，例如，有“标题 3”和“标题 4”两种标题，则各向上升一级，即“标题 3”变为“标题 2”，“标题 4”变为“标题 3”。

2）标题的升级最多可升级到“标题 1”。标题的升、降级不会影响到正文，如果要将正文升级为标题，必须直接对正文段落进行操作，使用大纲工具栏上的升级按钮来将正文升级为标题时，正文变为标题后的级别总是与紧靠正文上面的那级标题相同。例如，将紧跟着 2 级标题的正文段落升级为标题，则这个段落将直接变为“标题 2”样式。

【例 2—1—4】图 2—1—6 中的“一、计算机的发展”为 3 级标题，将其升级为“标题 2”。

➤选定“一、计算机的发展”。

➤单击大纲工具栏上的升级按钮，将该标题升级为“标题 2”，如图 2—1—7 所示，升级后的标题向左移动了一格。

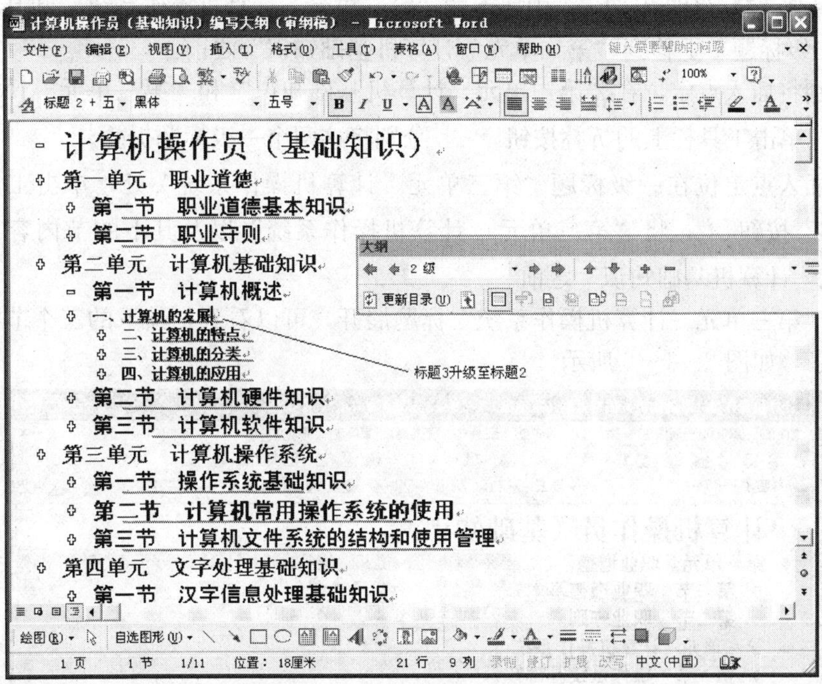

图 2—1—7 将标题升级

3）升级按钮右边的右箭头按钮，用于将插入点所在的段落或选定文本中的标题向下降一级，降级后的标题将自动应用下一级标题的样式。例如，要将前例中升级过程的标题恢复原样，只需要选定这些标题，单击降级按钮即可。

4）标题的降级最多可降级到第 9 级标题，即具有样式“标题 9”，如果已经到了第 9 级标题时，再单击降级按钮将不起作用。Word 2003 提供了将标题段变为正文段落的方法，单击大纲工具栏上的按钮，可以使任何级别的标题直接降级为正文段落。

（3）调整标题位置。大纲工具栏上左边的六个箭头按钮中，向上和向下的箭头按钮用于向上和向下移动标题的位置。由于大纲模式下标题中实际上折叠了标题下的所有下级标题和正文，所以移动标题的位置，实际上就是移动标题及其全部下级内容的位置。调整标题的操作要点如下：

1）单击“段落前移”按钮，插入点所在标题或所选定的文本将上移一行。多次单击该按钮，可以将标题前移到所需的位置，用该按钮可以将标题前移到上级标题之前。

2）单击“段落后移”按钮，插入点所在标题或所选定的文本将后移一行。多次单击该按钮，可以将标题后移到所需的位置，用该按钮可以将标题后移到下级标题之后。

3）只有当下级标题被折叠在要移动的上级标题中时，才会随着上级标题一起移动。如果下级标题是被展开的，移动上级标题时，下级标题不会跟着移动。

4）标题无论移动到何处，都不会改变标题的级别。

【例 2—1—5】将图 2—1—5 中所示的“第三单元　计算机操作系统”和其下的节内容（3 个二级标题）上移到“第二单元　计算机基础知识”之前。

➢分别将插入点定位在“第二单元　计算机基础知识”和“第三单元　计算机操作系统”处，单击工具栏上的折叠按钮 ━ ，分别将这两个一级标题折叠。

➢将插入点定位在一级标题“第三单元　计算机操作系统”处，单击工具栏上的“段落前移”按钮 ⇧ ，将“第三单元　计算机操作系统”以及其下的节内容都上移至“第二单元　计算机基础知识”之前。

➢将“第三单元　计算机操作系统”标题展开，可以看到，其下的三个节标题都一起被上移了，如图 2—1—8 所示。

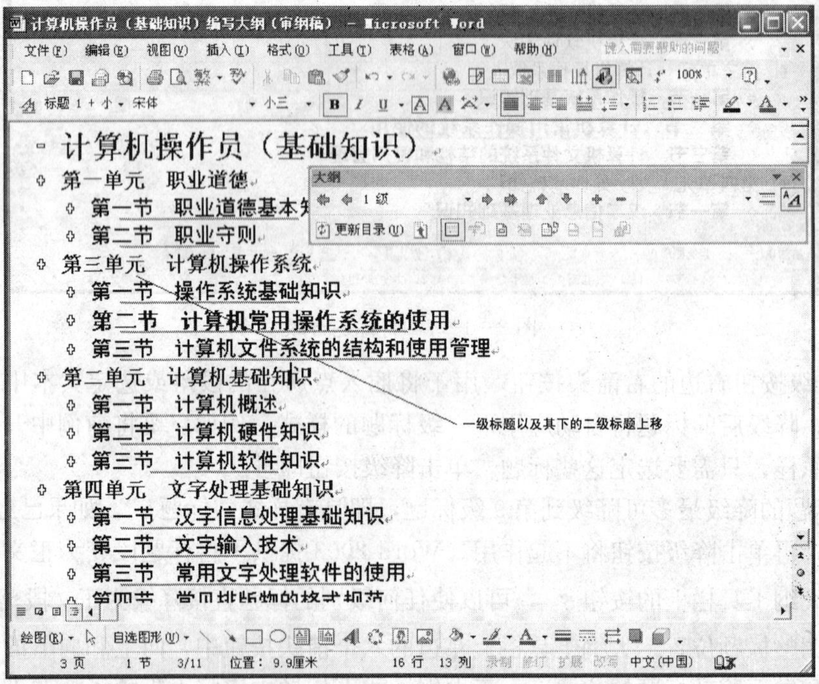

图 2—1—8　向上移动标题

三、样式

样式是一组格式化信息的集合，使用样式可以加速文档的格式化。根据格式化的对象，样式可以作为字符样式和段落样式；根据样式的来源，可以分为系统样式和自定义样式。

1. 标准样式

在编排文档时经常用到的正文、各级标题、各级目录、页眉、页脚、行号、索引、脚注等，都有标准样式可以引用，这些样式适用于大多数类型的文档。Word 2003 提供了一组标准样式供使用。

（1）基本样式。新建一个文档后，单击格式工具栏最左边的“样式”下拉列表框右边的向下箭头，弹出如图所示的样式列表框，其中包含了标题 1、标题 2、标题 3 和正文四个最基本的样式，如图 2—1—9 所示。

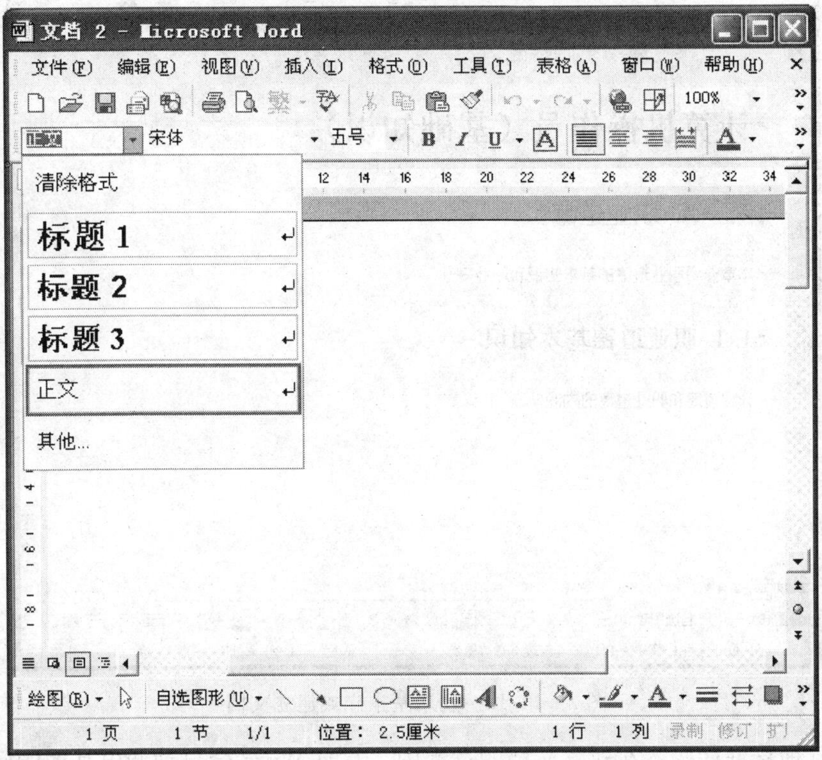

图 2—1—9 基本样式

在段落中使用样式的操作要点如下：

1）将插入点定位于某一段落中，单击“样式”下拉列表框按钮，弹出如图 2—1—9 所示的下拉列表框。

2）选择要运用的样式，当前被选中段落格式将按所选中的样式加以编排。

3）样式框中总是显示当前段落的样式名。

【例 2—1—6】 使用样式建立一本书的写作提纲。

➤ 新建一个文档，单击样式下拉列表框，选择“标题 1”。

➤ 输入书名“计算机操作员（基础知识）”后，键入回车键。

➤ 选择样式“标题 2”，输入“第一章　职业道德”，键入回车键。

➤ 选择样式“文本”，输入“本章介绍职业道德的基本知识和职业守则”，键入回车键。

➤ 选择样式“标题 3”，输入“1.1　职业道德基本知识”，键入回车键。

➢ 选择样式“文本”，输入“介绍道德和职业道德的内涵”，键入回车键。

➢ 重复以上步骤，可以建立一个完整的写作提纲，以上建立的文档如图 2—1—10 所示。

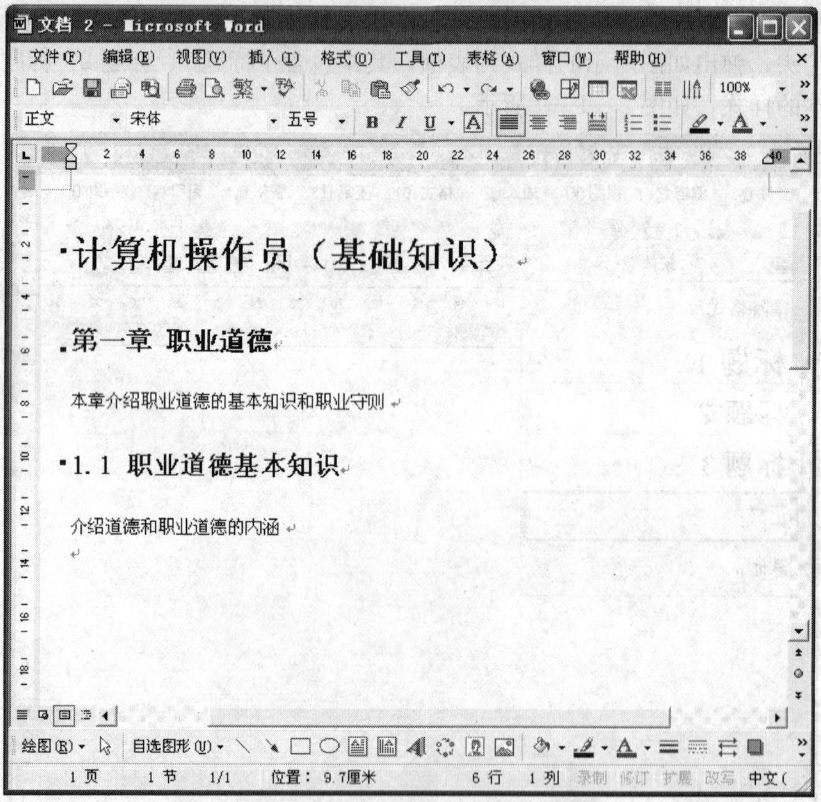

图 2—1—10 利用基本样式建立文档

（2）其他标准样式。在建立文档的过程中，有时 Word 会自动调出其他的标准样式，例如上例中，在样式“标题 2”和“标题 3”的段落按回车后，下一段的样式会自动变成“正文缩排”。

当在文档中编排一些特殊的段落时，Word 也会自动使用适当的样式。例如插入脚注时，就会自动将标准样式“脚注文字”应用于脚注。类似的标准样式还有诸如页眉、页脚等。如果这些样式没有在文档中用到，不会出现在样式下拉列表框中。

使用其他标准样式的操作步骤如下：

1）将插入点定位于段落中，单击“格式”菜单中的“样式和格式”命令，在编辑窗口的左边弹出如图 2—1—11 所示的“样式和格式”窗格。

2）在“样式和格式”窗格的“所选文字的格式”框中，显示了当前插入点所在段落的样式和格式，单击右边的下拉箭头，在弹出如图 2—1—12 所示的下拉列表中，可以选择清除、新建和修改样式的格式，也可以改变段落样式的“显示格式”。

3）在“请选择要应用的格式”列表框中显示了当前文档所有段落的样式设置，单击右边的下拉箭头可以对这些已设置的样式进行修改或删除操作。

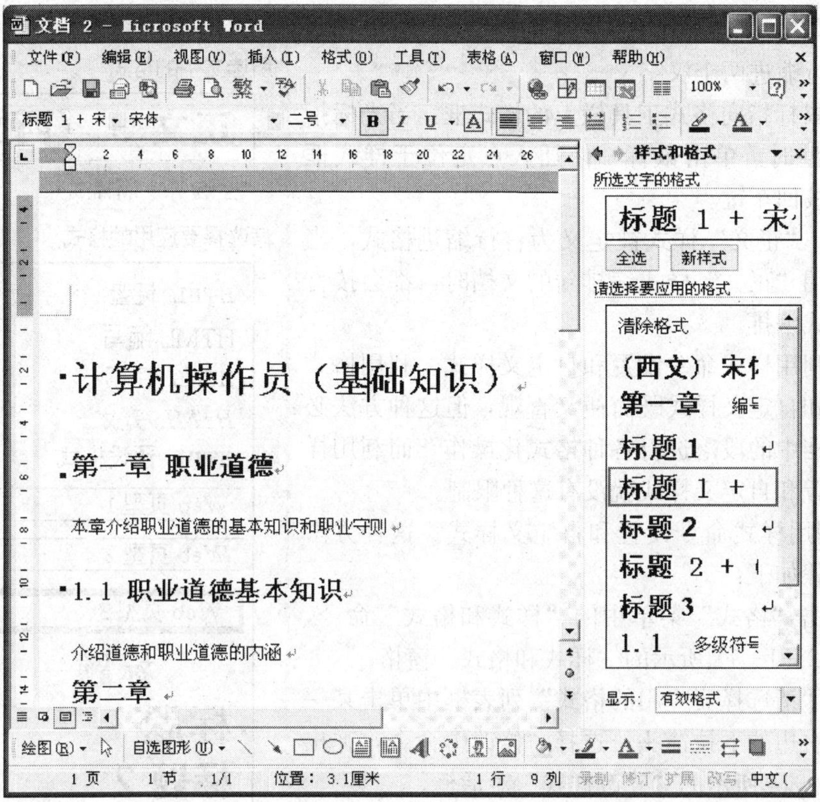

图 2—1—11 “样式和格式”窗格

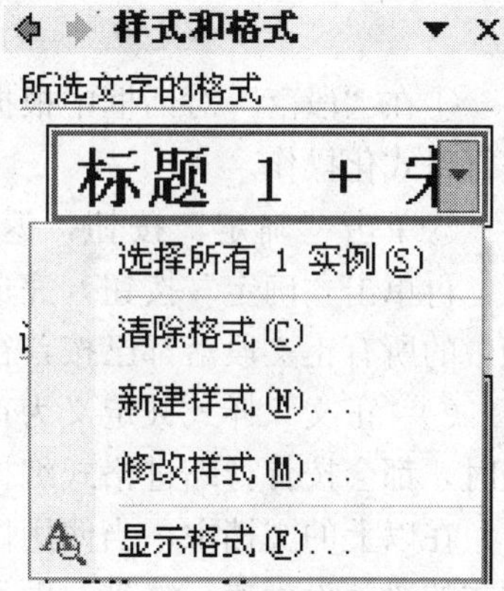

图 2—1—12 “所选文字的格式”列表框

4）单击“显示”下拉列表框右边的下拉箭头，在弹出的下拉列表框中选择“所有样式”，调出 Word 2003 的所有标准样式，如图 2—1—13 所示，可根据需要选择其中的样式。

2. 自定义样式

在一般情况下，Word 提供的众多标准样式能满足文档编排的要求，但如果不能满足需要时，可以对标准样式进行修改或定制自己的样式。有两种修改和定制样式的方法：一种是直接使用文档中的段落和格式栏上的样式框；另一种是使用菜单命令。

（1）利用格式栏设置自定义样式。利用格式栏来设置和自定义样式是一种简单快捷的方法，下面以实例来说明操作步骤。

【例 2—1—7】 在标准样式中有“正文”和“正文缩排”两种正文样式，在中文文章中，正文通常是首行缩进两个汉字的，显然这两种标准样式都不符合实际的需要。现将图 2—1—10 中文档的“正文”样式修改为首行缩进方式。

➤ 将插入点定位于一段正文中。

➢单击格式工具栏上的“增加缩进量”按钮 ，使正文首行缩进两个汉字。

➢将鼠标指向格式工具栏上的样式框，当光标指针变为 I 型时，单击鼠标，使插入点定位于样式框后，直接按回车键。

这样，“正文”样式被定义为首行缩进格式，当以后再运用“正文”样式编排新的文档时，都会按首行缩进格式编排。

（2）利用样式命令设置和自定义样式。利用格式栏来设置和自定义样式既简便又直观，但这种方法必须先将文档中的段落进行各种格式化操作。而利用样式命令设置和自定义样式就没有这种限制。

1）利用样式命令设置和自定义样式。这种方法的操作步骤如下：

①单击“格式”菜单中的“样式和格式”命令，弹出如图 2—1—11 所示的“样式和格式”窗格。

②在“请选择要应用的格式”列表框中单击某一个样式项右边的下拉箭头，选择“修改”命令，弹出如图 2—1—14 所示的“修改样式”对话框。

③单击“格式”按钮，选择快捷菜单中的“段落”命令，弹出如图 2—1—15 所示的“段落”对话框。

④在“段落”对话框中根据需要对所选定的文档进行格式化操作。

⑤单击“确定”按钮，返回“修改样式”对话框，再单击“确定”按钮，完成修改样式的操作，文档中的所有正文段落都已按首行缩进格式编排。

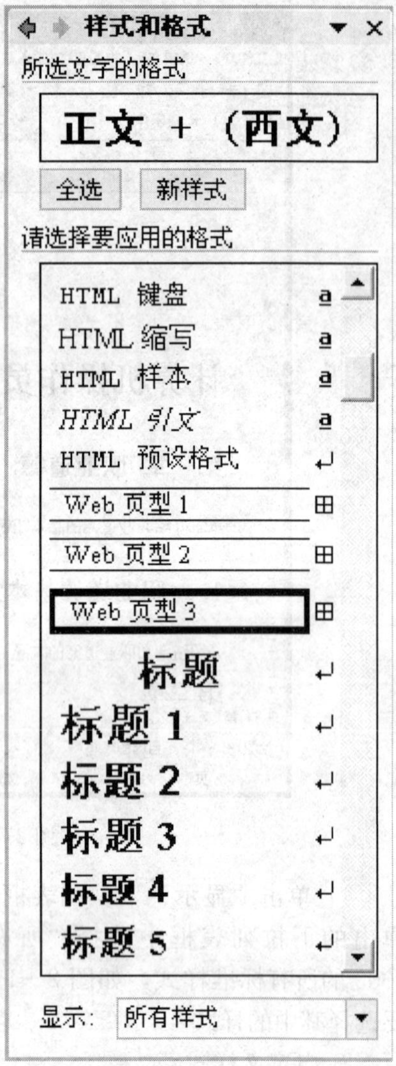

图 2—1—13 “所有样式”列表框

⑥“正文”样式被定义为首行缩进格式后，当以后再运用“正文”样式编排新的文档时，都会按首行缩进格式编排。

在以上的文档中，当使用修改的“正文”样式编排段落时，不仅所有应用“正文”样式的段落设为首行缩进，而且使用样式“标题 1”到“标题 3”的段落也被设为首行缩进了。这是因为样式具有继承性。

2）重新自定义一个新样式。如果只希望修改应用“正文”样式的段落，可以保留原来的“正文”样式，重新自定义一个新的样式。操作方法如下：

①单击“样式和格式”窗格中的“新样式”按钮，弹出如图 2—1—16 所示的“新建样式”对话框。

②在“名称”文本框中输入一个新样式名，例如“正文 1”。

③单击“格式”按钮，选择快捷菜单中的“段落”命令，在如图 2—1—15 所示的

单元 2

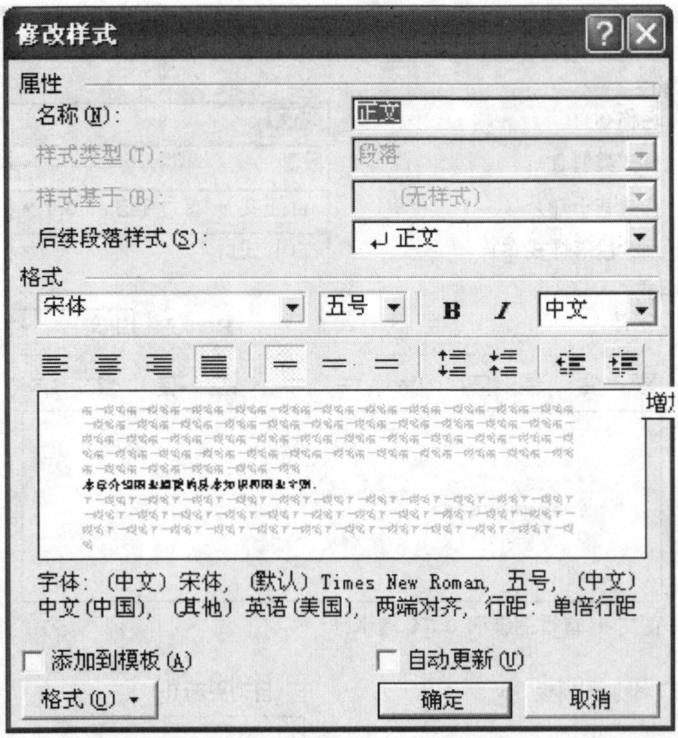

图 2—1—14 “修改样式”对话框

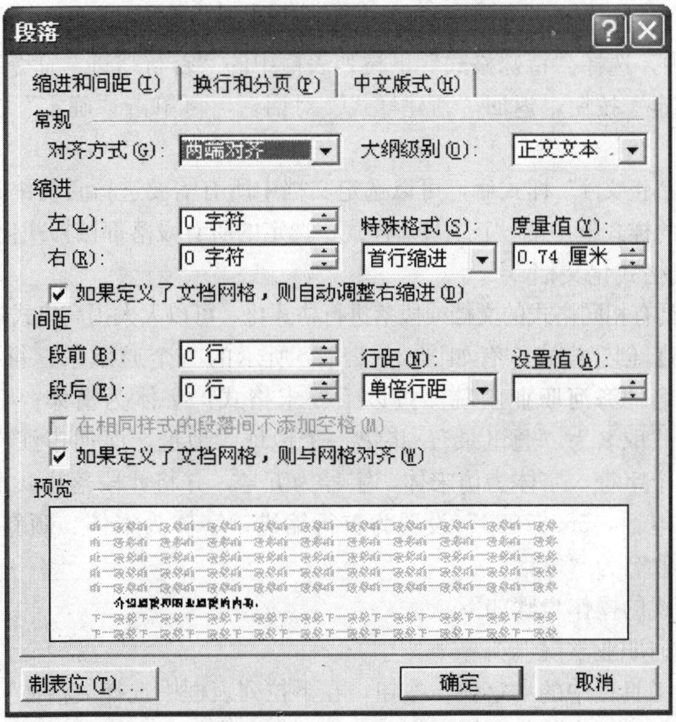

图 2—1—15 “段落”对话框

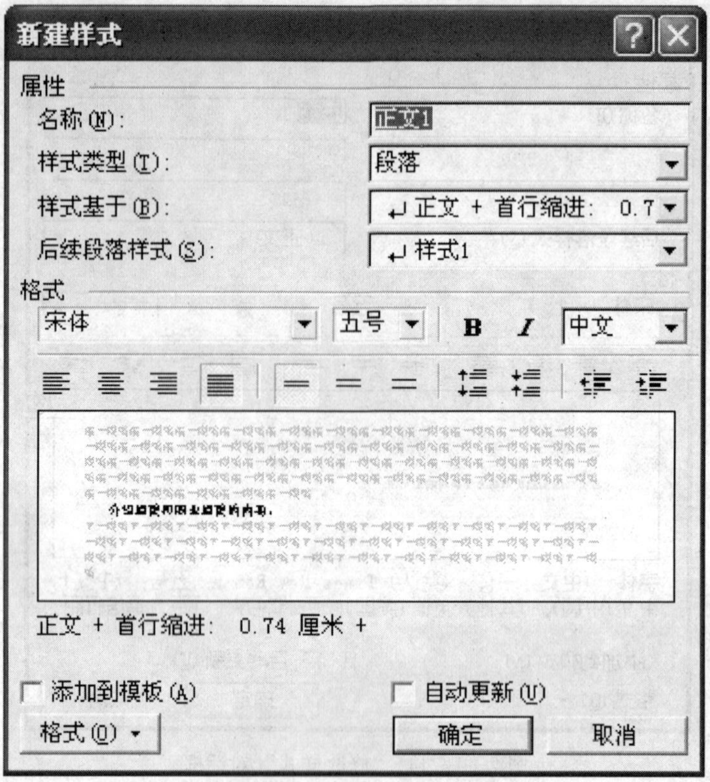

图 2—1—16 “新建样式”对话框

“段落”对话框中，选择“特殊格式”下拉列表框中的“首行缩进”命令。

④单击“确定”按钮，返回“新建样式”对话框，再单击“确定”按钮，完成新建样式的操作。

建立了一个“正文 1”样式后，可以选定文档中所有需要进行首行缩进的段落，再单击格式工具栏上的样式框中的“正文 1”样式，选定的所有段落都被格式化成首行缩进。

3. 使用样式格式化文档

使用样式对具有相同格式的文档或段落进行格式化，可以大大提高格式化文档的效率。

【例 2—1—8】创建样式。有如图 2—1—17 所示的一个通讯录，每行为一个段落，要求将第一个校名“海河职业学院”按以下要求格式：字体为楷体；字号为四号，加粗。将此段落样式取名为“通讯录”。将第一个地址“地址，海河市江岸路 200 号”设置为首行缩进 2 个字符，字体为仿宋体，字号为五号，并将此段落样式取名为“地址”。将第一个电话“电话：56987989”设置为首行缩进，字体为宋体、倾斜，字号为五号，并将此段落样式取名为“电话”。

建立段落样式的操作步骤如下：

➢ 选定“海河职业学院”。

➢ 单击格式工具栏中的“字体”按钮，在下拉列表框中选择“楷体”。

➢ 单击格式工具栏中的“字号”按钮，在下拉列表框中选择“四号”。

➢ 单击格式工具栏中的“加粗”按钮。

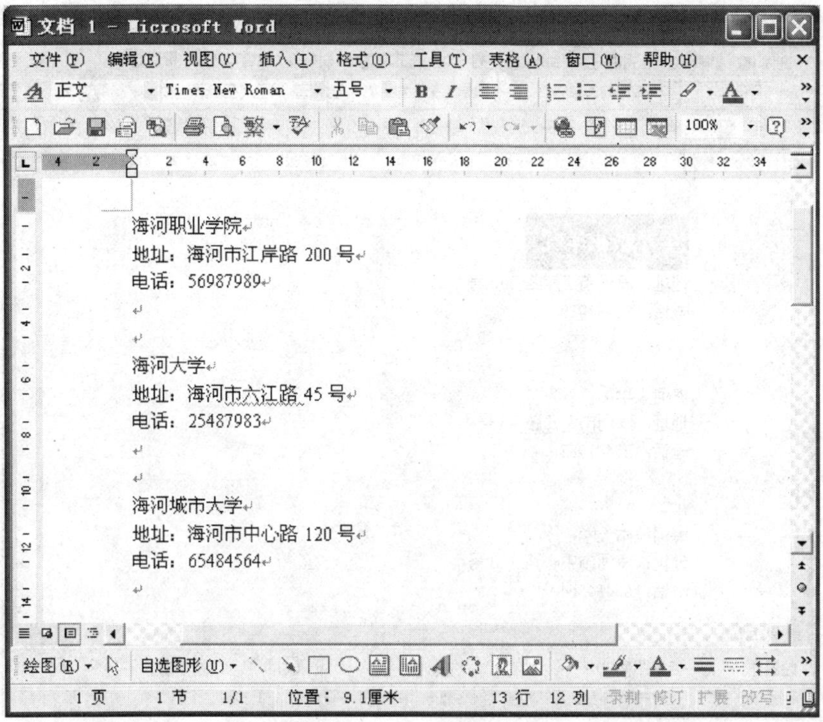

图 2—1—17　通讯录

➢将插入点定位在格式工具栏中的“样式”列表框处，使之处于高亮度显示，直接输入样式名“通讯录”，按回车键，如图 2—1—18 所示。

➢选定“地址：海河市江岸路 200 号”，设置首行缩进 2 个字符。

➢单击格式工具栏中的“字体”按钮，在下拉列表框中选择“仿宋体”。

➢单击格式工具栏中的“字号”按钮，在下拉列表框中选择“五号”。

➢将插入点定位在格式工具栏中的“样式”列表框处，输入样式名“地址”，按回车键。

➢选定“电话：56987989”，设置首行缩进 2 个字符。

➢单击格式工具栏中的“字体”按钮，在下拉列表框中选择“宋体”。

➢单击格式工具栏中的“字号”按钮，在下拉列表框中选择“五号”。

➢单击格式工具栏中的“倾斜”按钮。

➢将插入点定位在格式工具栏中的“样式”列表框处，输入样式名“电话”，按回车键，如图 2—1—19 所示。

【例 2—1—9】利用已创建的样式对文档或段落进行格式化，操作步骤如下：

➢选定“海河大学”。

➢在格式工具栏中的“样式”下拉列表框中，选择样式“通讯录”，该样式即对“海河大学”进行格式化了。

➢用同样的方法对“海河城市大学”进行格式化。

➢分别用样式“地址”和“电话”格式化各学校的地址和电话，如图 2—1—20 所示。

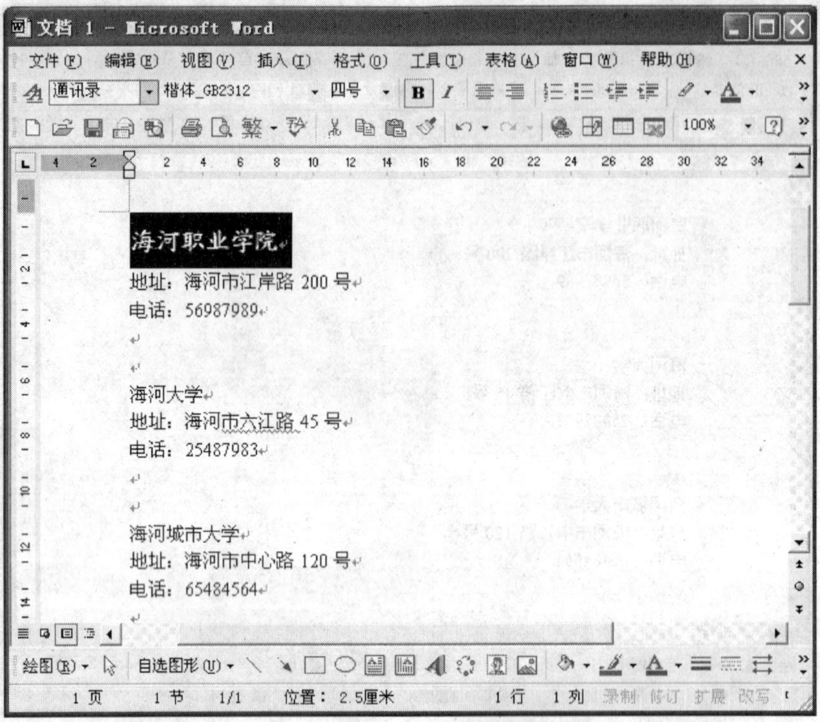

图 2—1—18 建立“通讯录”样式

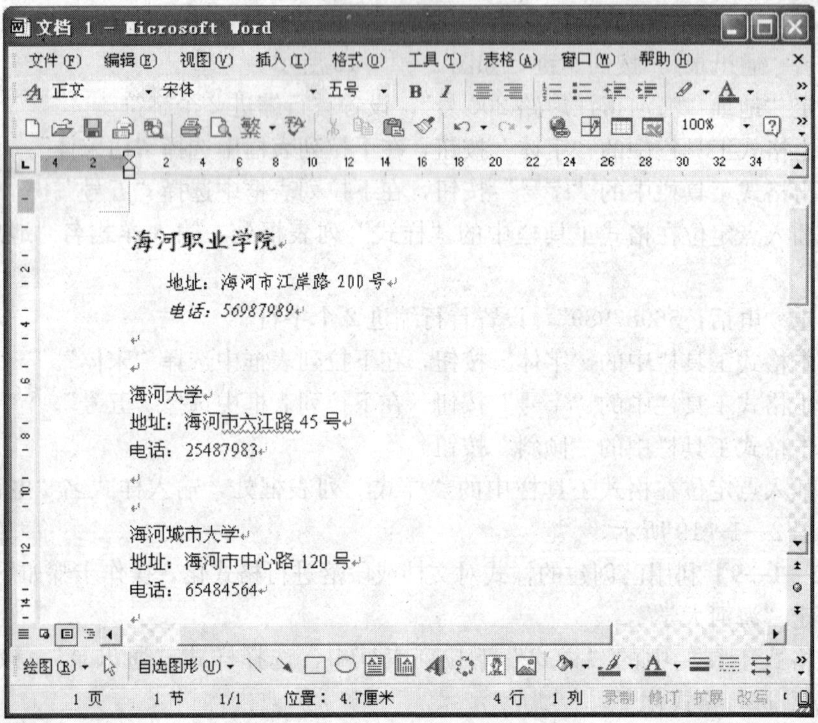

图 2—1—19 建立其他样式

单元 2

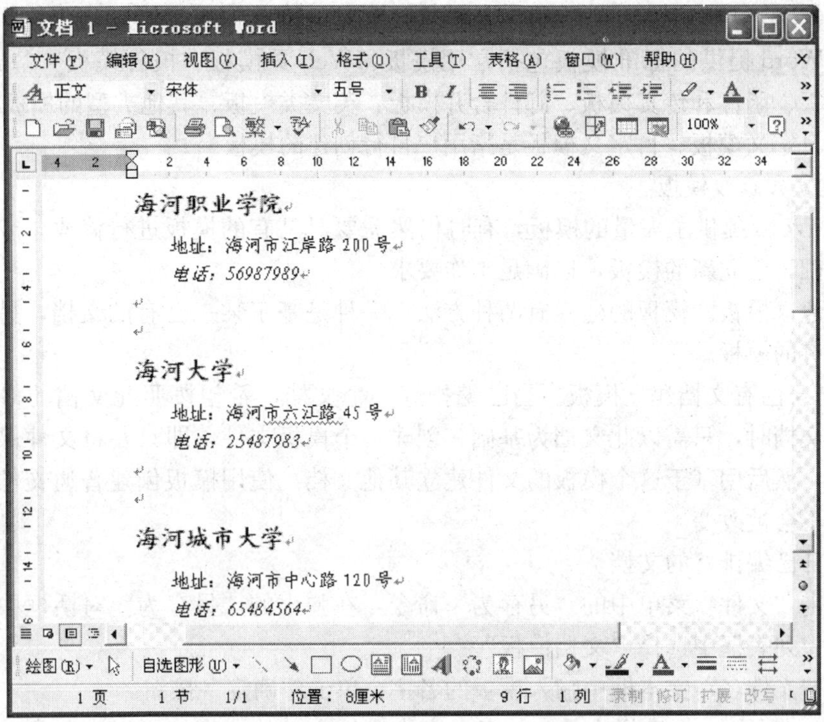

图 2—1—20　用样式格式化文档效果

四、模板

样式用于加速段落的格式化，模板可加速文档的格式化。

1. 模板的概念

在日常的工作中，人们在处理的大量的文档中都有很多具有固定的格式，例如公文、论文、报告、传真、会议通知、议程安排等。为了提高工作效率，Word 引入了模板的概念。

模板是一种向用户提供塑造最终文档的基本格式和工具的特殊文档。用户在模板的框架上，像填表格那样添加必要的内容就可以形成一份具有专业风格的文档。

模板与样式很相似，只是样式是针对段落的格式设定的，而模板是针对整篇文档的格式设定的。不过，由于一篇文档中可能包含的格式内容远多于一个段落，所以模板比样式具有更丰富的内容。

(1) Normal 模板。在 Word 中，任何文档都是在模板的基础上创建的。例如，启动 Word 时，系统会自动创建一个基于“Normal”模板的新空白文档。“Normal”模块保存有经常要用的自动图文集词条、宏、工具栏、自动菜单设置和快捷键。用户可以通过修改“Normal”模板来改变默认的文档格式或内容。如果 Word 在安装时建立的用户模板文件夹中找不到模板文件“Normal. dot”，会创建一个带有标准 Word 文档格式、常见菜单、工具栏和快捷键设置的新“Normal”模板，模板文件都是以 dot 为扩展名的。

(2) 系统模板。系统模板就是 Word 提供的标准模板。Word 不仅提供了大量的标准样式，针对经常用到的一些文档，也提供了大量的标准模板，可以使用这些模板来建立文档。Word 提供的标准模板包括常用模板、Web 页模板、报告模板、备忘录模板、出版物模板、函件和传真模板、邮件合并模板、英文类模板、其他类型的模板。

（3）自定义模板。自定义模板是指用户自行创建的模板。

2. 建立和修改模板

虽然 Word 提供了大量的模板，有时仍然需要对已有的模板进行修改，或者以现有模板为基础，建立新的模板，以满足工作要求。

（1）建立模板。模板的建立有两种方法，一种是基于某一已有的文档，另一种是基于某一已有的模板。

1）基于已有文档建立模板。当已编排好一个文档，希望按照此文档的格式编排其他更多的文档时，只需以此文档为基础，创建一个模板文件，即只要将文件保存为模板类型即可，然后用基于这个模板的文件建立其他文档。使用模板创建普通文件，保存时模板文件不会被改变。

①打开已编排好的文档。

②单击“文件”菜单中的“另存为”命令，在弹出的“另存为”对话框中的“保存类型”下拉列表框中选择“文档模板”。

③在“文件名”文本框中输入模板的名字，单击“确定”按钮。

这时，在 Word 标准栏中的文件名已变为模板文件的名字，可以进一步对该模板文件进行设置。例如，通常要删除文本，保留格式设置。最后将文件保存起来，建立好新的模板文件。

2）基于已有模板建立模板。创建模板文件的过程与创建一个 Word 文档类似，只是模板的创建着重编排的是格式设置，其目的不是直接使用，而是用于创建将直接投入使用的文档格式。基于已有一个模板建立新模板的操作方法如下：

①单击“文件”菜单中的“新建”命令，在编辑窗口的右边弹出“新建文档”窗格。

②在“新建文档”窗格中，单击“根据模板新建”项目组中的“通用模板”项，弹出如图 2—1—21 所示的“模板”对话框。

③根据需要，选择一个功能选项卡中的模板，例如，选择“信函和传真”选项卡中的“商务传真”模板。

④单击“新建”单选框中的“模板”单选按钮，单击“确定”按钮，将“商务传真”模板文件调入 Word 编辑窗口，如图 2—1—22 所示。

在模板文件中，对格式和文字的编排与在 Word 文档中是完全一样的。

（2）修改模板。修改模板文件的操作步骤如下：

1）单击“文件”菜单中的“打开”命令，在弹出的“打开”对话框中的“文件类型”下拉列表框中选择“文档模板”类型。

2）在“文件名”文本框中选择要修改的模板文件名，单击“确定”按钮，打开模板文件。

在打开的模板文件中，对各种格式设置进行修改的方法与普通文档中的设置和修改

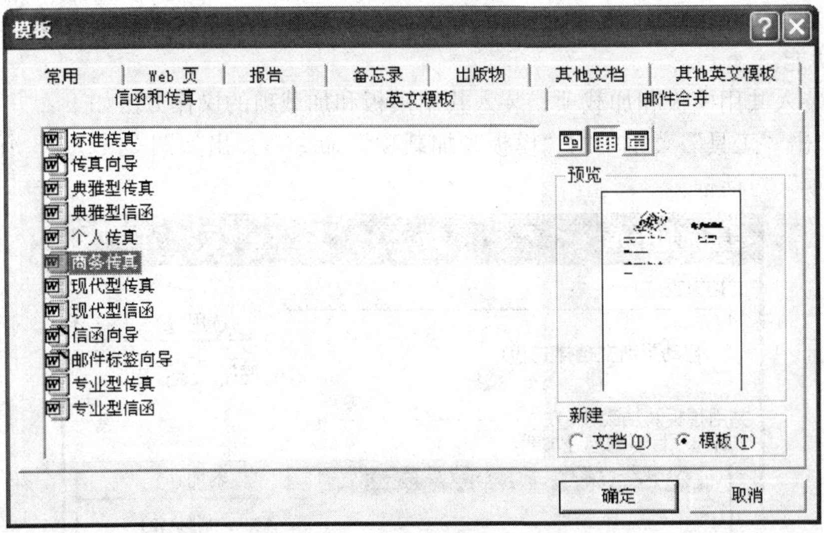

图 2—1—21 “模板”对话框

图 2—1—22 “商务传真”模板文件

相同，修改完毕，保存模板文件。

3. 共用模板和加载项

共用模板是所有文档都能使用的模板，用户在编辑文档中只能使用共用模板和文档模板中保存的自动图文集词条、宏、自定义工具栏、菜单设置和快捷键。例如，“Normal”模板就是一种共用模板，Word 启动时会自动将“Normal”模板作为共用模板加载。若需要使用保存在其他模板中的模板项目，可以将这些模板加载到“Normal”模板中。加载是指向 Word 添加自定义命令或自定义功能的附加程序，加载模板可以增强 Word 的功能。

（1）装入共用模板和加载项。装入共用模板和加载项的操作方法如下：

1）单击“工具”菜单中的“模板和加载项”命令，弹出如图 2—1—23 所示的“模板和加载项”对话框。

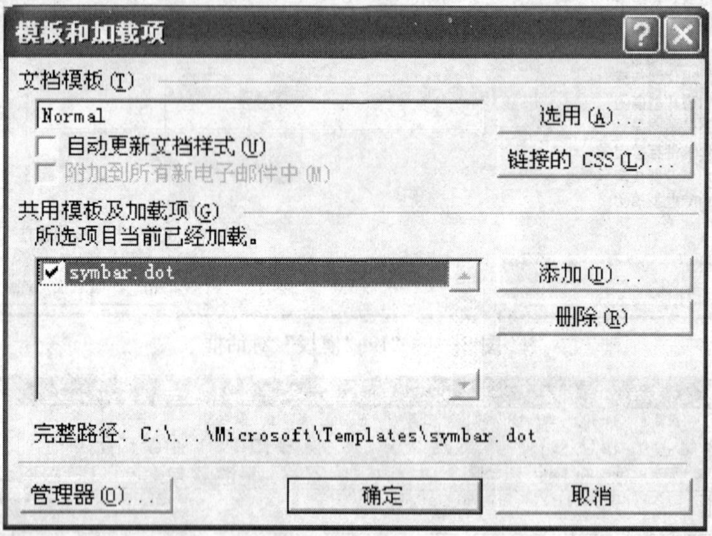

图 2—1—23 “模板和加载项”对话框

2）选定“共用项及加载项”框中需要装入的模板或加载项复选框。若所需的模板或加载项不在框中，单击“添加”按钮，在弹出的“添加模板”对话框中选择添加项。

3）单击“确定”按钮，装入模板或加载项。

用“模板”命令装入的加载项和模板会在关闭 Word 时卸载。如果要在每次启动 Word 时装入一个模板或加载项，可将模板或加载项保存在 Word 的 Startup 文件夹中。

其他选项的作用如下：

➢“文档模板”——显示活动文档选用的模板。单击“选用”按钮，可以选用其他的模板。

➢“自动更新文档样式”——选中该复选框，每次打开文档时，“文档模板”中的样式被更新，使其与所选模板的同名样式一致。

➢“管理器”——选中该命令按钮，对当前的活动模板进行样式、自动图文集、工具栏、宏等的设置。

（2）卸载共用项及加载项。卸载共用模板和加载项的操作方法如下：

1）单击“工具”菜单中的“模板和加载项”命令。

2）在图 2—1—23 所示的“共用模板及加载项”框中去除需要卸载的模板或加载项左边的复选框。

3）单击“删除”按钮，再单击“确定”按钮，卸载了共用模板和加载项。

4. 模板使用实例

在实际操作中，常借助向导来使用模板创建文档。利用向导，只要回答向导提出的一系列问题，就可以最终生成符合要求的实用文档。以下使用公文向导创建一份流行风格的公文，具体操作如下：

（1）单击“文件”菜单中的“新建”命令。

（2）在“新建文档”窗格中，单击“根据模板新建”项目组中的“通用模板”项，在弹出的“模板”对话框选择“报告”选项卡，如图 2—1—24 所示。

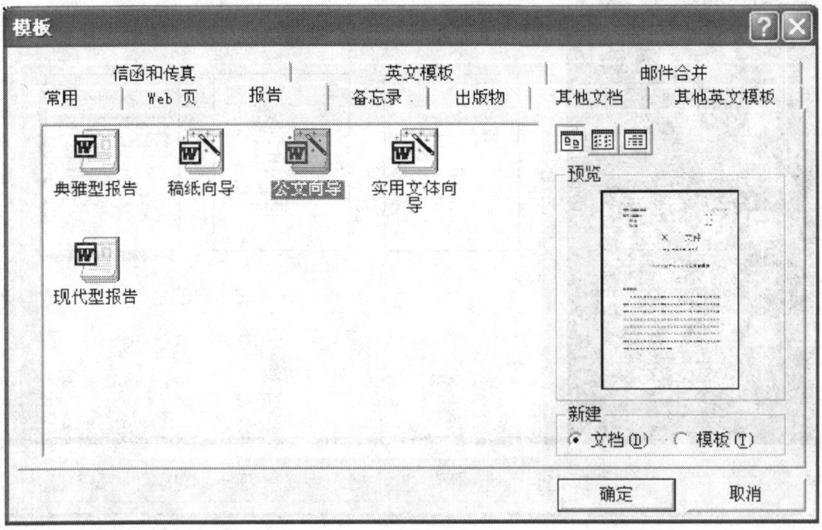

图 2—1—24 “报告”选项卡

（3）双击“公文向导”图标，启动公文向导，弹出如图 2—1—25 所示的“公文向导—开始”对话框。

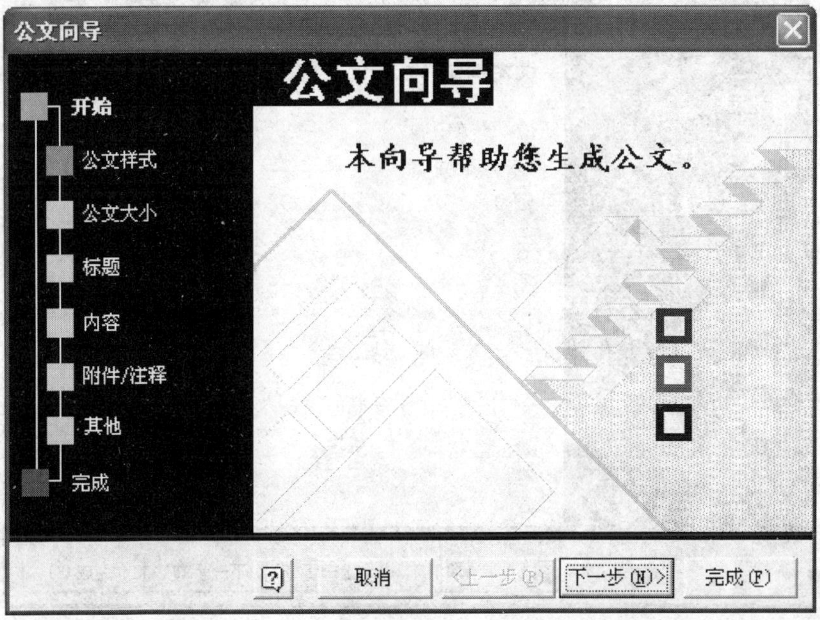

图 2—1—25 “公文向导—开始”对话框

（4）在该对话框的左边显示了公文向导的操作流程，共有六个操作内容。绿色块表示当前的操作位置，红色块表示完成。单击“下一步”按钮，弹出如图 2—1—26 所示的“公文样式”对话框。

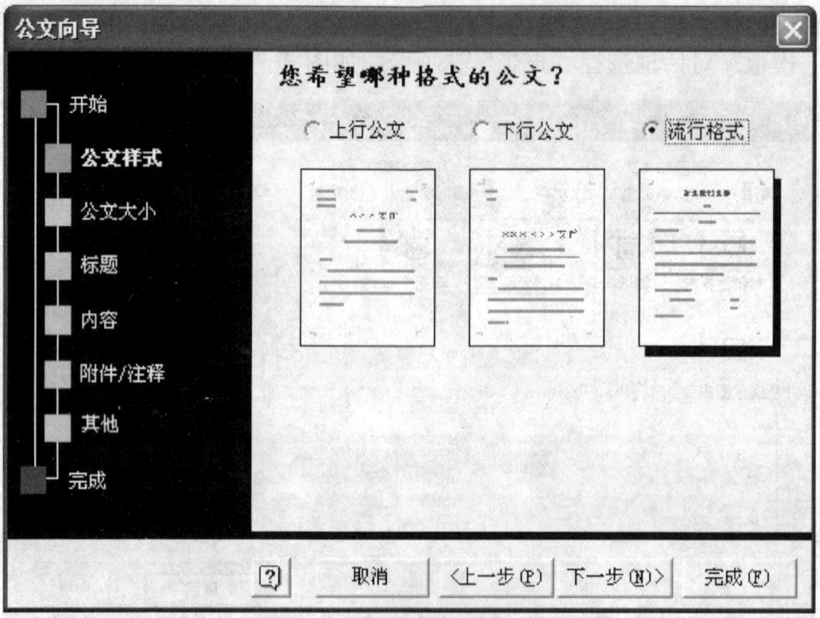

图 2—1—26 “公文样式”对话框

（5）选择一种公文样式，本例选择流行格式。单击“流行格式”单选按钮，单击“下一步”按钮，弹出如图 2—1—27 所示的“公文大小”对话框。

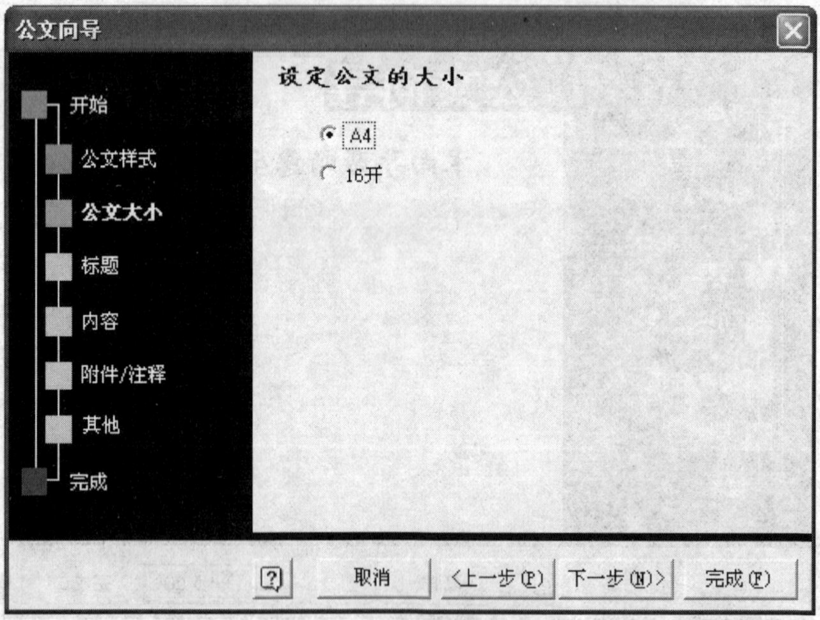

图 2—1—27 “公文大小”对话框

（6）设置纸张大小，本例选择 A4。单击“A4”单选按钮，单击“下一步”按钮，弹出如图 2—1—28 所示的“公文标题”对话框。

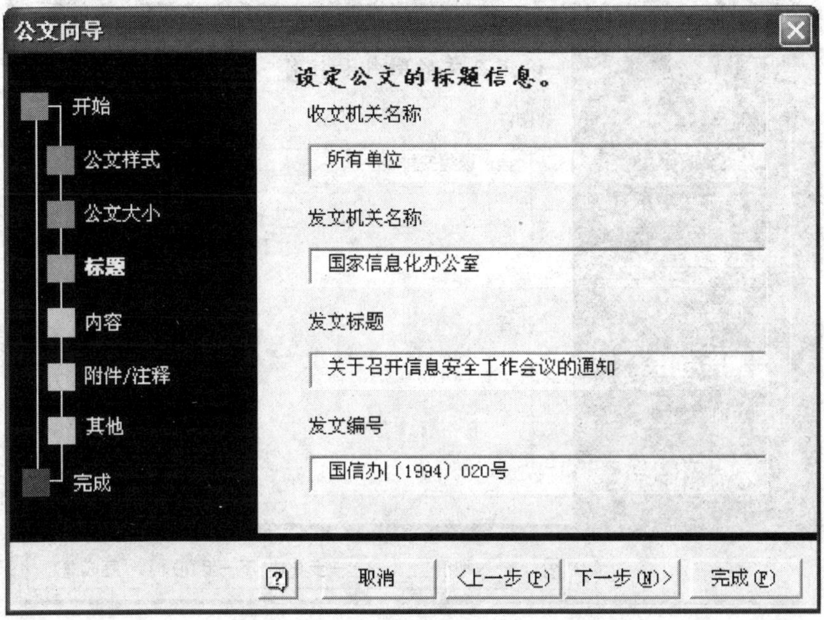

图 2—1—28 “公文标题”对话框

（7）分别在四个文本框中输入收文机关名称、发文机关名称、发文标题、发文编号等文本，单击“下一步”按钮，弹出如图 2—1—29 所示的“公文内容”对话框。

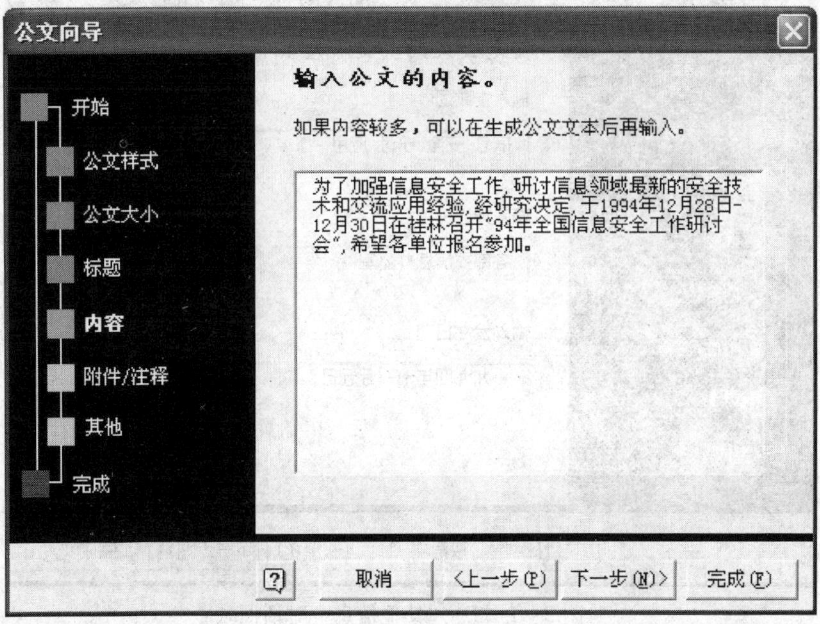

图 2—1—29 “公文内容”对话框

（8）在内容文本框中输入公文内容，如果文件的内容很多，可以先输入部分文字，其余的文字等到生成文档后，在编辑窗口中添加。单击“下一步”按钮，弹出如图 2—1—30 所示的“附件/注释”对话框。

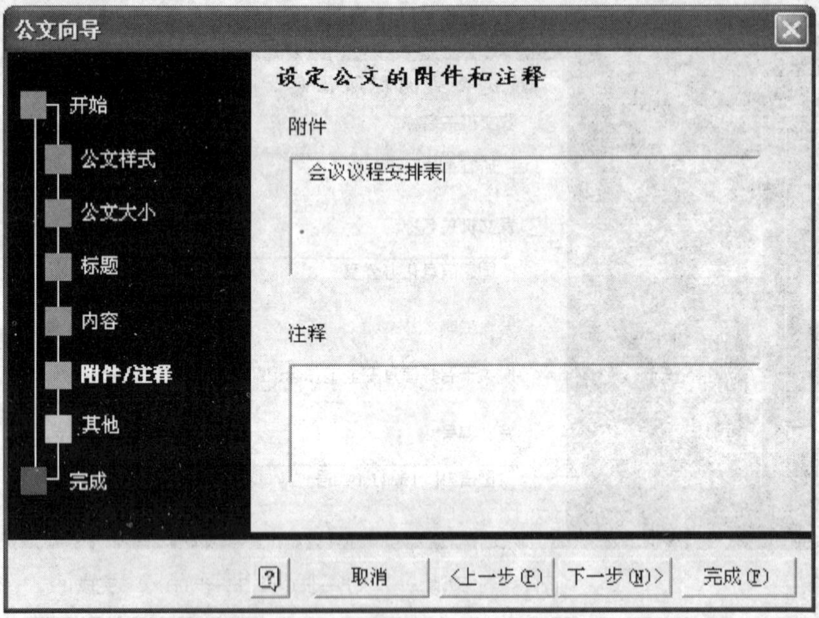

图 2—1—30 “附件/注释”对话框

（9）根据需要，输入公文的附件或注释。单击“下一步”按钮，弹出如图 2—1—31 所示的“其他信息”对话框。

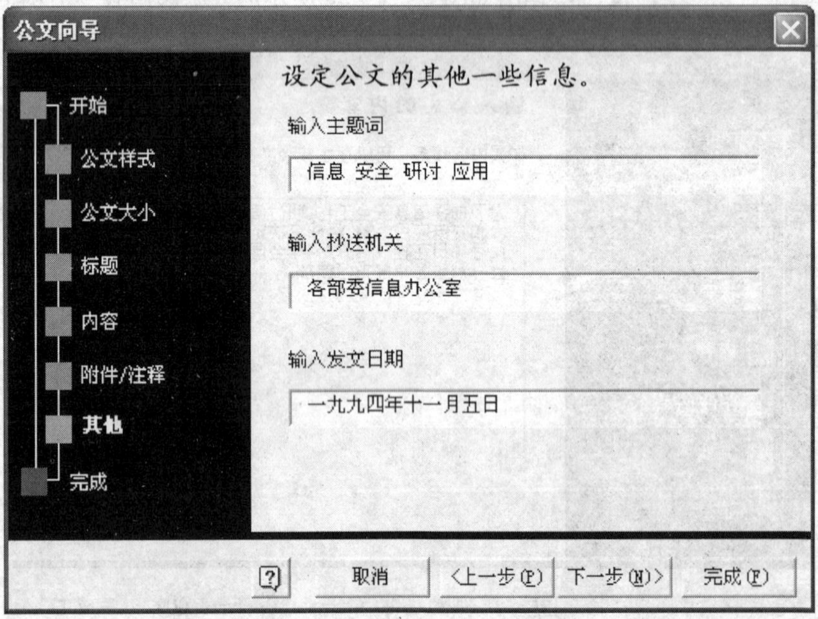

图 2—1—31 “其他信息”对话框

（10）在文本框中输入公文中的主题词、抄送机关、发文日期，单击“下一步”按钮，弹出如图 2—1—32 所示的“公文向导—完成”对话框。

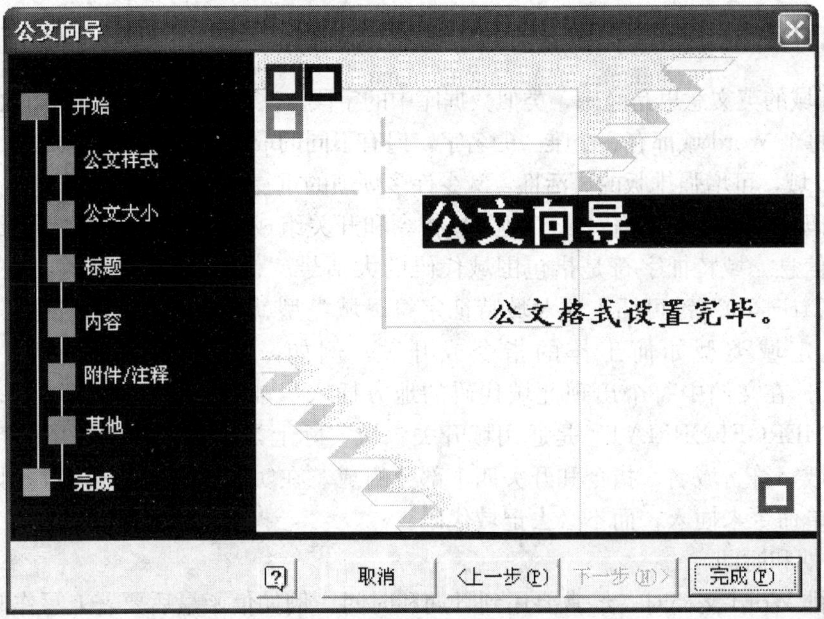

图 2—1—32 “公文向导—完成”对话框

（11）如果要修改对前面向导所提问题的回答，可以用鼠标每单击一次“上一步”按钮，返回到前面一步的提问对话框，进行修改选项。

（12）单击“完成”按钮，Word 新建一个流行公文，效果如图 2—1—33 所示。

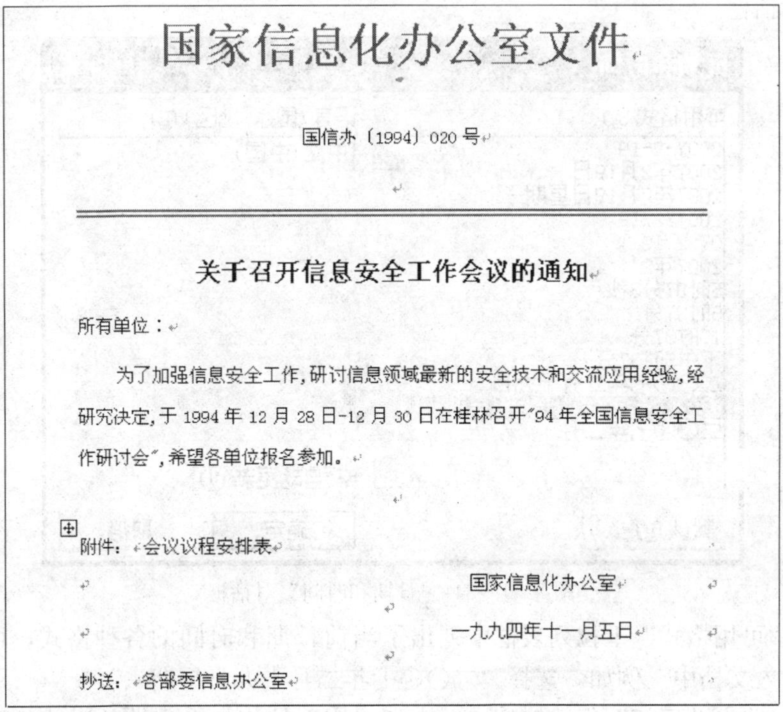

国家信息化办公室文件

国信办〔1994〕020 号

关于召开信息安全工作会议的通知

所有单位：

为了加强信息安全工作，研讨信息领域最新的安全技术和交流应用经验，经研究决定，于 1994 年 12 月 28 日-12 月 30 日在桂林召开"94 年全国信息安全工作研讨会"，希望各单位报名参加。

附件：会议议程安排表

国家信息化办公室

一九九四年十一月五日

抄送：各部委信息办公室

图 2—1—33 流行公文效果

五、域的使用

Word 域的英文意思是范围，类似数据库中的字段，实际上，域就是 Word 文档中的一些字段。每个 Word 域都有一个唯一的名字，但有不同的取值。用 Word 排版时，若能熟练使用 Word 域，可增强排版的灵活性，减少许多烦琐的重复操作，提高工作效率。

域代码是由域特征字符、域类型、域指令和开关组成的字符串；域的结果是域代码所代表的信息。域特征字符是指包围域代码的大括号“{}”，它不是从键盘上直接输入的，按“Ctrl＋F9”键可插入这对域特征字符。域类型就是 Word 域的名称，域指令和开关是设定域类型如何工作的指令或开关。例如，域代码 {DATE \ * MERGEFORMAT} 在文档中每个出现此域代码的地方插入当前日期，其中“DATE”是域类型，“\ *MERGEFORMAT”是通用域开关。域实际上是一种插在文档中的特殊代码，域通常由域字符、域名、指令和开关四个部分组成。在实际操作中，很多常用的域都可以通过菜单命令来插入，而不必去记域代码。

1. 日期和时间

在编排 Word 文档时，经常要用到日期和时间。例如信函最后要署上写作时的日期，在报告中有时会列出不同时间的一些信息项。在 Word 中，可以使用时间域来插入各种格式的日期和时间。

（1）插入日期和时间

1）单击“插入”菜单中的“日期和时间”选项，弹出如图 2—1—34 所示的“日期和时间”对话框。

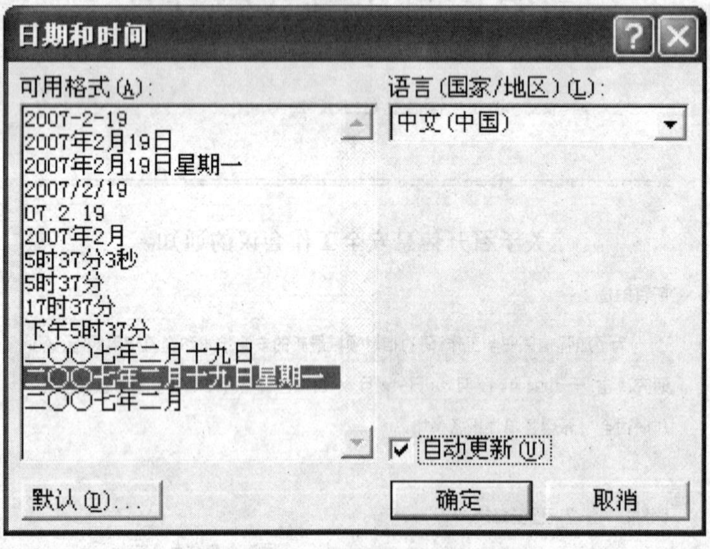

图 2—1—34 “日期和时间”对话框

2）在“可用格式”下拉列表框中列出了当前日期和时间的各种格式，可以选择其中的一种插入文档中。例如，选择“二〇〇七年二月十九日星期一”。

3）选择“自动更新”复选按钮，单击“确定”按钮，在文档的当前位置插入如下所示的日期：

二〇〇七年二月十九日星期一

4）在“可用格式”中选择“下午 5 时 37 分”，选择“自动更新”复选按钮，单击“确定”按钮，在文档的当前位置插入如下所示的时间：

下午 5 时 37 分

以上的操作实际上是插入了两个域，可以用鼠标分别右击日期域和时间域，在弹出如图 2—1—35 所示的快捷菜单中，选择“切换域代码”命令。

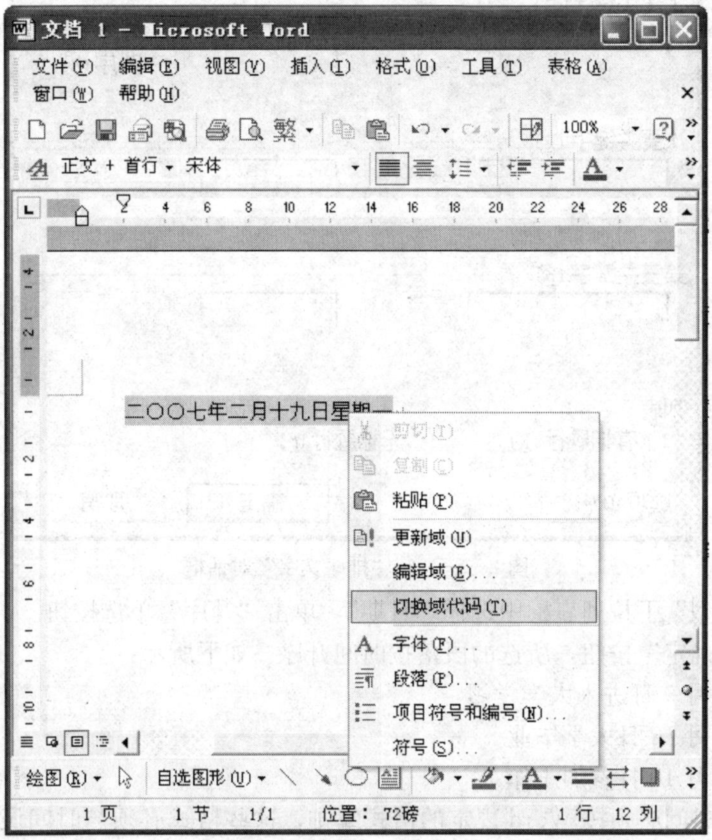

图 2—1—35 域快捷菜单

插入的日期和时间将显示为如下的两个域代码：

{TIME \ @"EEEE 年 O 月 A 日星期 W"}

{TIME \ @"AMPMh 时 m 分"}

由于在文档中插入的是日期域和时间域，在不同的日期和时间打开文档时，日期和时间的值都会随系统的当前日期和时间改变。

(2) 按日期排序。在 Word 中要按日期进行排序，日期的格式必须是图 2—1—34 中的一种，否则 Word 无法识别。

【例 2—1—10】 以下都是以时间开头的段落，要求按时间升序排列。

1988 年 7 月 10 日大学毕业

1984 年 9 月 9 日进入大学学习

1988 年 8 月 10 日参加工作

操作步骤如下：

➢选定三段文本。

➢单击“表格”菜单中的“排序”选项，弹出如图 2—1—36 所示的“排序文字”对话框。

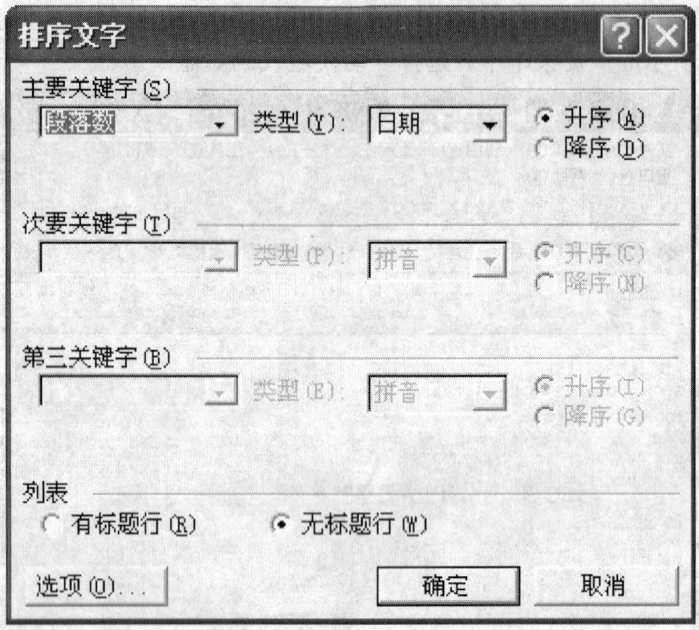

图 2—1—36 “排序文字”对话框

➢在“类型”下拉列表框中选择“日期”，单击“升序”单选按钮。

➢单击“确定”按钮，所选的段落按时间升序。如下所示：

1984 年 9 月 9 日进入大学学习

1988 年 7 月 10 日大学毕业

1988 年 8 月 10 日参加工作

要排序的时间必须按 Word 规定的格式编排，这些格式必须与时间域中可选的格式相同，但并不是要用时间域输入。

2. 目录与索引

目录与索引在一个完整的文档中通常是很必要的，特别是目录，当文档较长时，目录通常是完整的文档中必不可少的一部分。Word 提供了自动生成目录和索引的功能，而且建立目录和索引十分简单。

（1）创建目录。目录的内容通常是各级标题，因此，当用各级标题样式来格式化文档中的标题段落时，可以通过收集所有这些标题或标题中的一部分来建立目录。

如果没有用标题样式来格式化文档中的标题，也可以通过在每段标题后插入目录项域，然后引用目录项域来建立目录，但这种方法使建立目录的工作复杂化了。因此，要尽量使用标题样式来格式化文档中的标题，这样能方便地使用大纲模式，并且在页眉/页脚中能方便地引用标题。

创建目录有两个步骤，第一步是标记目录项，第二步是生成目录。

1）标记目录项。标记目录项的具体步骤如下：

①在文档中选定需要用作为目录的单词或词组，若要自行输入文字作为目录项，只要在文档中单击插入目录的位置。

②按 Alt+Shift+O 组合键，弹出如图 2—1—37 所示的“标记目录项”对话框。

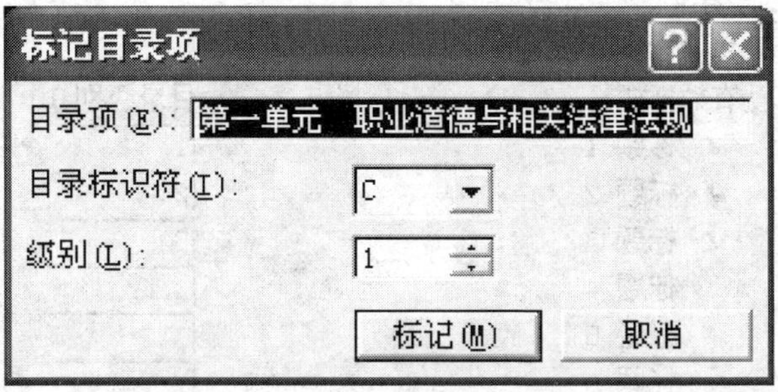

图 2—1—37　“标记目录项”对话框

③激活文档窗口，在文档中选定目录，若要把一项分配给多个目录，可以在“目录标识符”下拉框中为每个目录类型选择一个不同的标识符。

④单击“标记”按钮，将“目录项”框中的文本加入到某个目录中。

⑤重复以上操作，直到目录项标记全部完毕为止。

⑥单击“取消”按钮，关闭对话框。

2）插入目录。建立目录的操作步骤如下：

①将插入点定位于要创建目录的位置上，单击“插入”菜单下的“引用”级联菜单中的“索引和目录”命令，弹出“索引和目录”对话框，选择“目录”选项卡，如图 2—1—38 所示。

②单击“格式”下拉列表框，弹出七种目录格式，选择其中一种，例如，选择“正

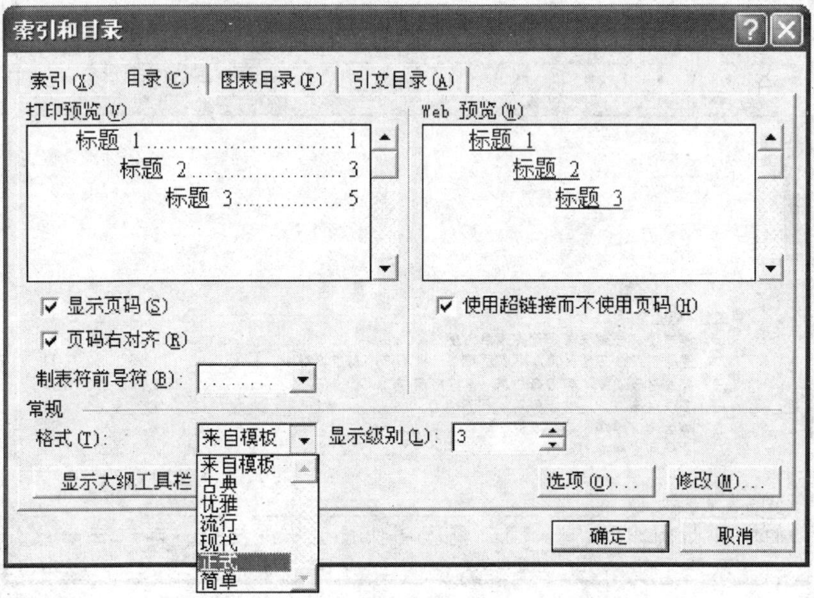

图 2—1—38　“目录”选项卡

式”项。

③单击“选项”按钮，弹出如图 2—1—39 所示的“目录选项”对话框。

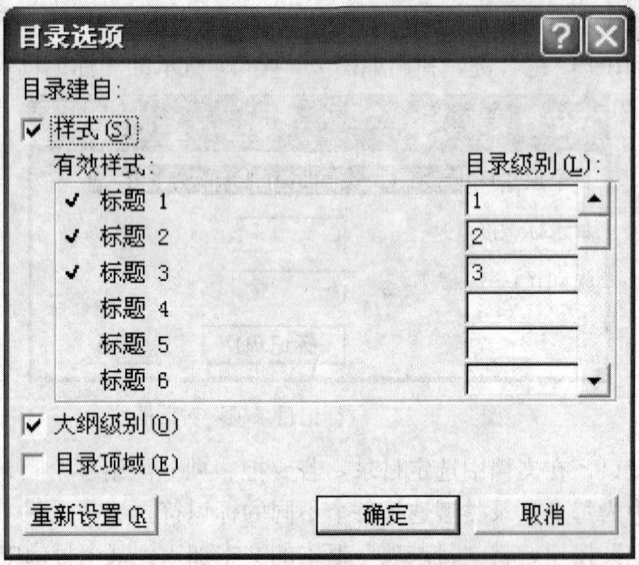

图 2—1—39 “目录选项”对话框

④单击“样式”复选框，以标题样式创建目录。Word 默认将正文中所有设置为“标题 1”的为第一级目录。在“目录级别”框中可以样式作为对应的目录层次，如果要用标记的目录项域来建立目录，可选中“目录项域”复选框。

⑤单击“确定”按钮，生成如图 2—1—40 所示的目录。

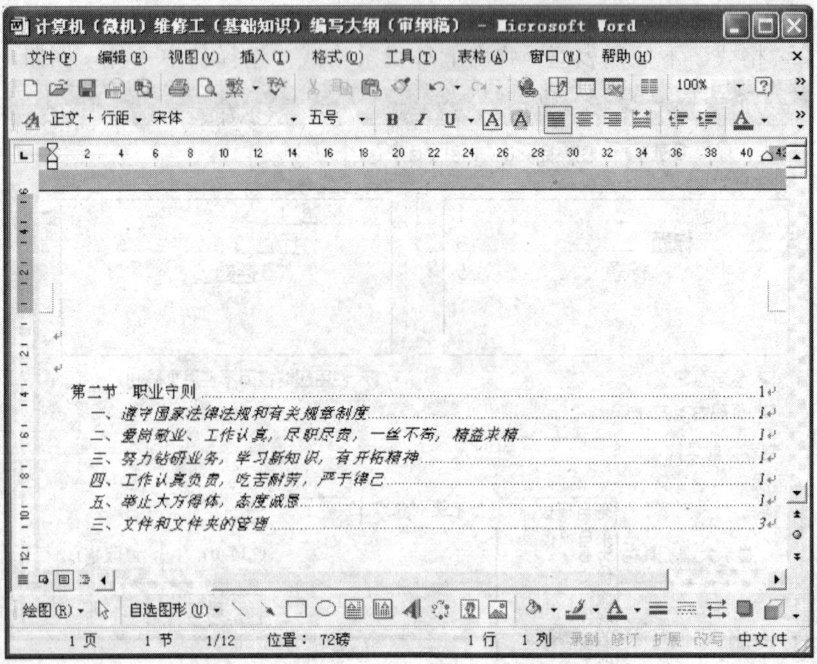

图 2—1—40 生成目录

(2) 创建索引。索引是为了方便在文档中查找某些信息。例如，在一本关于 Word 的书中多次出现有关建立索引的内容，则在索引中可以列出这些内容所在的页码，以方便在书中查找关于索引的内容。创建索引之前，应先在文档中建立索引的内容，即索引项。

1）标记索引项。标记索引项的具体步骤如下：

①单击“插入”菜单下的“引用”级联菜单中的“索引和目录”命令，弹出“索引和目录”对话框，选择“索引”选项卡，如图 2—1—41 所示。

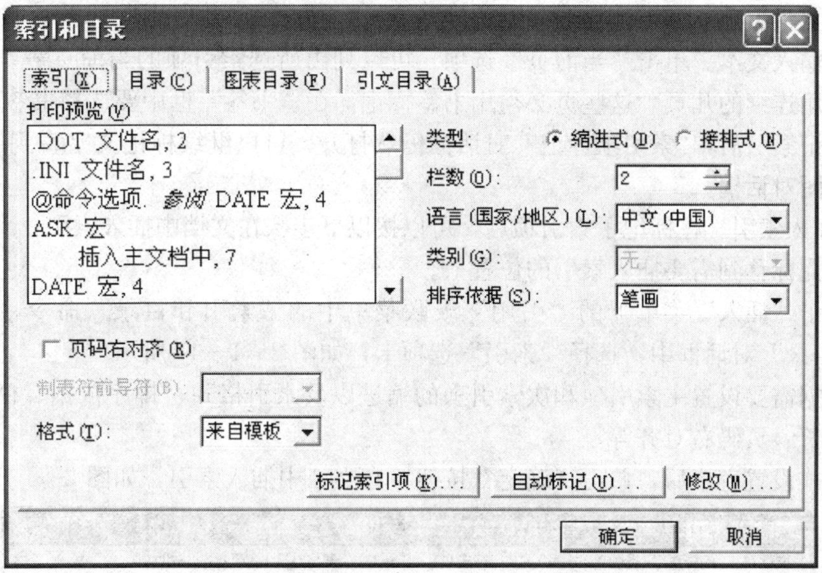

图 2—1—41 “索引”选项卡

②单击“标记索引项”按钮，弹出如图 2—1—42 所示的“标记索引项”对话框。

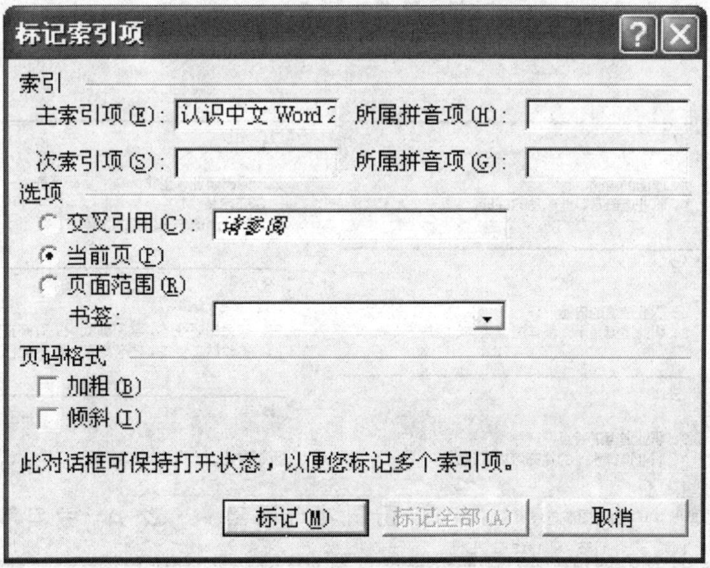

图 2—1—42 “标记索引项”对话框

③将正文中选定的文字或在“主索引项”框中输入的文本作为主索引项，在“次索引项”框中输入次索引项。如果要建立第三级索引项，可以在“次索引项”框中的次索引文字后，再输入冒号和第三级索引项文字。

④单击“标记”按钮，将索引项以隐藏文字插入文档中。执行“工具”菜单中的“选项”命令，选取“视图”选项卡中的“隐藏文字”复选框，可以显示插入的域代码。如果要将所有与选定内容相同的项加入索引中，可以在“主索引项”框中编辑该项后，单击“标记全部”按钮。

⑤设置索引项。如果要创建交叉引用，可以单击“交叉引用”选项，在“交叉引用”框中输入文本。单击“当前页”选项，可以列出所选索引项的当前页号。如果要在索引中使用连续的几页，这些页必须用书签标记，在“书签”框中要选择书签名。

⑥标记索引后，“索引项标记”对话框仍然打开，可以继续标记文字直到按“取消”按钮，关闭对话框。

2）插入索引。在标记了索引项后，可以按以下步骤在文档中插入索引：

①将光标移到需要插入索引的位置上。

②单击“插入”菜单下的“引用”级联菜单中的“索引和目录”命令，在弹出的“索引和目录”对话框中，选择“索引”选项卡，如图2—1—41所示。

③根据需要设置主索引项和次索引项的缩进以及索引格式、排序依据、栏数、制表符前导字符、页码右对齐等。

④格式设置完毕后，单击“确定”按钮，在文档中插入索引，如图2—1—43所示。

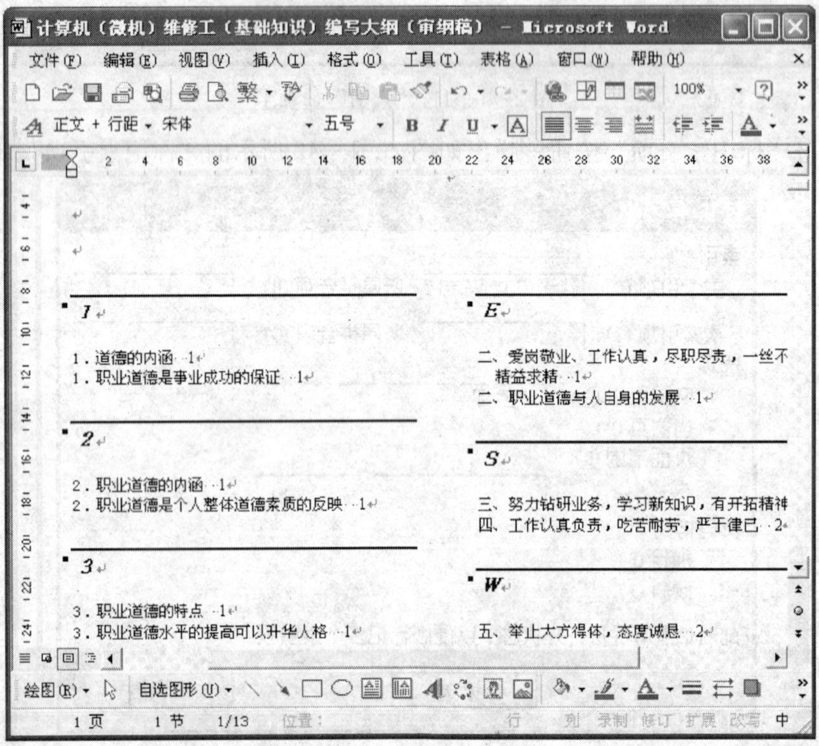

图2—1—43　生成索引

第二节 数学公式编辑

培训目标 → 能够制作完成 3 行带有根式、分式和微积分符号的数学公式

在计算机操作员（中级）中已经介绍了简单公式的编排，现在通过几个实例学习复杂公式的编排。

一、数学公式实例 1

新建一个 Word 文档，建立如下所示的数学公式。

$$\cos\beta=\sqrt{1-\left(\frac{\sqrt{10}}{10}\right)^{2}}=\frac{3}{10}\sqrt{10}$$

具体操作步骤如下：

➢单击“插入”菜单下的“对象”对话框，打开“对象”对话框，在“新建”选项卡中的“对象类型”下拉选项框中，选中“Microsoft 公式 3.0”，单击“确定”按钮，进入公式编辑窗口。

➢直接输入“cos”，在“希腊字母”符号工具板中插入“β”，再输入“＝”，如下所示：

➢在“分数和根式模板”中选择根式模板$\sqrt{\square}$，在根式槽中输入“1－”，选择“围栏模板”中模板$(\square)$，如下所示：

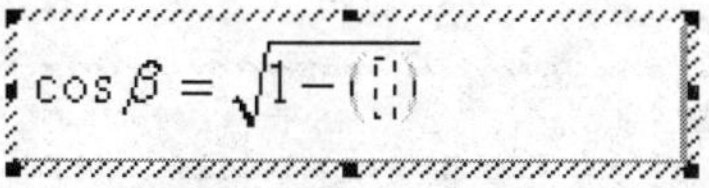

➢选择“分数和根式模板”中的分式模板$\frac{\square}{\square}$，在分子插槽中插入一个根式模板$\sqrt{\square}$，输入“10”，在分母插槽中输入“10”，按两下“Tab”键，如下所示：

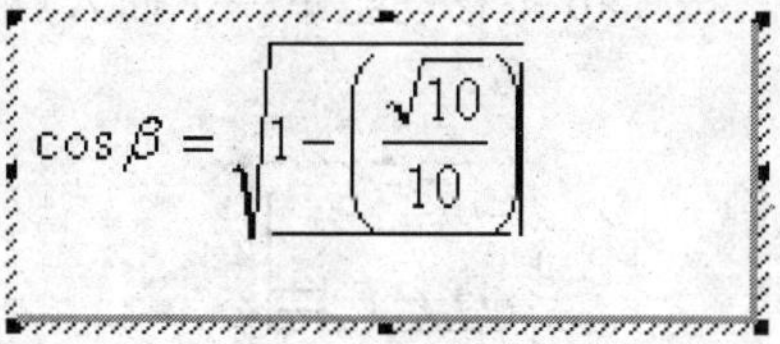

➢选择上标模板$\square^{\square}$，输入“2”，按两次 Tab 键，如下所示：

单元 2

$$\cos\beta=\sqrt{1-\left(\frac{\sqrt{10}}{10}\right)^2}$$

➢输入“=”，插入一个分式，在分子插槽中输入“3”，在分母插槽中输入“10”，按 Tab 键，再插入一个根式，在根式槽中输入“10”，完成公式的创建，结果如下：

$$\cos\beta=\sqrt{1-\left(\frac{\sqrt{10}}{10}\right)^2}=\frac{3}{10}\sqrt{10}$$

➢编辑完成后，在公式区外任何一处单击，在文档中插入公式，双击文档中的公式对象可以进入公式编辑器进行修改。

二、数学公式实例 2

新建一个 Word 文档，建立如下所示的数学公式。

$$\vec{\omega}et=\begin{bmatrix}\dfrac{V_y}{R_N+h}\\ \dfrac{V_x}{R_M+h}\\ \dfrac{V_x\tan\varphi}{R_M+h}\end{bmatrix}$$

具体操作步骤如下：

➢单击“插入”菜单下的“对象”对话框，打开“对象”对话框，在“新建”选项卡中的“对象类型”下拉选项框中，选中“Microsoft 公式 3.0”，单击“确定”按钮，进入公式编辑窗口。

➢从模板工具板中的“下标和上标模板”上选择“”模板，此时公式显示为：

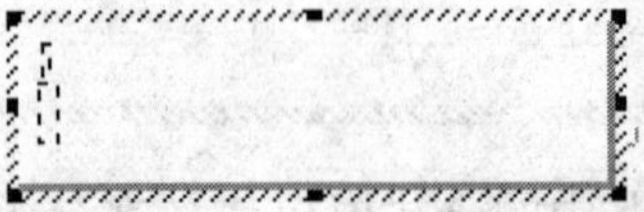

➢在“希腊字母”符号工具板中插入“ω”，用鼠标点击上标插入点，选取“箭头符号”工具板中的右箭头符号，按 Tab 键移动至下一个插入点，直接输入“*et*=”，此时公式显示为：

$$\vec{\omega}et=$$

➢在“围栏模板”中选择一对中括号，此时公式显示为：

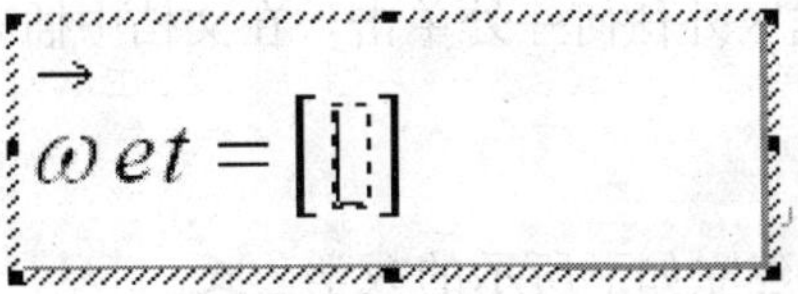

➢从“矩阵模板”选择三行一列的矩阵，插入到中括号中。三行一列的矩阵模块由三个空插槽组成，插入点位于第一个插槽（初始插槽）中，如下所示：

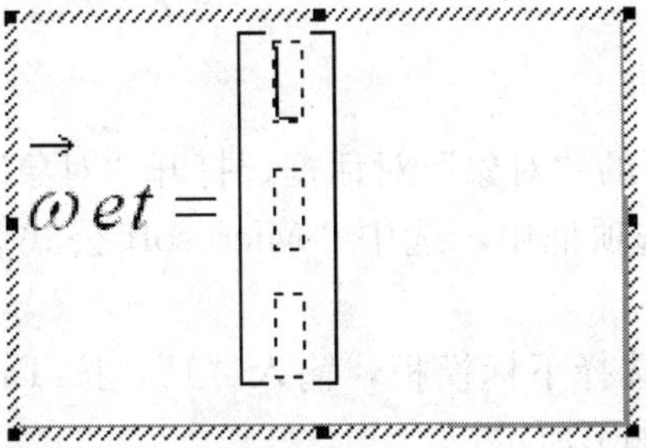

➢在第一个插槽中选择从“分数和根式模板”上选择分数模板，在分子槽中输入“V”，下标“y”，在分母槽中输入“R”，下标“N”，按 Tab 键后，输入“$+h$”，如下所示：

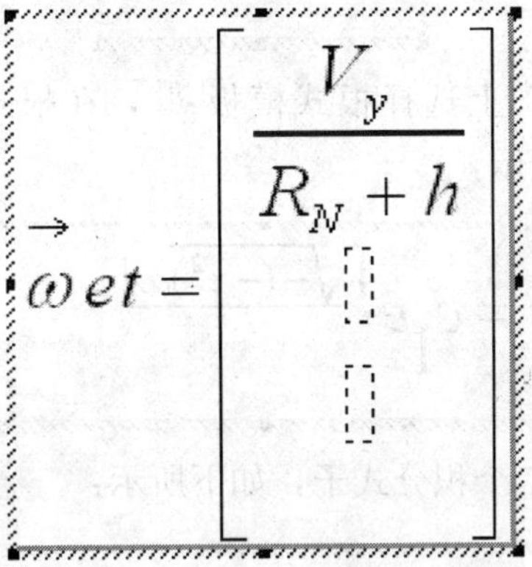

➢依次在其他两个矩阵插槽中输入样稿所示的分式，建立完毕的数学公式显示如下：

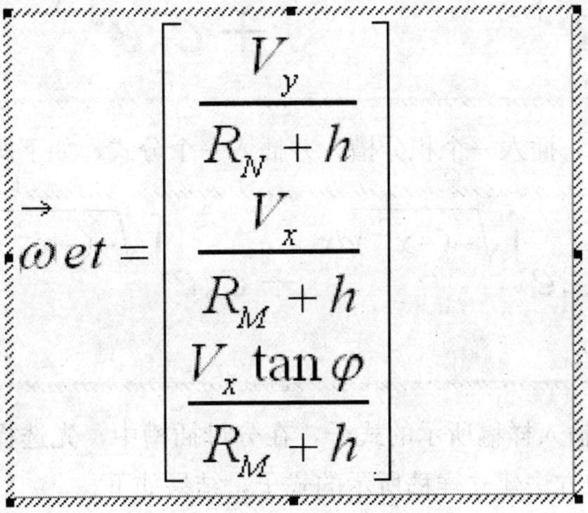

➢编辑完成后，在公式区外任何一处单击，在文档中插入公式。

三、数学公式实例 3

新建一个 Word 文档，建立如下所示的数学公式。

$$y=c_1e^{\int\sqrt{-(-x^2)}dx}+c_2e^{\int\sqrt{-(-x^2)}dx}\int\frac{e^{-\int\frac{1}{x}dx}}{\left(e^{\int\sqrt{-(-x^2)}dx}\right)^2}dx$$

具体操作步骤如下：

➢单击“插入”菜单下的“对象”对话框，打开“对象”对话框，在“新建”选项卡中的“对象类型”下拉选项框中，选中“Microsoft 公式 3.0”，单击“确定”按钮，进入公式编辑窗口。

➢直接输入“y=c”，选择下标模板，输入“1”，按 Tab 键，输入 e，选择上标模板，再选择“积分模板”，如下所示：

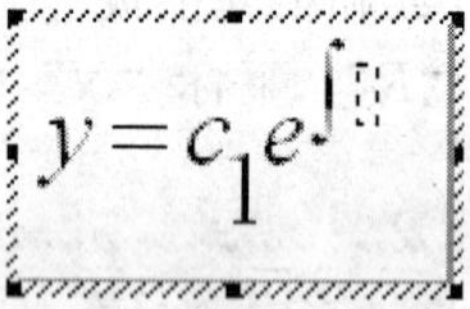

➢在“分数和根式模板”上选择根式模板，在根式槽中输入“$-(-x^2)$”，按 Tab 键，输入“dx”，如下所示：

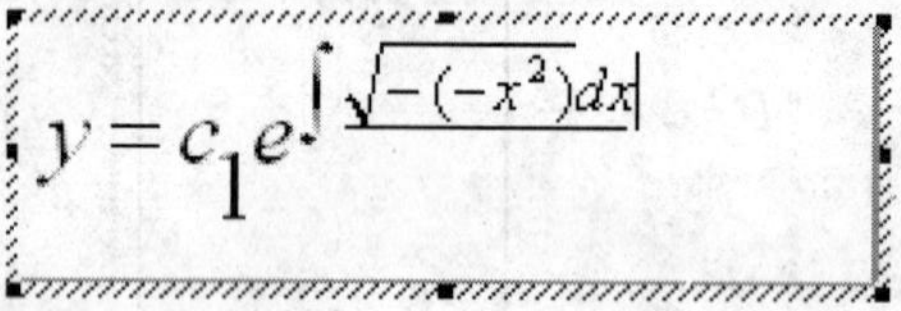

➢用同样的方法建立第二个积分式子，如下所示：

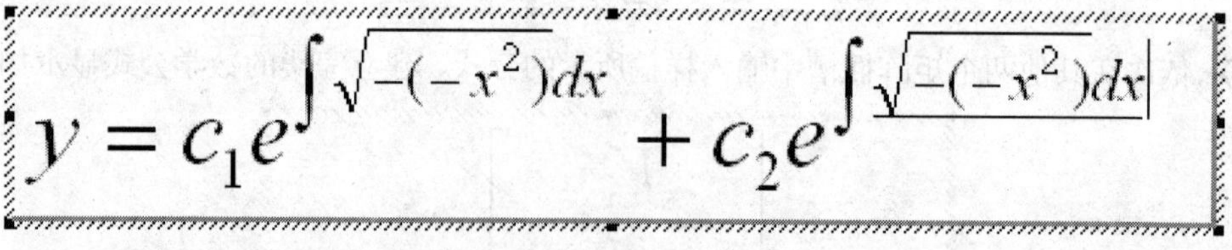

➢按两次 Tab 键，插入一个积分槽，并插入一个分式，如下所示：

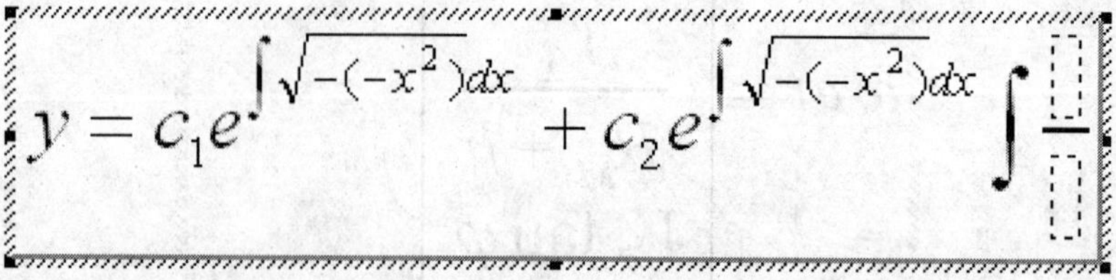

➢在分子插槽中输入样稿所示的式子，在分母插槽中，先选择“围栏模板”中的模板，然后用同样的方法建立样稿所示的式子，结果如下：

$$y = c_1 e^{\int \sqrt{-(-x^2)}dx} + c_2 e^{\int \sqrt{-(-x^2)}dx} \int \frac{e^{-\int -\frac{1}{x}dx}}{\left(e^{\int \sqrt{-(-x^2)}dx}\right)^2} dx$$

第三节　数据管理

培训目标

- 能够建立数据表，并对数据进行排序、筛选、分类汇总等操作
- 能够对数据进行合并运算
- 能够将表格数据进行转换操作

一、函数

函数是指对单个或多个数值进行运算操作，并返回单个值或多个值的已定义好的公式。Excel 2003 提供了 11 类函数，其中包括财务函数、日期与时间函数、数学与三角函数、统计函数、数据库函数、信息处理函数、字符处理函数和逻辑处理函数等。大多数函数是常用公式的简写形式，利用函数能够提高操作效率。

函数由函数名及参数组成，例如，SUN（C2：F2）函数表示对从 C2 单元格到 F2 单元格之间的区域进行求和运算，相当于公式“＝C2＋D2＋E2＋F2”。其中，SUM 是函数名，C2：F2 是 SUM（）函数的参数。

1. 函数的输入与编辑

（1）直接输入。直接输入是指键盘直接输入。如果熟悉要使用的函数，可以直接使用键盘输入要使用的函数。图 2—3—1 所示是一个“期末成绩统计表”，用直接输入的方法计算每位学生各科的总分，具体操作步骤如下：

1）选定需要使用函数的单元格，例如 G3 单元格，输入“＝”号。

2）输入函数名和参数。例如输入“＝sum（c3：f3）”，如图 2—3—2 所示。

3）按回车键，G4 成为活动单元格，计算结果显示在 G3 单元格中。

4）选定 G3 单元格，用鼠标对准该单元格右下角，当出现“✚”形状时，按住鼠标左键不放，向下拖动到 G8 单元格，释放鼠标左键，将函数复制到各单元格，并自动计算出总分，如图 2—3—3 所示。

直接输入函数的方法简单，适合一些单变量的函数，如果函数的参数较多或较复杂，最好采用“插入函数”工具来输入函数。

（2）使用“插入函数”工具。以上述图 2—3—1 为例，使用“插入函数”工具的具体操作步骤如下：

1）选定要输入函数的单元格，例如 G3 单元格。

2）单击“插入”菜单中的“函数”命令，打开“插入函数”对话框，在“或选择类别”下拉列表框中选择“常用函数”，如图 2—3—4 所示。

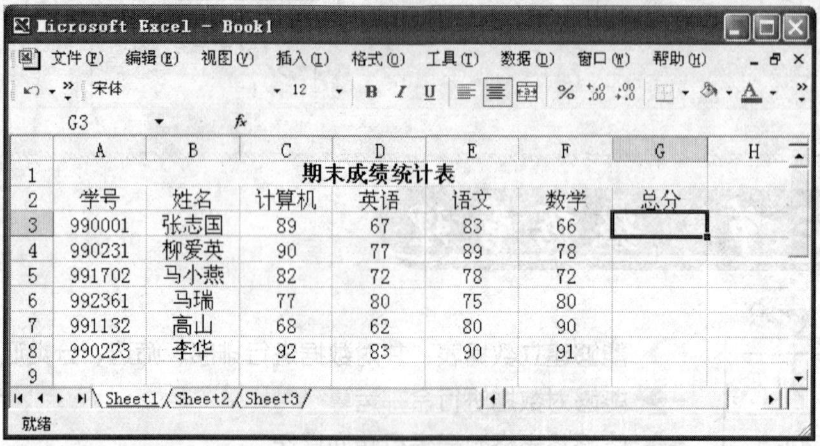

图 2—3—1　期末成绩统计表

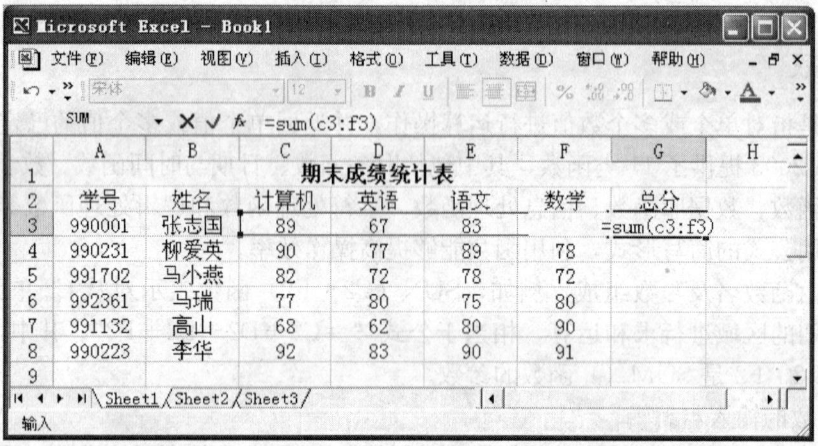

图 2—3—2　直接输入函数

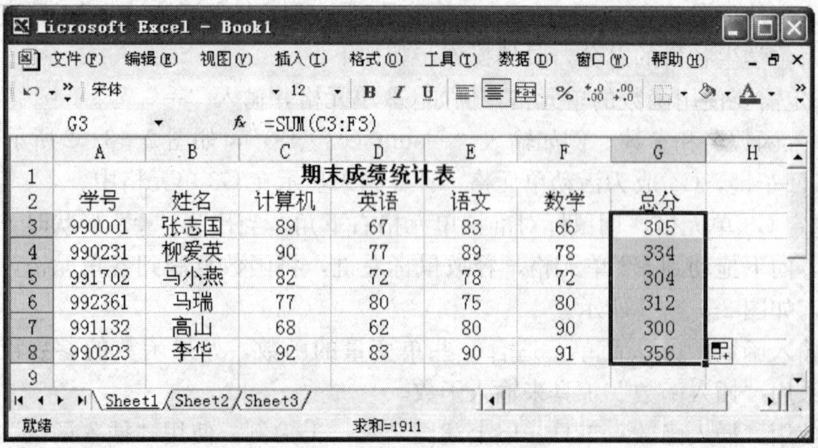

图 2—3—3　计算其他单元格总分

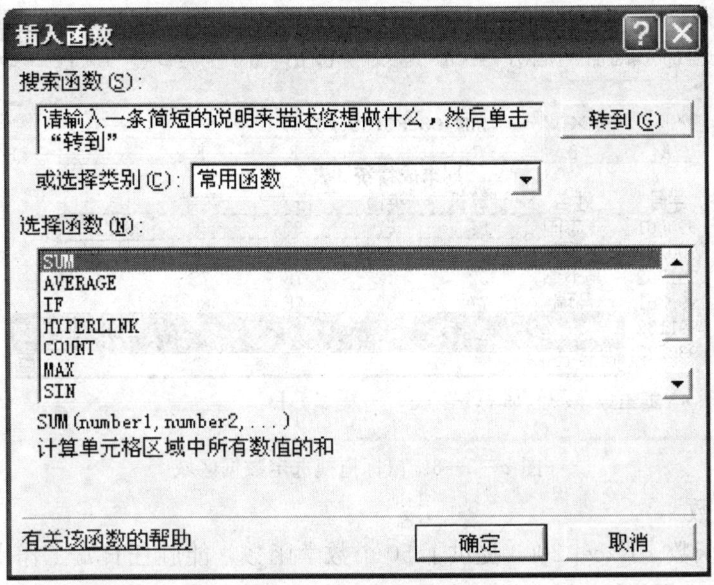

图 2—3—4 “插入函数”对话框

3）在“选择函数”列表框中选择“SUM”，单击“确定”按钮，弹出如图 2—3—5 所示的“SUM 函数参数”对话框。

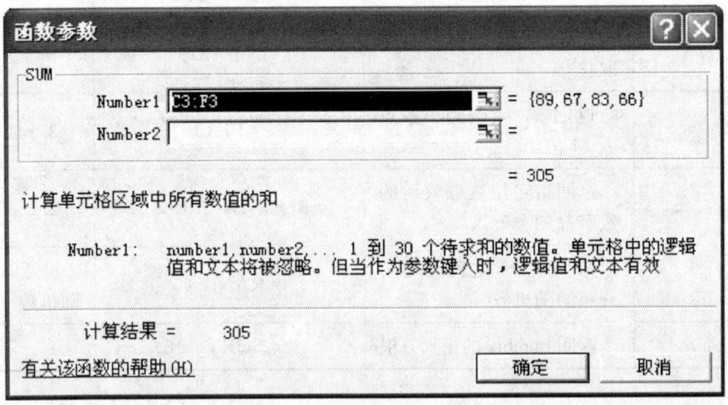

图 2—3—5 “SUM 函数参数”对话框

4）在“SUM”项目组的“Number1”文本框中显示要计算的数据区域，也可以直接输入，单击“确定”按钮，完成函数的输入。

5）也可以用鼠标点文本框右边的红箭头，用鼠标直接拖拽，选定需要计算的数据区域，如图 2—3—6 所示。

6）选定好数据区域后，按回车键，返回“函数参数”对话框中，单击“确定”按钮，计算结果显示在 G3 单元格中。

7）选定 G3 单元格，用鼠标对准该单元格右下角，当出现“✚”形状时，按住鼠标左键不放，向下拖动到 G8 单元格，释放鼠标左键，将函数复制到各单元格，并自动计算出总分。

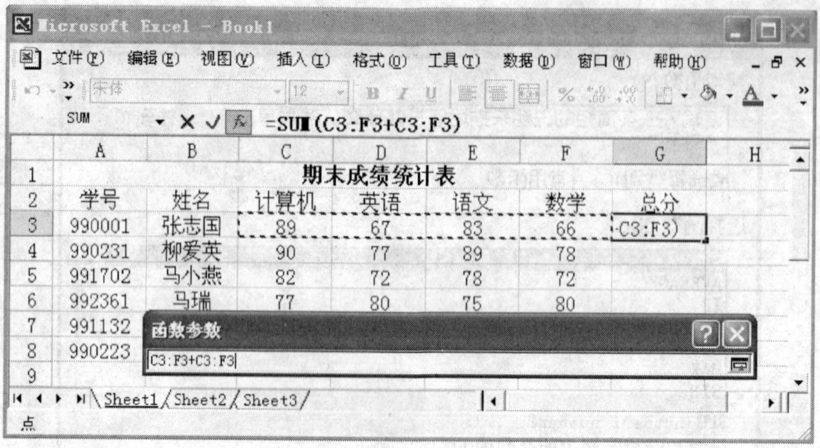

图 2—3—6　鼠标拖拽选定数据区域

2. 常用函数

（1）数学函数。Excel 2003 提供了 50 个数学函数，能胜任日常工作中的计算问题。常见的有求和（SUM）、求四舍五入（ROUND）、求平方根（SQRT）等函数。表 2—3—1是常用的数学函数。

表 2—3—1　　**常用数学函数**

函　数	功　能	范　例	结　果
INT（number）	求 number 的整数，即取整	=INT（8.9）	8
PI（）	返回 π，精确到小数点后 14 位	=PI（）	3.141 592 653 589 79
ROUND（number，n）	返回指定位数取整后的数字并四舍五入	=ROUND（2.15，1）	2.2
RAND（）	产生 0～1 之间，均匀分布的随机数	=RAND（）	介于 0 到 1 之间的一个随机数（变量）
SQRT（number）	返回 number 的正平方根	=SQRT（16）	4

【例 2—3—1】图 2—3—7 所示为“期末成绩统计表”，对平均分进行四舍五入，保留小数一位。

第一步：选定 I3 单元格，

第二步：单击“插入”菜单中的“函数”命令，打开“插入函数”对话框，在“或选择类别”下拉列表框中选择“数学与三角函数”，如图 2—3—8 所示。

第三步：在“选择函数”列表框中选择“ROUND”，单击“确定”按钮，弹出如图 2—3—9 所示的“函数参数”对话框。

第四步：在“ROUND”项目组的“Number”文本框中输入要四舍五入的数据单元格，也可以用鼠标点文本框右边的红箭头，用鼠标直接选定所需计算的单元格。例如，输入“G3”。

第五步：在“Num _ digits”文本框中输入要四舍五入的位数，例如，输入“1”。

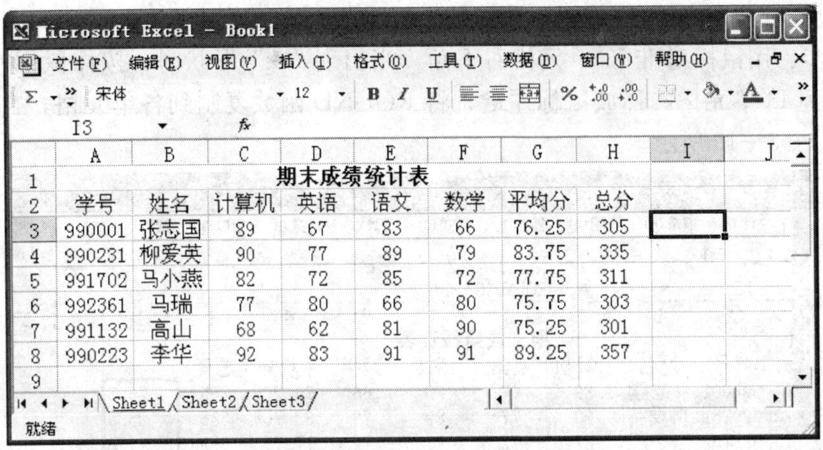

图 2—3—7 期末成绩统计表

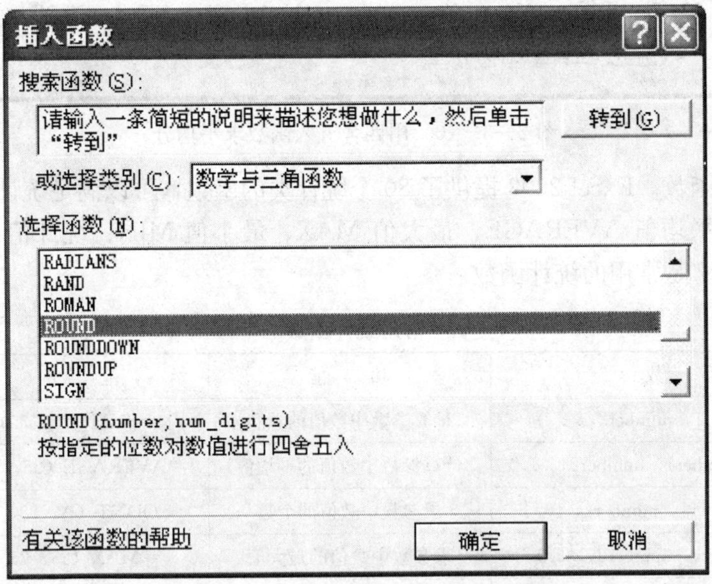

图 2—3—8 “数学与三角函数”类别

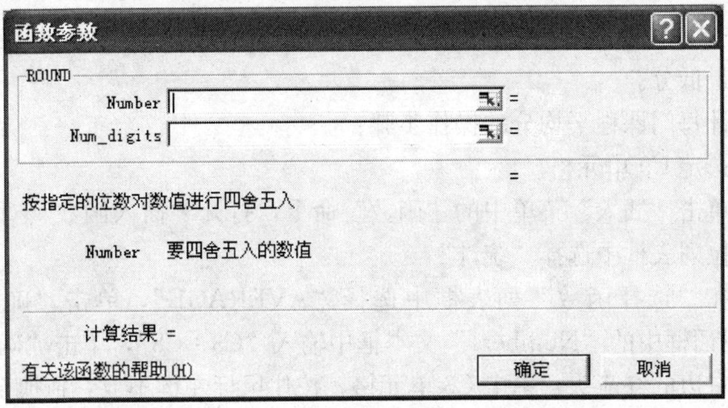

图 2—3—9 “ROUND 函数参数”对话框

单元 2

第六步：单击“确定”按钮，计算结果显示在I3单元格中。

第七步：用鼠标对准I3单元格右下角，当出现“✚”形状时，按住鼠标左键不放，向下拖动到I8单元格，释放鼠标左键，将ROUND函数复制到各单元格，自动计算结果，如图2—3—10所示。

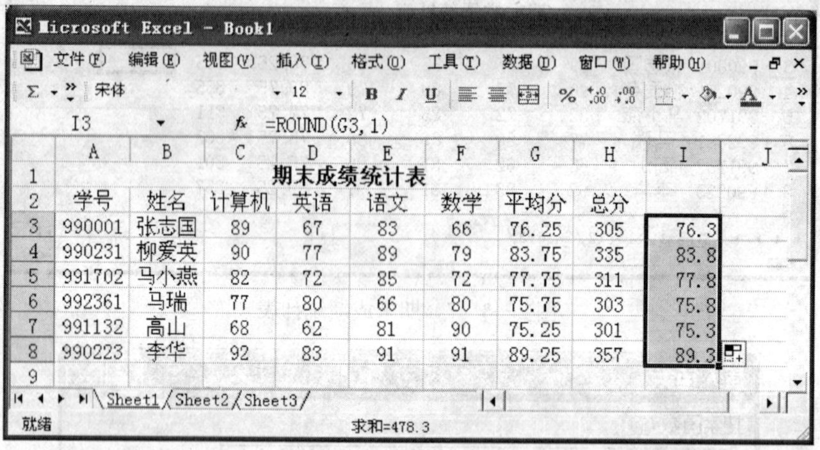

图2—3—10　用四舍五入函数求平均分

（2）统计函数。Excel 2003提供了80个统计类的函数，可以满足统计方面的工作需要。常见的有平均值AVERAGE、最大值MAX、最小值MIN、统计值COUNT等函数。表2—3—2是常用的统计函数。

表2—3—2　　常用统计函数

函　数	功　能	范　例	结　果
SUM（number1，number2，...）	计算参数中数值的总和	=SUM（25，75）	100
AVERAGE（number1，number2，...）	计算参数中数值的平均值	=AVERAGE（25，75）	50
COUNT（number1，number2，...）	求参数中数值的个数	=COUNT（A，25，75）	2
MAX（number1，number2，...）	求参数中数值的最大值	=MAX（25，75）	75
MIN（number1，number2，...）	求参数中数值的最小值	=MIN（25，75）	25

【例2—3—2】在如图2—3—11所示的“期末成绩统计表”中，求每门课程的平均分、最高分、最低分。

首先，统计每门课程平均分的操作步骤：

第一步：选定C9单元格。

第二步：单击“插入”菜单中的“函数”命令，打开“插入函数”对话框，在“或选择类别”下拉列表框中选择“统计”。

第三步：在“选择函数”列表框中选择“AVERAGE”，单击“确定”按钮，在“函数参数”对话框中的“Number1”文本框中输入“C3：C8”，单击“确定”按钮。或单击该文本框右边的红箭头，单击C3单元格，按住鼠标左键不放，拖拽至C8释放。

第四步：自动计算每个学生的“计算机”课程的平均分，并显示在C9单元格中。

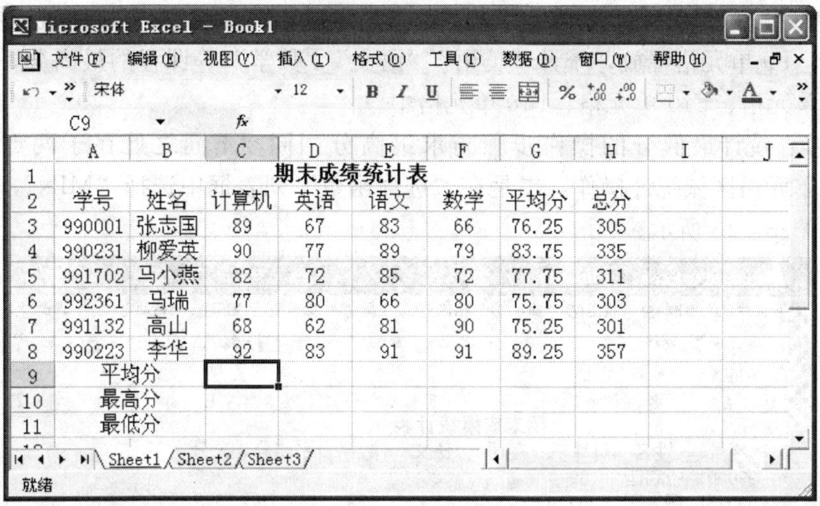

	A	B	C	D	E	F	G	H
1				期末成绩统计表				
2	学号	姓名	计算机	英语	语文	数学	平均分	总分
3	990001	张志国	89	67	83	66	76.25	305
4	990231	柳爱英	90	77	89	79	83.75	335
5	991702	马小燕	82	72	85	72	77.75	311
6	992361	马瑞	77	80	66	80	75.75	303
7	991132	高山	68	62	81	90	75.25	301
8	990223	李华	92	83	91	91	89.25	357
9	平均分							
10	最高分							
11	最低分							

图 2—3—11　期末成绩统计表

第五步：用鼠标对准 C9 单元格右下角，当出现“✚”形状时，按住鼠标左键不放，向右拖拽至 F9 单元格释放，计算“英语”“语文”“数学”等课程的平均分，并分别显示在 D9 单元格、E9 单元格、F9 单元格中，如图 2—3—12 所示。

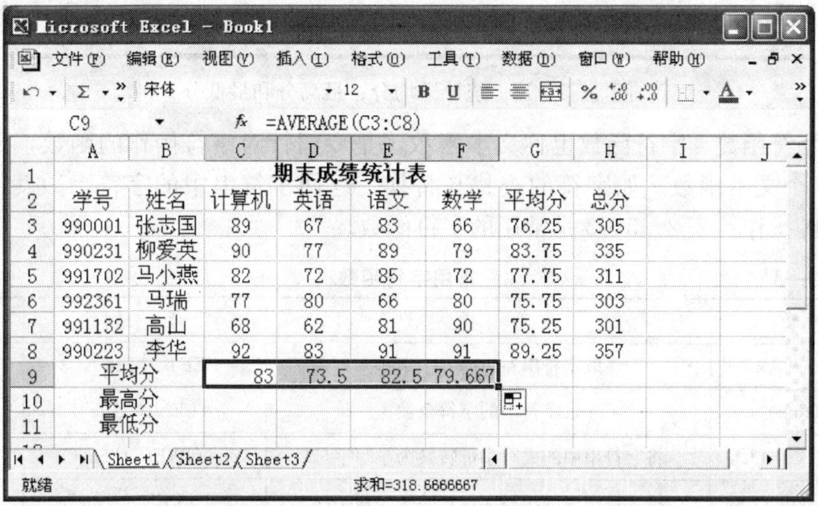

	A	B	C	D	E	F	G	H
1				期末成绩统计表				
2	学号	姓名	计算机	英语	语文	数学	平均分	总分
3	990001	张志国	89	67	83	66	76.25	305
4	990231	柳爱英	90	77	89	79	83.75	335
5	991702	马小燕	82	72	85	72	77.75	311
6	992361	马瑞	77	80	66	80	75.75	303
7	991132	高山	68	62	81	90	75.25	301
8	990223	李华	92	83	91	91	89.25	357
9	平均分		83	73.5	82.5	79.667		
10	最高分							
11	最低分							

图 2—3—12　统计平均分

其次，统计每门课程最高分、最低分的操作步骤：

第一步：选定 C10 单元格。

第二步：单击“插入”菜单中的“函数”命令，打开“插入函数”对话框，在“或选择类别”下拉列表框中选择“统计”。

第三步：在“选择函数”列表框中选择“MAX”，单击“确定”按钮，在“函数参数”对话框中的“Number1”文本框中输入“C3：C8”，单击“确定”按钮。或单击该文本框右边的红箭头，单击 C3 单元格，按住鼠标左键不放，拖拽至 C8 单元格释放。

第四步：自动统计出“计算机”课程的最高分，并显示在 C10 单元格中。

单元 2

第五步：用鼠标对准 C10 单元格右下角，当出现“✚”形状时，按住鼠标左键不放，向右拖拽至 F9 单元格释放，统计“英语”“语文”“数学”等课程的最高分，并分别显示在 D10 单元格、E10 单元格、F10 单元格中。

第六步：统计最低分的操作步骤与求最高分相同，不同之处在于两点，一是在 C11：F11单元格区域统计操作，二是在“选择函数”列表框中选择“MIN”，最终操作结果如图 2—3—13 所示。

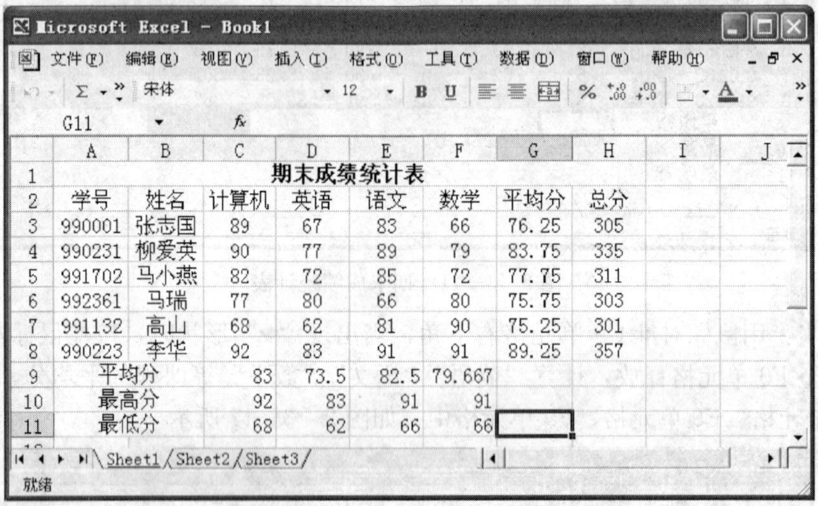

	A	B	C	D	E	F	G	H
1				期末成绩统计表				
2	学号	姓名	计算机	英语	语文	数学	平均分	总分
3	990001	张志国	89	67	83	66	76.25	305
4	990231	柳爱英	90	77	89	79	83.75	335
5	991702	马小燕	82	72	85	72	77.75	311
6	992361	马瑞	77	80	66	80	75.75	303
7	991132	高山	68	62	81	90	75.25	301
8	990223	李华	92	83	91	91	89.25	357
9	平均分		83	73.5	82.5	79.667		
10	最高分		92	83	91	91		
11	最低分		68	62	66	66		

图 2—3—13　统计平均分、最高分和最低分

单元 2

（3）字符函数。字符函数也称文本函数，是专门针对字符操作的函数，Excel 2003 提供了 34 个文本函数。如字符的查找与替换、返回字符串中的字符个数、字符的大、小写转换等操作。表 2—3—3 是常用的字符函数。

表 2—3—3　　常用字符函数

函　数	功　能	范　例	结　果
LEFT（text，n）	取字符串左边的 n 个字符	＝LEFT（“Sale”，3）	“Sal”
LEN（text）	求字符串的字符个数	＝LEN（“Sale”）	4
LOWER（text）	将字符串中的大写字母转换为小写字母	＝LOWER（“Sale”）	“sale”
UPPER（text）	将字符串中的小写字母转换为大写字母	＝UPPER（“Sale”）	“SALE”
MID（text，n，p）	从字符串中每 n 个字符开始连续取 p 个字符	MID（“Sale”，2，2）	“al”
RIGHT（text，n）	取字符串右边的 n 个字符	RIGHT（“Sale”，3）	“ale”
VALUE（text）	将字符串转换成数字	VALUE（“5678.12”）	5 678.12

【例 2—3—3】将字符串“Excel 2003”中的小写字符转换为大写，并计算该字符串的长度。

第一步：在 A1 单元格中输入“Excel 2003”，选定 B1 单元格。

第二步：单击“插入”菜单中的“函数”命令，打开“插入函数”对话框，在“或选择类别”下拉列表框中选择“文本”。

第三步：在“选择函数”列表框中选择“UPPER”，单击“确定”按钮，在“函数参数”对话框中的“Text”文本框中输入“A1”，也可以直接输入“Excel 2003”，如图2—3—14所示。

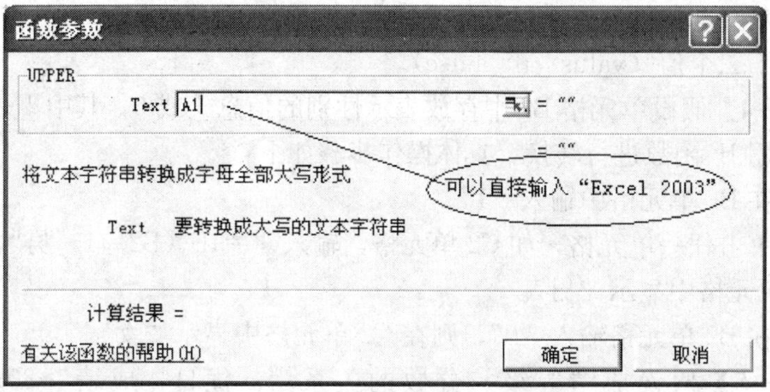

图2—3—14 “函数参数”对话框

第四步：单击“确定”按钮，在B1单元格中显示已转换的字符串“EXCEL 2003”。

第五步：选定C1单元格。

第六步：单击“插入”菜单中的“函数”命令，打开“插入函数”对话框，在“或选择类别”下拉列表框中选择“文本”。

第七步：在“选择函数”列表框中选择“LEN”，单击“确定”按钮，在“函数参数”对话框中的“Text”文本框中输入“A1”，也可以直接输入“Excel 2003”。

第八步：单击“确定”按钮，在C1单元格中显示字符串的长度“10”。

（4）日期和时间函数。Excel 2003提供了20个与日期和时间有关的操作函数，如返回年、月、日，日期和时间的转换等，表2—3—4是常用的日期和时间函数。

表2—3—4　　常用日期和时间函数

函　数	功　能	范　例	结　果
DATE（year，month，day）	返回日期	=DATE（2007，2，24）	2007-2-24
DAY（date）	返回日期的天数	=DAY（DATE（2007，2，24））	24
MONTH（date）	返回日期的月份	=MONTH（DATE（2007，2，24））	2
NOW（）	返回系统日期和时间	=NOW（）	2007-2-24 16:46
TODAY（）	返回系统日期	=TODAY（）	2007-2-24
YEAR（date）	返回系统日期的年份	=YEAR（DATE（2007，2，24））	2007

（5）逻辑函数。Excel 2003有5个逻辑函数，主要用于对逻辑值的判断。

1）条件函数IF。IF函数常用于对条件进行判断，增加了数据统计的灵活性和适用性。条件函数的格式如下：

格式：IF（logical_test，value_if_true，valus_if_false）

其中：

①logical_test为比较条件式，可以使用比较运算符，包括“＜”“＞”“＝”“＞＝”

“<=”等。

②value _ if _ true 为条件成立时的取值。

③valus _ if _ false 为条件不成立时的取值。

功能：判断一个条件是否满足，如果满足返回第一个值（即 value _ if _ true），如果不满足则返回第二个值（valus _ if _ false）。

【例 2—3—4】 假设单元格 B2 中存放表示性别的信息 1 或 0，其中 1 表示男性，0 表示女性，现使用 IF 函数进行转换。具体操作步骤如下：

第一步：在 B2 单元格中输入“1”。

第二步：单击任一单元格，如 C2 单元格，输入“=IF（B2=1,"男","女"）”，按回车键，在 C2 单元格中显示“男”。

第三步：在 B2 单元格输入“0”，则在 C2 单元格中显示“女”。

【例 2—3—5】 假设成绩等级与分数的关系为：优良，成绩≥80；中，60≤成绩<80；不及格，成绩<60。现将成绩存放在单元格 B2 中，具体操作步骤如下：

第一步：在 B2 单元格中输入“82”。

第二步：单击任一单元格，如 C2 单元格，输入“=IF(B2>=80,"优良",IF(B2>=60,"中","不及格"))”，按回车键，在 C2 单元格中显示“优良”。

第三步：在 B2 单元格输入“75”，则在 C2 单元格中显示“中”。

2）与函数 AND

格式：AND（logical1，logical2，...）

其中，Logical1，logical2，... 表示待检测的 1 到 30 个条件值，各条件值可为 TRUE 或 FALSE。

功能：当所有参数的逻辑值为真时，返回 TRUE；只要其中一个参数的逻辑值为假，即返回 FALSE。

【例 2—3—6】 在 B2 单元格中输入“=AND（2+2=4，2+3=5）”，按回车键后，在 B2 单元格中显示“TRUE”。

【例 2—3—7】 在 A2 单元格中输入“50”，在 A3 单元格中输入“104”，在 B3 单元格中输入“=AND（1<A2，A2<100）”，按回车键后，在 B3 单元格中显示“TRUE”。

【例 2—3—8】 上例中，在 C3 单元格中输入“=IF（AND（1<A3，A3<100），A3,"数值超出范围"）”，按回车键后，在 C3 单元格中显示“数值超出范围”。

【例 2—3—9】 上例中，在 D3 单元格中输入“=IF（AND（1<A2，A2<100），A2,"数值超出范围"）”，按回车键后，在 D3 单元格中显示“50”。

3）求反函数 NOT

格式：NOT（logical）

其中，Logical 为一个可以计算出 TRUE 或 FALSE 的逻辑值或逻辑表达式。

功能：对参数值求反。如果逻辑值为 FALSE，函数 NOT 返回 TRUE；如果逻辑值为 TRUE，函数 NOT 返回 FALSE。

【例 2—3—10】 在 B2 单元格中输入“=NOT（FALSE）”，按回车键后，在 B2 单元格中显示“TRUE”。

【例 2—3—11】 在 B3 单元格中输入"＝NOT（1＋1＝2）"，按回车键后，在 B3 单元格中显示"FALSE"。

4）或函数 OR

格式：OR（logical1，logical2，...）

其中：logical1，logical2，... 为需要进行检验的 1 到 30 个条件，分别为 TRUE 或 FALSE。

功能：在其参数组中，任何一个参数逻辑值为 TRUE，即返回 TRUE；任何一个参数的逻辑值为 FALSE，即返回 FALSE。

【例 2—3—12】 在 B2 单元格中输入"＝OR（TRUE）"，按回车键后，在 B2 单元格中显示"TRUE"。

【例 2—3—13】 在 B3 单元格中输入"＝OR（1＋1＝1，2＋2＝5）"，按回车键后，在 B3 单元格中显示"FALSE"。

【例 2—3—14】 在 B4 单元格中输入"＝OR（TRUE，FALSE，TRUE）"，按回车键后，在 B4 单元格中显示"TRUE"。

二、记录的排序

将数据记录按照需要进行排序，可以便于查找，在 Excel 2003 中有两种排序方法，单关键字和多关键字排序。

1. 单关键字排序

（1）使用菜单工具。有如图 2—3—15 所示的"期末成绩统计表"，对"总分"进行升序排序。

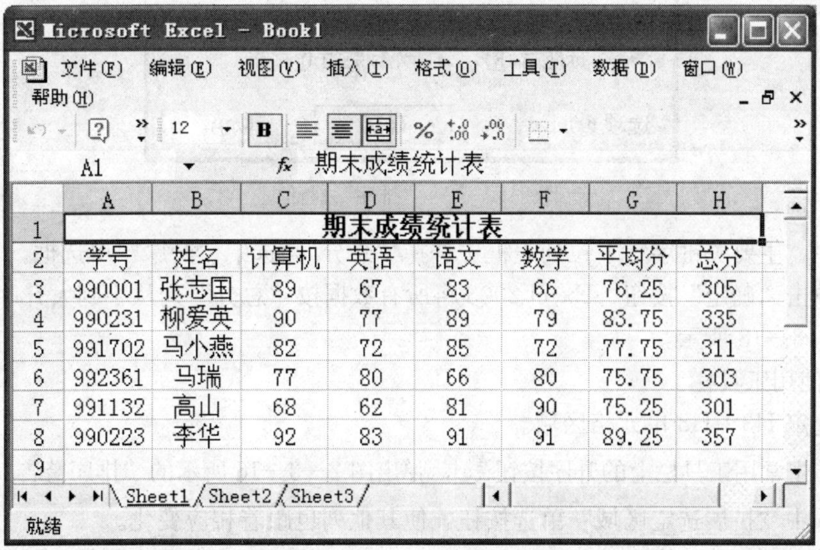

	A	B	C	D	E	F	G	H
1	期末成绩统计表							
2	学号	姓名	计算机	英语	语文	数学	平均分	总分
3	990001	张志国	89	67	83	66	76.25	305
4	990231	柳爱英	90	77	89	79	83.75	335
5	991702	马小燕	82	72	85	72	77.75	311
6	992361	马瑞	77	80	66	80	75.75	303
7	991132	高山	68	62	81	90	75.25	301
8	990223	李华	92	83	91	91	89.25	357
9								

图 2—3—15　期末成绩统计表

1）选定 H3∶H8 单元格区域。

2）单击"数据"菜单中的"排序"命令，弹出如图 2—3—16 所示的"排序警告"对话框。

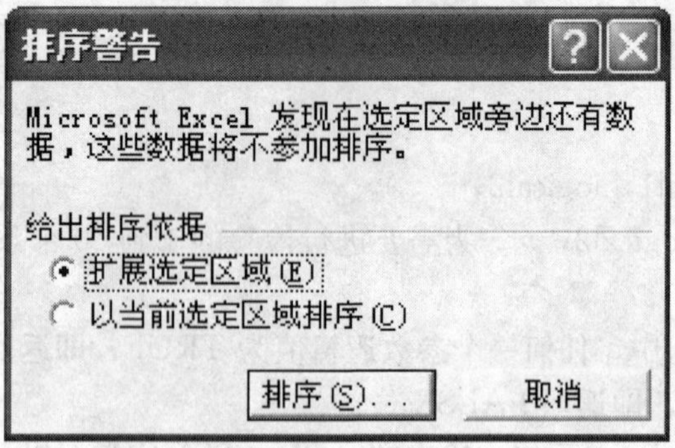

图 2—3—16 “排序警告”对话框

3）选中“扩展选定区域”单选按钮，使其他列也跟着相应变化。

4）单击“排序”按钮，弹出如图 2—3—17 所示的“排序”对话框。

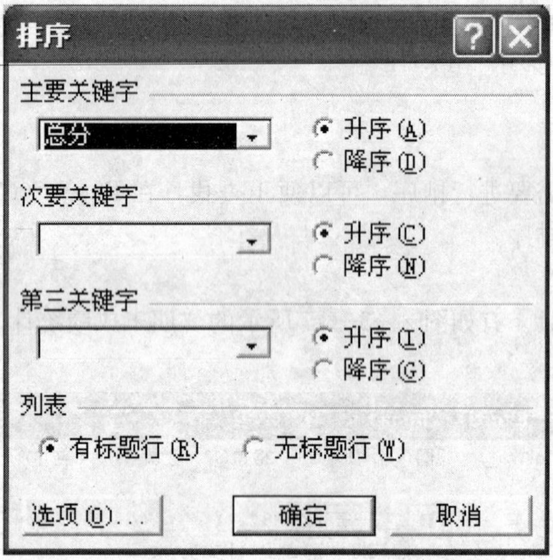

图 2—3—17 “排序”对话框

5）在“主要关键字”下拉列表框中选择“总分”，选中“升序”单选框。

6）单击“确定”按钮，Excel 2003 将所有数据按“总分”列从小到大升序，排序结果如图 2—3—18 所示。

（2）使用工具栏

1）选定 H3∶H8 单元格区域。

2）单击常用工具栏上的升序按钮，弹出图 2—3—16 所示的“排序警告”对话框。

3）选中“扩展选定区域”单选按钮，使其他列也跟着相应变化。

4）单击“排序”按钮，将所有数据按“总分”列从小到大升序，排序结果如图 2—3—18 所示。

2. 多关键字排序

多关键字排序是指以两个以上的字段进行同时排序。多关键字排序时，首先以主要

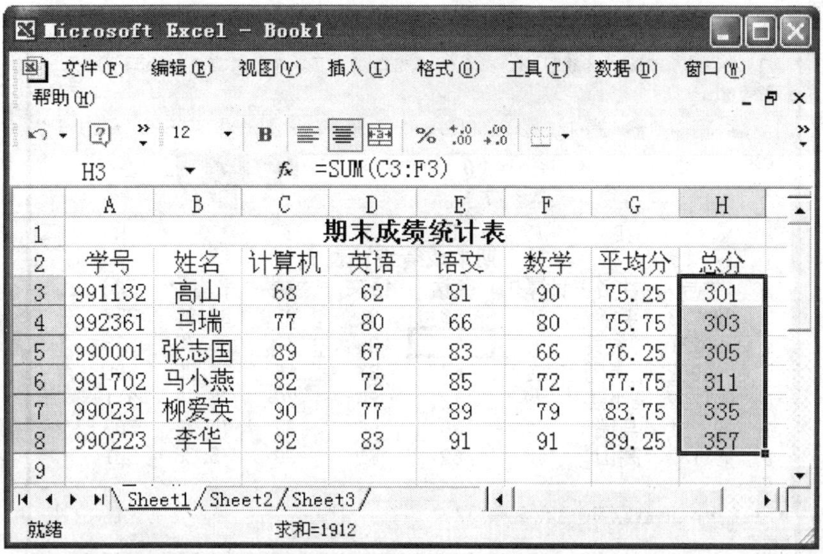

图 2—3—18　升序排序结果

关键字进行排序，当出现相同数据时，再以次要关键字进行排序，依次类推。Excel 2003 最多同时用三个关键字进行排序。

【例 2—3—15】 对图 2—3—15 所示的期末成绩统计表，以“计算机”成绩降序，以“数学”成绩升序。

第一步：单击表格的任一单元格，例如单击 D4 单元格。

第二步：单击“数据”菜单中的“排序”命令，弹出如图 2—3—17 所示的“排序”对话框。

第三步：在“主要关键字”下拉列表框中选择“计算机”，排序方法为“降序”；在“次要关键字”下拉列表框中选择“数学”，排序方法为“升序”，如图 2—3—19 所示。

第四步：单击“确定”按钮，按多关键字进行排序，结果如图 2—3—20 所示。

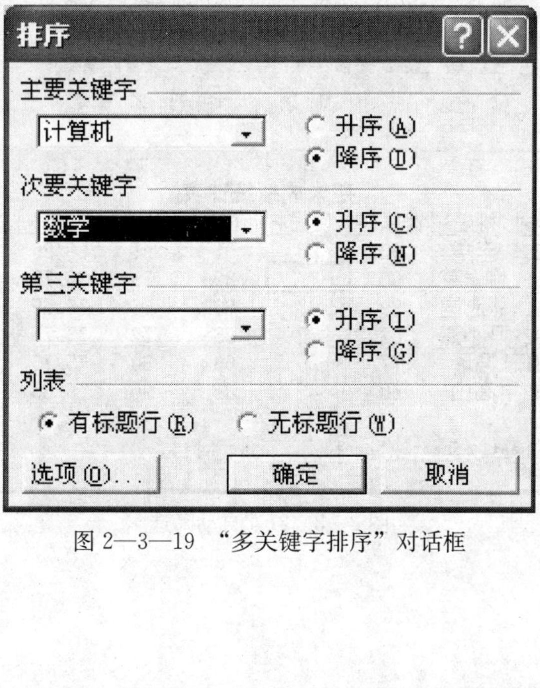

图 2—3—19　“多关键字排序”对话框

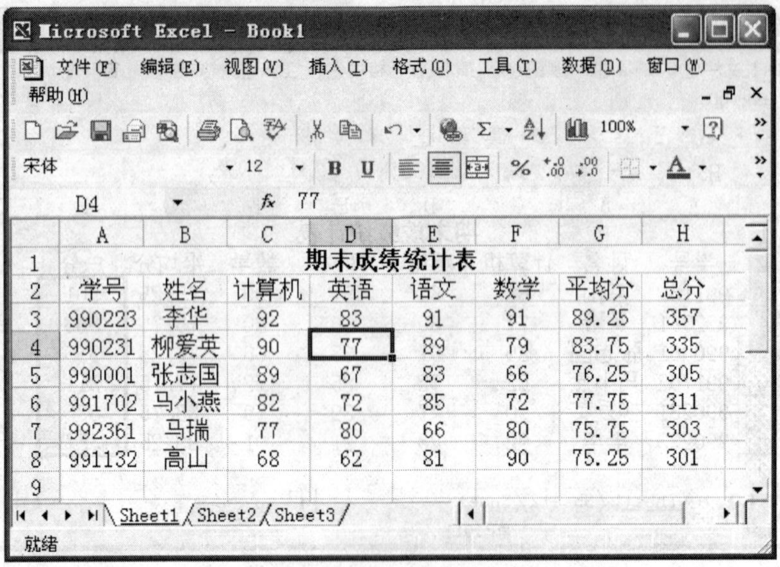

图 2—3—20 “多关键字排序”结果

三、数据的筛选

数据筛选是指按用户的要求，只找出符合条件的数据并在屏幕上显示。

1. 自动筛选

在“期末成绩统计表”中，筛选出平均分在 80 分以上的学生，操作步骤如下：

（1）单击表格的任一单元格，例如单击 D4 单元格。

（2）单击“数据”菜单中的“筛选”级联菜单下的“自动筛选”命令，这时 A2：H2 的各个单元格中出现了下拉列表框，如图 2—3—21 所示。

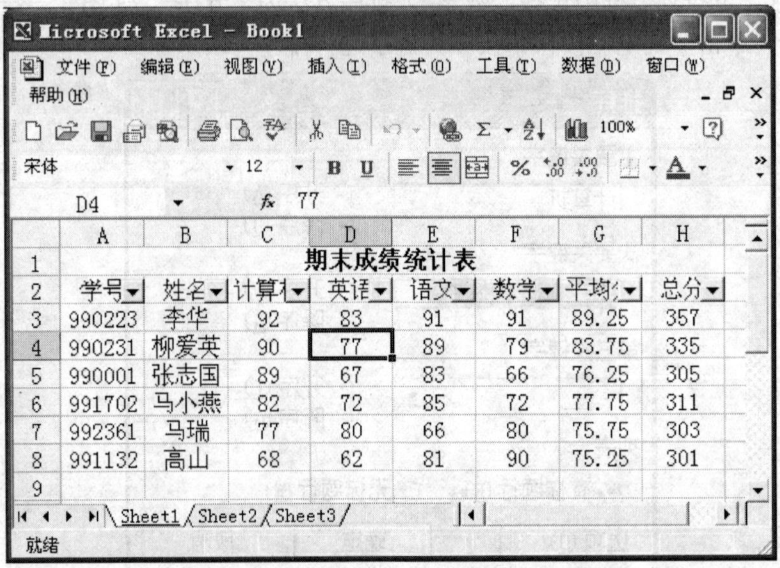

图 2—3—21 自动筛选

（3）单击“平均分”的下拉列表框按钮，弹出如图 2—3—22 所示的下拉选项。

（4）可以选择“（全部）”来显示所有数据；或者选择“（前 10 个）”来显示前 10 个数据项；或者从数字“75.25”“75.75”……中选择一个只显示某项数据。

（5）本例中选择“（自定义）”，弹出如图 2—3—23 所示的“自定义自动筛选方式”对话框。

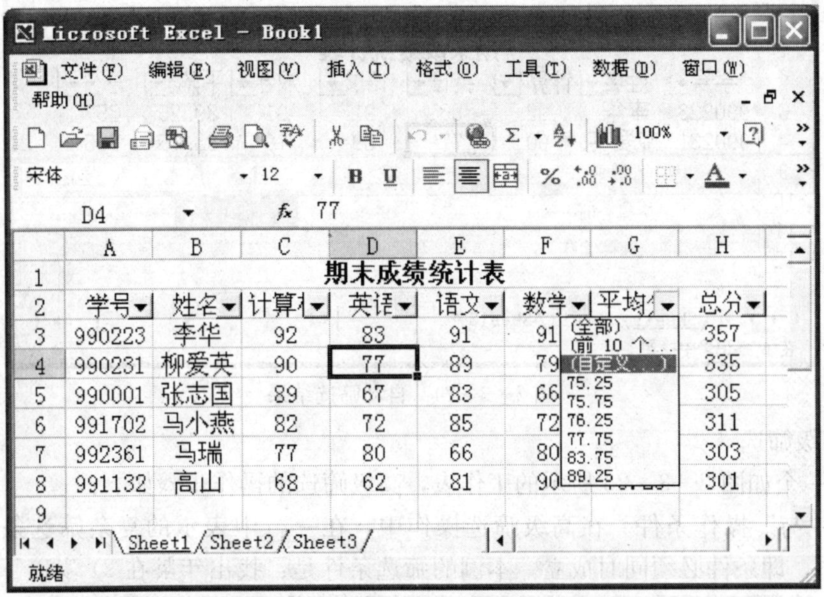

图 2—3—22　下拉选项

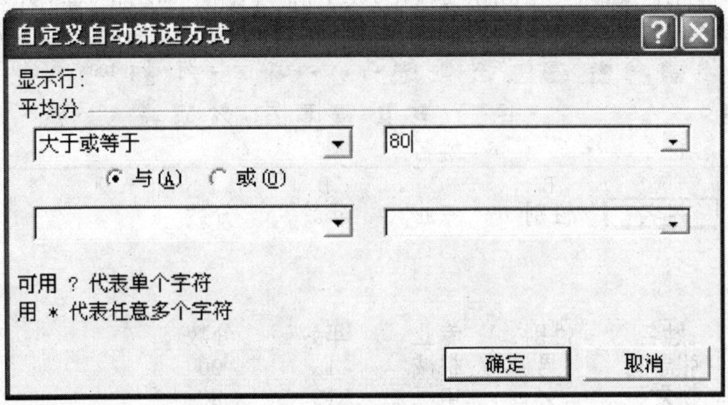

图 2—3—23　“自定义自动筛选方式”对话框

（6）Excel 2003 允许同时使用两个条件的筛选，本例中只使用一个条件。在第一个条件下拉列表框中选择“大于或等于”，数值为“80”。

（7）单击“确定”按钮，显示上只显示了平均分在 80 及 80 以上的数据项，如图 2—3—24 所示。

（8）如果要取消数据的筛选，可再次单击“数据”菜单中的“筛选”级联菜单下的“自动筛选”命令即可。

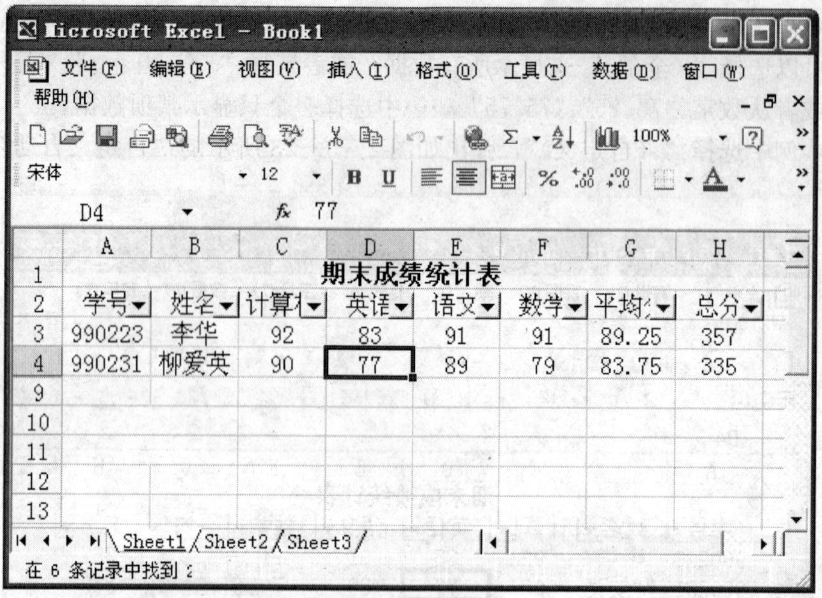

图 2—3—24　自动筛选结果

2. 高级筛选

建立一个如图 2—3—25 所示的工作表，高级筛选的操作步骤如下：

（1）“与”操作条件。在高级筛选操作中，在一行中表示的复杂筛选条件，称为“与”关系，即条件必须同时成立。本例的筛选条件是：找出年龄在 21 岁以下，且分数

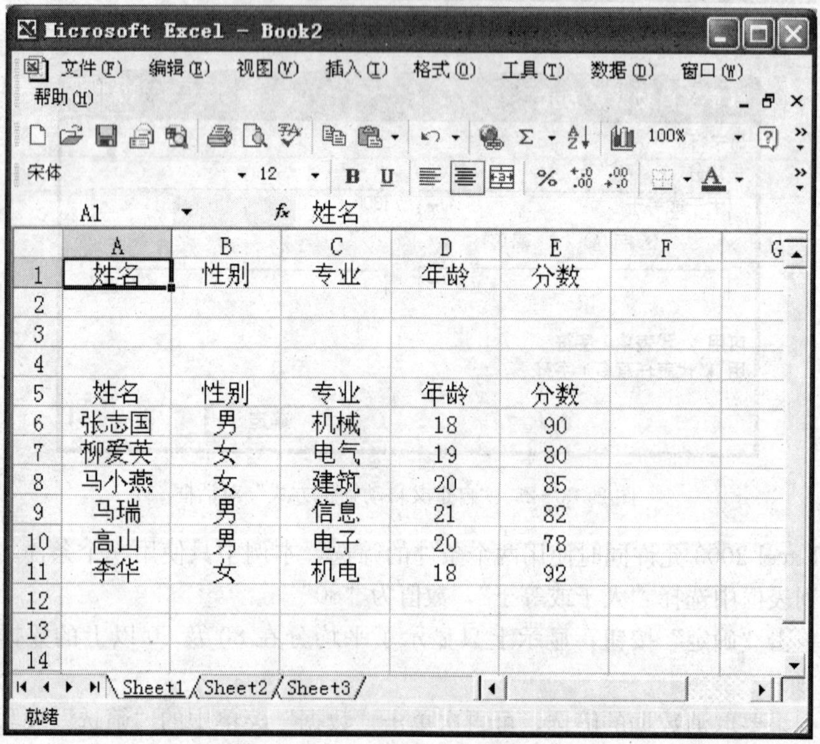

图 2—3—25　工作表

在 82 分以上（含 82 分）的人。

1）在 D2 单元格中输入“<21”，在 E2 单元格中输入“>=82”，如图 2—3—26 所示。

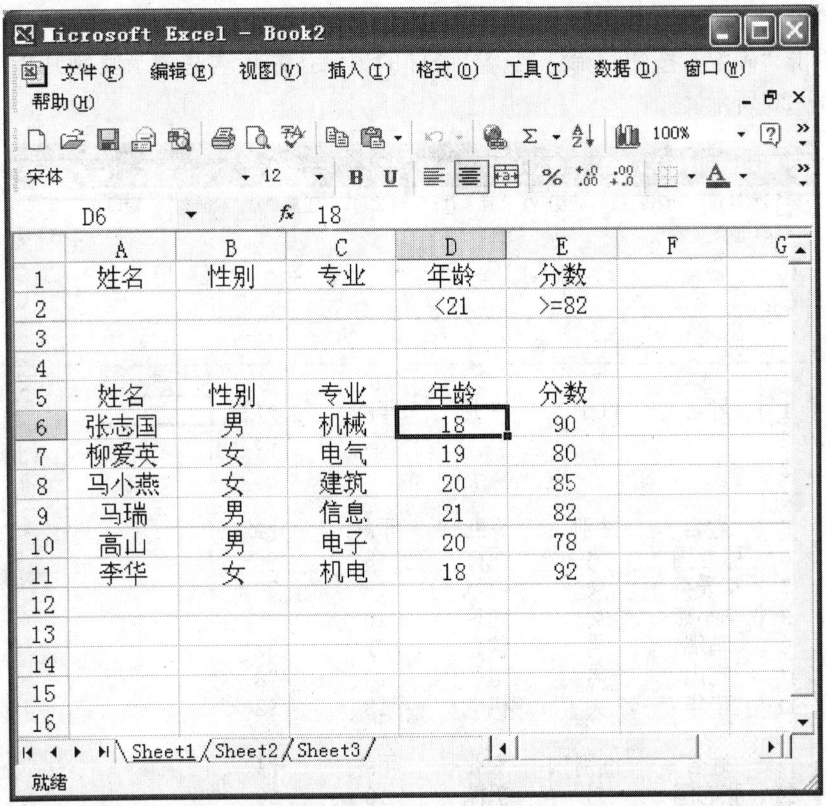

图 2—3—26 “与”条件关系

2）单击“数据”菜单中的“筛选”级联菜单下的“高级筛选”命令，弹出如图 2—3—27 所示的“高级筛选”对话框。

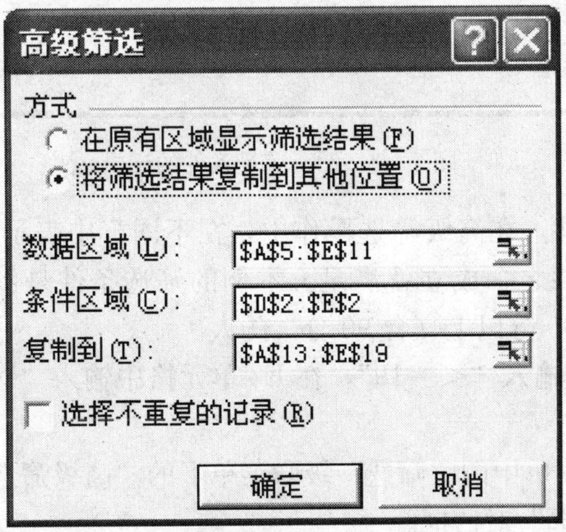

图 2—3—27 “高级筛选”对话框

单元 2

3）在“方式”项目组中选中“将筛选结果复制到其他位置”单选按钮。

4）单击“数据区域”右边的按钮“ ”，选定 A5：E11 区域为数据区域。

5）单击“条件区域”右边的按钮“ ”，选定 D2：E2 区域为条件区域。

6）单击“复制到”右边的按钮“ ”，选定 A13：E19 区域为复制区域。

7）单击“确定”按钮，筛选出符合条件的记录，并将这些记录复制到指定的区域，如图 2—3—28 所示。

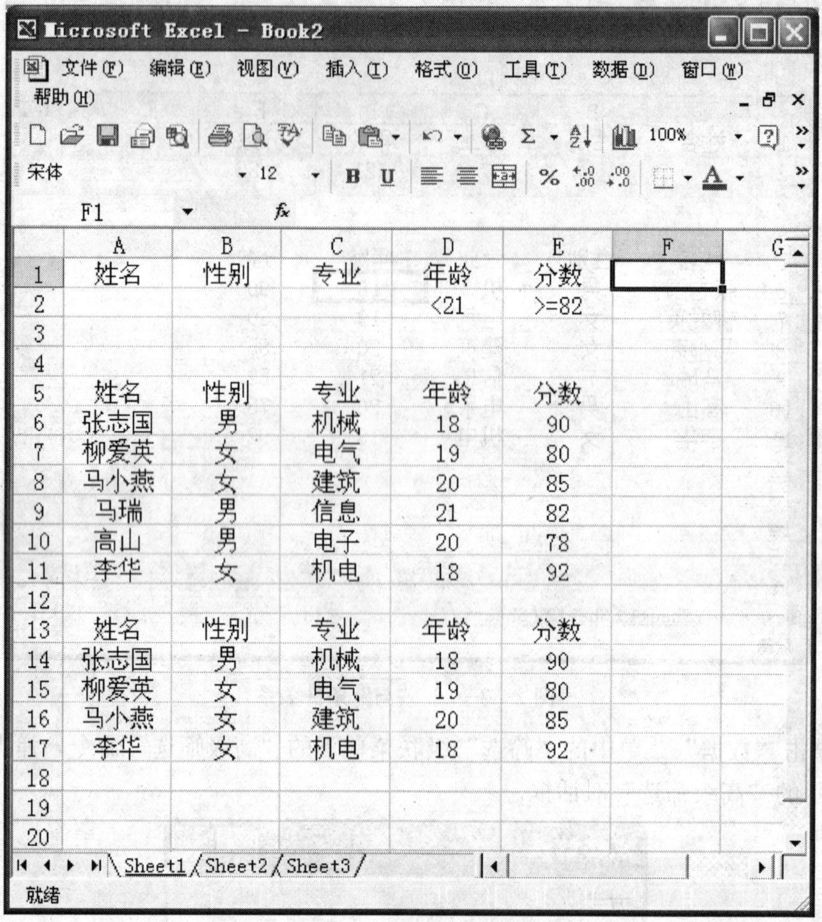

图 2—3—28　满足条件的记录

（2）“或”操作条件。在高级筛选操作中，在不同行中表示的复杂筛选条件，称为“或”关系，即只要条件之一成立就满足。本例的筛选条件是：找出年龄在 19 岁以下（含 19 岁），或分数在 90 分以上（含 90 分）的人。

1）在 D2 单元格中输入“＜＝19”，在 E2 单元格中输入“＞＝90”，如图 2—3—29 所示。

2）单击“数据”菜单中的“筛选”级联菜单下的“高级筛选”命令，弹出如图 2—3—27 所示的“高级筛选”对话框。

3）在“方式”项目组中选中“将筛选结果复制到其他位置”单选按钮。

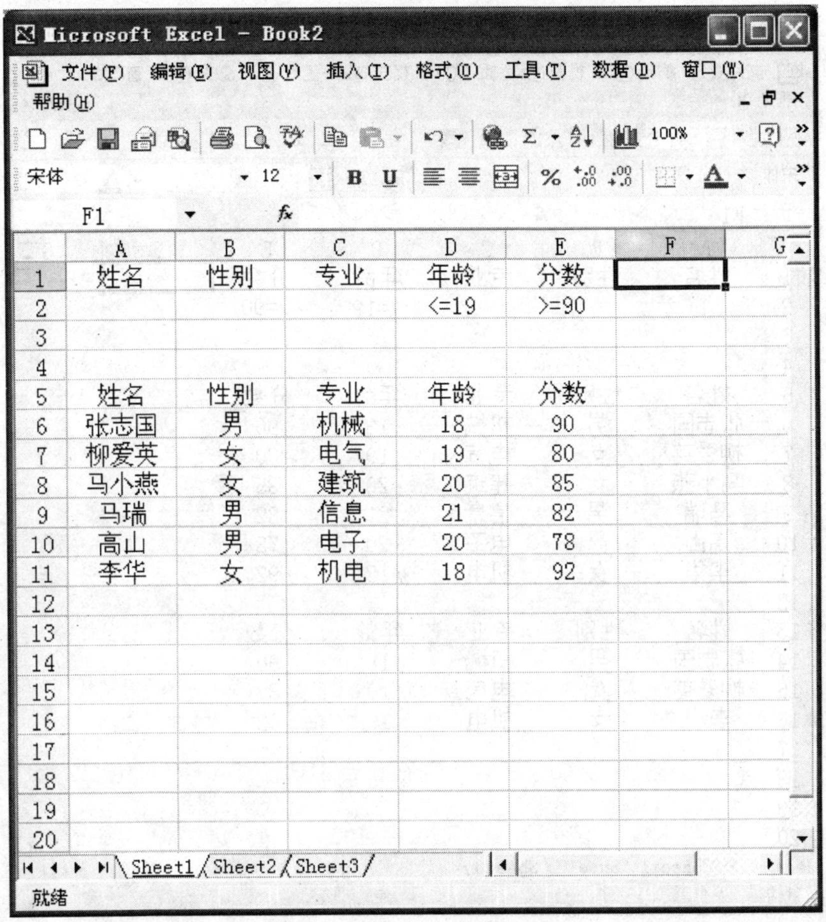

图 2—3—29 “或”条件关系

4）单击“数据区域”右边的按钮“”，选定 A5∶E11 区域为数据区域。

5）单击“条件区域”右边的按钮“”，选定 D2∶E2 区域为条件区域。

6）单击“复制到”右边的按钮“”，选定 A13∶E19 区域为复制区域。

7）单击“确定”按钮，筛选出符合条件的记录，并将这些记录复制到指定的区域，如图 2—3—30 所示。

四、分类汇总

Excel 2003 提供了自动对数据分类汇总的功能，能满足一般的统计工作要求。由于分类汇总是将同一类的数据按要求排列在一起，所以在分类汇总前必须进行同关键字的排序。

1. 单个分类汇总

建立一个工作表，如图 2—3—31 所示。

（1）选定工作表中的任一单元格。

（2）单击“数据”菜单中的“分类汇总”命令，弹出如图 2—3—32 所示的“分类汇总”对话框。

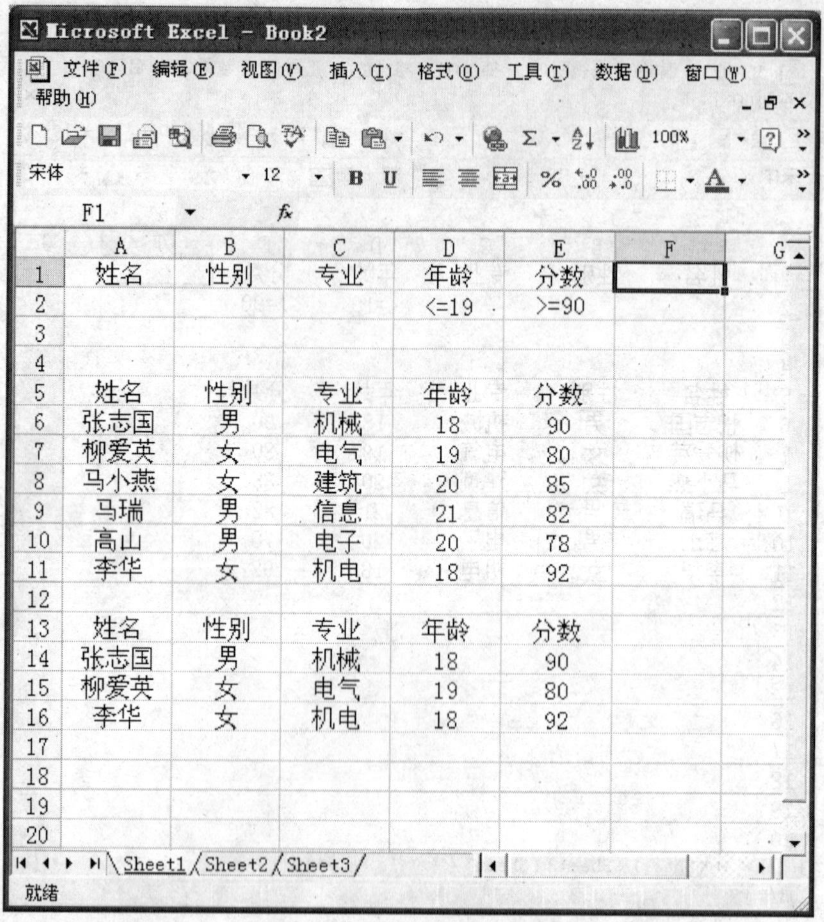

	A	B	C	D	E
1	姓名	性别	专业	年龄	分数
2				<=19	>=90
3					
4					
5	姓名	性别	专业	年龄	分数
6	张志国	男	机械	18	90
7	柳爱英	女	电气	19	80
8	马小燕	女	建筑	20	85
9	马瑞	男	信息	21	82
10	高山	男	电子	20	78
11	李华	女	机电	18	92
12					
13	姓名	性别	专业	年龄	分数
14	张志国	男	机械	18	90
15	柳爱英	女	电气	19	80
16	李华	女	机电	18	92

图 2—3—30　满足条件的记录

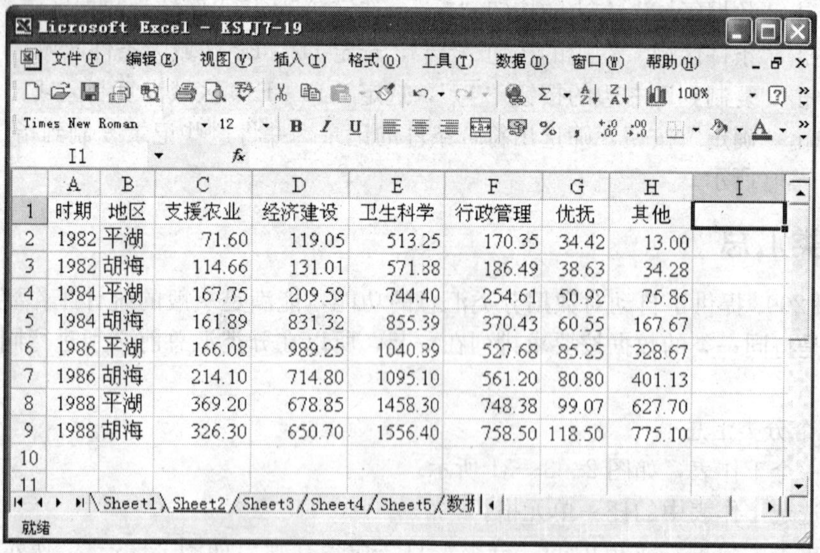

	A	B	C	D	E	F	G	H
1	时期	地区	支援农业	经济建设	卫生科学	行政管理	优抚	其他
2	1982	平湖	71.60	119.05	513.25	170.35	34.42	13.00
3	1982	胡海	114.66	131.01	571.38	186.49	38.63	34.28
4	1984	平湖	167.75	209.59	744.40	254.61	50.92	75.86
5	1984	胡海	161.89	831.32	855.39	370.43	60.55	167.67
6	1986	平湖	166.08	989.25	1040.39	527.68	85.25	328.67
7	1986	胡海	214.10	714.80	1095.10	561.20	80.80	401.13
8	1988	平湖	369.20	678.85	1458.30	748.38	99.07	627.70
9	1988	胡海	326.30	650.70	1556.40	758.50	118.50	775.10

图 2—3—31　工作表

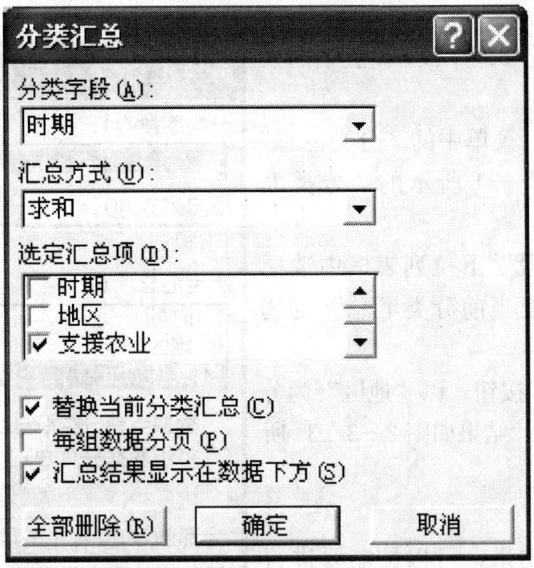

图 2—3—32 “分类汇总”对话框

（3）在“分类字段”下拉列表框中选择“时期”，在“汇总方式”下拉列表框中选择“求和”，在“选定汇总项”列表框中选择“支援农业”“经济建设”“卫生科学”“行政管理”“优抚”“其他”，选中“替换当前分类汇总”和“汇总结果显示在数据下方”复选框。

（4）单击“确定”按钮，以“时期”为分类关键字进行汇总，结果如图 2—3—33 所示。

	A	B	C	D	E	F	G	H
1	时期	地区	支援农业	经济建设	卫生科学	行政管理	优抚	其他
2	1982	平湖	71.60	119.05	513.25	170.35	34.42	13.00
3	1982	胡海	114.66	131.01	571.88	186.49	38.63	34.28
4	**1982 汇总**		186.26	250.06	1085.13	356.84	73.05	47.28
5	1984	平湖	167.75	209.59	744.40	254.61	50.92	75.86
6	1984	胡海	161.89	831.32	855.39	370.43	60.55	167.67
7	**1984 汇总**		329.64	1040.91	1599.79	625.04	111.47	243.53
8	1986	平湖	166.08	989.25	1040.89	527.68	85.25	328.67
9	1986	胡海	214.10	714.80	1095.10	561.20	80.80	401.13
10	**1986 汇总**		380.18	1704.05	2135.99	1088.88	166.05	729.80
11	1988	平湖	369.20	678.85	1458.30	748.38	99.07	627.70
12	1988	胡海	326.30	650.70	1556.40	758.50	118.50	775.10
13	**1988 汇总**		695.50	1329.55	3014.70	1506.88	217.57	1402.80
14	**总计**		1591.58	4324.57	7835.61	3577.64	568.14	2423.41
15								

图 2—3—33 单个分类汇总结果

2. 嵌套分类汇总

（1）单击图 2—3—31 所示工作表中的任一单元格。

（2）单击“数据”菜单中的“分类汇总”命令，弹出如图 2—3—34 所示的“分类汇总”对话框。

（3）在“分类字段”下拉列表框中选择“地区”，不选中“替换当前分类汇总”复选框。

（4）单击“确定”按钮，以“地区”为分类关键字进行嵌套汇总，结果如图 2—3—35 所示。

3. 分级显示

对于分类汇总的结果，可以按需要进行分层次显示，即分级显示。在图 2—3—35 所

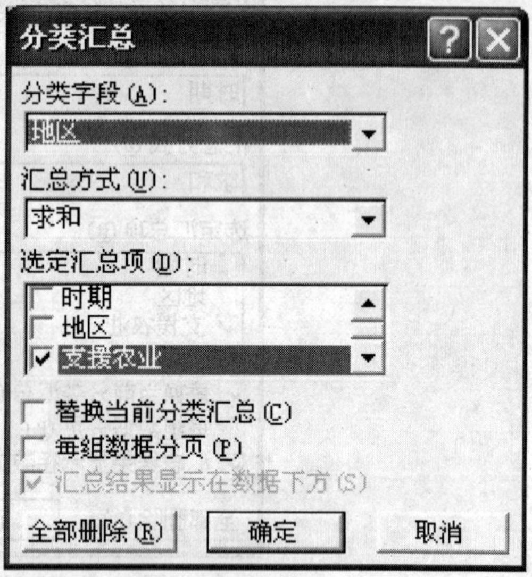

图 2—3—34 “分类汇总”对话框

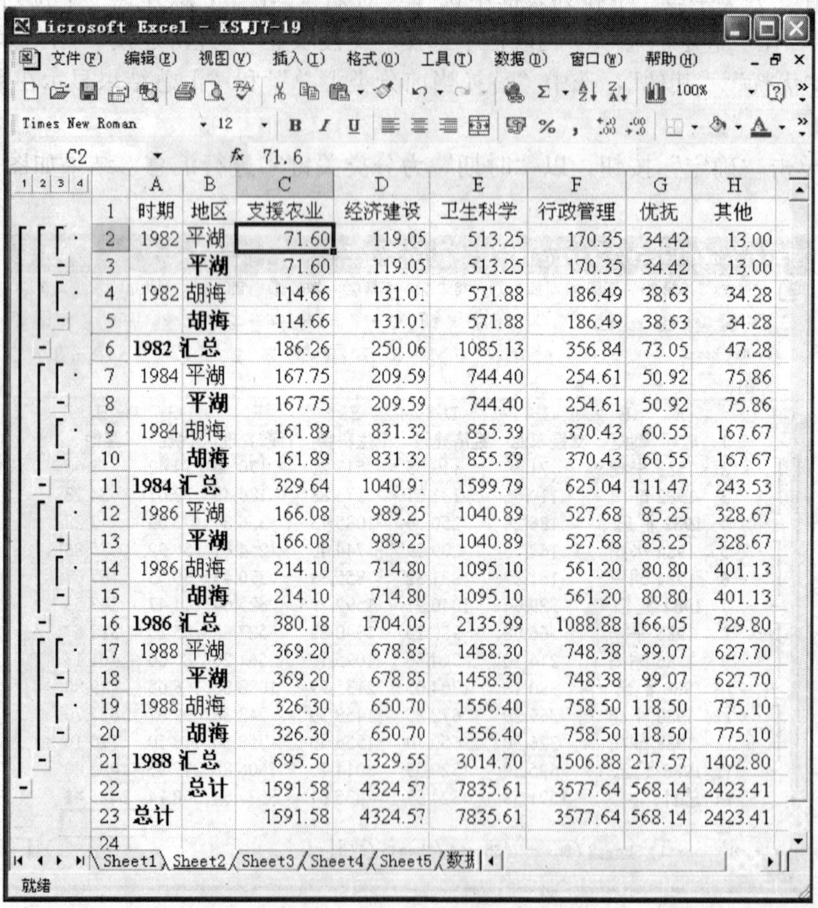

	A	B	C	D	E	F	G	H
1	时期	地区	支援农业	经济建设	卫生科学	行政管理	优抚	其他
2	1982	平湖	71.60	119.05	513.25	170.35	34.42	13.00
3		平湖	71.60	119.05	513.25	170.35	34.42	13.00
4	1982	胡海	114.66	131.01	571.88	186.49	38.63	34.28
5		胡海	114.66	131.01	571.88	186.49	38.63	34.28
6	1982 汇总		186.26	250.06	1085.13	356.84	73.05	47.28
7	1984	平湖	167.75	209.59	744.40	254.61	50.92	75.86
8		平湖	167.75	209.59	744.40	254.61	50.92	75.86
9	1984	胡海	161.89	831.32	855.39	370.43	60.55	167.67
10		胡海	161.89	831.32	855.39	370.43	60.55	167.67
11	1984 汇总		329.64	1040.91	1599.79	625.04	111.47	243.53
12	1986	平湖	166.08	989.25	1040.89	527.68	85.25	328.67
13		平湖	166.08	989.25	1040.89	527.68	85.25	328.67
14	1986	胡海	214.10	714.80	1095.10	561.20	80.80	401.13
15		胡海	214.10	714.80	1095.10	561.20	80.80	401.13
16	1986 汇总		380.18	1704.05	2135.99	1088.88	166.05	729.80
17	1988	平湖	369.20	678.85	1458.30	748.38	99.07	627.70
18		平湖	369.20	678.85	1458.30	748.38	99.07	627.70
19	1988	胡海	326.30	650.70	1556.40	758.50	118.50	775.10
20		胡海	326.30	650.70	1556.40	758.50	118.50	775.10
21	1988 汇总		695.50	1329.55	3014.70	1506.88	217.57	1402.80
22		总计	1591.58	4324.57	7835.61	3577.64	568.14	2423.41
23	总计		1591.58	4324.57	7835.61	3577.64	568.14	2423.41
24								

图 2—3—35 嵌套汇总结果

示的工作表的左边有一个分级显示窗口，如图 2—3—36 所示。其操作步骤如下：

（1）单击按钮 1 、 2 、 3 或 4 ，可以显示或隐藏一、二、三或四级汇总的明细数据。例如，单击按钮 2 ，显示如图 2—3—37 所示的汇总。

（2）分级显示窗口中的“+”和“-”按钮也能显示或隐藏各级汇总的明细数据。

（3）可以通过选择“数据”菜单中“组及分级显示”级联菜单中的“清除分级显示”和“自动建立分级显示”命令，来隐藏或打开分级显示窗口。

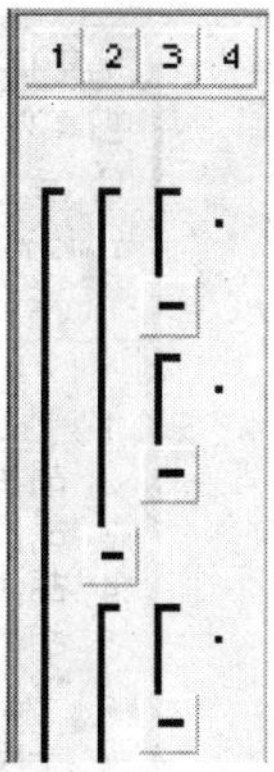

图 2—3—36　分级显示窗口

4. 删除分类汇总

图 2—3—37　二级汇总显示

（1）选定工作表中数据区域的任一单元格。

（2）单击“数据”菜单中的“分类汇总”命令，在弹出的“分类汇总”对话框中，单击“全部删除”按钮，将删除全部汇总，恢复原始工作表数据。

五、数据合并运算

数据合并计算是另一种分类汇总的形式，其结果显示形式更简捷、直观，且实用。建立一个如图 2—3—38 所示的工作表，并统计出“支出汇总表”。

（1）同时选定 A13：G13 和 A14：G14 两个单元格数据区域。

（2）单击“数据”菜单中的“合并计算”命令，弹出如图 2—3—39 所示的“合并计算”对话框。

（3）在“函数”下拉列表框中选择“求和”。

（4）单击“引用位置”右边的按钮，选定 A2：G9 区域为数据区域。

（5）单击“添加”按钮，将所选区域的地址添加到“所有引用位置”列表框中。

（6）选择“标签位置”中的“最左列”复选框，单击“确定”按钮，将两个地区不

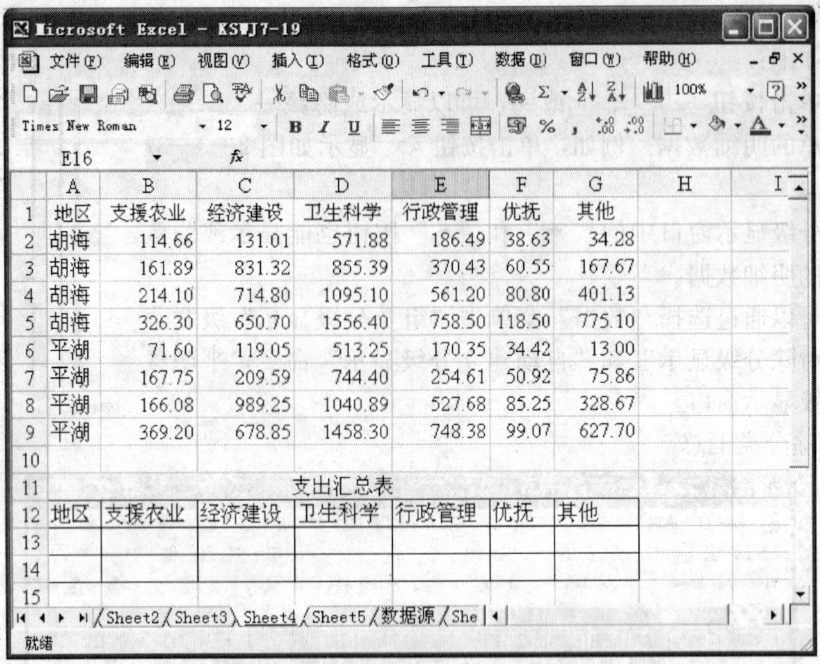

图 2—3—38　工作表

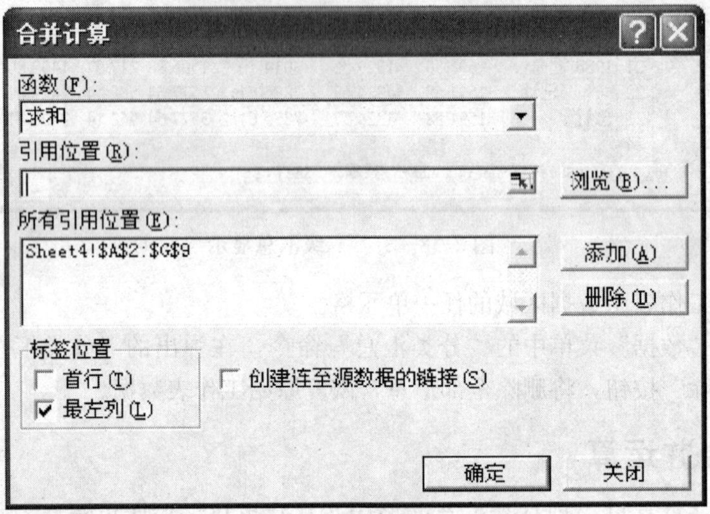

图 2—3—39　“合并计算”对话框

同时间的各项投入资金依次合并计算，并将结果填入“支出汇总表”中。

六、数据透视表

数据透视表是一种交互式的报表，它可以快速合并和比较大量的数据。数据透视表的本质是行、列交叉的分类汇总。

【例 2—3—16】 建立一个如图 2—3—40 所示的工作表，创建该工作表的数据透视表的操作步骤如下：

第一步：选定工作表中的任一单元格。

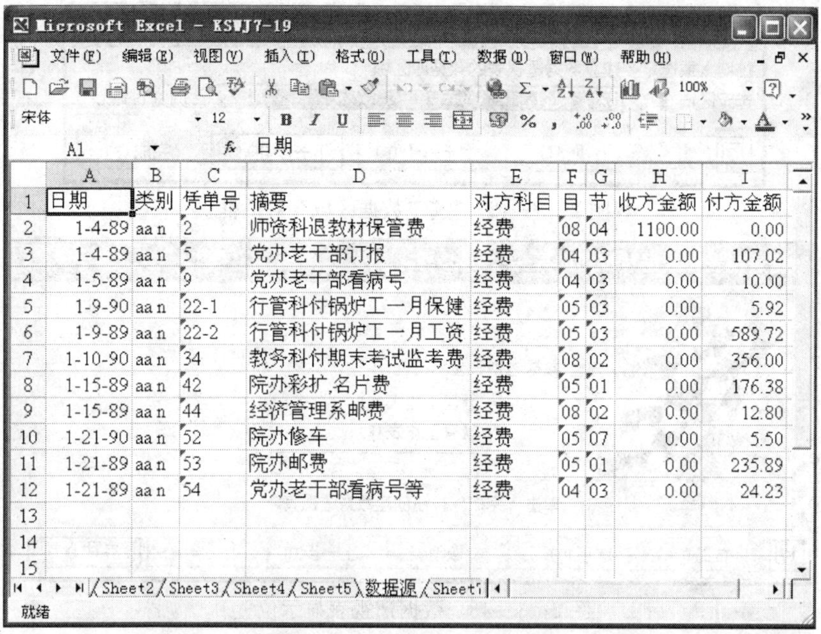

	A	B	C	D	E	F	G	H	I
1	日期	类别	凭单号	摘要	对方科目	目	节	收方金额	付方金额
2	1-4-89	aa n	2	师资科退教材保管费	经费	08	04	1100.00	0.00
3	1-4-89	aa n	5	党办老干部订报	经费	04	03	0.00	107.02
4	1-5-89	aa n	9	党办老干部看病号	经费	04	03	0.00	10.00
5	1-9-90	aa n	22-1	行管科付锅炉工一月保健	经费	05	03	0.00	5.92
6	1-9-89	aa n	22-2	行管科付锅炉工一月工资	经费	05	03	0.00	589.72
7	1-10-90	aa n	34	教务科付期末考试监考费	经费	08	02	0.00	356.00
8	1-15-89	aa n	42	院办彩扩,名片费	经费	05	01	0.00	176.38
9	1-15-89	aa n	44	经济管理系邮费	经费	08	02	0.00	12.80
10	1-21-90	aa n	52	院办修车	经费	05	07	0.00	5.50
11	1-21-89	aa n	53	院办邮费	经费	05	01	0.00	235.89
12	1-21-89	aa n	54	党办老干部看病号等	经费	04	03	0.00	24.23
13									
14									
15									

图 2—3—40　工作表

第二步：单击“数据”菜单中的“数据透视表和数据透视图”命令，弹出如图 2—3—41 所示的“数据透视表和数据透视图向导”对话框。

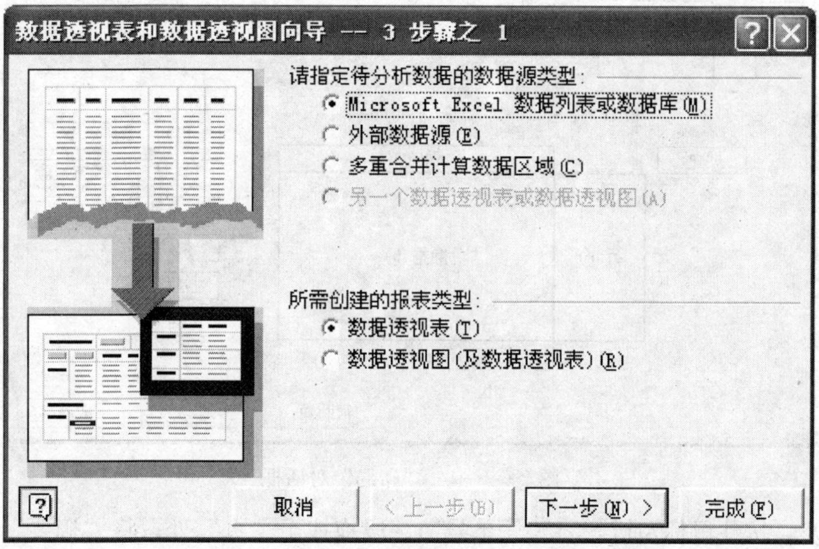

图 2—3—41　“数据透视表和数据透视图向导”对话框

第三步：分别选中“Microsoft Excel 数据列表或数据库”和“数据透视表”单选按钮，单击“下一步”按钮，弹出如图 2—3—42 所示的“选定数据区域”对话框。

第四步：选定 A1∶I12 数据区域，单击“下一步”按钮，弹出如图 2—3—43 所示的“数据透视表显示位置”对话框。

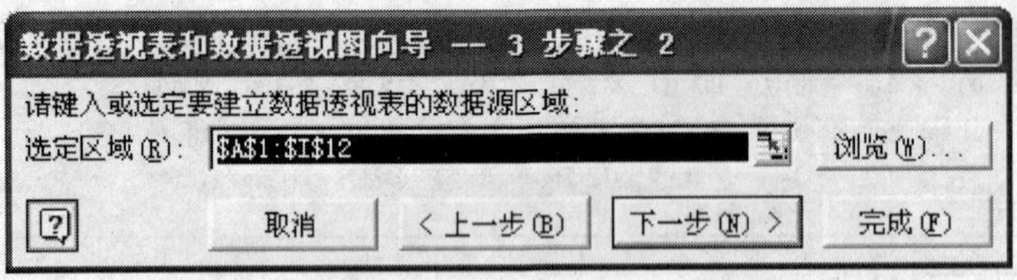

图 2—3—42 “选定数据区域”对话框

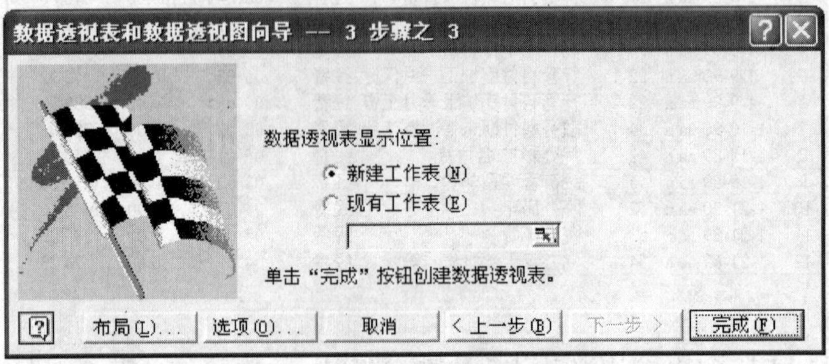

图 2—3—43 数据透视表显示位置

第五步：选中“新建工作表”单选按钮，单击“布局”按钮，弹出如图 2—3—44 所示的“布局”对话框。

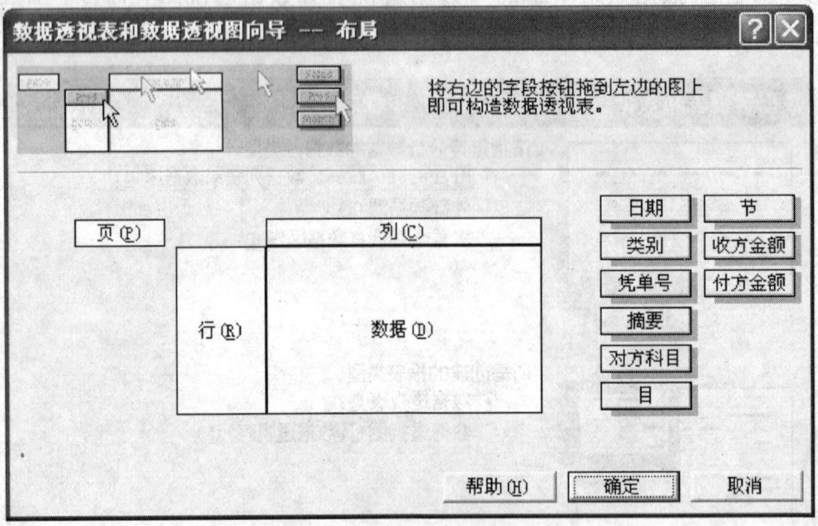

图 2—3—44 “布局”对话框

第六步：按住鼠标左键，将“凭单号”字段拖拽至“页”处；将“摘要”字段拖拽至“行”处；将“收方金额”和“付方金额”作为求和项，分别拖拽至“数据”处，如图 2—3—45 所示。

第七步：双击“数据”区域中的字段，如“收方金额”，弹出如图 2—3—46 所示的“数据透视表字段”对话框，在“汇总方式”下拉列表框中选择所需的汇总方式。

第八步：单击“确定”按钮，返回“布局”对话框，再单击“确定”按钮，在当前工作簿中新增加一个显示数据透视表的工作表，如图 2—3—47 所示。

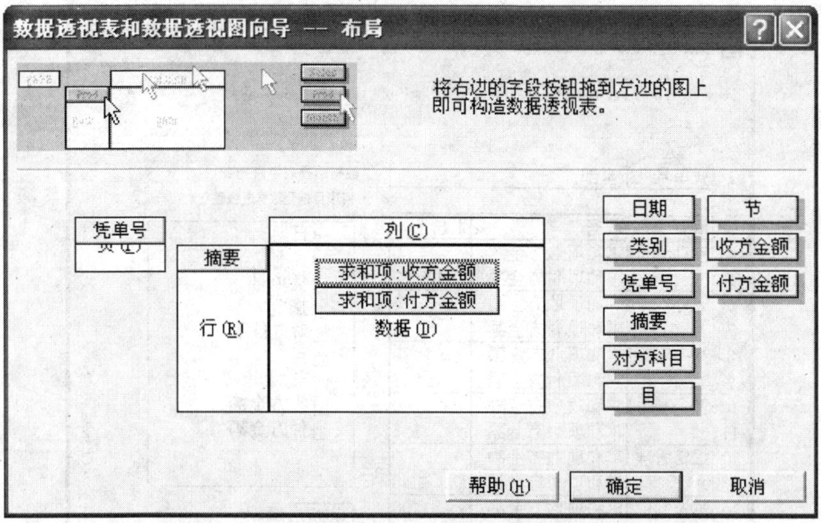

图 2—3—45　布局好的版面

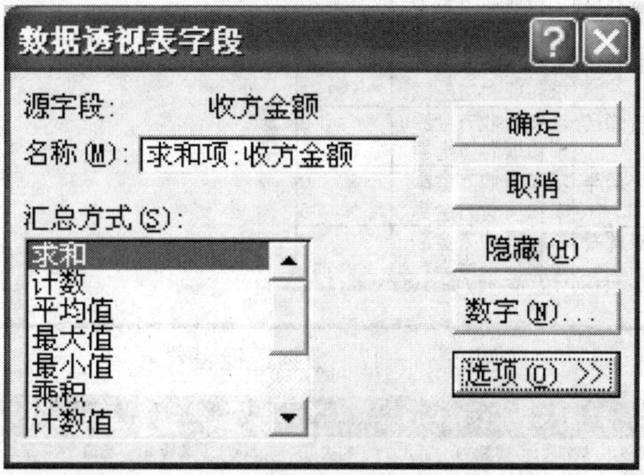

图 2—3—46　“数据透视表字段”对话框

第九步：可以在“凭单号”“摘要”或“数据”三个下拉列表框中选择所需的项目，Excel将按所选的条件分类显示数据。例如，在“凭单号”的下拉列表框中选择凭单号“5”，则屏幕显示如图 2—3—48 所示的统计结果。

如果在图 2—3—43 所示的“数据透视表显示位置”对话框中，单击“完成”按钮，这时在当前工作簿中将新增一个用于显示数据透视表的工作表，如图 2—3—49 所示。在这张工作表中，可以根据需要，按屏幕提示，直接用鼠标拖拽数据字段到指定位置。

在图 2—3—41 所示的“数据透视表和数据透视图向导”对话框，若选择“数据透视图（及数据透视表）”单选按钮，则创建数据透视图，步骤如下：

第十步：单击“下一步”按钮，在弹出的如图 2—3—42 所示的“选定数据区域”对话框中，选定 A1∶I12 数据区域。

第十一步：单击“下一步”按钮，在弹出的如图 2—3—43 所示的“数据透视表显示位置”对话框中，选中“新建工作表”单选按钮，单击“完成”按钮，这时在当前工作簿中将新增两个工作表，一个是用于显示数据透视表的，另一个是用于显示数据透视图的。其中显示数据透视图的工作表如图 2—3—50 所示。

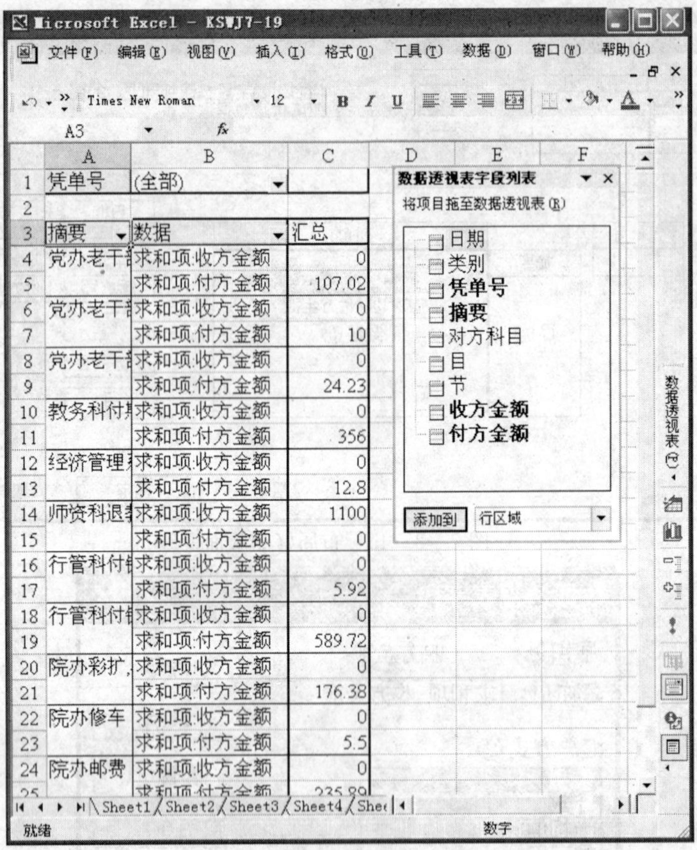

图 2—3—47　数据透视表效果

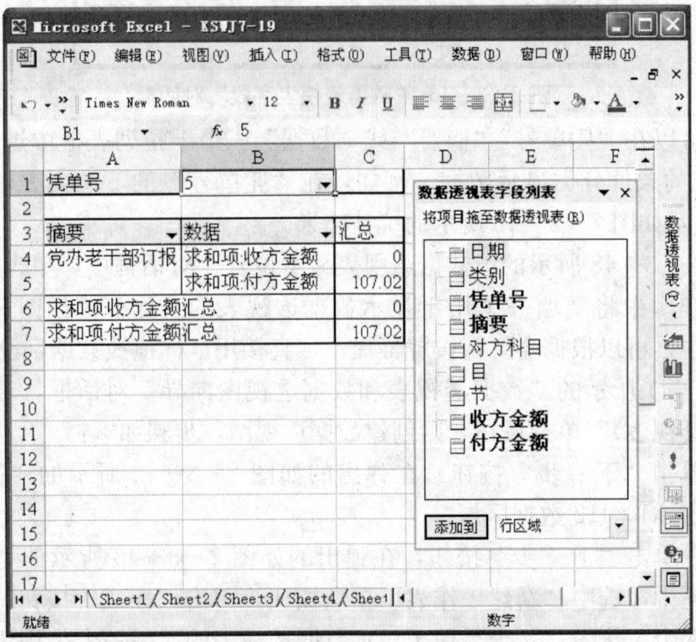

图 2—3—48　凭单号“5”的数据透视表

单元 2

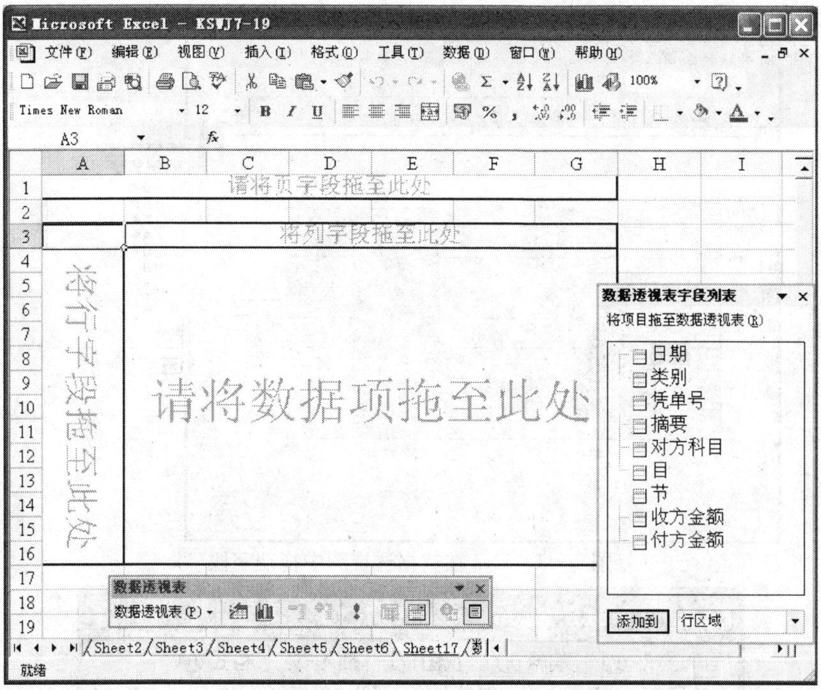

图 2—3—49　显示数据透视表的工作表

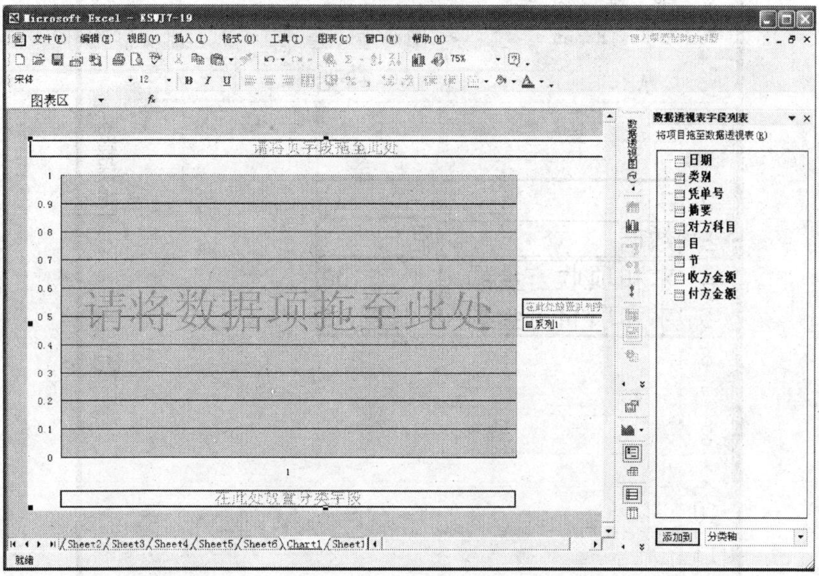

图 2—3—50　显示数据透视图的工作表

第十二步：按住鼠标左键，拖动“数据透视表字段列表”框中的“收方金额”“付方金额”至提示“请将数据项拖至此处”的地方，如图 2—3—51 所示。

第十二步：可以利用图表工具栏对生成的透视图进行编辑。

第十四步：编辑完毕，切换到新增的工作表，可以看到已建立的数据透视表，如图 2—3—52 所示。

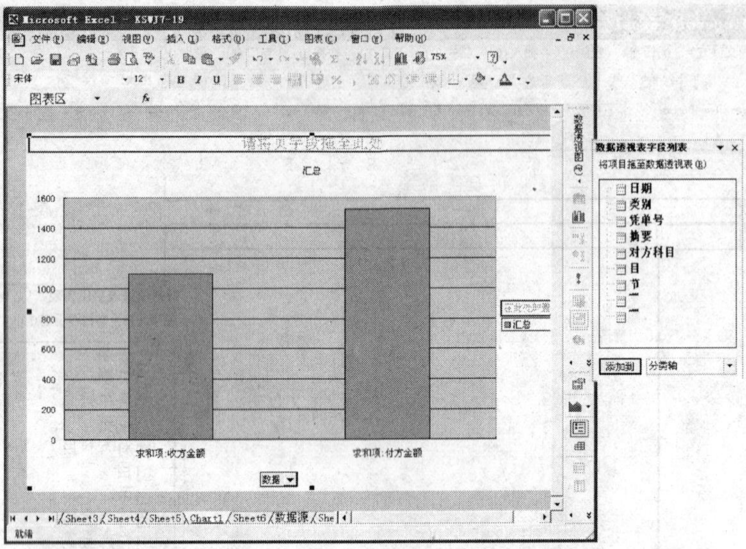

图 2—3—51　在数据透视图中拖动字段

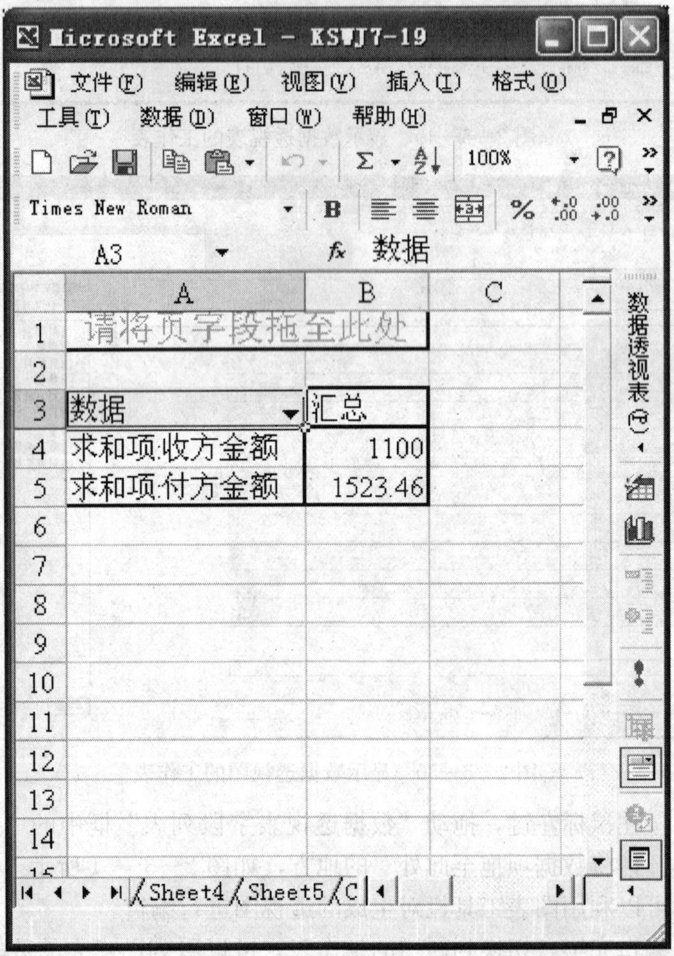

图 2—3—52　数据透视图表的效果

七、表格数据的转换

每一种应用软件都有各自独到的功能和专长，如果在不同用途的软件之间进行数据的转换和处理，将大大提高工作效率。对于简单的数据形式，可使用 Windows XP 的剪贴板功能实现不同应用软件之间数据的共享。大多数的应用软件，尤其是 Microsoft 的 Office 办公软件都提供了相关的操作，能方便地导入其他应用软件处理的数据。

Access 是 Microsoft Office 办公软件中，专门用来进行数据库操作的软件。Excel 由于制表或是进行数据的分类汇总，有时要用到数据库，因此数据转换是两个软件之间重要的接口和桥梁。在 Excel 中导入 Access 的数据操作步骤如下：

（1）建立一个新工作簿。

（2）单击“数据”菜单中的“导入外部数据”级联菜单中的“导入数据”命令，弹出如图 2—3—53 所示的对话框。

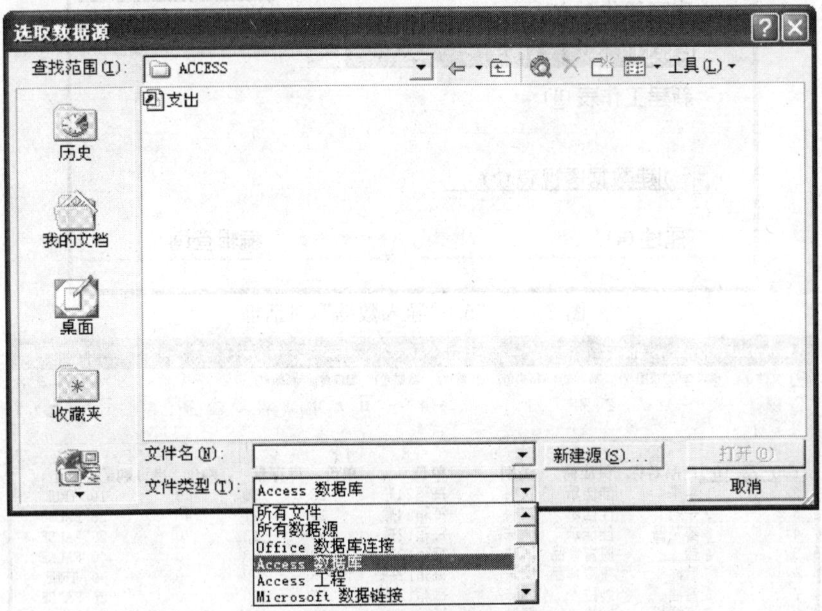

图 2—3—53 “选取数据源”对话框

（3）单击“文件类型”下拉列表框，选择“Access 数据库”。

（4）单击“查找范围”下拉列表框，选择数据源所在的位置，在数据源列表框中将显示所有 Access 数据库文件。

（5）选定需要导入的 Access 数据库文件，例如“支出”，单击“打开”按钮，弹出如图 2—3—54 所示的“选择表格”对话框。

（6）选择“产品”数据表，单击“确定”按钮，弹出如图 2—3—55 所示的“导入数据”对话框。

（7）选择“现有工作表”单选按钮，将 Access 数据表导入 Excel 当前的工作表中，如图 2—3—56 所示。

（8）若选择“新建工作表”单选按钮，可将 Access 数据表导入 Excel 的新建工作表中。

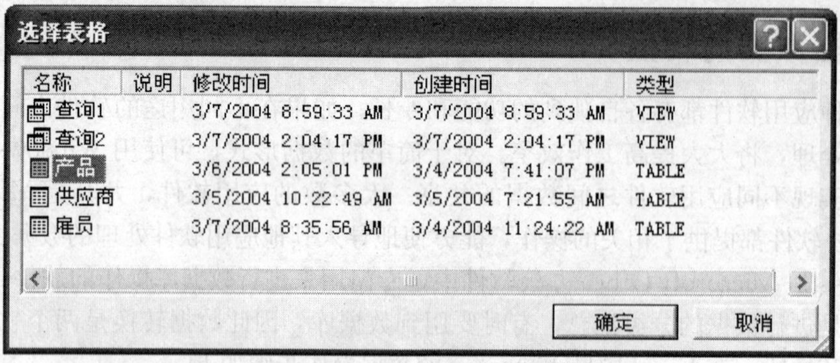

图 2—3—54 “选择表格”对话框

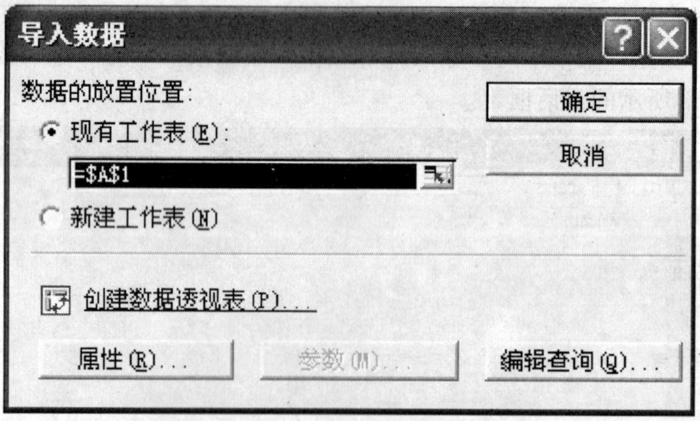

图 2—3—55 “导入数据”对话框

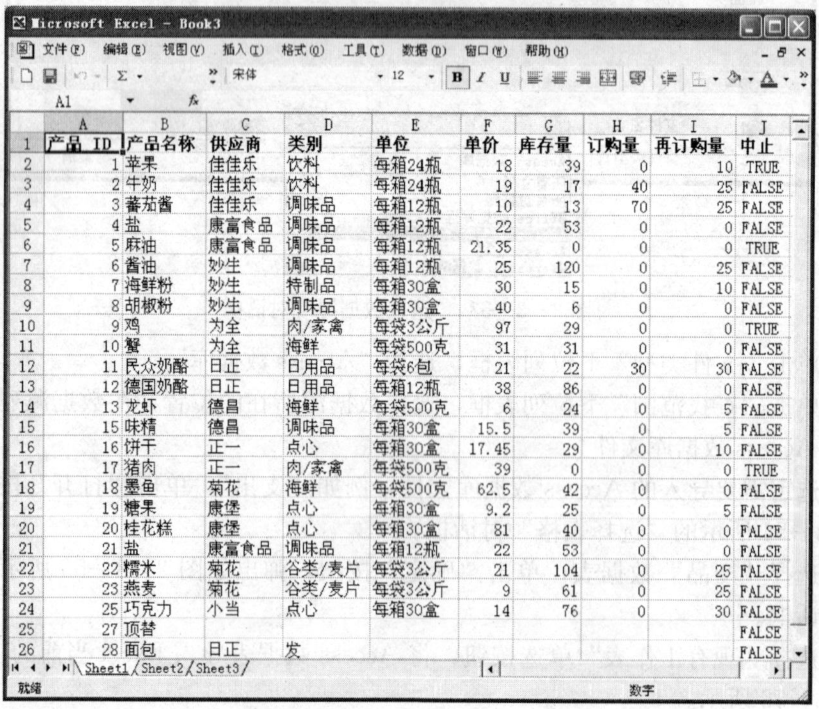

	A	B	C	D	E	F	G	H	I	J
1	产品 ID	产品名称	供应商	类别	单位	单价	库存量	订购量	再订购量	中止
2	1	苹果	佳佳乐	饮料	每箱24瓶	18	39	0	10	TRUE
3	2	牛奶	佳佳乐	饮料	每箱24瓶	19	17	40	25	FALSE
4	3	蕃茄酱	佳佳乐	调味品	每箱12瓶	10	13	70	25	FALSE
5	4	盐	康富食品	调味品	每箱12瓶	22	53	0	0	FALSE
6	5	麻油	康富食品	调味品	每箱12瓶	21.35	0	0	0	TRUE
7	6	酱油	妙生	调味品	每箱12瓶	25	120	0	25	FALSE
8	7	海鲜粉	妙生	特制品	每箱30盒	30	15	0	10	FALSE
9	8	胡椒粉	妙生	调味品	每箱30盒	40	6	0	0	FALSE
10	9	鸡	为全	肉/家禽	每袋3公斤	97	29	0	0	TRUE
11	10	蟹	为全	海鲜	每袋500克	31	31	0	0	FALSE
12	11	民众奶酪	日正	日用品	每袋6包	21	22	30	30	FALSE
13	12	德国奶酪	日正	日用品	每箱12瓶	38	86	0	0	FALSE
14	13	龙虾	德昌	海鲜	每袋500克	6	24	0	5	FALSE
15	15	味精	德昌	调味品	每箱30盒	15.5	39	0	5	FALSE
16	16	饼干	正一	点心	每箱30盒	17.45	29	0	10	FALSE
17	17	猪肉	正一	肉/家禽	每袋500克	39	0	0	0	TRUE
18	18	墨鱼	菊花	海鲜	每袋500克	62.5	42	0	0	FALSE
19	19	糖果	康堡	点心	每箱30盒	9.2	25	0	5	FALSE
20	20	桂花糕	康堡	点心	每箱30盒	81	40	0	0	FALSE
21	21	盐	康富食品	调味品	每箱12瓶	22	53	0	0	FALSE
22	22	糯米	菊花	谷类/麦片	每袋3公斤	21	104	0	25	FALSE
23	23	燕麦	菊花	谷类/麦片	每袋3公斤	9	61	0	25	FALSE
24	25	巧克力	小当	点心	每箱30盒	14	76	0	30	FALSE
25	27	顶替								FALSE
26	28	面包	日正	发						FALSE

图 2—3—56 导入的 Access 数据

单 元 2

(9) 在 Access 中，用同样的导入操作方法，可以将 Excel 的数据表格导入其中，进行数据库的操作。

八、打印工作表

Excel 工作表的打印与 Word 文档的打印很相似，但作为一种表格数据文件，打印 Excel 的工作表还是要进行一些特殊的设置。有一个如图 2—3—57 所示的工作表，对其进行打印设置。

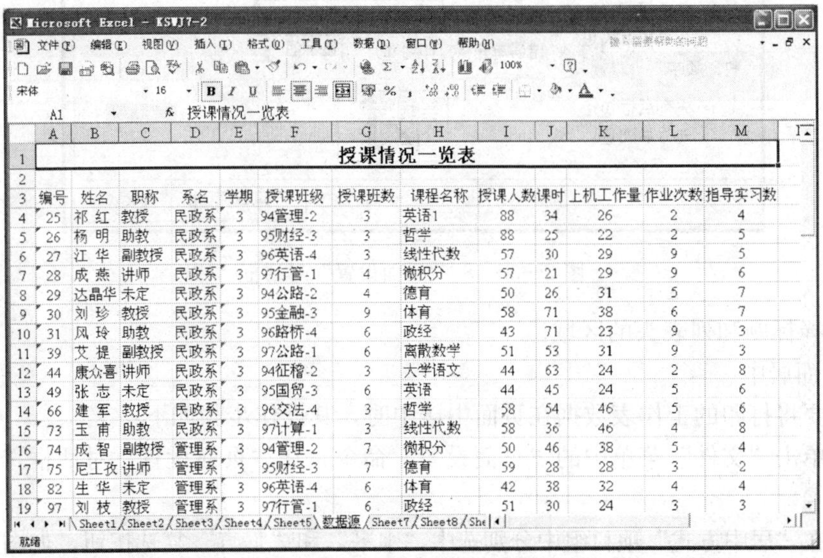

授课情况一览表

编号	姓名	职称	系名	学期	授课班级	授课班数	课程名称	授课人数	课时	上机工作量	作业次数	指导实习数
25	祁 红	教授	民政系	3	94管理-2	3	英语1	88	34	26	2	4
26	杨 明	助教	民政系	3	95财经-3	3	哲学	88	25	22	2	5
27	江 华	副教授	民政系	3	96英语-4	3	线性代数	57	30	29	9	5
28	成 燕	讲师	民政系	3	97行管-1	4	微积分	57	21	29	9	6
29	达晶华	未定	民政系	3	94公路-2	4	德育	50	26	31	5	7
30	刘 珍	教授	民政系	3	95金融-3	9	体育	58	71	38	6	7
31	风 玲	助教	民政系	3	96路桥-4	6	政经	43	71	23	9	3
39	艾 提	副教授	民政系	3	97公路-1	6	离散数学	51	53	31	9	3
44	康众喜	讲师	民政系	3	94征稽-2	3	大学语文	44	63	24	2	8
49	张 志	未定	民政系	3	95国贸-3	6	英语	44	45	24	5	6
66	建 军	教授	民政系	3	96交法-4	3	哲学	58	54	46	5	6
73	玉 甫	助教	民政系	3	97计算-1	3	线性代数	58	36	46	4	8
74	成 智	副教授	管理系	3	94管理-2	7	微积分	50	46	38	5	4
75	尼工孜	讲师	管理系	3	95财经-3	7	德育	59	28	28	3	2
82	生 华	未定	管理系	3	96英语-4	6	体育	42	38	32	4	4
97	刘 枝	教授	管理系	3	97行管-1	6	政经	51	30	24	3	3

图 2—3—57 “授课情况一览表”工作表

1. 工作表的设置

(1) 单击“文件”菜单中的“页面设置”命令，弹出“页面设置”对话框。其中“页面”“页边距”“页眉/页脚”等选项卡的设置与 Word 的打印设置相同。

(2) 由于图 2—3—57 的工作表较大，因此，在“页面”选项卡中的“纸张大小”下拉列表框中选“A3”纸型。单击“工作表”选项卡，如图 2—3—58 所示。

(3) 在该对话框中，可以根据需要设置打印的区域、标题；是否打印网格线和行号列标；是否改变打印顺序等。

2. 每页打印表头

当打印的工作表数据不只一页时，为了使每页都能打印出标题的表头，可以进行以下的操作：

(1) 在“打印区域”框内输入要打印的数据区域，单击右边的按钮，可以用鼠标拖拽选定数据区域，本例打印全部工作表，不输入选定区域。

(2) “顶端标题行”用于确定每页打印的行表头区域。在文本框中输入 $1：$3，即选定标题和表头所在行，这样可以在打印时，每页工作表都包括标题和行表头。也可以单击右边的按钮，用鼠标直接选定第一行至第三行。

(3) “左端标题列”用于确定每页打印的列表头区域，同理，也可以单击右边的按

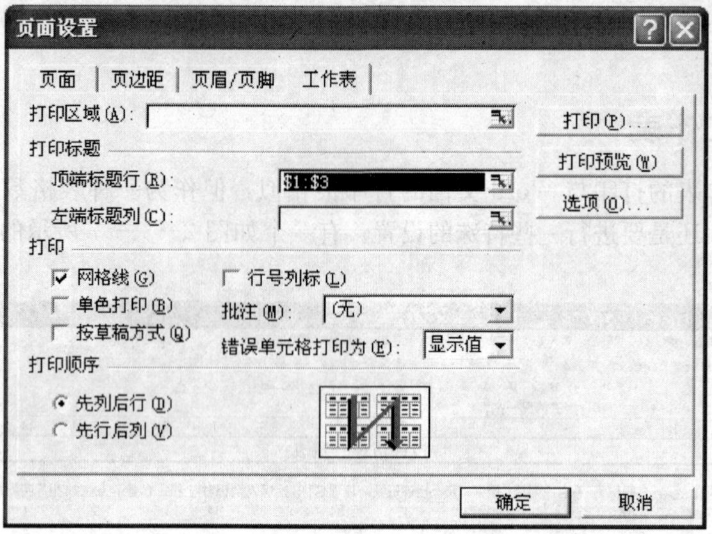

图 2—3—58 “页面设置”对话框

钮，选择标题和列表头的区域。

3. 页面居中

当需要将打印的工作表数据在页面中居中时，其操作步骤如下：

（1）单击“文件”菜单中的“页面设置”命令，在“页面设置”对话框选中“页边距”选项卡。

（2）在“居中方式”项目组中分别选中“水平”和“垂直”复选按钮，如图 2—3—59 所示。单击“打印预览”按钮，可以看到页面输出已居中。

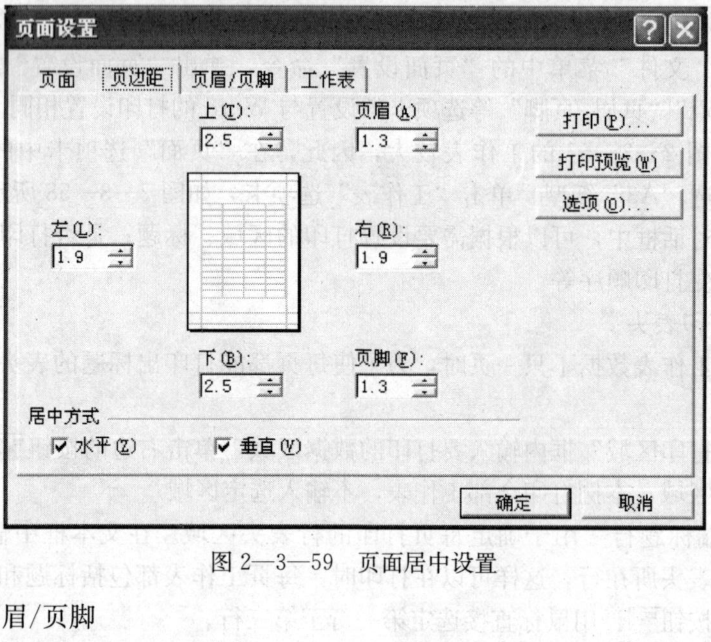

图 2—3—59 页面居中设置

4. 打印页眉/页脚

（1）页眉/页脚的设置步骤

1）单击“文件”菜单中的“页面设置”命令，在“页面设置”对话框选中“页眉/页脚”选项卡，弹出如图 2—3—60 所示的对话框。

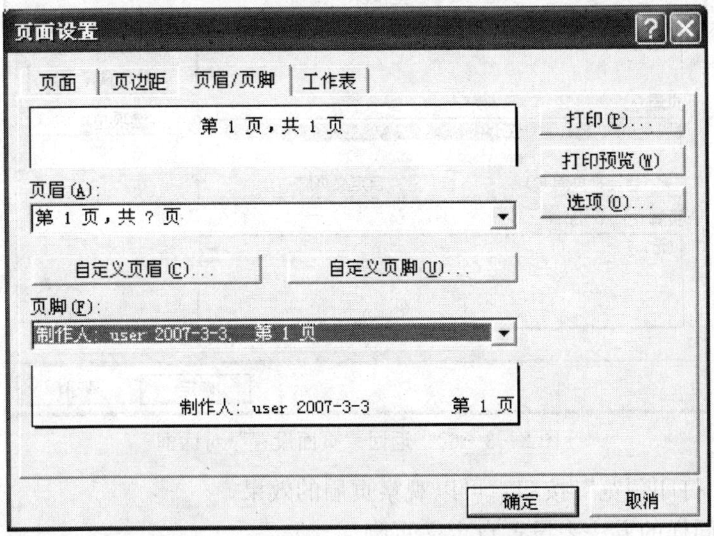

图 2—3—60 “页眉/页脚”选项卡

2）单击“页眉”下拉列表框中的下拉箭头，选择所需页眉的形式，在预览框中可以看到页眉的效果，如图 2—3—60 所示。

3）单击“页脚”下拉列表框中的下拉箭头，选择所需页脚的形式，在预览框中可以看到页脚的效果，如图 2—3—60 所示。

（2）自定义页眉/页脚的设置步骤

1）单击“自定义页眉”按钮，打开如图 2—3—61 所示的“页眉”对话框，可以看到页眉的设置分为左、中、右三个部分。

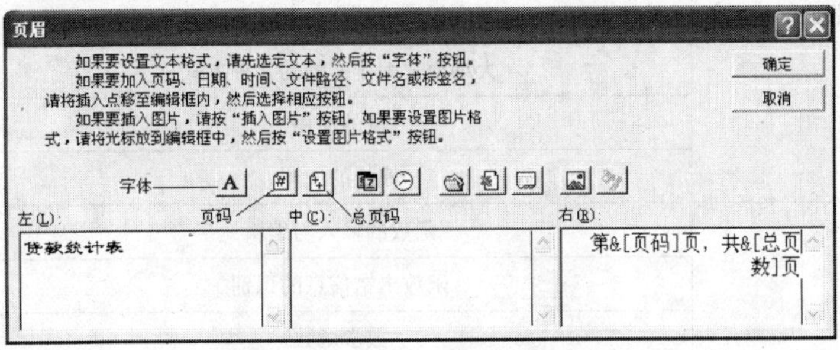

图 2—3—61 “页眉”对话框

2）光标停留在“左”文本框中，输入“贷款统计表”，选中输入的文字，单击“字体”按钮，打开“字体”对话框，将字体设置为隶书，单击“确定”按钮，回到“页眉”对话框。

3）单击“右”文本框，输入“第页，共页”，将插入点定位在“第”字的后面，单击“页码”按钮，插入当前页码；将插入点定位到“共”字的后面，单击“总页码”按钮，插入一个总页码。

4）单击“确定”按钮，返回到“页面设置”对话框，如图 2—3—62 所示。

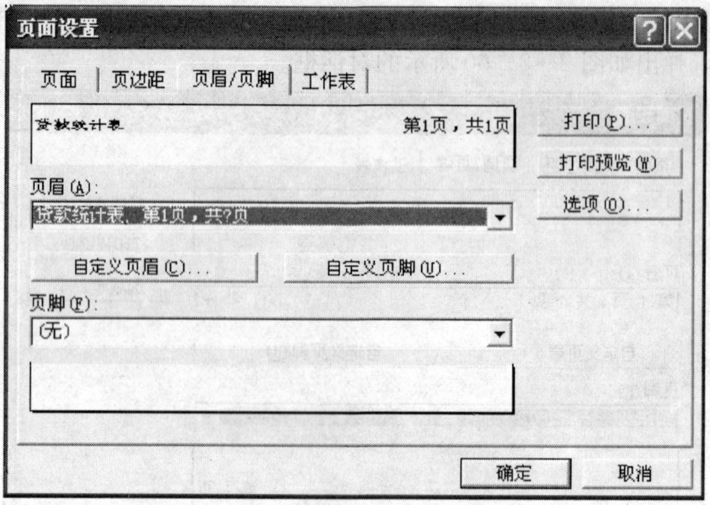

图 2—3—62　返回“页面设置”对话框

5）单击“打印预览”按钮，可以观察页眉的效果。

可以使用同样的方法来设置自定义页脚。

单元考核要点

考核类型	考核范围	考核点	重要程度
理论知识	版面编辑	标准样式的类型	★★
		定制样式的类型	★★
		大纲模式的几种操作方式	★★★
		大纲模式写作的几种方式	★★
		大纲模式编排文档的几种方式	★★
		域的使用	★★
		模板的使用	★★
	数据管理	函数的输入与编辑	★★★
		函数出错信息的识别	★★
		数学函数	★★
		统计函数	★★
		字符函数	★★
		日期和时间函数	★★
		条件函数	★★
		逻辑函数	★★
		记录的排序	★★★
		数据的筛选	★★★

续表

考核类型	考核范围	考核点	重要程度
理论知识	数据管理	分类汇总	★★★
		数据合并运算	★★
		数据透视表	★★
		表格数据的转换	★★
		打印格式的设置	★★
	数学公式	完成3行带有根式、分式和微积分符号的数学公式	★★
操作技能	版面编辑	标准样式的设定	★★★
		利用格式栏修改和定制样式	★★
		利用样式命令修改和定制样式	★★
		定制样式	★★
		定制快捷键	★★
		样式的删除与重命名	★★
		样式的合并与打印	★★
		使用样式的继承	★★
		插入日期和时间	★★
		对日期排序	★★
		建立目录	★★
		建立索引	★★
		插入域	★★
		编排域	★★
		使用特定模板建立文档	★★
		使用模板的内容	★★
		修改模板	★★
		建立模板	★★
		常用模板的使用	★★
	数据管理	直接输入函数	★★★
		使用“插入函数”工具	★★
		数学函数	★★
		统计函数	★★
		字符函数	★★
		日期和时间函数	★★
		条件函数	★★
		逻辑函数	★★

续表

考核类型	考核范围	考核点	重要程度
操作技能	数据管理	记录的排序	★★★
		数据的筛选	★★★
		分类汇总	★★★
		数据合并运算	★★
		数据透视表	★★
		表格数据的转换	★★
		页面的设置	★★★
		页边距的设置	★★
		页眉/页脚的设置	★★
		工作表的设置	★★
		打印图表的设置	★★
		打印预览	★★
		打印	★★
	数学公式	完成3行带有根式、分式和微积分符号的数学公式	★★

单元 2

单元测试题

一、单项选择题（下列每题的选项中，只有1个是正确的，请将其代号填在横线空白处）

1. 在文档中加入评语又不想修改正文，可使用Word的________。
   A. 尾注　　B. 脚注　　C. 批注　　D. 页眉或页脚
2. ________适用于长文档的编辑和管理。
   A. 页面视图　　B. 普通视图
   C. 全屏幕视图　　D. 大纲视图
3. 在下列中选项，不属于样式管理的是________。
   A. 复制样式　　B. 删除样式
   C. 套用样式　　D. 更名样式
4. Word 2003提供的标题样式为________。
   A. 标题1、标题2、标题3
   B. 大标题、中标题、小标题
   C. 宋体、居中、行距：1.5倍行距
   D. 正文+宋体
5. 新样式可以通过“菜单”→________来实现。
   A. “文件”→“打开”　　B. “格式”→“样式”

C. “格式”→“样式库” D. “工具”→“选项”

6. 要自动生成目录，一般在文档中应包含________样式。

A. 表格 B. 标题 C. 页眉和页脚 D. 样式

7. 在 Excel 2003 中，进行排序时，可以指定________级。

A. 1 B. 2 C. 3 D. 4

8. 下列说法正确的是________。

A. 单列数据排序要选定“以当前选定区域排序”

B. 单列数据排序要选定“扩展选定区域”

C. 多列数据排序要选定“以当前选定区域排序”

9. 数据筛选的目的是________。

A. 排序数据 B. 分类数据

C. 汇总数据 D. 显示符合条件的数据

10. 只有建立了________后，才能进行分级显示。

A. 排序 B. 筛选

C. 数据透视表 D. 分类与汇总

11. 数据透视表是________。

A. 交互式报表 B. 含有图形的工作表

C. 排序后的工作表 D. 汇总表

12. 用筛选条件“数学＞65 与总分＞250”对成绩数据表进行筛选后，在筛选出结果中都是________。

A. 数学分＞65 的记录 B. 数学分＞65 且总分＞250 的记录

C. 总分＞250 的记录 D. 数学分＞65 或总分＞250 的记录

二、技能题

1. 制作如图 2—3—63 和图 2—3—64 所示的两个公式。

$$\cos\beta=\sqrt{1-\left(\frac{\sqrt{10}}{10}\right)^2}=\frac{3}{10}\sqrt{10}$$

图 2—3—63 作业（数学公式一）

$$\begin{aligned} y &= e^{-\int\cos x dx}\left(c_1\int e^{\int\cos x dx}dx+c_2\right) \\ &= e^{-\sin x}\left(c_1\int e^{\sin x}dx+c_2\right) \end{aligned}$$

图 2—3—64 作业（数学公式二）

2. 建立如图 2—3—65 所示的工作表。

（1）分别计算每个人的“总成绩”和“平均成绩”。

（2）按“总成绩”主关键字进行排序。

（3）以“班级”为主关键字，总分为次关键字进行多列排序。

（4）按“班级”分类汇总，并以图表（饼图）输出。

	A	B	C	D	E	F	G	H	I
1	学号	姓名	班级	数学	物理	语文	体育	总成绩	平均成绩
2	90220002	张成祥	1	97	94	93	93		
3	90220013	唐来云	3	80	73	69	87		
4	90213009	张雷	1	85	71	67	77		
5	90213022	韩文岐	2	88	81	73	81		
6	90213003	郑俊霞	3	89	62	77	85		
7	90213013	马云燕	3	91	68	76	82		
8	90213024	王晓燕	2	86	79	80	93		
9	90213037	贾莉莉	2	93	73	78	88		
10	90220023	李广林	1	94	84	60	86		
11	90216034	马丽萍	1	55	59	98	76		
12	91214065	高云河	3	74	77	84	77		
13	91214045	王卓然	2	88	74	77	78		
14									

图 2—3—65 作业（工作表）

单元测试题答案

单元 2

一、单项选择题

1. C 2. D 3. C 4. A 5. B 6. B 7. C 8. A 9. D 10. A 11. A 12. B

二、技能题

答案略。

第3单元

多媒体信息处理

多媒体技术是一门综合性的学科，涉及的技术和应用领域较广，是计算机应用领域重要的发展方向之一，也是推动计算机新技术发展的强大动力。随着计算机硬件性能的不断提高和多媒体软件开发工具的迅速发展，多媒体技术越来越得到广泛的应用。因此，多媒体技术有较大的发展前景。

多媒体计算机系统由多媒体硬件子系统和多媒体软件子系统组成。硬件子系统包括计算机基本硬件、多媒体输入输出接口和多媒体外部设备；软件子系统包括多媒体支持环境、多媒体创作系统和多媒体应用系统。

多媒体的工具软件主要包括媒体播放、录音和图像浏览等；创作软件包括音视编辑、图像处理和动画制作等；多媒体应用软件包括Authorware、Director、Tool Book、PowerPoint 以及多媒体数据库等。

PowerPoint 2003 是一个集文字、图形、图像、声音及视频剪辑于一体的多媒体应用软件。通过该软件，可以方便地制作生动活泼的画面，声色并茂地表述自己的观点、想法。用 PowerPoint 做出的文件叫演示文稿，演示文稿中的页叫幻灯片，每张幻灯片都是演示文稿中既相互独立又相互联系的内容。

第一节 多媒体信息的输入和处理

培训目标

→ 能够完成图形、音频、视频等多媒体信息输入操作

→ 能够完成多媒体信息的编排合成（含文、图、音频、视频）

一、PowerPoint 2003 简介

PowerPoint 2003 与 Word、Excel 等应用软件一样，都是 Office 2003 的重要组件之一。它主要用于新闻发布、产品展示、会议交流和电子课件等方面。PowerPoint 2003 创作的文件称作演示文稿，其扩展名为 .ppt，演示文稿由一张或若干张幻灯片组成。

与以前的版本相比，PowerPoint 2003 在生成的演示文稿中不仅具有新的切换和动画效果、多媒体技术、网络放映、全运动视频等，还提供了众多的设计向导、协作联机审阅等功能。

1. PowerPoint 2003 的启动和退出

PowerPoint 2003 的启动和退出方法与 Office 的其他应用程序相同。

（1）启动 PowerPoint 2003。启动方式有菜单、快捷方式和文件启动等几种，例如，单击“开始”菜单中“程序”项中“Microsoft Office”组中的“Microsoft PowerPoint”命令。

（2）退出 PowerPoint 2003。有多种退出方式，例如，单击 PowerPoint 2003 窗口标题栏右边的关闭按钮。

2. PowerPoint 2003 的窗口组成与视图

（1）窗口组成。PowerPoint 2003 主窗口与 Office 2003 其他组件的主窗口相似，主要不同之处在于普通视图下工作区分为 3 个窗格：大纲/幻灯片浏览窗格、幻灯片编辑窗格和备注窗格，如图 3—1—1 所示。

1）大纲/幻灯片浏览窗格。大纲/幻灯片浏览窗格位于工作区的左侧，包含“大纲”和“幻灯片”两个选项卡。在“大纲”选项卡中，可以看到幻灯片的文本内容和结构；在幻灯片选项卡中，可以看到以缩略图形式显示的幻灯片。在大纲/幻灯片浏览窗格中，可以了解和组织演示文稿所包含的幻灯片。

2）幻灯片编辑窗格。幻灯片编辑窗格用于编辑，如，输入文本、插入图片、插入影片、插入声音、设置背景颜色及图片等。

3）备注窗格。备注窗格的内容作为制作者的备忘录。备注窗格的内容在编辑时可见，在播放时不可见。

4）视图按钮。在工作区左下角的视图栏中有三个视图按钮，分别为“普通视图”

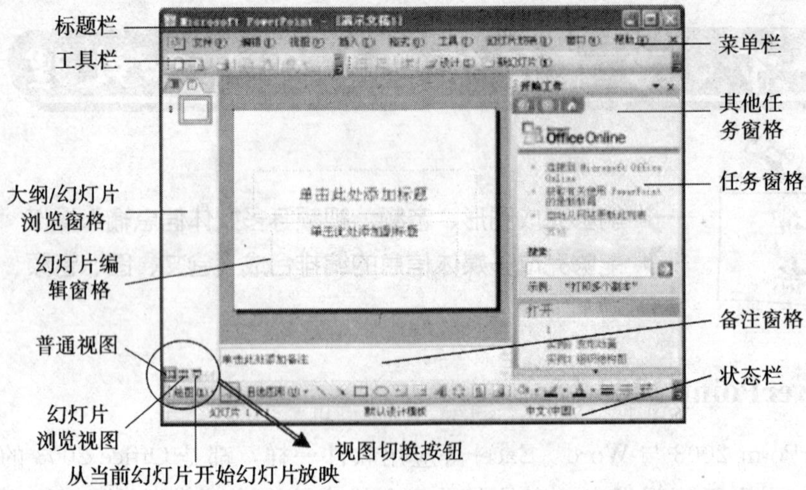

图 3—1—1　PowerPoint 2003 的窗口组成

按钮、“幻灯片浏览视图”按钮和“从当前幻灯片开始幻灯片放映”按钮。单击这些按钮可在不同的视图模式下查看演示文稿。

5）任务窗格。位于 PowerPoint 2003 窗口右侧。通过任务窗格就能够迅速访问与特定任务相关的命令，PowerPoint 2003 会随不同操作需要显示相应的任务窗格内容。

单元 3

（2）视图方式。视图向用户提供了以不同的角度和方式查看演示文稿的方式，包括普通视图、大纲视图、幻灯片视图、幻灯片浏览视图、备注页视图和幻灯片放映视图。默认处于普通视图模式。

1）普通视图。普通视图是用来编辑幻灯片的视图版式，实际上包含了幻灯片视图、大纲视图和备注页视图三种视图模式，如图 3—1—2 所示。

普通视图由三个窗格组成，左边是大纲/幻灯片浏览窗格，右边上方是幻灯片编辑窗格，右边下方是备注窗格。

①大纲/幻灯片浏览窗格。列出了开发演示文稿所包含的全部幻灯片，从而可以了解和组织演示文稿所包含的幻灯片，并能够对演示文稿进行幻灯片级的操作，即以幻灯片为整体，进行插入、删除、复制和移动操作。

②幻灯片编辑窗格。它用于编辑当前幻灯片，如向某一张幻灯片中输入文字和插入图片和多媒体对象，或设置背景、配色方案等幻灯片格式。

③备注窗格。主要是对幻灯片添加备注信息的。备注窗格的内容作为制作者的备忘录。备注窗格的内容在编辑时可见，在播放时不可见。

2）幻灯片浏览视图。幻灯片浏览视图是缩略图形式的演示文稿幻灯片。在窗口中可以同时显示多张幻灯片，可以调整幻灯片的顺序，可以方便地增加或删除幻灯片；双击某一张幻灯片即可进入该幻灯片的编辑状态。

单击窗口左下角的“幻灯片浏览视图”按钮，或者单击“视图”菜单中的“幻灯片浏览”命令，可切换到幻灯片浏览视图，如图 3—1—3 所示。

在幻灯片浏览视图中，可以从整体上浏览演示文稿所包含的全部幻灯片，并可以方

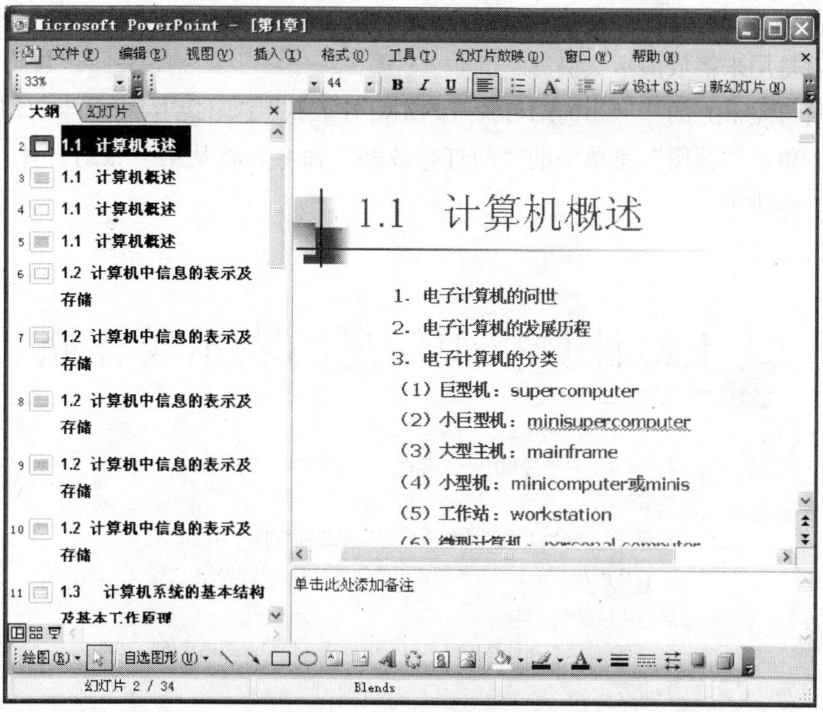

图 3—1—2　普通视图

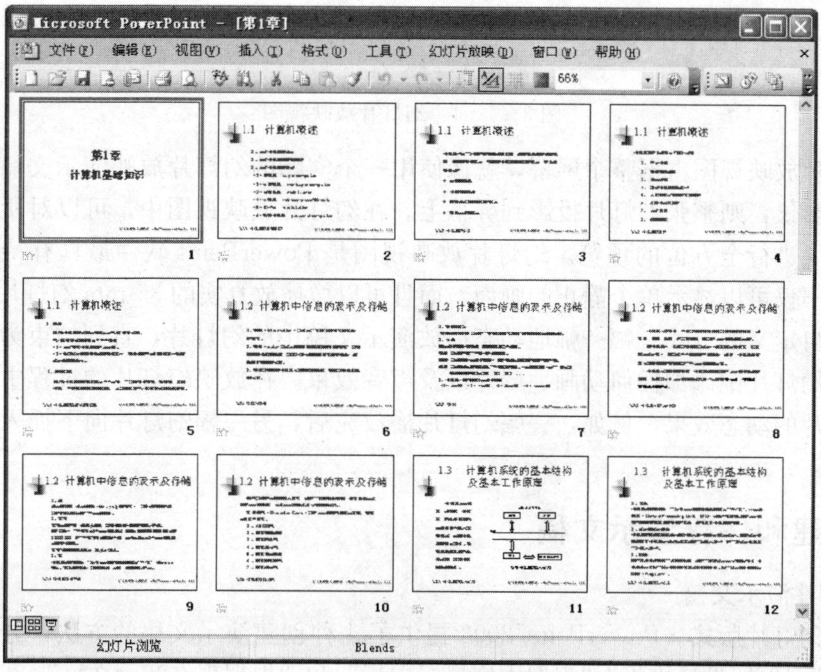

图 3—1—3　幻灯片浏览视图

便地进行幻灯片的复制和移动等操作，调整幻灯片顺序、添加或删除幻灯片等，但不能编辑幻灯片中的具体内容。

3）从当前幻灯片开始幻灯片放映。播放演示文稿是制作文稿的最终目的，幻灯片放映视图就是用来播放演示文稿的。

单击窗口左下方的“从当前幻灯片开始幻灯片放映”按钮，将从当前幻灯片开始放映；或者单击“视图”菜单中的“幻灯片放映”命令，将从第一张幻灯片开始放映，如图 3—1—4 所示。

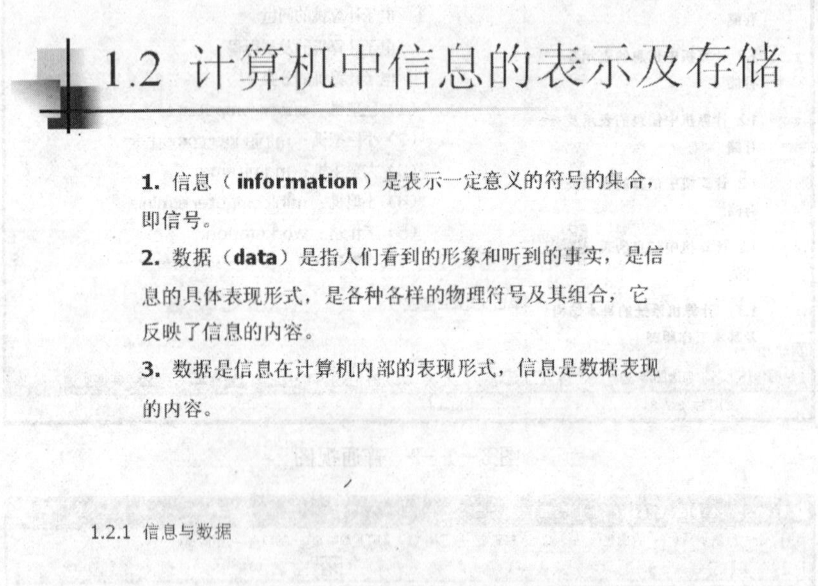
1.2 计算机中信息的表示及存储
1. 信息（information）是表示一定意义的符号的集合，即信号。
2. 数据（data）是指人们看到的形象和听到的事实，是信息的具体表现形式，是各种各样的物理符号及其组合，它反映了信息的内容。
3. 数据是信息在计算机内部的表现形式，信息是数据表现的内容。
1.2.1 信息与数据

图 3—1—4　幻灯片放映视图

幻灯片放映视图占据整个屏幕，就像使用一个实际的幻灯片放映演示文稿一样。如果使用投影仪，则整张幻灯片投影到屏幕上。在幻灯片放映视图中，可以对所做的幻灯片放映效果进行全方位的预览。幻灯片放映视图是 PowerPoint 软件最具有特色的功能之一，它不仅可以显示单个静止的画面，而且可以像播放真实的 35 mm 幻灯片那样，按照默认或自定义的方式一幅一幅地动态播放演示文稿中的幻灯片，直到结束为止。用户还可以在幻灯片中添加任何动画、影片以及声音效果。在放映幻灯片的过程中可以看到整个幻灯片的动态效果，例如，一幅幻灯片播放完后，另一幅幻灯片向下插入屏幕中的效果等。

二、创建和保存演示文稿

1. 创建演示文稿

（1）幻灯片版式。PowerPoint 2003 提供了 4 种创建演示文稿的方法，分别是“空演示文稿”“根据设计模板”“根据内容提示向导”和“根据现有演示文稿”。

1）选择“空演示文稿”创建演示文稿。空演示文稿不含任何内容和格式，用户可以用其设计具有个性化的演示文稿。

①启动 PowerPoint 2003 后，单击“文件”菜单中的“新建”命令，窗口的右边出

现如图 3—1—5 所示的“新建演示文稿”任务窗格。

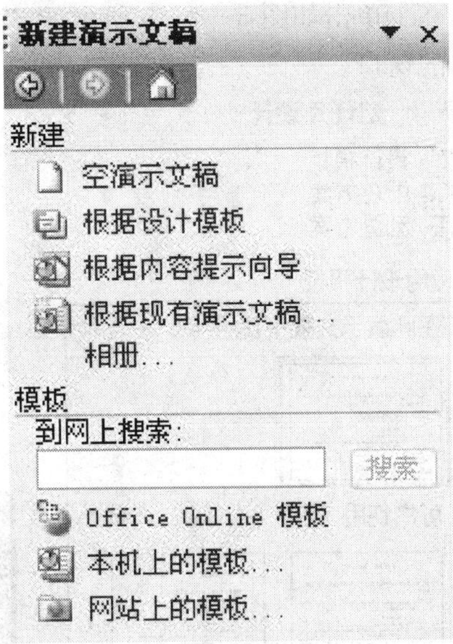

图 3—1—5 “新建演示文稿”任务窗格

②单击“空演示文稿”链接按钮，打开“幻灯片版式”任务窗格，该窗格中提供了四种版式，分别为：文字版式、内容版式、文字和内容版式、其他版式。在不同的版式区单击需要的版式，即可更改默认状态下的版式，如图 3—1—6 所示。

2）选择“根据设计模板”创建演示文稿。利用系统提供的设计模板创建演示文稿，可以提高幻灯片制作的速度和质量。基本思路是：选择一个基本符合要求的文稿演示模型，然后填入相应的文字或直接修改原有模型中的文字部分，形成自己的文稿。

①单击如图 3—1—5 所示的“根据设计模板”链接按钮，弹出如图 3—1—7 所示的窗格。

②窗格中显示了许多可供使用的设计模板，单击某个设计模板的缩略图，可将其应用到要设计的演示文稿中。

3）选择“根据内容提示向导”创建演示文稿。使用该向导能够快速地创建演示文稿框架，但它不一定完全符合用户的要求，还要根据实际的要求，对向导生成的演示文稿进行编辑修改。

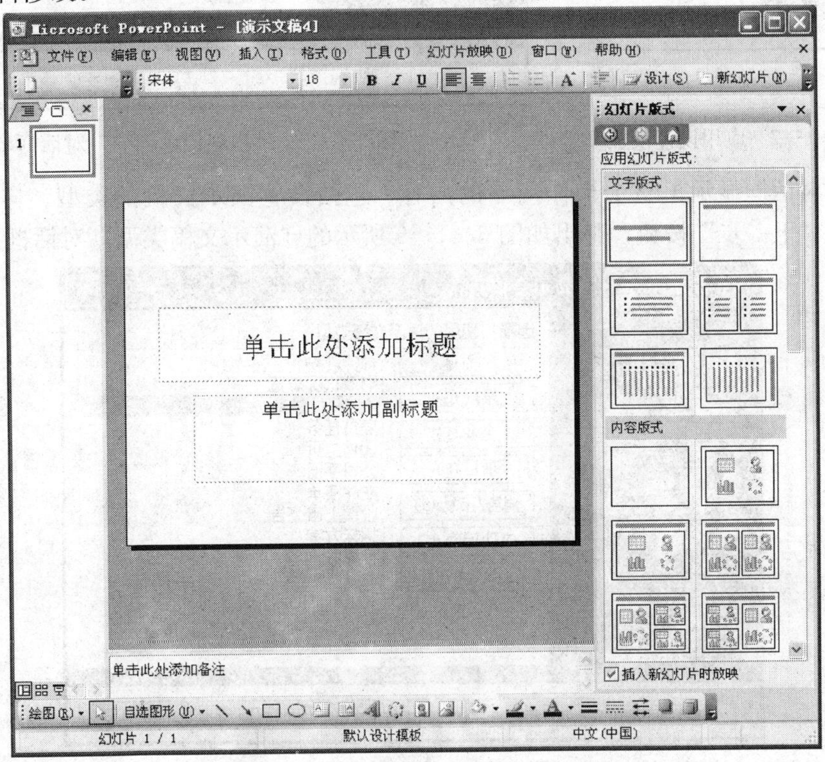

图 3—1—6 “幻灯片版式”任务窗格

①单击如图 3—1—5 所示的“根据内容提示向导”链接按钮，弹出如图 3—1—8 所示的窗口。

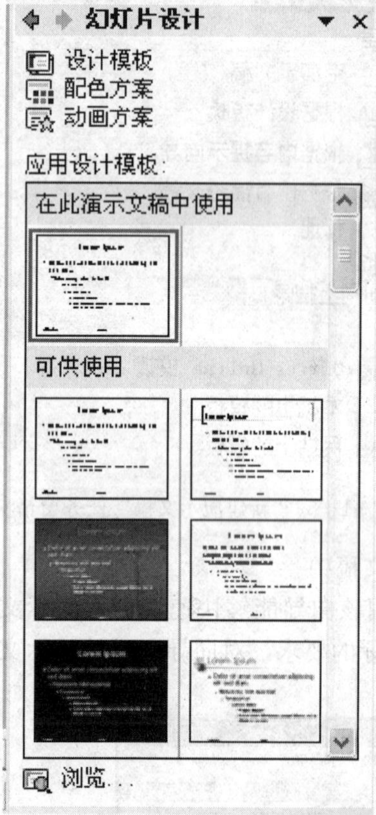

图 3—1—7　应用设计模板

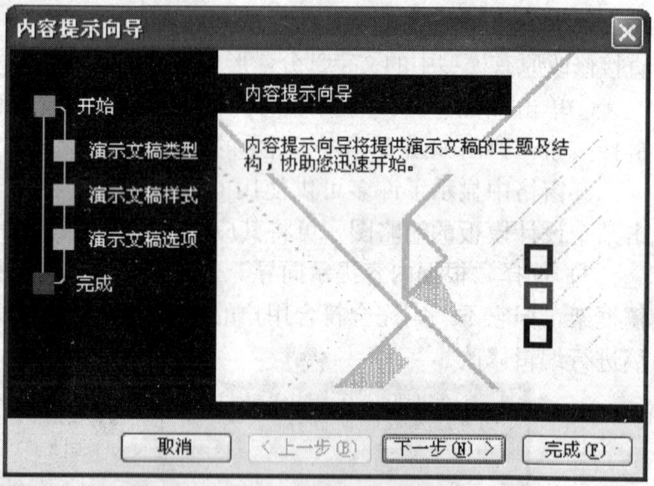

图 3—1—8　“内容提示向导”对话框

②该对话框显示了整个操作向导的内容，包括设置演示文稿的类型、样式和选项等，单击“下一步”按钮，弹出如图 3—1—9 所示的“演示文稿类型”对话框。

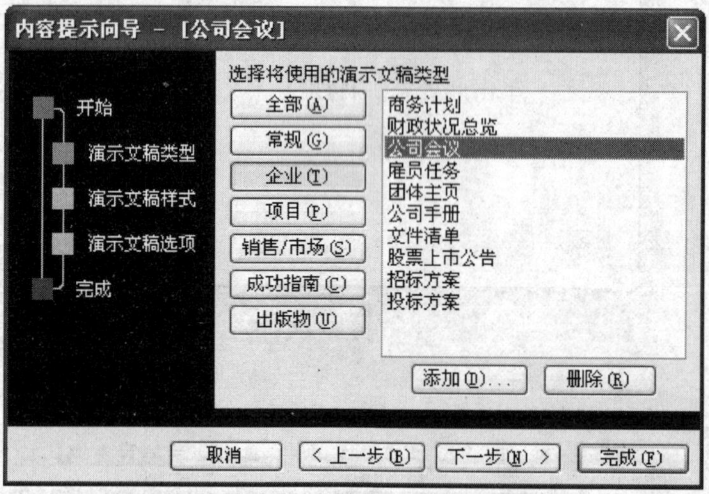

图 3—1—9　演示文稿类型

③PowerPoint 按不同的文稿类型分为“常规”“企业”“项目”等六类，例如，单击“企业”，选择“公司会议”，再单击“下一步”按钮，弹出如图 3—1—10 所示的对话框。

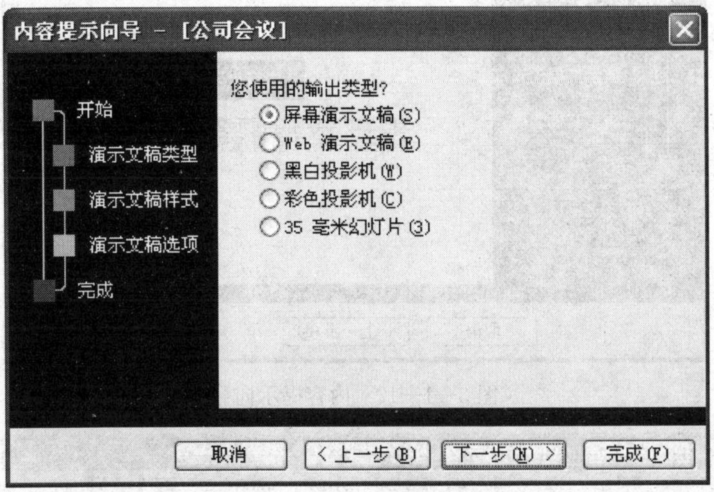

图 3—1—10　选择输出类型

④如果准备通过计算机与投影仪连接进行播放，则可选择“屏幕演示文稿”单选按钮，弹出如图 3—1—11 所示的对话框。

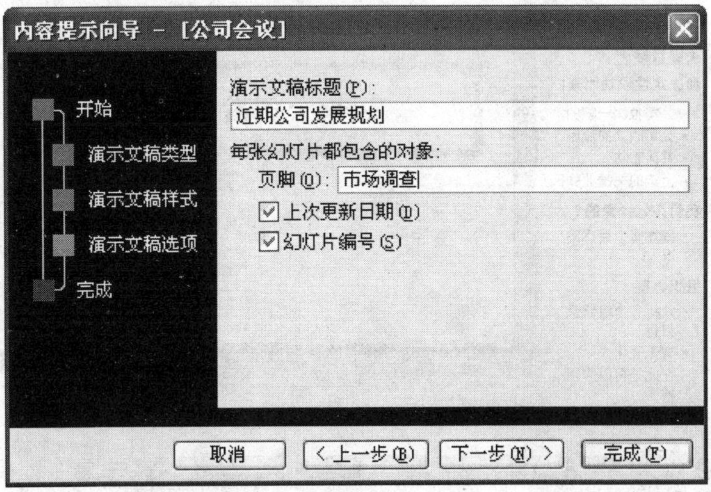

图 3—1—11　演示文稿选项

⑤根据相应的栏目或选项，填入必要的内容，单击“下一步”按钮，弹出如图 3—1—12所示的对话框。

⑥若需要对前面的操作进行修改，可以单击“上一步”按钮，若确认无误，则单击“完成”按钮，一份演示文稿创建完毕，如图 3—1—13 所示是在普通视图下显示的新建演示文稿。

4）选择“根据现有演示文稿”创建演示文稿。在创建演示文稿时，也可以利用已

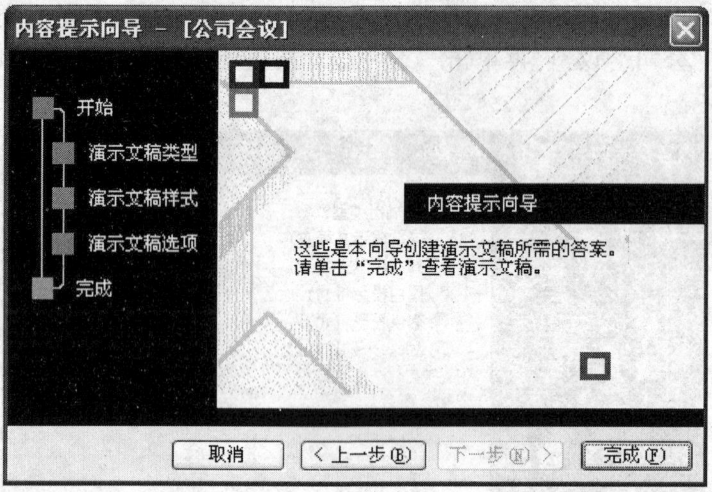

图 3—1—12　内容提示向导

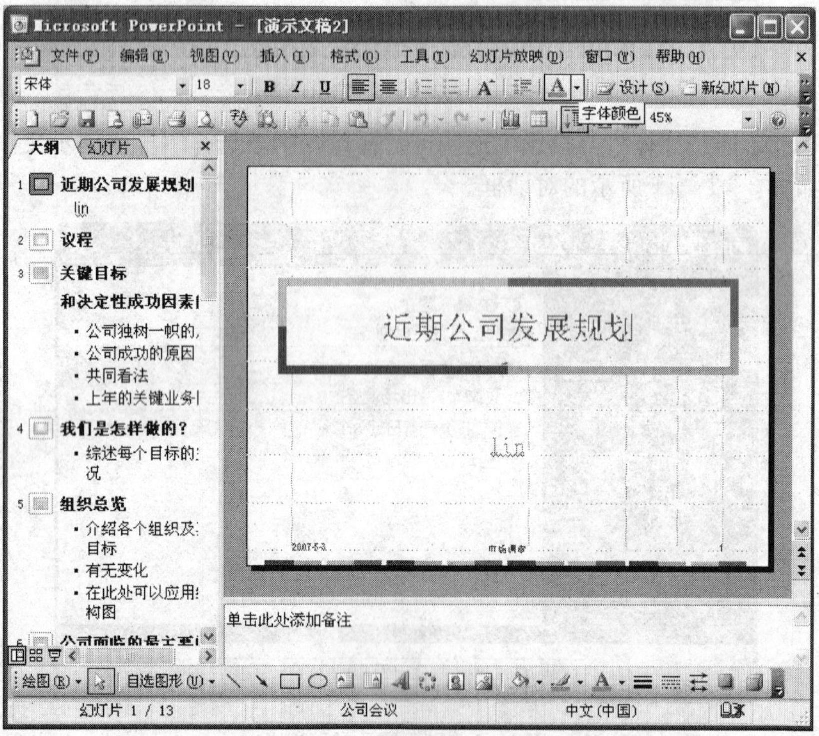

图 3—1—13　新建演示文稿效果

有演示文稿的内容和格式来进行，在原来已建好的演示文稿上进行修改，达到事半功倍的效果。

①单击如图 3—1—5 所示的“根据现有演示文稿”链接按钮，弹出如图 3—1—14 所示的窗口。

②在“查找范围”下拉列表框中选择已有演示文稿所在的位置，选择所需的演示文稿后，单击“创建”按钮，将已有的演示文稿调入。

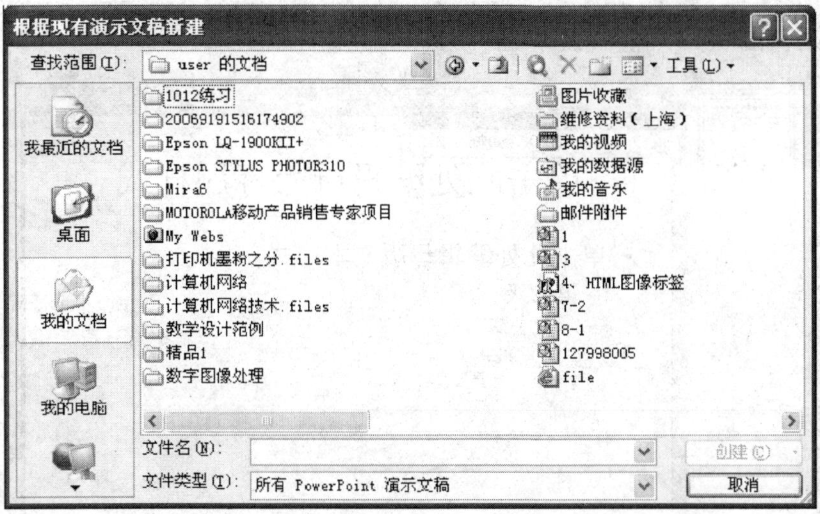

图 3—1—14 “根据现有演示文稿新建”窗口

（2）母版。母版是演示文稿中所有幻灯片的底板。在母版中设置的文本、对象和格式将施加于演示文稿中所有幻灯片，设置母版可以控制演示文稿的整体外观。母版分为三类：幻灯片母版、讲义母版和备注母版。最常用的是幻灯片母版。使用幻灯片母版的目的是进行全局设置和更改（如设置或替换正文的字体），并使该更改应用到演示文稿中的所有幻灯片。通常可以使用幻灯片母版进行下列操作：

1）改变标题、正文和页脚文本的字体。

2）改变文本和对象的占位符位置。

3）改变项目符号样式。

4）改变背景设计和配色方案。

单击“视图”菜单中的“母版”级联菜单下的“幻灯片母版”命令，可以显示幻灯片母版视图。可以像普通幻灯片一样编辑幻灯片母版，但母版上的文本只用于样式，实际的文本（如标题和列表）还是要在普通视图的幻灯片上键入，如页眉和页脚应在“页眉和页脚”对话框中键入。

【例 3—1—1】设计一个幻灯片母版。

【操作要求】

（1）将标题设置字体华文彩云，颜色为绿色，60 号字；文本样式：华文行楷、颜色为橘黄色，32 号字；并设置文本项目符号：“※”。

（2）设置母版的页眉页脚，在页眉和页脚中包含：可“自动更新”的“日期和时间”，“幻灯片编号”，页脚文字——“幻灯片母版”，同时“标题幻灯片中不显示”。

（3）在该母版中插入图片。

【操作步骤】

➢ 新建一个演示文稿。

➢ 单击“视图”菜单中的“母版”级联菜单下的“幻灯片母版”命令，打开如图 3—1—15 所示的“幻灯片母版视图”窗口。

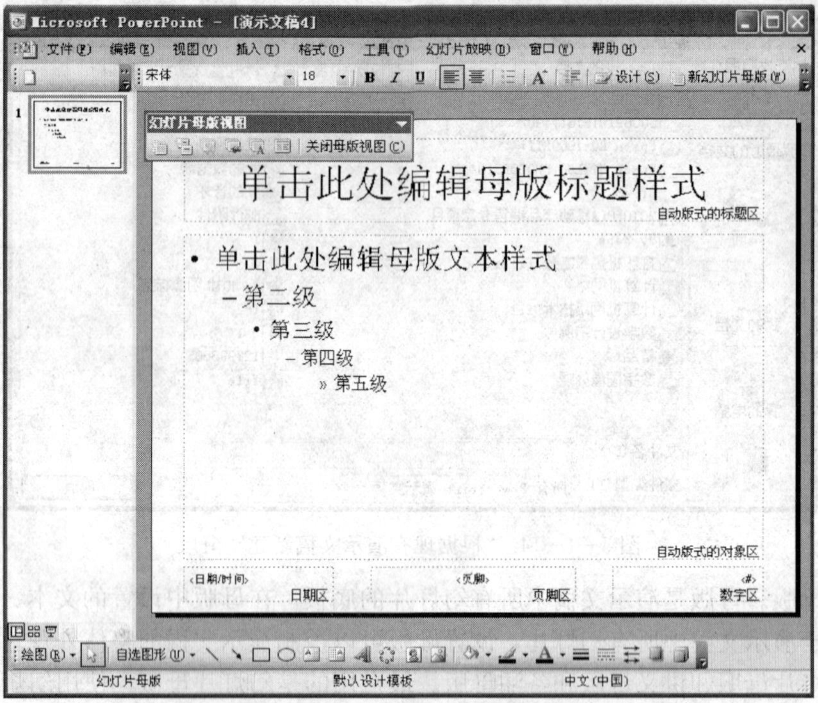

图 3—1—15 “幻灯片母版视图”窗口

单元 3

➢右击“单击此处编辑母版标题样式”字符，在弹出的快捷菜单中，选“字体”选项，打开如图 3—1—16 所示的“字体”对话框。

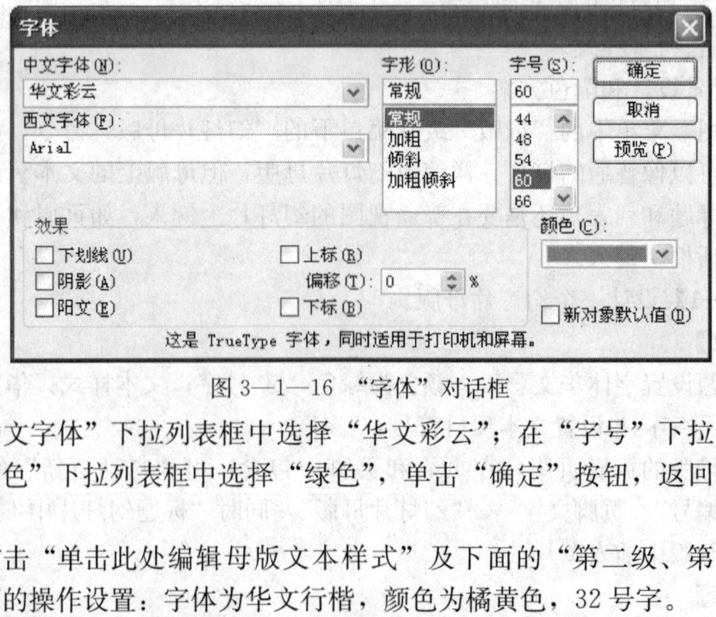

图 3—1—16 “字体”对话框

➢在“中文字体”下拉列表框中选择“华文彩云”；在“字号”下拉列表框中选择“60”，在“颜色”下拉列表框中选择“绿色”，单击“确定”按钮，返回幻灯片母版视图。

➢分别右击“单击此处编辑母版文本样式”及下面的“第二级、第三级……”字符，按照上面的操作设置：字体为华文行楷，颜色为橘黄色，32 号字。

➢选中“单击此处编辑母版文本样式”“第二级、第三级……”等字符，单击“插入”菜单中的“插入特殊符号”命令，打开如图 3—1—17 所示的“插入特殊符号”对话框。

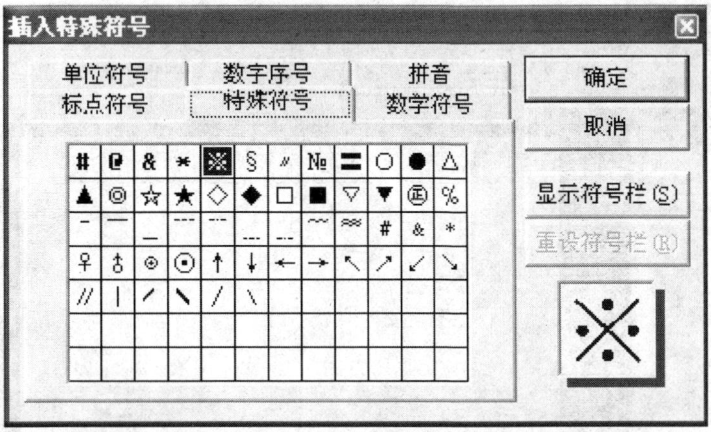

图 3—1—17 “插入特殊符号”对话框

➢单击“特殊符号”选项卡，选择“※”符号，单击“确定”按钮。用同样的方法，对“第二级、第三级……”等字符插入“※”符号。

➢单击“视图”菜单中的“页眉和页脚”命令，打开如图 3—1—18 所示的“页眉和页脚”对话框。

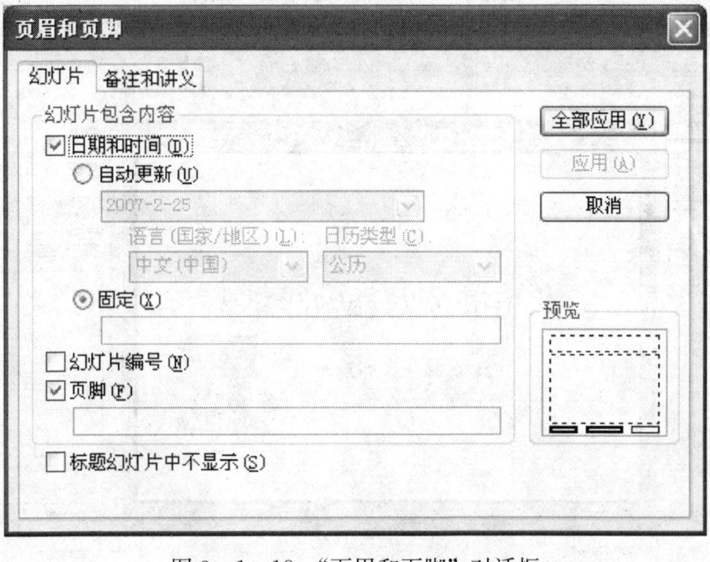

图 3—1—18 “页眉和页脚”对话框

➢单击“幻灯片”选项卡，对日期区、页脚区、数字区进行设置，单击“全部应用”按钮，完成设置。

➢单击“插入”菜单中的“图片”级联菜单下的“来自文件”命令，在打开的“插入图片”对话框中，选择一幅图片并插入到母版的合适位置上，如图 3—1—19 所示。

➢单击“幻灯片母版视图”工具栏上的“重命名模板”按钮，打开“重命名模板”对话框，输入一个名称，例如“演示母版”，单击“重命名”按钮。

➢单击“幻灯片母版视图”工具栏上的“关闭模板视图”按钮，完成“幻灯片母版”的制作，效果如图 3—1—20 所示。

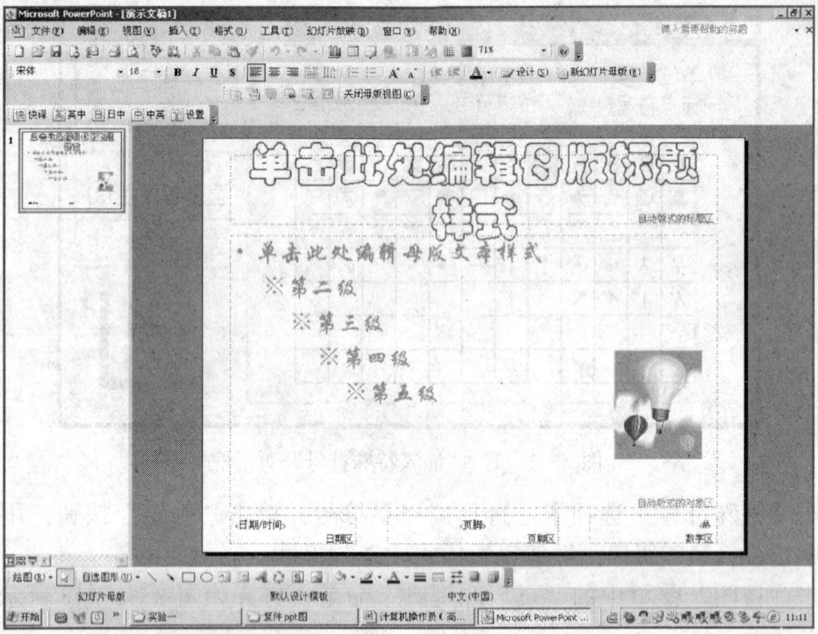

图 3—1—19　在母版中插入图片

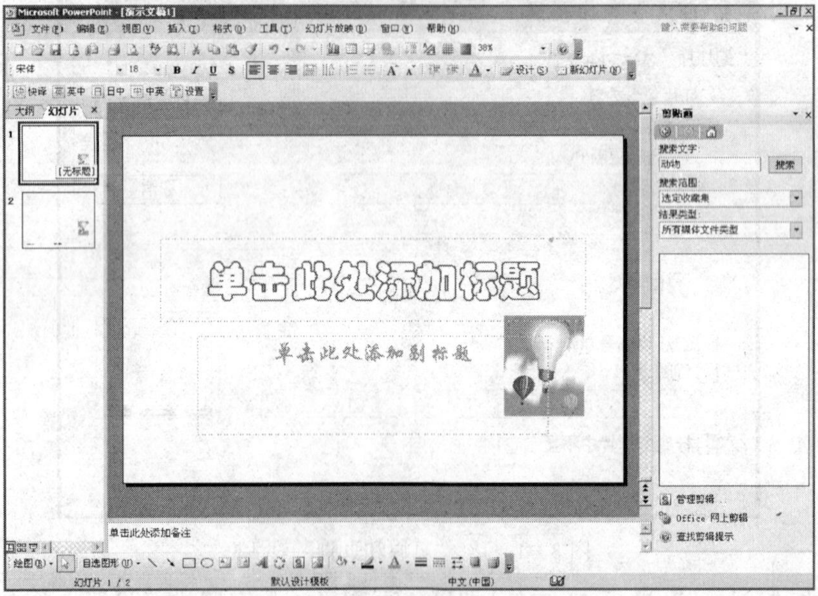

图 3—1—20　母版制作效果图

（3）使用设计模板。PowerPoint 2003 为用户提供了 60 种设计模板，设计模板是指已经设计好的幻灯片的格式化方案，包括幻灯片的背景图像、文字结构、色彩配置等方面。使用设计模板就是利用系统提供的格式，用户只需输入内容，从而可以快速地创建演示文稿，提高工作效率。使用设计模板的操作步骤如下：

1）打开演示文稿。

2）单击“格式”菜单中的“幻灯片设计”，弹出如图 3—1—21 所示的窗格。

3）如果单击设计模板的缩微图，则系统自动将所选的设计模板应用到演示文稿的所有幻灯片；单击设计模板缩微图旁的小三角，在弹出的菜单中选择一个命令，如图3—1—22所示。

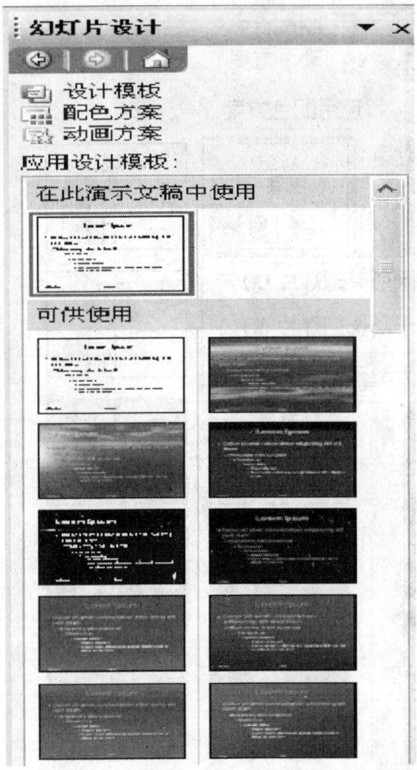

图3—1—21 “幻灯片设计”窗格

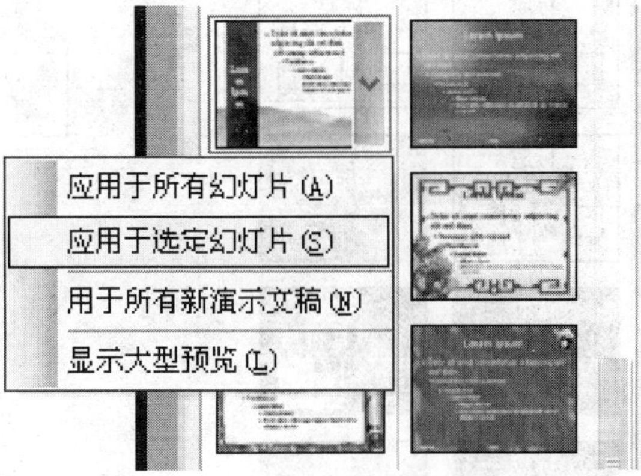

图3—1—22 “幻灯片设计模板”快捷菜单

（4）配色方案。配色方案由幻灯片设计中使用的8种颜色组成，包括：背景、文本和线条、阴影、标题文本、填充、强调、强调文字和超链接、强调文字和已访问的超链接等。配色方案是一组预设了以上这些对象的颜色设置。使用配色方案可以同时设定幻灯片的8项对象的颜色。

如果利用向导或模板生成的幻灯片色彩、线条、阴影搭配得很好，它们实际上就是PowerPoint的一种配色方案，如果对幻灯片的当前颜色不满意，可以通过设置幻灯片的配色方案来改变它们。

1）使用标准配色方案

①打开要应用配色方案的幻灯片。

②单击“格式”菜单中的“幻灯片设计”命令，弹出“幻灯片设计”任务窗格，如图3—1—21所示。

③单击“配色方案”超链接，弹出如图3—1—23所示的窗格。

④单击“配色方案”窗格中的一种配色方案，系统会自动地应用到所选的幻灯片中。也可以将鼠标移动到“配色方案”的缩略图上，单击右边的小三角，弹出快捷菜单，如图3—1—24所示。

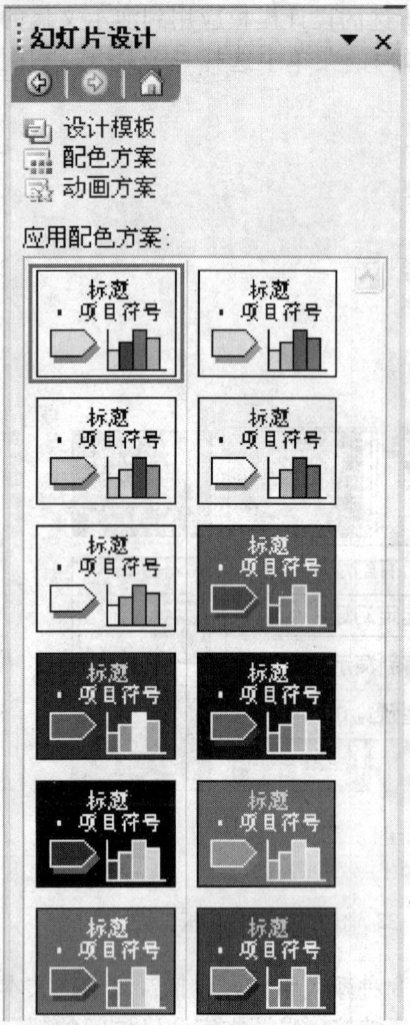

图 3—1—23　配色方案

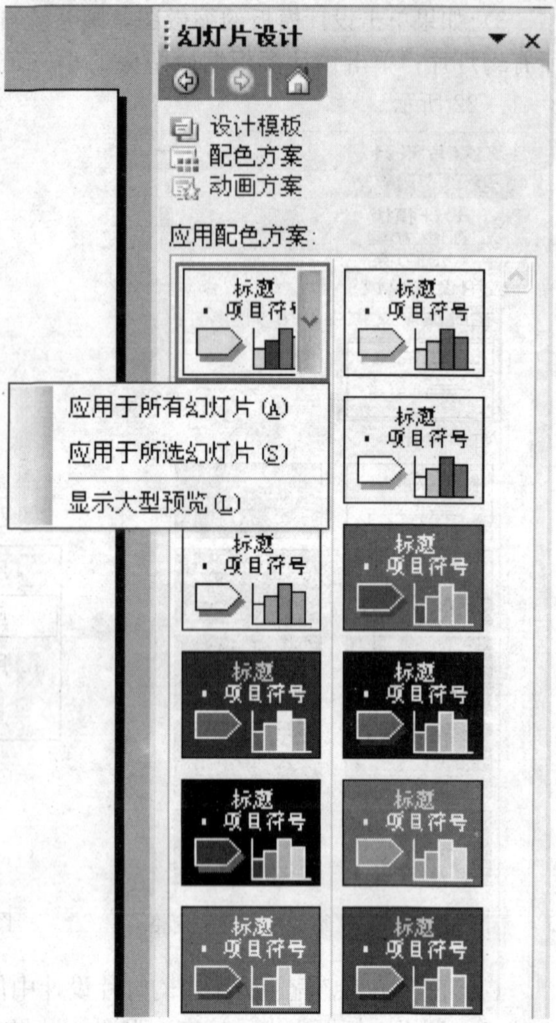

图 3—1—24　“配色方案”快捷菜单

⑤根据需要选择相应的项目。

2）自定义配色方案。如果原有的配色方案无法满足使用的要求，可以自定义配色方案。

①单击“幻灯片设计”任务窗格的左下角“编辑配色方案”的超链接，弹出“编辑配色方案”对话框，单击“自定义”选项卡，如图 3—1—25 所示。

②单击“配色方案颜色”选项组中选择要更改的配色方块，例如单击“背景”。

③单击“更改颜色”按钮，弹出如图 3—1—26 所示的“背景色”对话框。

④根据需要选择颜色，单击“确定”按钮。

⑤返回“配色方案”窗格，单击“添加为标准配色方案”按钮，可以保存为配色方案。

⑥单击“应用”按钮，完成设置。

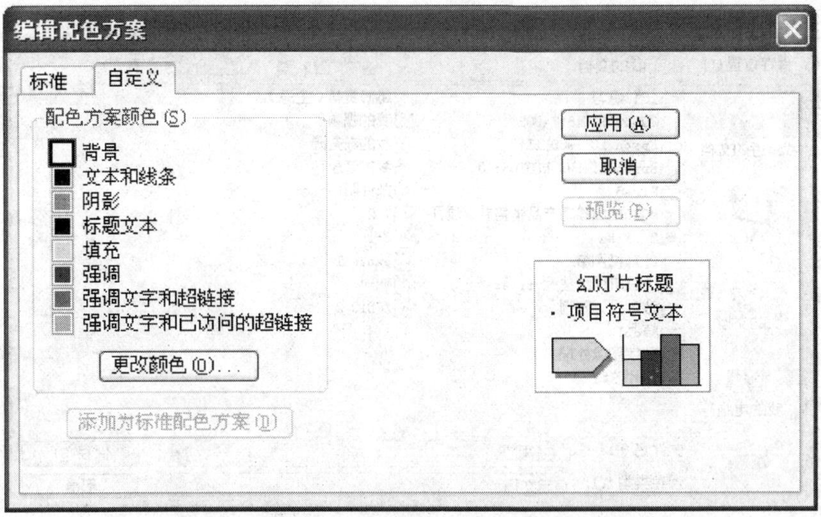

图 3—1—25 “编辑配色方案”对话框

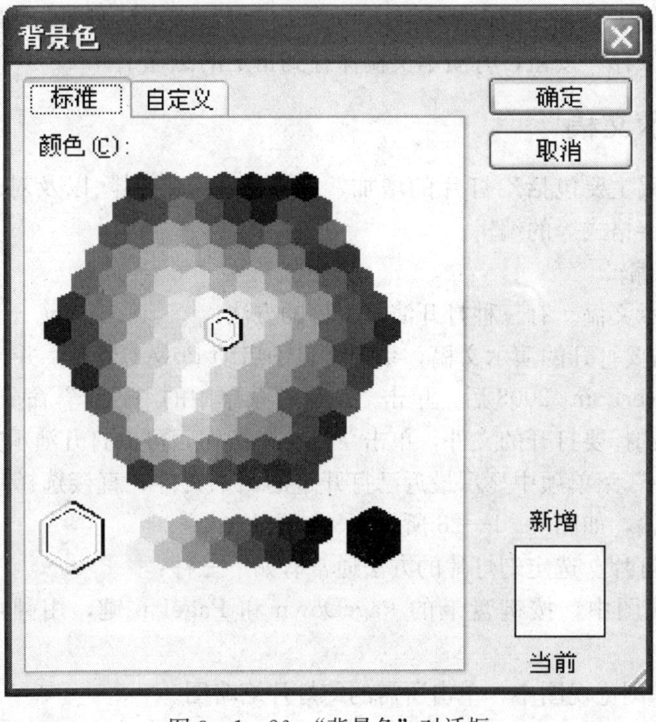

图 3—1—26 “背景色”对话框

2. 保存演示文稿

当一份演示文稿制作完毕后，应该及时将其保存到磁盘中。保存演示文稿的操作如下：

(1) 单击“文件”菜单中的“保存”命令，弹出如图 3—1—27 所示的“另存为”对话框。

(2) 选择要保存文件的路径和文件夹。

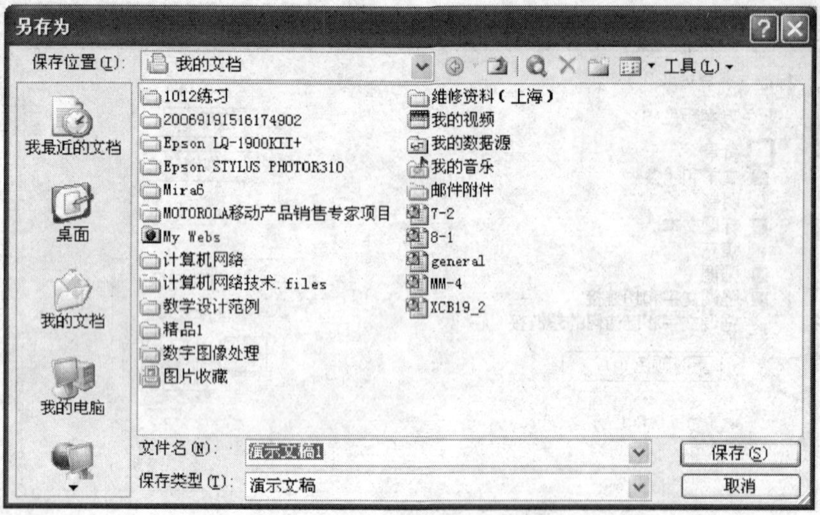

图 3—1—27 “另存为”对话框

（3）在“文件名”下拉列表框中输入一个文件名，或直接使用系统默认的文件名。

（4）单击“保存”按钮，将演示文稿保存到指定的磁盘上。

三、编辑演示文稿

编辑演示文稿主要包括幻灯片的增加、复制、移动、删除以及对幻灯片的文字内容、幻灯片的文字格式等的编辑。

1. 幻灯片的编辑

（1）打开演示文稿。有三种打开演示文稿的方法：

1）直接双击要打开的演示文稿，系统将自动启动 PowerPoint，并打开文稿文件。

2）启动 PowerPoint 2003 后，单击“文件”菜单中的“打开”命令，在弹出的“打开”对话框中，选择要打开的文件，单击“打开”按钮，可以打开演示文稿。

3）在“文件”菜单项中显示最近已打开过的四个文件，直接选择其中的一个文件，可以打开演示文稿，如图 3—1—28 所示。

（2）选定幻灯片。选定幻灯片的方法通常有如下三种：

1）在普通视图中，按键盘上的 PageDown 和 PageUp 键，用翻页按键选定幻灯片。

2）在幻灯片浏览视图中，单击所需的幻灯片缩略图。

3）在大纲视图窗格中，单击所需的幻灯片。

（3）插入幻灯片。在修改和管理演示文稿的过程中，常常要插入幻灯片，插入幻灯片可以在“大纲”窗格或“幻灯片浏览”视图中进行操作。

1）通过“大纲”窗格插入幻灯片

①选择“视图”→“普通”命令，切换到普通视图下。

②单击“大纲”窗格中的“幻灯片”选项卡，选定要插入新幻灯片的位置，单击鼠标右键，弹出如图 3—1—29 所示的快捷菜单。

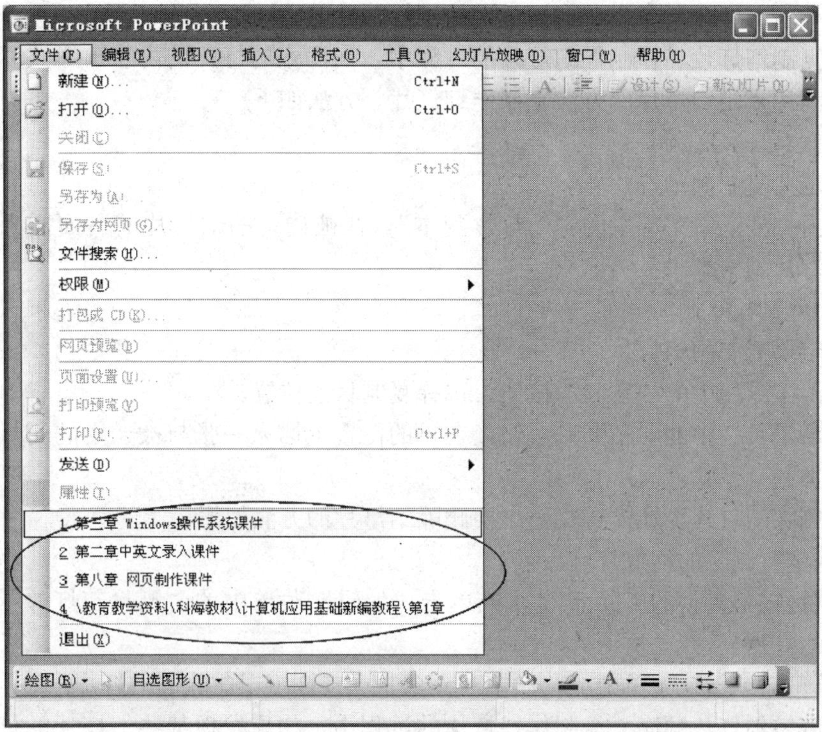

图 3—1—28 “文件”菜单

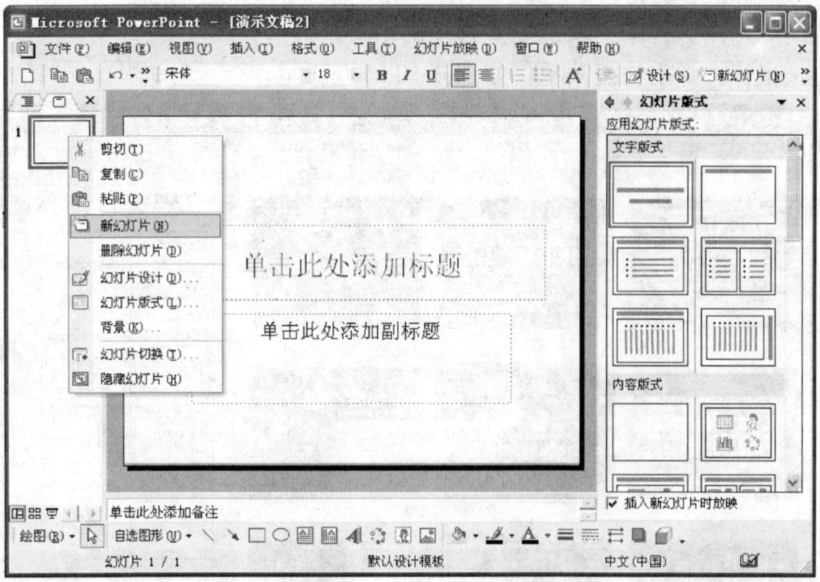

图 3—1—29 快捷菜单

③选择“新幻灯片”命令，在被选定的幻灯片的前面插入一张新幻灯片。

2）在“幻灯片浏览”视图中插入幻灯片

①单击“视图”菜单中的“幻灯片浏览”命令，切换到幻灯片浏览视图中。

②选定要插入新幻灯片的位置，单击鼠标右键，在如图 3—1—29 所示的快捷菜单

中，选择“新幻灯片”命令，在被选定的幻灯片的前面插入一张新幻灯片。

（4）复制幻灯片。在制作幻灯片的过程中，当两张幻灯片的内容、形式相同或相似时，可以利用复制幻灯片的方法来制作幻灯片。方法如下：

1）用菜单命令复制

①选定要复制的幻灯片。

②单击“插入”菜单中的“幻灯片副本”，在被选定的幻灯片的后面插入一张与其相同的幻灯片副本。

2）用剪贴板复制

①选定要复制的幻灯片。

②单击工具栏中的“复制”按钮，选择复制目的位置。

③单击工具栏中的“粘贴”按钮，在目的位置上插入一张与被选定的幻灯片相同的幻灯片副本。

（5）删除幻灯片。在演示文稿中要删除幻灯片的方法如下：

1）选定待删除的幻灯片。

2）直接按键盘上的 Delete 键，或单击“编辑”菜单中的“删除幻灯片”命令，可以删除该幻灯片。

3）单击“编辑”菜单中的“撤销”命令，可以恢复误删除的幻灯片。

（6）调整幻灯片顺序。在制作幻灯片的过程中，如果发现某些幻灯片的排列位置不合适，可以移动这些幻灯片的位置。操作步骤如下：

1）在幻灯片浏览视图中，选定要移动的幻灯片。

2）右击鼠标，弹出快捷菜单，如图 3—1—30 所示。

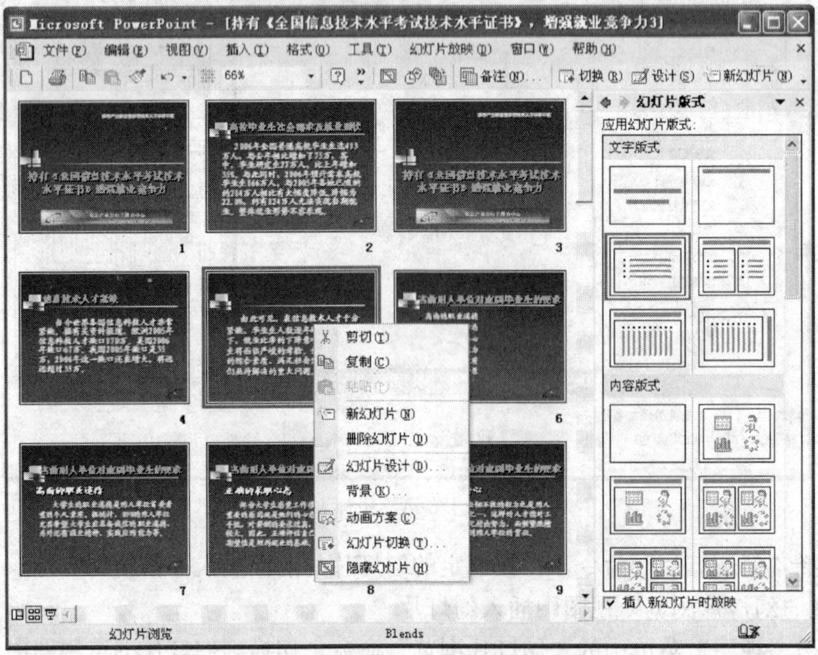

图 3—1—30　调整幻灯片的“剪切”菜单

3）选择“剪切”命令，删除要移动的幻灯片，单击要移动到的目的位置，出现一条竖线。

4）右击竖线，在弹出的快捷菜单中选择“粘贴”命令，原来的幻灯片被移动到目的位置上。

可以直接使用鼠标来调整幻灯片的顺序，方法是：选定要移动的幻灯片，按住鼠标左键不放，拖动幻灯片到相应的位置上即可。

2. 幻灯片字符的编辑

(1) 设置字符格式。在文本框中输入文字后，通常要改变文字的字号、字体或字形等。常见的操作方法如下：

1）选中需要改变的文字，鼠标右击它，弹出如图 3—1—31 所示的快捷菜单。

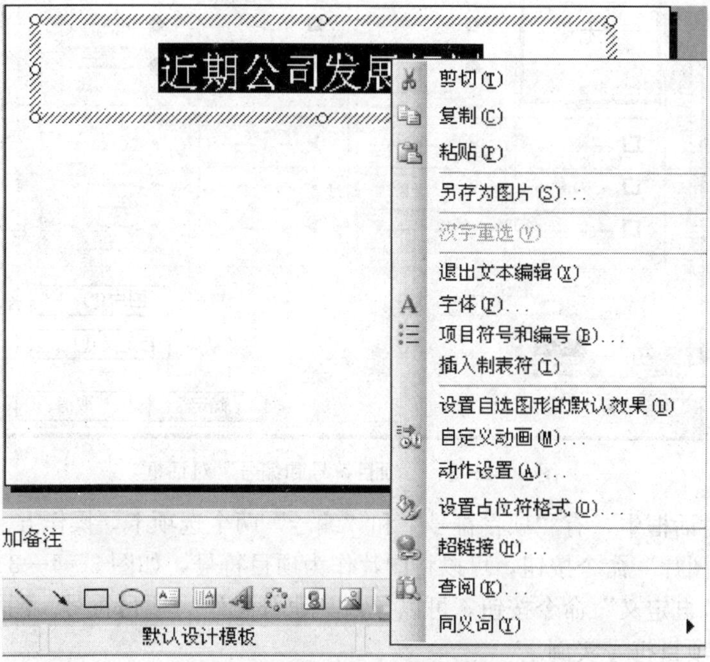

图 3—1—31 “字体”快捷菜单

2）单击“字体”命令，弹出如图 3—1—32 所示的对话框。

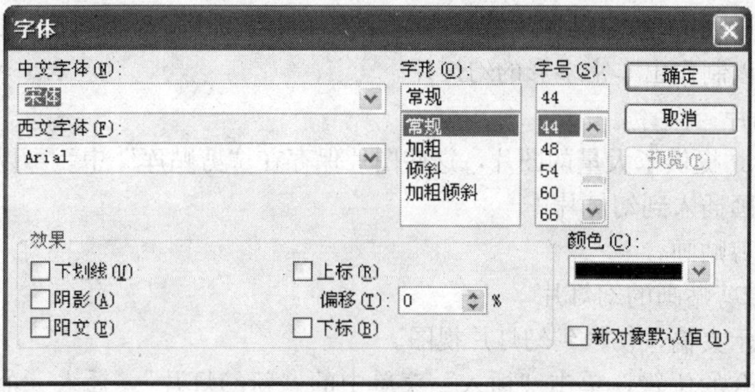

图 3—1—32 “字体”对话框

3）在该对话框中，可以对文字的字体、字形、字号、颜色以及文字的效果进行设置。

（2）插入项目符号和编号。在制作演示文稿时，常要列出一些提纲形式的文字，这时可以使用 PowerPoint 2003 自带的项目符号和编号功能。

1）选中需要插入项目符号的文字。

2）单击“格式”菜单中的“项目符号和编号”命令，弹出如图 3—1—33 所示的对话框。

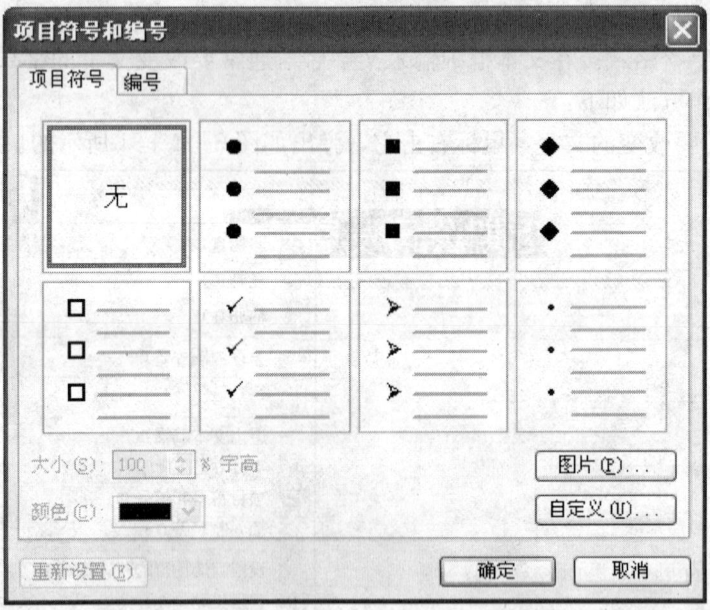

图 3—1—33 “项目符号和编号”对话框

3）在该对话框中，有“项目符号”和“编号”两个选项卡，操作方法同 Word 2003 一样；单击“图片”命令按钮，可以将图片作为项目符号，如图 3—1—34 所示。

4）单击“自定义”命令按钮，可以导入其他符号作为项目符号。图 3—1—35 所示是添加的图片项目符号实例。

四、插入多媒体对象

利用 PowerPoint 的多媒体功能，在演示文稿中添加图片、声音、表格、视频等多媒体对象，可以制作出丰富多彩的幻灯片。

1. 插入图片

PowerPoint 提供了大量的图片，这些图片保存在“剪贴库”中，可以很方便地将剪贴库中的剪贴画插入到幻灯片中。

（1）插入剪贴画

1）建立带剪贴画的幻灯片

①打开演示文稿，切换到幻灯片视图。

②选定适合的位置，单击“插入”菜单中的“新幻灯片”，插入一个新幻灯片，如图 3—1—36 所示。

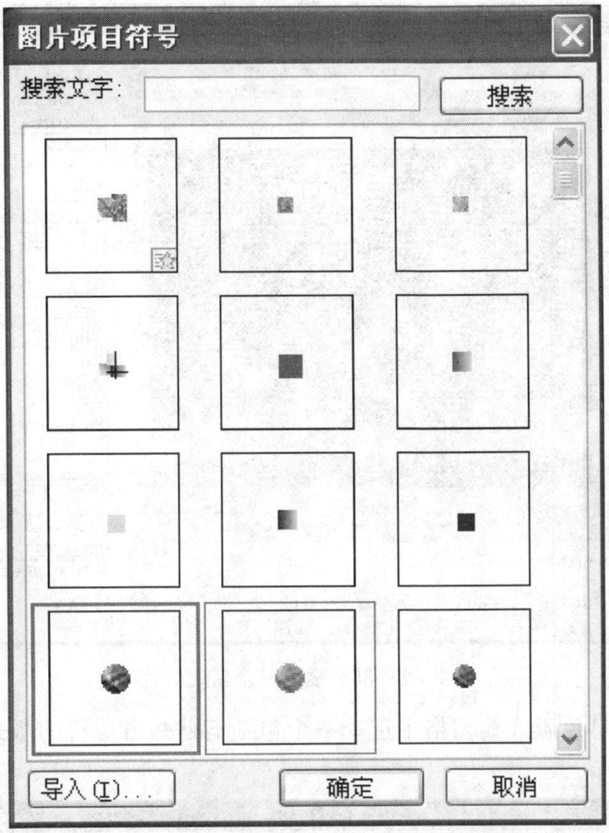

图 3—1—34 “图片项目符号”对话框

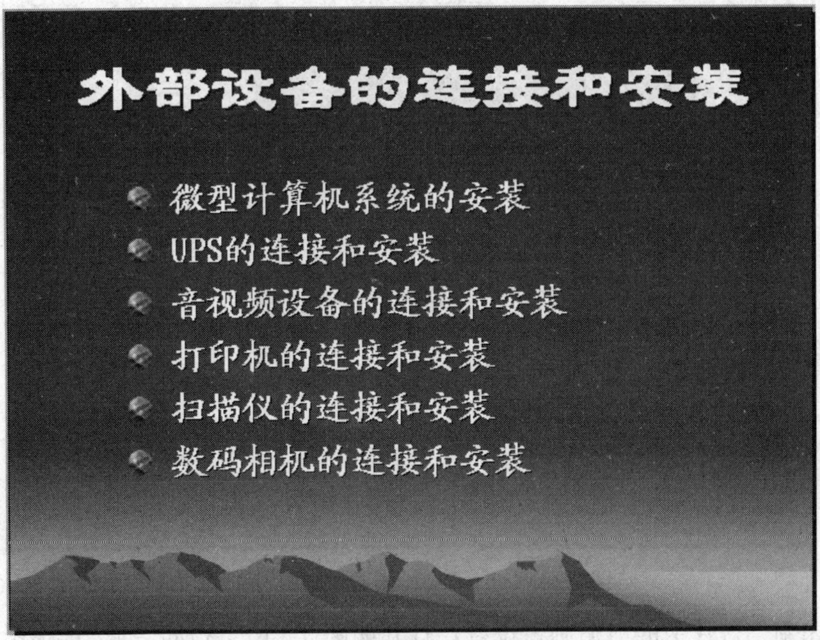

图 3—1—35 添加图片项目符号的实例

图 3—1—36　插入一个新幻灯片

单元 3

③在“应用幻灯片版式”窗格中选择一个包括剪贴画占位符的版式，如图 3—1—37 所示。

图 3—1—37　含剪贴画占位符的幻灯片

④双击新幻灯片中的剪贴画占位符，打开如图 3—1—38 所示的“选择图片”对话框。

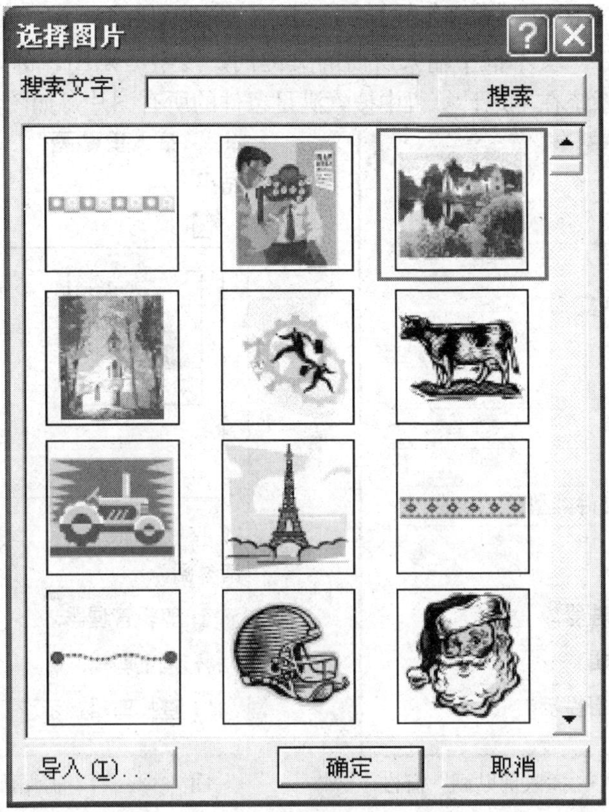

图 3—1—38 “选择图片”对话框

⑤在“选择图片”对话框中选择所需的剪贴画，单击“确定”按钮，在新建的幻灯片中插入所选的剪贴画。

2）直接插入剪贴画

①选定要添加的幻灯片。

②单击“插入”菜单中“图片”级联菜单中的“剪贴画”命令，弹出如图 3—1—39 所示的“将剪辑添加到管理器”对话框。

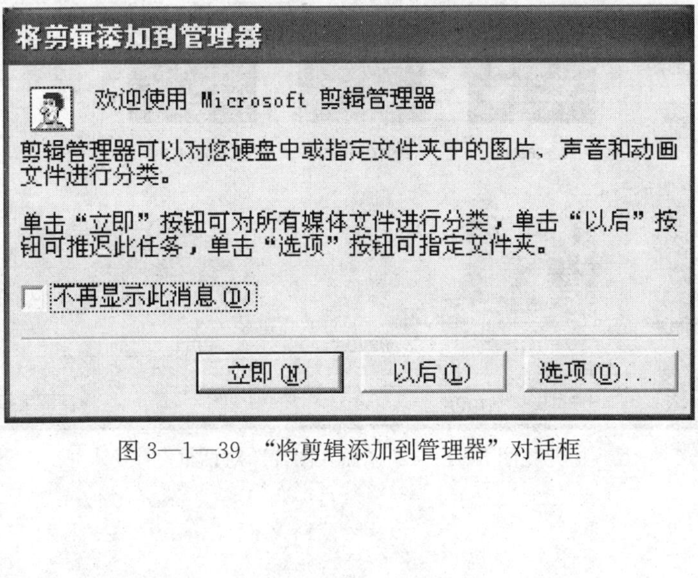

图 3—1—39 “将剪辑添加到管理器”对话框

③单击“立即”按钮，弹出如图 3—1—40 所示的窗格。

④在“搜索文字”文本框中输入所需的关键词，搜索剪贴图。例如输入“办公”，单击“搜索”按钮，系统在本地计算机中搜索满足条件的所有图片，如图 3—1—41 所示。

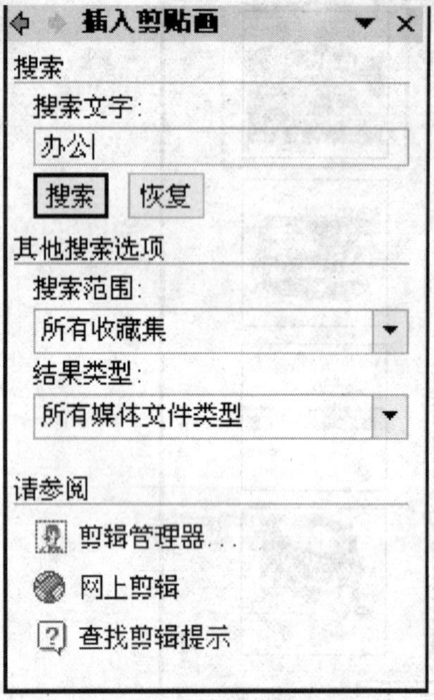

图 3—1—40 “插入剪贴画”窗格

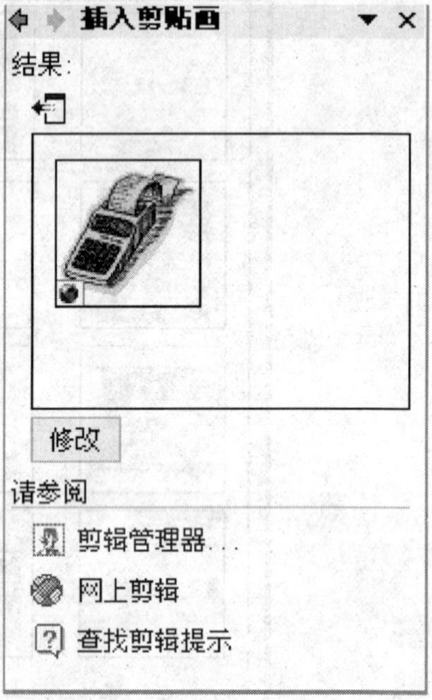

图 3—1—41 剪贴画搜索结果

⑤单击所需的剪贴画缩略图，将剪贴画插入当前的幻灯片中。

(2) 插入图片文件。可以在演示文稿中插入图片文件，操作步骤如下：

1) 打开演示文稿，选择要插入图片的幻灯片。

2) 单击“插入”菜单中“图片”级联菜单中的“来自文件”，弹出如图 3—1—42 所示的对话框。

图 3—1—42 “插入图片”对话框

3）选择所需的图片，单击“插入”按钮，将图片插入到当前的幻灯片中。

（3）插入艺术字

1）打开演示文稿，选择要插入艺术字的幻灯片。

2）单击“插入”菜单中“图片”级联菜单中的“艺术字”，弹出如图 3—1—43 所示的“艺术字库”对话框。

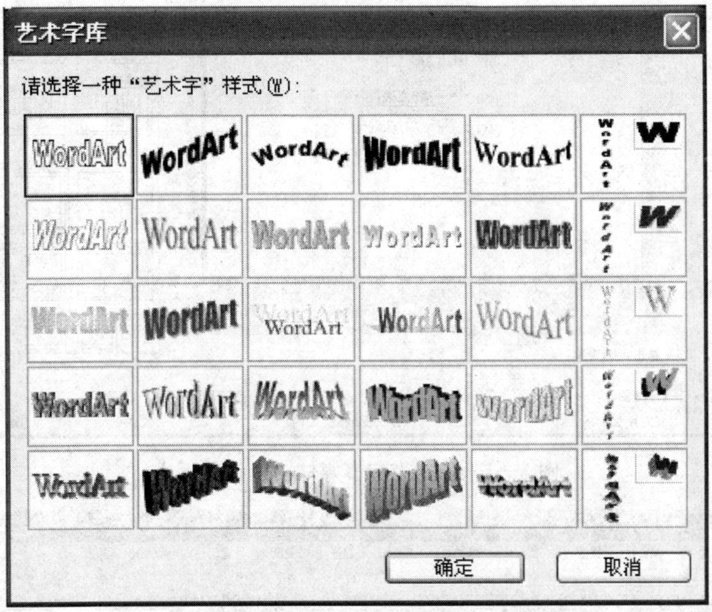

图 3—1—43 “艺术字库”对话框

3）选择所需的“艺术字”样式，单击“确定”按钮，将艺术字插入到当前的幻灯片中。

2. 添加图表

PowerPoint 2003 也具有 Excel 中的图表功能，在幻灯片中插入图表，不仅使数据更加清晰、易于理解，而且印象深刻。

在幻灯片中插入所需的图表，通常是通过在系统提供的样本数据表中输入自己的数据，由系统自动修改与数据相对应的作为样本的图表而得到的。

（1）利用自动版式插入图表

1）打开演示文稿，选定需添加图表的位置，插入一个新幻灯片。

2）在“幻灯片版式”窗格中选择一种图表占位符的版式，例如单击“内容版式”项目组中的“标题和内容”版式，如图 3—1—44 所示。

3）单击“图表”占位符，启动 Microsoft Graph 图表生成工具。在图表占位符内出现一个三维柱形图表，同时弹出样板数据表，如图 3—1—45 所示。

样板数据表提供了作为范例行与列标签以及数据，用户可以在数据表中输入真实的数据以替代范例数据，相关的图表也随之改变。

在插入的图表中，包括数据表和图形两个窗口。其中，数据表窗口用于输入和编辑数据，图形窗口用于将数据窗口中的数据以常见的图形显示出来。

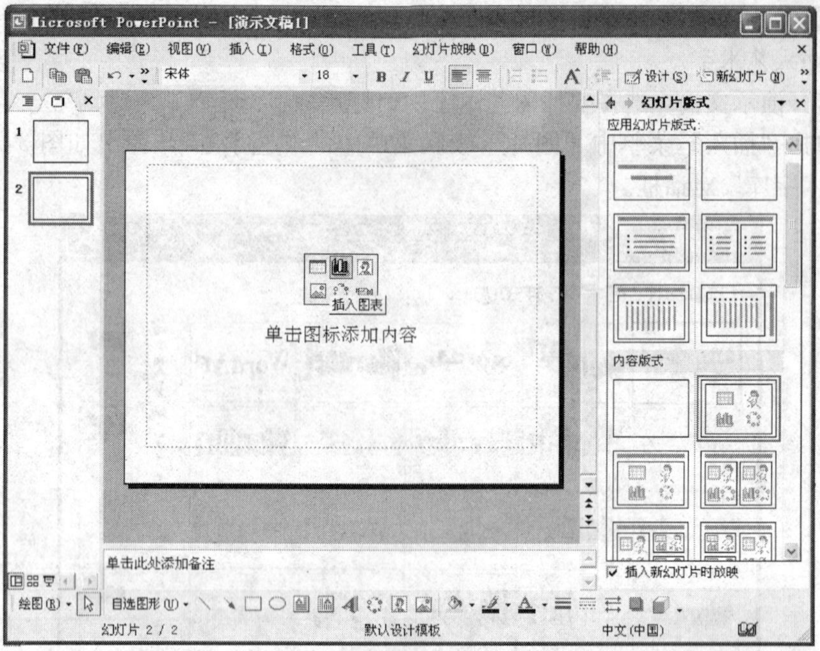

图 3—1—44　带有多媒体占位符的版式

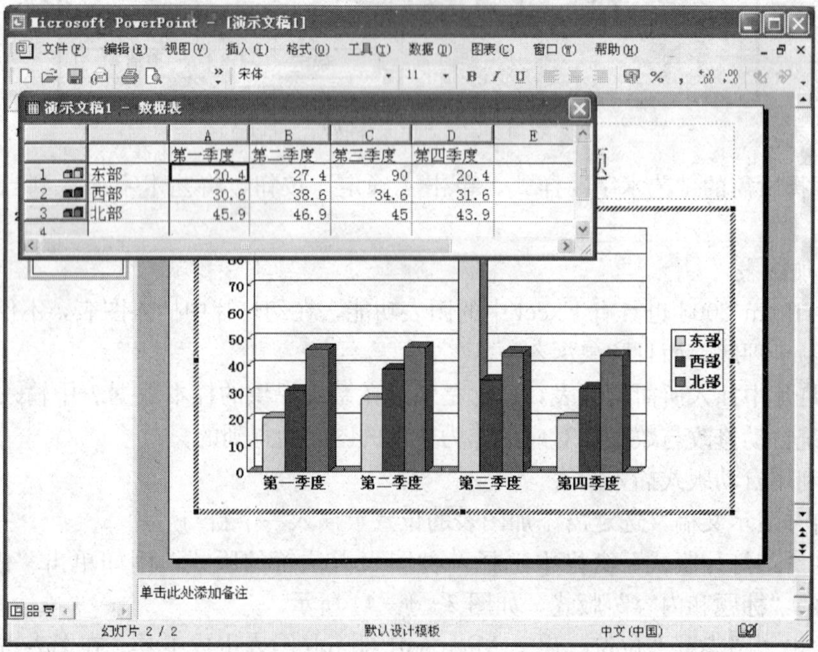

图 3—1—45　插入图表

（2）在当前幻灯片中插入图表

1）打开演示文稿，选定需添加图表的幻灯片。

2）单击“插入”菜单中的“图表”命令，打开如图 3—1—45 所示的图表。

（3）图表的编辑

1）图表类型。PowerPoint 2003 提供的图表类型有柱面图、圆锥图、棱锥图、柱形图、条形图、饼图、圆形图表、折线图、面积图、雷达图、XY（散点）图等。

2）图表类型的选择。PowerPoint 默认的图表类型是三维柱形图，改变图表类型的方法如下：

①用鼠标右击幻灯片图表，在弹出的快捷菜单中选择“图表类型”命令，弹出如图3—1—46 所示的“图表类型”对话框。

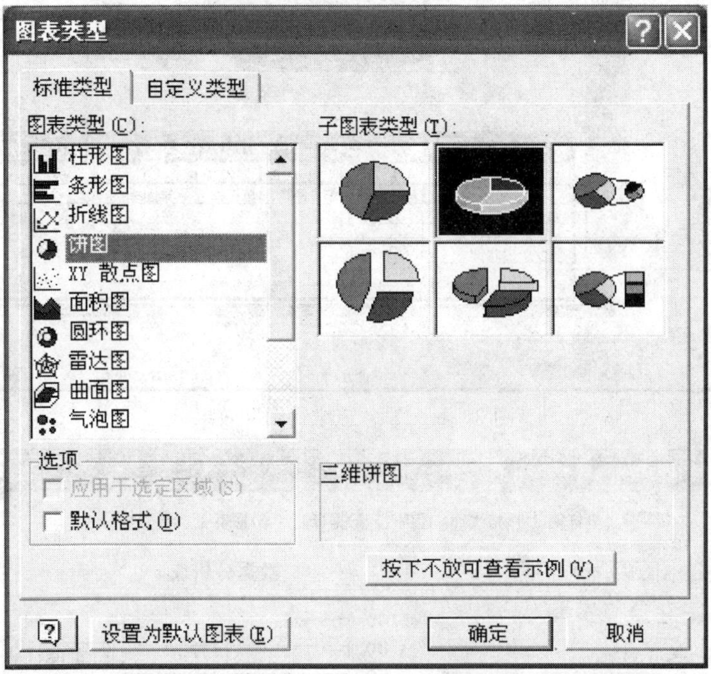

图 3—1—46 “图表类型”对话框

②根据需要，在“标准类型”选项卡或“自定义类型”选项卡中选择一种图表类型。例如，选择“图表类型”列表框中的“饼图”，单击“子图表类型”框中的“三维饼图”。

③单击“确定”按钮，显示如图 3—1—47 所示的图表。

3）图表参数的设置

①选定幻灯片图表。

②单击“图表”菜单中的“图表选项”命令，弹出“图表选项”对话框，选择“标题”选项卡，如图 3—1—48 所示。

③在“图表标题”文本框中输入图表的标题，例如输入“数据分析表”。

④根据实际需要和不同的图表类型，在“分类（X）轴”“数值（Y）轴”“次分类（X）轴”以及“次数值（Y）轴”等的文本框内输入标题文字。

⑤根据具体情况，还可以在“坐标轴”“网格线”“图例”“数据标签”“数据表”等选项卡进行操作，以满足不同的要求。

⑥单击“确定”按钮，完成图表选项的编辑。

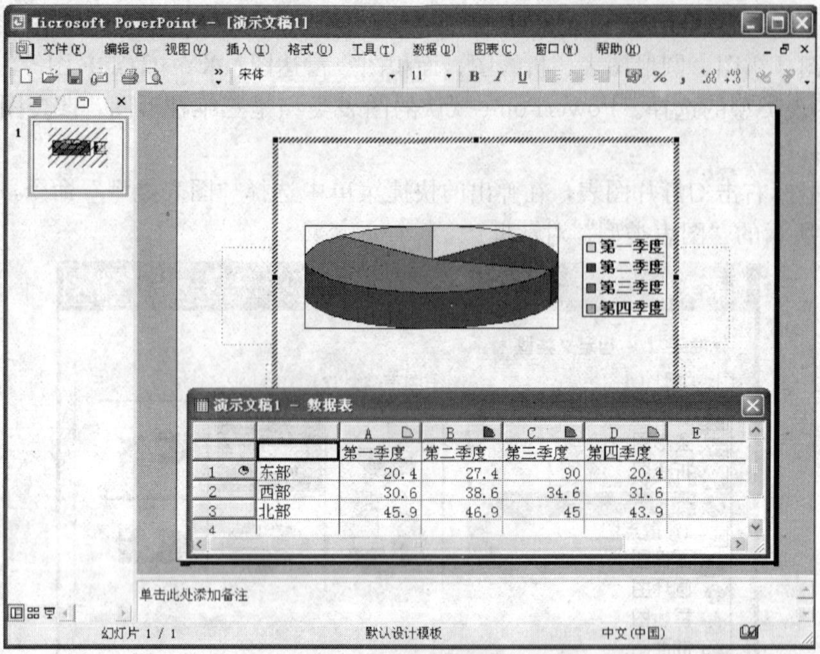

图 3—1—47 “三维饼图”效果

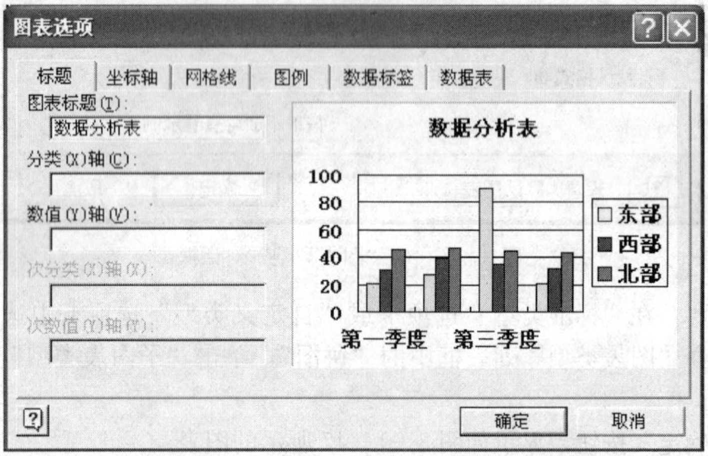

图 3—1—48 “图表选项”对话框

3. 插入影片和声音

（1）插入剪贴库中的影片

1）选定要插入影片的幻灯片。

2）单击“插入”菜单中“影片和声音”级联菜单中的“剪辑管理器中的影片”命令，打开如图 3—1—49 所示的“插入剪贴画”任务窗格。

3）该窗格的剪贴画包括了视频、声音和图片等多媒体文件，选择所需的影片文件，系统弹出如图 3—1—50 所示的提示框。

4）单击“是”按钮，在播放幻灯片时自动播放该影片，将影片插入到当前的幻灯片。

（2）插入影片文件

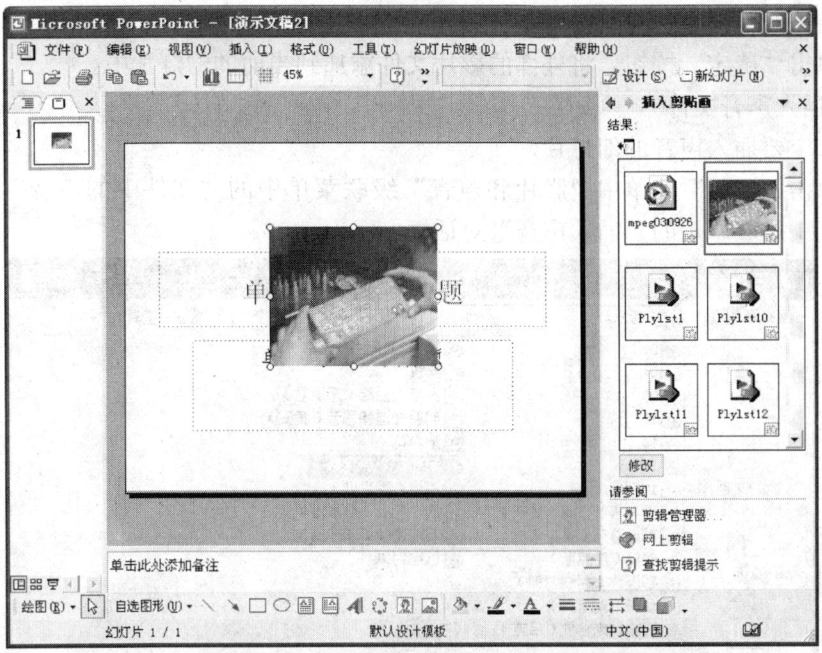

图 3—1—49 “插入剪贴画”任务窗格

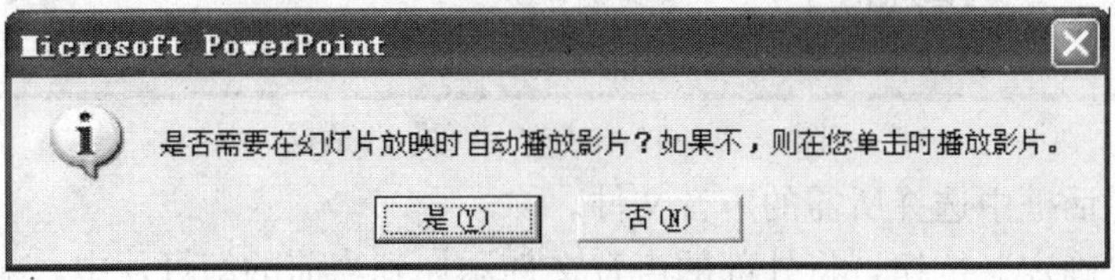

图 3—1—50 是否播放提示框

1）选定要插入影片的幻灯片。

2）单击“插入”菜单中“影片和声音”级联菜单中的“文件中的影片”命令，打开如图 3—1—51 所示的“插入影片”对话框。

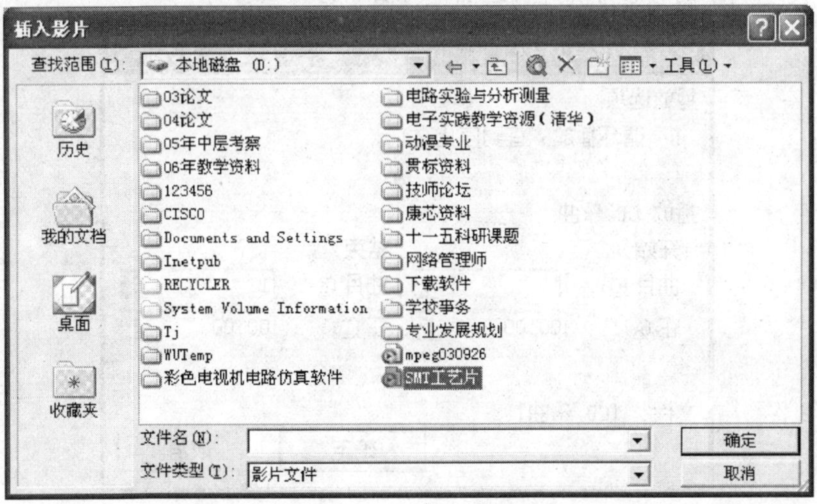

图 3—1—51 “插入影片”对话框

3）在该对话框中选择所需的影片文件。

4）单击“确定”按钮，将外部的影片文件添加到当前的幻灯片中。

（3）插入声音文件

1）选定要插入声音的幻灯片。

2）单击“插入”菜单中“影片和声音”级联菜单中的“文件中的声音”命令，打开如图 3—1—52 所示的“插入声音”对话框。

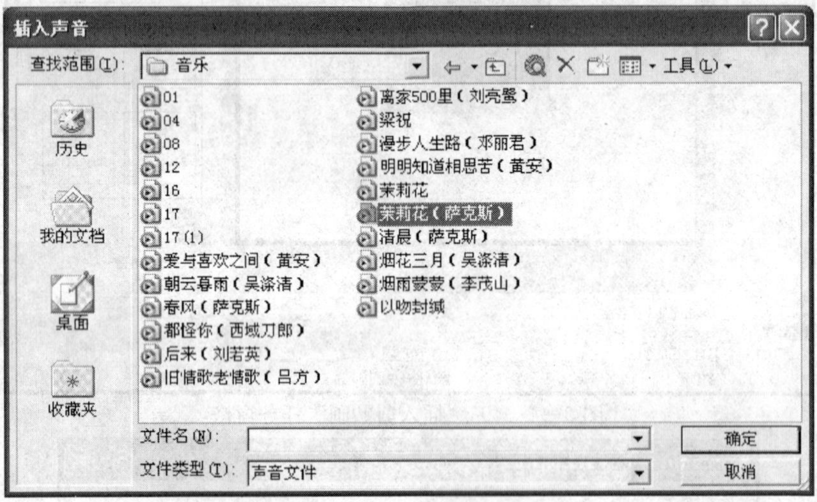

图 3—1—52 “插入声音”对话框

3）在该对话框中选择所需的声音文件。

4）单击“确定”按钮，将外部的声音文件添加到当前的幻灯片中。

（4）插入 CD 音乐

1）选定要插入声音的幻灯片。

2）单击“插入”菜单中“影片和声音”级联菜单中的“播放 CD 乐曲”命令，打开如图 3—1—53 所示的“影片和声音选项”对话框。

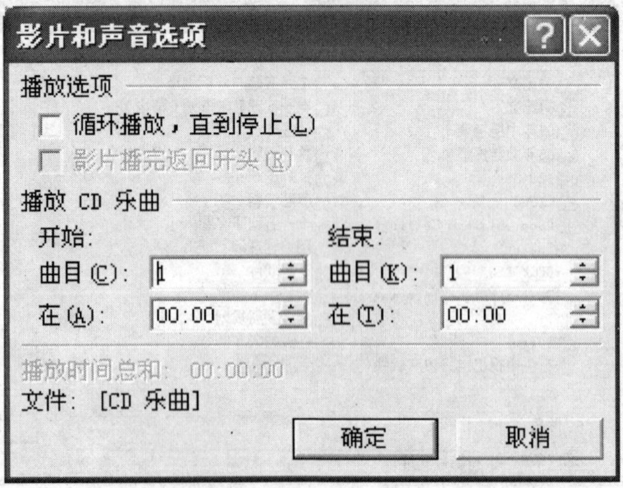

图 3—1—53 CD 乐曲设置对话框

3）视具体需要设置各选项。

4）单击“确定”按钮，完成 CD 乐曲的设置。

五、设置动画效果

设置动画效果可以突出重点，控制播放流程，提高演示文稿的趣味性。

1. 使用预设的动画方案

（1）选定要添加动画效果的幻灯片。

（2）单击“幻灯片放映”菜单中的“动画方案”，打开如图 3—1—54 所示的“幻灯片设计”任务窗格。

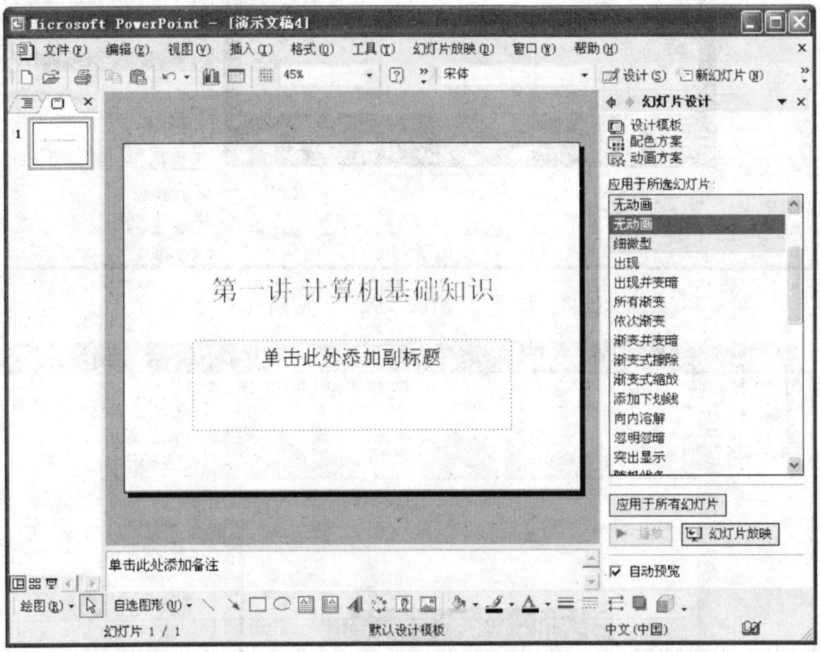

图 3—1—54 “幻灯片设计”窗格

（3）选定幻灯片中需要设置动画的对象，例如，标题“第一讲　计算机基础知识”。

（4）在“应用于所选幻灯片”下拉列表框中选择所需的动画预设方案，例如，单击“展开”方案，随即可以看到设置效果，如图 3—1—55 所示。

（5）单击“应用于所有幻灯片”按钮，使整个演示文稿使用同一个预设的动画方案，也可以为每个幻灯片分别预设不同的动画效果。

（6）单击“自定义动画”窗格中的“播放”按钮，预览当前幻灯片的动画效果，单击“幻灯片放映”按钮，可以预览整个演示文稿的动画效果。

2. 自定义动画效果

（1）选定要添加动画效果的幻灯片。

（2）单击“幻灯片放映”菜单中的“自定义动画”，打开如图 3—1—56 所示的“自定义动画”任务窗格。

（3）选定幻灯片中需要设置动画的对象，例如，标题“第一讲　计算机基础知识”，

图 3—1—55　预设“展开”动画效果

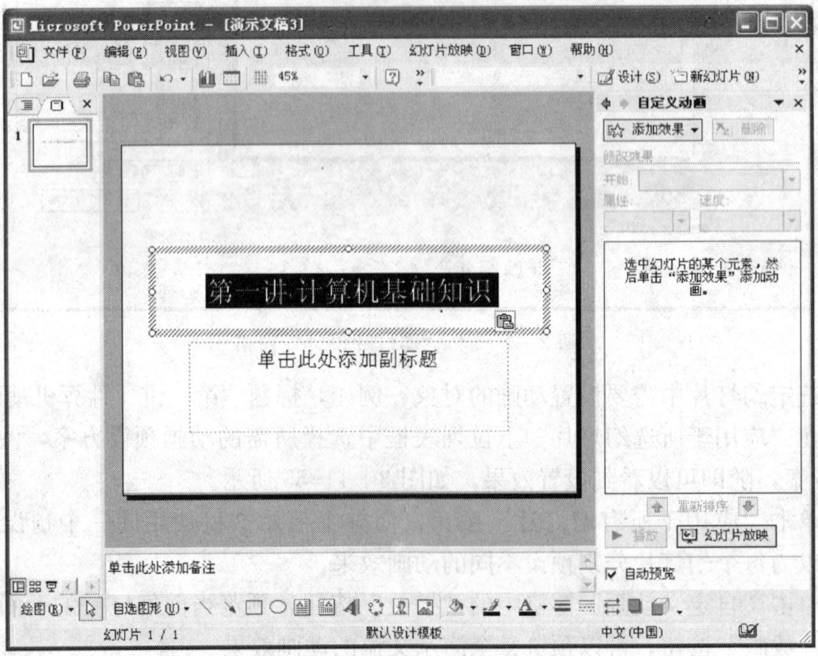

图 3—1—56　“自定义动画”窗格

单击“添加效果”按钮，弹出如图 3—1—57 所示的快捷菜单。

（4）该菜单将动画效果分为“进入”“强调”“退出”和“动作路径”四种，可以根据需要选择这些运动效果，也可以将这些效果组合起来。

（5）单击“自定义动画”任务窗格中的“播放”按钮，预览当前幻灯片的动画效

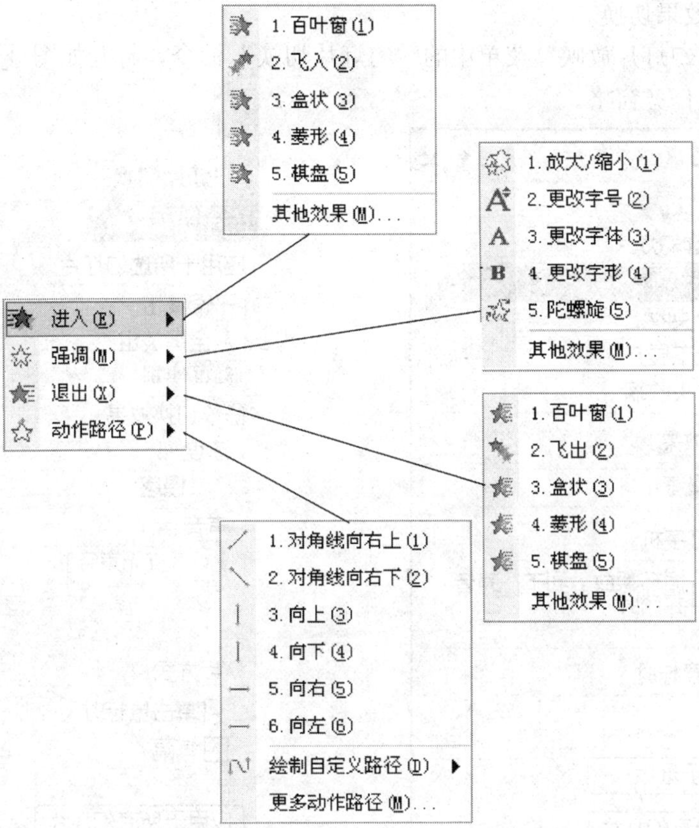

图 3—1—57 “设置动画效果”菜单

果，单击“幻灯片放映”按钮，可以预览整个演示文稿的动画效果。

六、播放演示文稿

1. 设置幻灯片的切换

幻灯片切换是指在放映演示文稿时幻灯片换片的方式。操作步骤如下：

(1) 打开演示文稿。

(2) 单击“幻灯片放映”菜单中的“幻灯片切换”命令，打开“幻灯片切换”任务窗格。

(3) 在“应用于所选幻灯片”列表框中，选定幻灯片切换的方式为“加号”；在“速度”列表框中，选择幻灯片切换的速度为“慢速”；在“声音”列表框中，选择“打字机”；在“换片方式”选项组中，选中“单击鼠标时”复选框（若选中“每隔”复选框，还要在其右侧的文本框中输入换片间隔的时间，系统将按照所设置的时间间隔自动切换幻灯片），如图 3—1—58 所示。

(4) 单击“幻灯片切换”任务窗格底部的“播放”按钮，可预览幻灯片切换的效果。单击“幻灯片放映”按钮，则以全屏幕方式放映当前幻灯片，并按照所设置的方式切换幻灯片。

（5）播放效果切换

1）单击“幻灯片放映”菜单中的“幻灯片切换”命令，打开如图 3—1—59 所示的“幻灯片切换”任务窗格。

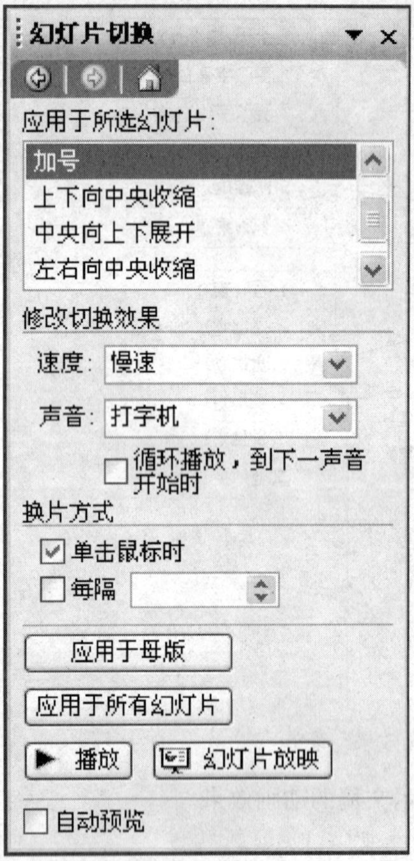

图 3—1—58 “幻灯片切换”任务窗格

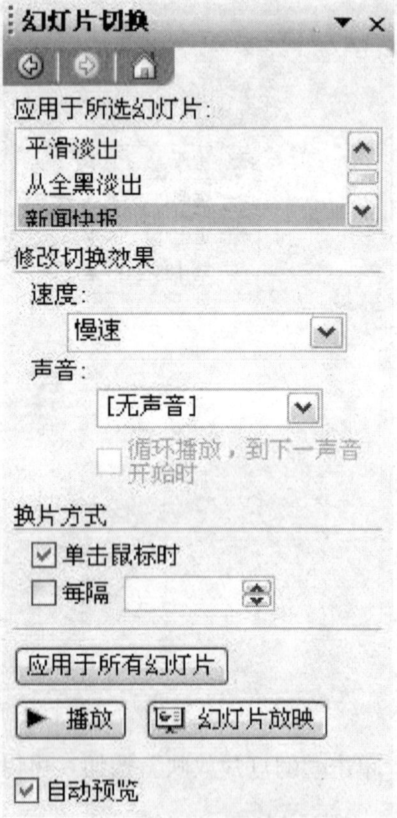

图 3—1—59 “幻灯片切换”窗格

2）在“应用于所选幻灯片”列表框中选择要使用的切换方式，例如“新闻快报”。

3）在“速度”下拉列表框中选择“慢速”；在“声音”下拉列表框中选择“无声音”。

4）如果在“换片方式”列表框中单击“每隔”单选按钮，还要在其右侧的文本框中输入一个时间，可以使演示文稿的每张幻灯片按一定的时间自动播放。

2. 设置演示文稿放映时间

演示文稿的播放，大多数情况下是由演示者手动操作控制播放的，如果要让其自动播放，需要进行排练计时。

（1）排练计时的步骤

1）打开演示文稿，单击“幻灯片放映”菜单中的“排练计时”命令，进入“排练计时”状态，如图 3—1—60 所示。

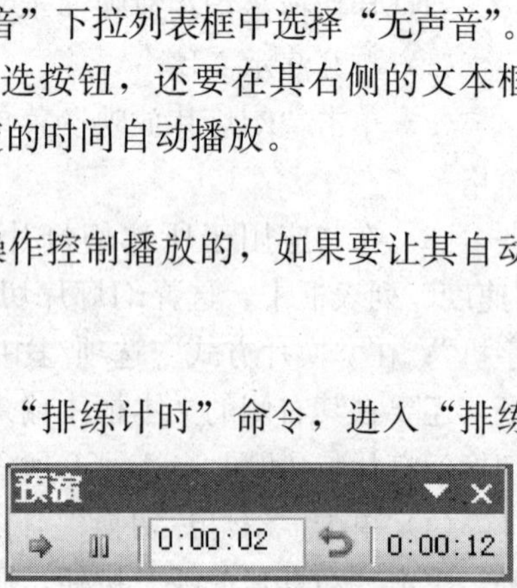

图 3—1—60 “预演”工具栏

2）“预演”工具栏显示了单张幻灯片放映所耗用的时间和文稿放映所耗用的总时间。

3）手动播放一遍文稿，并利用“预演”对话框中的“暂停”和“重复”等按钮控制排练计时过程，以获得最佳的播放时间。

4）播放结束后，系统弹出一个提示是否保存计时结果的对话框，如图 3—1—61 所示。

图 3—1—61 “排练时间”对话框

5）单击“是”按钮。

（2）进行排练计时后，如果播放时，需要手动进行，操作步骤如下：

1）执行“幻灯片放映”菜单中的“设置放映方式”命令，打开“设置放映方式”对话框，如图 3—1—62 所示。

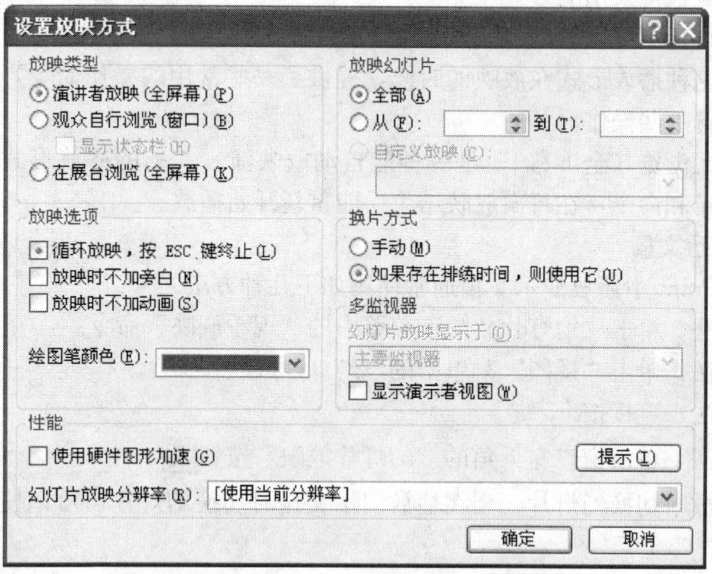

图 3—1—62 “设置放映方式”对话框

2）选择“手动”单选按钮，单击“确定”按钮。

（3）如果文稿在公共场所播放，通常需要设置成“循环播放”的方式。进行了排练计时操作后，打开如图 3—1—62 所示的“设置放映方式”对话框。

1）选择“放映选项”项目组中的“循环放映，按 ESC 键中止”复选框。

2）选择“换片方式”项目组中的“如果存在排练时间，则使用它”单选按钮，单击“确定”按钮，退出设置。

3. 播放设置

制作完演示文稿后，在播放之前还要对幻灯片进行一些设置，使播放满足要求。具体操作如下：

（1）设置播放范围

1）单击“幻灯片放映”菜单中的“设置放映方式”命令，弹出如图 3—1—62 所示的对话框。

2）“放映幻灯片”选项组用于设置幻灯片的播放范围，默认情况下，播放演示文稿中的全部幻灯片。也可以有选择的播放幻灯片：

①单击“全部”单选按钮，将从第一张幻灯片开始，播放至最后一张幻灯片。

②单击“从……到”单选按钮，在“从”框中输入指定的幻灯片编号，在“到”框中输入结束的幻灯片编号。

③单击“自定义放映”单选按钮，可以在其下拉列表框中，选择已定义的自定义放映进行播放。如果没有在“幻灯片放映”菜单中的“自定义放映”命令中建立自定义放映，则不能使用该按钮。

（2）播放类型。幻灯片的播放类型在“放映类型”选项组中设置。

1）“演讲者放映（全屏幕）”为默认的播放类型。播放时，系统切换为一屏幕方式，这是接投影仪时最常采用的方式。

2）“观众自行浏览（窗口）”是一种较小规模的播放形式，播放时，显示演示文稿的屏幕较小。这种播放形式在放映的时候，提供了一些常用的操作命令，能在放映演示文稿的同时进行一些操作。

3）“在展台浏览（全屏幕）”是一种能自动放映演示文稿的播放形式，在播放过程中不能使用菜单和命令，在每次放映结束后能重新开始播放。

4. 放映演示文稿

在 PowerPoint 中播放演示文稿通常使用如下几种方法之一：

第一种方法，单击“幻灯片放映”菜单中的“观看放映”命令。

第二种方法，单击“视图”菜单中的“幻灯片放映”命令。

第三种方法，直接按 F5 键。

第四种方法，单击窗口左下角的“幻灯片放映”按钮。

（1）在播放时切换幻灯片。当在播放演示文稿时切换幻灯片，可以使用以下几种方法之一：

1）单击鼠标，播放下一张幻灯片。

2）按空格键，播放下一张幻灯片。

3）按 PageUp 键，播放前一张幻灯片；按 PageDown 键，播放后一张幻灯片。

4）按“↑”键，播放前一张幻灯片；按“↓”键，播放后一张幻灯片。

（2）定位幻灯片。PowerPoint 提供了在播放演示文稿时，直接跳转到某一张幻灯片的功能。具体操作如下：

1）在播放演示文稿时，用鼠标右击任何一张幻灯片，弹出如图 3—1—63 所示的快捷菜单。

2）根据需要选择幻灯片标题，直接定位到相应的幻灯片中。

5. 设置链接

在幻灯片制作完毕后，可以给提纲式的文字加上链接，这样，在播放演示文稿时可以直接切换到相应的幻灯片。设置链接的操作步骤如下：

(1) 选中要设置链接的文字。

(2) 鼠标右击被选中的文字，弹出如图 3—1—64 所示的“动作设置”对话框。

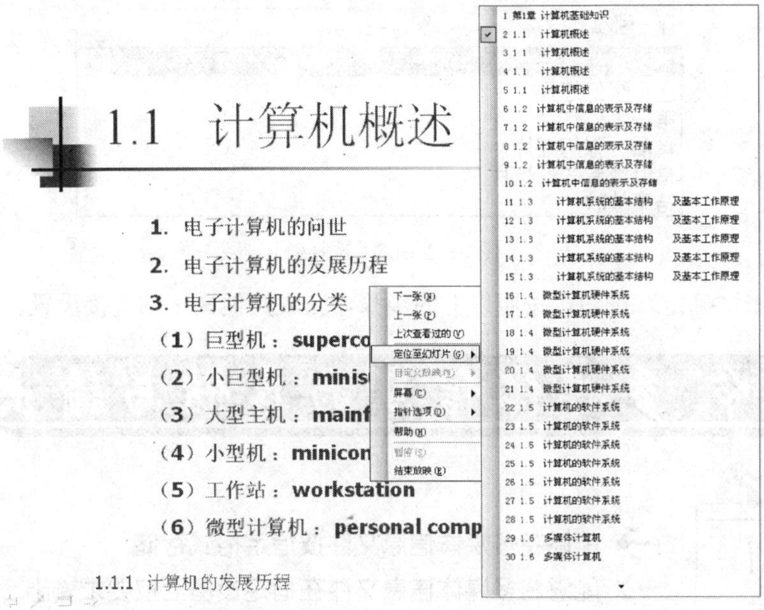

图 3—1—63　定位幻灯片菜单

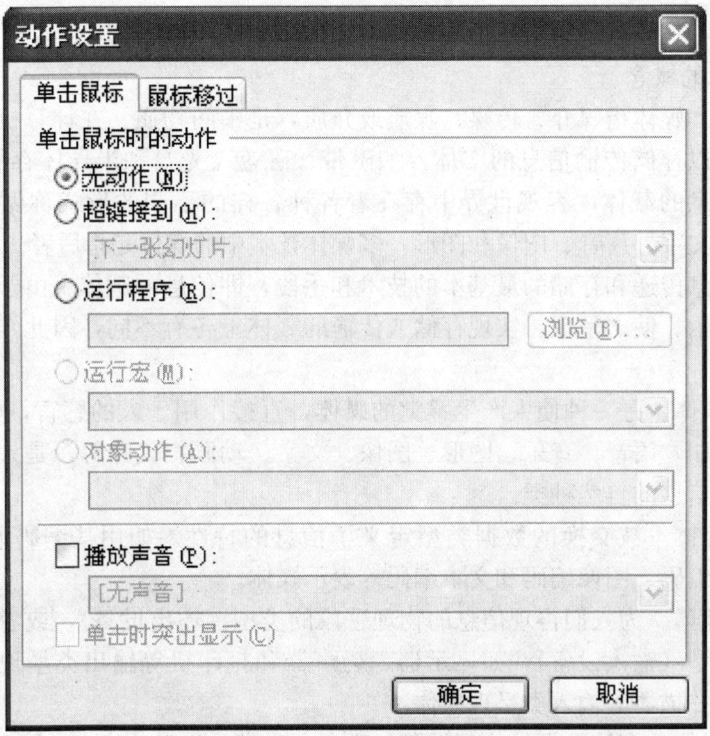

图 3—1—64　“动作设置”对话框

（3）单击“单击鼠标时的动作”项目组中的“超链接到”单选按钮，在其下拉列表中选择要链接到的幻灯片，如图 3—1—65 所示。

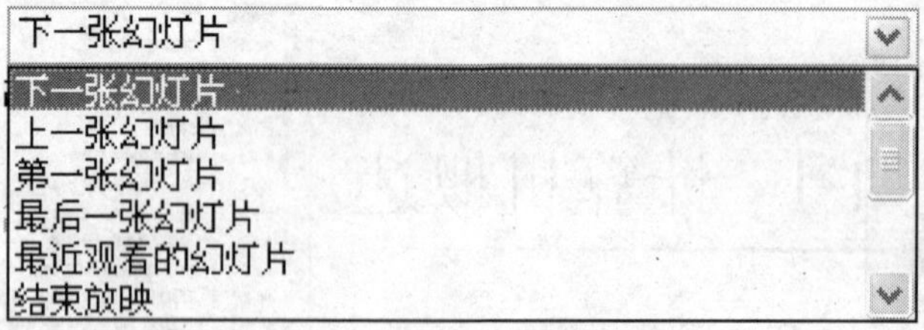

图 3—1—65　选择链接

（4）单击“确定”按钮，按照以上的步骤，完成其他文字的链接设置。

第二节　多媒体信息的存储与输出

培训目标

- 能够将多媒体信息文件按指定格式存储
- 能够将多媒体信息文件在指定设备上按要求输出

一、多媒体技术

1. 多媒体的概念

（1）媒体。媒体指媒介、传媒、媒质或介质，是中间物质。在计算机领域有两种含义：一是指用以存储传输信息的实体，如磁带、磁盘、光盘和半导体存储器、光纤等；另一种是指信息的载体，客观世界中存在着各种各样的不同的形式称做不同的信息媒体，如数字、文字、声音、图像和图形，多媒体技术中的媒体是指后者。

媒体是信息传递和存储的最基本的技术和手段，即信息的载体。由于信息在被人们感觉、加以表示、使之呈现，实现存储或传输的载体上各有不同，因此媒体可分为以下六类。

1）感觉媒体。是一种使人产生感觉的媒体，直接作用于人的感官，如眼、耳、鼻、舌、手等，例如，语音、音乐、图形、图像、文字、动画、气味等，是人们的感觉器官所能感觉到的信息的自然种类。

2）表示媒体。被交换的数据类型定义了信息的特性。如用其编码形式加以描述，相应的有语音编码、图像编码和文本编码等表示媒体。

3）呈现媒体。为人们再现信息的物理手段的类型（输出设备），或者指获取信息的物理手段的类型（输入设备），如显示器、扬声器和打印机等输出类呈现媒体，以及键盘、鼠标器和扫描器等输入类呈现媒体。

4）存储媒体。存储数据的物理设备如磁盘、磁带、光盘、内存、U 盘等。

5）传输媒体。传输数据的物理设备介质，如同轴电缆、光缆、双绞线和无线电链路等传输媒体。

6）交换媒体。在系统之间交换数据的手段与类型，可以是存储媒体、传输媒体、或者是两者的某种结合。如网络、电子邮件、WWW 和 FTP 等。

（2）多媒体。多媒体指多种方法、多种形态传输（传播）信息介质、载体的表现形式、存储、显示和传递方式。多媒体的特性在于信息载体的多样性、交互性和集成性。日常频繁使用的信息媒体有文字、图形、图像、声音、视频、动画等多种形式，多媒体将这些多种信息集成到计算机中，使用户能够随意控制声音、影像，实现用户和用户之间、用户和计算机之间的数据双向交流的操作环境以及多样性、多变性的学习和展示环境。

（3）多媒体技术。多媒体技术是同时对多个感觉媒体信息进行获取、处理、编辑、存储和展示信息的理论、技术、设备、标准等规范的总称。多媒体技术是一种能同时综合处理多种信息，并能在这些信息之间建立逻辑联系，使其集成为一个交互式系统的技术。多媒体技术主要用于实时地综合处理声音、文字、图形、图像和视频等信息，是将多种媒体信息用计算机集成在一起同时进行综合处理，并把它们融合在一起的技术。

2. 多媒体计算机系统的组成

多媒体计算机系统是指能对文本、声音、图形、视频图像等多种媒体进行获取、编辑、存储、处理、加工、输出的一种计算机系统。多媒体计算机系统有两种组成形式：一种是专门设计的多媒体计算机系统；另一种是在现有计算机的基础上通过增加多媒体部件成为多媒体计算机系统。

（1）多媒体计算机系统层次结构。多媒体计算机系统采用的层次结构，如图 3—2—1 所示。

图 3—2—1　多媒体层次结构

1）多媒体应用系统。是用户与多媒体应用系统的接口。采用交互性界面控制形式将用户命令转换成相应的媒体控制信息。

2）多媒体创作工具。主要涉及多媒体系统的开发、编辑、命令解析和媒体回放等功能，是将用户命令转换成系统控制信息的平台。

3）多媒体核心系统。主要支持对运动图像和静止图像的处理和显示，为语音和视频数据提供所需的实时同步任务调度，支持标准化的桌面型计算机运行环境。目的是减少主机 CPU 的开销，以适应多种环境下的执行，以期达到硬件与操作系统的无关性。

4）输入输出接口。是对多媒体输入输出设备的接口控制。是多媒体硬件和高层软件之间的桥梁，直接作用于硬件对其进行驱动、控制等操作。

5）实时压缩、解压。主要是指为计算机附属硬件提供包括视频和音频在内的实时压缩和解压缩、音频信号 I/O 接口，再配以视频信号 I/O 接口及对光驱的驱动系统。

6）硬件系统。指多媒体计算机中的硬件设备，包括 CPU、内存、硬盘、显示卡及显示器等计算机必备的硬件设备。

（2）多媒体计算机系统的组成

多媒体计算机系统是可以交互式处理多媒体信息的计算机系统，除了普通计算机所拥有的硬件设备外，多媒体系统必须具备一些多媒体信息处理的专用硬件和软件，才能被称为多媒体计算机（Multi-media PC，MPC）。

1）多媒体硬件。多媒体硬件是多媒体系统的物质基础，系统结构图如图 3—2—2 所示。

- 多媒体计算机硬件系统
  - 计算机系统
  - 音频卡
    - 8/16 位音频卡
    - 游戏音频卡
  - 视频卡
    - 视频采集
      - 静态采集卡
      - 动态采集卡
    - 视频编辑
      - 影像叠加卡
      - 字幕叠加卡
    - 视频转换
      - 内置转换卡
      - 外置转换盒
    - 视频分配
      - 同屏分配盒
      - 异屏分配盒
    - 视频显示——真彩色显示卡
  - 光盘机
    - CD－ROM
    - DVD－ROM
    - CD/DVD 刻录机
  - 触摸屏
    - 红外式
    - 电容器

图 3—2—2　多媒体硬件系统

①计算机。包括中央处理机（CPU）和内存储器。

②音频卡。主要功能是将声音采样，存入计算机或将数字转换为模拟信号播放。

③视频卡。是将摄像机或录像机的视频图像信号转换成计算机的数字图像的主要硬件设备。视频卡的种类有很多，主要有以下几种：

• 视频转换卡：主要功能是将 VGA 信号转换成 NTSC、PAL 和 SECAM 等视频标准，在电视上播放。

• 视频捕捉卡：用来抓取静态影像。

• 视窗动态视频卡：主要功能是提供视窗叠加显示等。

• 动态视频捕捉/播放卡：功能是同时抓取动态视频、声音，并加以压缩、存储和播放。

• 视频 MPEG 压缩卡：根据 MPEG 标准完成压缩/解压缩工作。

④光盘驱动器。分为 CD－ROM 和 DVD－ROM 两大类，主要功能是提供高质量的音源和作为大容量图文、声像的集成交互式存储介质。

⑤其他辅助输入输出设备。

⑥多媒体通信设备。

2）多媒体支持软件。多媒体软件子系统或称为多媒体软件平台，是指多媒体系统运行、开发的各类软件和开发工具及多媒体应用软件的总和。硬件是多媒体系统的基础，软件是多媒体系统的灵魂。多媒体软件可划分成不同的层次或类别，可分为：

①多媒体驱动软件。多媒体软件中直接和硬件打交道的软件称为驱动程序，它完成设备的初始化、各种设备操作、设备的打开和关闭、基于硬件的压缩解压和图像快速变换等基本硬件功能调用。

②多媒体支持环境。多媒体支持环境在驱动软件之上，它是多媒体软件的核心。它负责多媒体环境下多任务的调度，保证音频、视频同步以及信息处理的实时性；它提供多媒体信息的各种基本操作和管理；它应具有对设备的相对独立性与可扩展性。

③多媒体素材准备软件。多媒体素材准备软件是用于采集多种媒体数据的软件。

④多媒体编辑创作软件。多媒体编辑创作软件是多媒体专业人员在多媒体操作系统上开发的、供特定应用领域的人员组织编排多媒体数据并把它连接成完整的多媒体应用系统的工具。

⑤多媒体应用软件。多媒体应用软件是在多媒体硬件平台上设计开发的，面向应用的软件系统。

3. 多媒体技术的应用

由于多媒体计算机是在计算机的基础上融合了高质量的文本、图形、图像、音频、视频等多种媒体而组成的软硬件系统，并能进行远程通信，具有集成化、交互性和数字化的优点，把生硬、刻板的字符通信转化为生动、活泼的图形、图像、声音，模拟出一个真实的人的交流环境，再加上广播电视系统的全面数字化，其结果使广播、电视、通信与计算机业务融为一体。不仅促进了计算机技术的发展，而且使原来复杂的事物变得简单，把抽象的东西变得具体了，使得多媒体技术在人们的工作和生活中应用更加广泛。

(1) 在教学方面的应用。多媒体技术对教学产生的影响比其他领域的影响要深远。多媒体技术改变了传统的教学方式，使教材发生了巨大变化，不仅有文字、图像，还具有视频和语音等。

多媒体教学网络是指利用计算机技术、网络技术、多媒体技术和现代教学方法进行教学活动的一个整体概念。它把文字、图形、影像、声音、动画以及各类多媒体教学软件等先进的手段引入教学实践当中，从而改变传统的教学模式。

(2) 在网络通信方面的应用。多媒体网络为多媒体通信提供了一个传输环境，使计算机的交互性、网络的分布性和多媒体信息的综合性有机结合，突破计算机、通信、出版等行业的界限，为人们提供全新的信息服务。多种形式的信息互动式交流，是多媒体的真正本质。多媒体的应用在人和计算机之间的信息交流上是一方面，在人际信息交流中，多媒体应用也显得极为重要，不同的交流形式适合不同内容的信息，而多种信息交流形式的相互补充，又能加深信息交流的有效性。这就导致人们最终将多媒体技术应用到视频电话上，因为它能同时进行文字、语音、图形和图像的交流。而随着国际互联网的普及和提高，人们对互联网的通信要求，已经不满足只由文字组成的 E-mail 和实时交谈了，希望能够通过语音甚至动态图像进行实时通信。基于 Web 的音频视频实时压缩技术的发展，通过互联网同时传输实时语言和动态图像已成为可能。网络的带宽、信息交换方式以及高层协议，将直接决定着传输及服务的质量。随着技术的提高，我们已经能利用互联网收听广播，还能观看电视。多媒体网络为多媒体通信提供了一个传输环境，在人际信息交流中，多媒体应用也显得极为重要。而随着国际互联网的普及和提高，现在通过互联网打国际长途电话甚至可视电话已成为事实。另外，在浏览互联网方面，看到的不仅只是文字和图形，还包括了语音、音乐、动态图像、动画和三维影像，人们在网上得到的信息是生动有趣的。

（3）在影音娱乐方面的应用。多媒体技术是一种界面技术，数字化音频和视频技术的日益成熟，大容量光盘的出现，给计算机的多媒体化奠定了物质基础。计算机刚出现时，人们对它的要求是数学运算和逻辑判断，然后发现还能利用计算机玩游戏。音频卡的出现，使计算机能发出包括音乐、自然界声音和人类语言等声音。事实上，多媒体技术的出现，就是伴随着娱乐的要求。发展到今天，不仅包括 3D 游戏，还加入了欣赏 CD 音乐、观看 VCD 电影、制作和聆听计算机数字音乐（MIDI）和即将进入市场的播放数字视频（DVI）等内容。

计算机在娱乐方面可以成为家庭音响设备。多媒体计算机均配有音质和音色俱佳的立体声声卡，当 CD 唱片在多媒体计算机上播放时，其音响效果要超过普通的家庭音响，因为经过多媒体计算机播出的声音中是没有嘈杂的交流声的。此外这种立体声的声卡还配有音乐设备数字接口，即 MIDI 接口。通过这种接口用户可以将各种音乐设备和计算机连接起来，自己演奏喜欢的乐曲，也可以亲自编曲演奏，而且编出的乐曲可以存储起来供以后随时播放或编辑使用。计算机在娱乐方面还可成为一个全功能高清晰度彩电。用户能在计算机工作的同时在屏幕上打开一个窗口欣赏多姿多彩的电视节目，其高清晰度的画面使普通彩电望尘莫及，目前中大屏幕的显示器已步入市场。而且所显示的电视画面既可以以图形的文件形式储存在硬盘上，也可以用连接到电视卡上的录像机录制下来，再进行编辑和处理，当然也能看录像节目。如今符合 MPEG 1 标准的 VCD 影碟已大量面市，它具有图像清晰、音质动听的特点，将多媒体计算机接到大屏幕彩色电视机上则成为名副其实的“家庭影院”，足不出户即可欣赏各种电影影碟，享受逼真的“影院效果”。

（4）在其他方面的应用。多媒体技术给出版业带来了巨大的影响。E-Book（电子书），E-Newspaper（电子报纸）、E-Magazine（电子杂志）等磁盘、光盘类电子出版物大量涌现，对传统的新闻出版业形成前所未有的冲击。电子出版物具有质量轻、体积小、价格便宜、多媒体化、交互式阅读和检索等特点，是传统的纸介质出版物不可比拟的。

在网络上出版发行出版物，即网络电子出版，是电子出版的另一种主要方式。目前，在 Internet 上出版的电子报刊已达数百种。网络出版是指通过 Internet 技术实现信息在网络上的传输，使信息发布者和读者之间建立一种实时的、交互的、基于服务器/浏览器结构的网络结构。

利用多媒体技术可为各类咨询提供服务，如旅游、邮电、交通、商业、金融、宾馆等。使用者可以通过触摸屏进行独立操作，在计算机上查询所需要的多媒体资料。

多媒体技术还将改变未来的家庭生活，多媒体技术在家庭中的应用将使人们在家中上班成为现实。人们可以足不出户便能在家中的多媒体计算机前办公、学习、购物、打可视电话、登记旅行、召开视频会议等。

综上所述，多媒体技术的应用非常广泛，它既能覆盖计算机的大部分应用领域，也拓展了新的应用领域，多媒体技术将在各行各业中发挥巨大的作用。

二、声音

多媒体技术的特点是对声音、文字和图像等媒体信息进行综合式交互处理。声音则是携带信息的重要媒体之一，是多媒体技术研究中的一个重要内容。

1. 声音及其要素

声音是通过空气或其他介质传播的一种周期性的连续的波，称为声波。声音转换为电信号时，声音的电信号在时间和幅度上都是连续的模拟信号，如图 3—2—3 所示。

(1) 振幅。声波的振幅是指通常所说的单量，是用来定量研究空气受到压力的大小。振动越强，振幅越大，声音也越大。声音的大小用分贝（dB）表示，人可以接受的声音在 0～120 dB 之间。

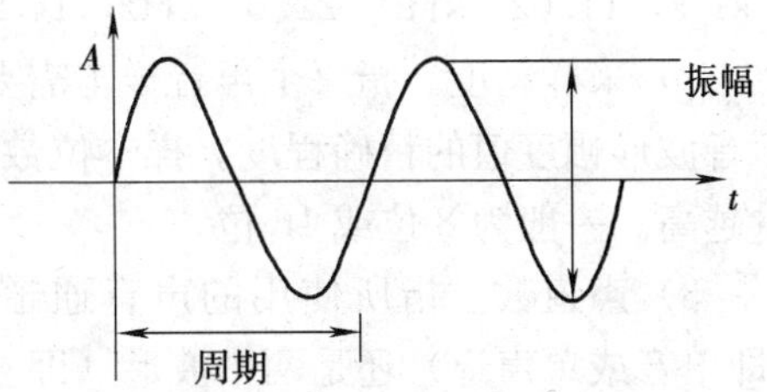

图 3—2—3　模拟信号波形

(2) 频率。声波频率是指信号每秒钟变化的次数，用赫兹（Hz）表示，这种变化可快可慢。根据人们对声波的感知能力，可将声波分成几个层次：

1）亚音信号（Subsonic）。频率小于 20 Hz 的声音信号。

2）语音信号（Speech）。频率范围为 300 Hz～3 kHz 的声音信号。

3）音频信号（Audio）。频率范围为 20 Hz～20 kHz 的声音信号。

4）超声波（Ultrasonic）。频率范围为 20 kHz 的信号。

(3) 周期。以规则的时间间隔重复出现，这个时间间隔称为声音信号的周期。周期的单位为秒（s），与频率的关系为：$T=1/f$

2. 声音数字化的过程

(1) 模拟与数字。声音信号是连续信号，时间、幅度上都连续。在特定的时间段内对这种连续变化模拟信号进行不断地测量叫做采样（Sampling），采样得到的信号为离散信号。而每次采样所得到的信号值实质上就是连续变化的幅度值中的一个值，再用数字表示这个幅度值，那么所得到的信号就是数字信号。

数字信号处理器（DSP）的处理方式为数学运算，突出的优点表现在：数字信号运算精度高、不受时间和环境变化的影响、处理方式变化只需相应改变算法即可。数字信号在处理上的灵活性，传递中的抗干扰性、加工的简易性，有存储的持久性以及失真的可修复特性等，使数字音视频技术具有光明的前景。

(2) 声音信号数字化。把模拟音频信号转换成有限个数字表示的离散序列，称为音频数字化。数字声音要通过采样技术进行记录，主要硬件是从模拟到数字的转换器（A/D 转换器），由它完成音频信号的采样工作。在数字声音回放时，再由数字到模拟（D/A 转换器），将数字信号转换为原始电信号，这一过程需要有三个重要的指标来控制：采样频率、精度、声道数，如图 3—2—4 所示。

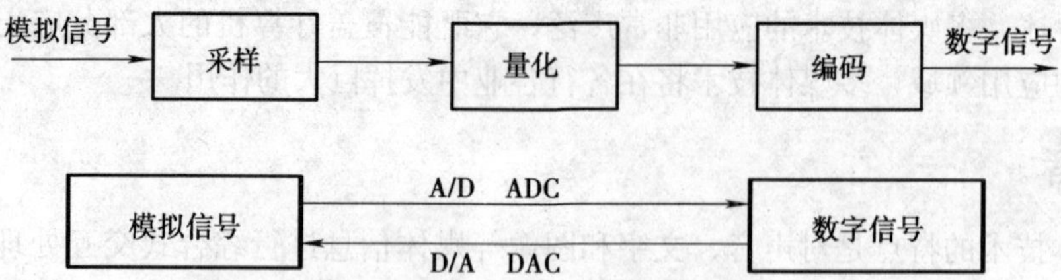

图 3—2—4 声音数字化过程

(3) 声音的要素

1）采样频率。指每秒钟需要采集多少个声音样本。目前通用的标准采样频率有：8 kHz，11.025 kHz，22.05 kHz，16 kHz，44.1 kHz 和 48 kHz 等。

2）采样精度。指每个声音样本需要用多少位二进制数表示，采样精度反映出度量声音波形幅度值的精确程度。样本位数的大小影响到声音的质量，位数越多，声音的质量越高。一般为 8 位或 16 位。

3）声道数。指所使用的声音通道的个数，声道数表明声音记录是产生一个波形（即单音或单声道）还是两个波形（即立体声或双声道）。

3. 声音文件的常见格式

目前用来记录声音的计算机文件格式主要有以下几种：

(1) WAV 格式。WAV 是波形文件的格式，是 Windows 声音系统所用的标准数字音频文件。WAV 格式文件记录了对实际声音进行采样的数据，支持各种不同单质的单声道或立体声数字声音。其缺点是产生的文件太长，不适合长时间记录。

(2) WMA 格式。WMA 的全称是 Windows Media Audio，是微软公司推出的一种新的音频格式。WMA 主要改善了极低数据率下高频信号的回放，即使在较低的采样频率下也能产生较好的音质，目前的版本为 V8，V9 和 V10。

(3) MP3 格式文件。它是在 Internet 上流行的几种数字声音文件之一，是以 MPEG－1 和 MPEG－2 压缩标准的单频部分为依据设计的，其最大优势是以极小的声音失真换来了高达 6～20 倍的压缩比。

(4) MIDI 文件。MIDI 音频是多媒体计算机产生声音的另一种主要方式，可以满足需要长时间音乐的场合，扩展名为 MID，是将 MIDI 设备发出的每个音符记录成为一个数字，通过各种音调整的混合及合成器发音来输出。MIDI 文件有几个变通的格式，其中，CMF 文件是随声卡一起使用的音乐文件，与 MIDI 文件非常相似，只是文件头略有差别；另一种 MIDI 文件是 Windows 使用的 RIFF 文件的一种格式，称为 RMID，扩展名为 RMI。

三、图形图像

1. 图形图像的基本概念

图形图像是信息的一种重要媒体，与文字、声音等其他信息媒体相比，图形图像具有直观明了、含义明确等优点。

(1) 分辨率。分辨率是指单位长度上像素的多少，单位长度上像素越多，图像就越清晰。常见的分辨率有以下几种类型：

1）显示分辨率。指显示器上每单位长度显示的像素或点的数目，常用点/英寸（dpi）为单位来表示。例如，72 dpi 表示显示器上每英寸显示 72 个像素或点。显示器分辨率与图像分辨率不同。图像分辨率可以更改，而显示器分辨率则不可更改，具有一个固定的分辨率。显示器的典型分辨率约是 96 dpi。当图像分辨率高于显示器的分辨率时，图像在显示器屏幕上显示的尺寸会比指定的打印尺寸大，所以通常看见一幅图像在屏幕上显示的尺寸效果比打印机输出时的图像尺寸大。

屏幕能够显示的像素越多，说明显示设备的分辨率越高，显示的图像质量也就越高。显示屏上的每个彩色像素点由代表 R、G、B 三种模拟信号以各自的强度比进行相加混色实现色彩的显示。

2）图像分辨率。指图像中每单位长度所包含的像素或点的数目，常以像素/英寸（dpi）为单位来表示。例如，72 dpi 表示图像中每英寸包含 72 个像素或点。分辨率越高，图像将越清晰，但图像文件所需的磁盘空间就会越大，编辑和处理所需的时间也越长。图像文件的大小与图像尺寸和分辨率三者之间有着紧密的联系：当分辨率不变时，改变图像尺寸，其文件的大小也将改变，尺寸较大时保存的文件也较大；当分辨率改变时，文件大小会相应改变，分辨率越大，则图像文件也越大。

（2）像素深度。指存储每个像素所用的位数。像素深度决定彩色图像的每个像素可能有的颜色数，或者确定灰度图像的每个像素可能有的灰度级数。有时也把像素深度说成是图像深度。表示一个像素的位数越多，它能表达的颜色数目也就越多，相应的说它的深度就越深。像素深度越深，所占用的存储空间越大。

在用二进制数表示彩色图像的像素时，除 R、G、B 分量用固定位数表示外，往往还增加 1 bit 或几位作为属性（attribute）位。属性位用来指定该像素应具有的性质。

（3）真彩色、伪彩色与直接色

1）真彩色（True Color）。指在组成一幅彩色图像的每个像素值中，有 R、G、B 三个基色分量，每个基色分量直接决定显示设备的基色强度，这样产生彩色称为真彩色。

在许多场合，真彩色图像通常是指 R、G、B 为 8∶8∶8，即图像的颜色数等于 224 种。

2）伪彩色（Pseudo Color）。伪彩色图像中每个像素的颜色不是由每个基色分量的数值直接决定，而是把像素值当作彩色查找表（Color Look-Up TabLe，CLUT）的表项入口地址，去查找一个显示图像时使用的 R、G、B 强度值，用查找出的 R、G、B 强度值产生的彩色称为伪彩色。彩色查找表是一个事先做好的表，表项入口地址也称为索引号。

3）直接色（Direct Color）。通过相应的彩色变换表找出基色强度，用变换后得到的 R、G、B 强度值产生的彩色称为直接色，其特点是对每个基色进行变换。

（4）图像数据量的计算。图像文件的大小是指在磁盘上存储整幅图像所需的字节数，图像的数据量可用以下公式计算：

$$\text{图像数据量}=\text{图像分辨率}\times\text{颜色深度}^{8}\ (\text{B})$$

例：一幅 640×480 的真彩色图像，其未压缩的图像数据量的计算如下：

$$640\times480\times24^{8}=921\ 600\ \text{B}=900\ \text{KB}$$

2. 图形图像信息的表示

日常生活中的图形图像在计算机中有两种数字化表示方法，一种称为几何图形或矢量图形，简称图形（Graphics）。另一种称为位图图像或点阵图像，简称图像（Image）。

（1）图形。图形是数字化图形的简称，在计算机中主要是用矢量图形来表示。矢量图形也称为向量图形，是用一系列计算机指令来描述和记录的一幅图，一幅图可分解为一系列由点、线、面等组成的子图，矢量图形记录的是对象的几何形状、线条粗细和色彩等，因此，生成的文件存储容量很小。

矢量图形不记录像素的数量，与分辨率无关。在任何分辨率下，对矢量图形进行任意缩放，都不会影响它的清晰度和光滑度。因此矢量图形适合于以线条定位物体为主的对象，通常用于计算机辅助设计（CAD）和工艺美术设计、插图等。

矢量图形只能表示有规律的线条组成的图形，如三维造型、工程图或艺术字等，对于由无规律的像素点组成的图像（风景、人物），难以用数学形式表达，不宜使用矢量图形格式；其次，矢量图形不容易制作色彩丰富的图像，绘制的图像不很真实，并且在不同的软件之间交换数据也不太方便。常见的矢量图形处理软件有 AutoCAD、CorelDRAW、Illustrator 和 Freehand 等。

（2）图像。图像是数字化图像的简称，在计算机中主要是用位图图像来表示。位图图像也称为点阵图像或像素图像，计算机屏幕上的图像是由屏幕上的发光点（即像素）构成的，每个点用二进制数据来描述其颜色与亮度等信息，这些点是离散的，类似于矩阵。多个像素的色彩组合就形成了图像，称之为位图。

处理位图图像时，所编辑的是像素而不是对象或形状，位图图像的大小和质量取决于图像中像素点的多少，每平方英寸中所含像素越多，图像越清晰，颜色之间的混合也越平滑。计算机存储位图图像实际上是存储图像的各个像素的位置和颜色数据等信息，所以图像越清晰，像素越多，相应的存储容量也越大。

位图图像的主要优点在于表现力强、细腻、层次多、细节多，可以十分容易地模拟出像照片一样的真实效果。由于是对图像中的像素进行编辑，所以在对图像进行拉伸、放大或缩小等处理时，其清晰度和光滑度会受到影响。

3. 图形图像的压缩及存储格式

图像的数据量很大，占用很大的存储空间。例如，一幅 320×240 的 256 色未压缩的图像，其占用的数据空间为 75 K。在多媒体系统中，为了便于存储、传输等操作，图像文件必须经过压缩。而压缩算法的选择对图像本身将产生不同程度的影响。图像的压缩方法通常分为无损压缩和有损压缩两种。

无损压缩是利用数据特性进行图像压缩处理的，压缩率一般为 2∶1～5∶1，压缩率不高，但可以保留原图像文件中的全部信息。常见的无损压缩图像有 BMP、TIFF 等格式。

有损压缩是以损失图像中某些信息为代价来换取较高的压缩率，其损失的信息大多数是对视觉感知不太重要的信息。由于损失的信息是不能再恢复的，所以有损压缩是一种不可逆的压缩方法。常见的有损压缩图像有 JPEG 格式。

图像文件格式决定了应该在文件中存放何种类型的信息，文件如何与各种应用软件兼容，文件如何与其他文件交换数据。目前图像文件的格式有很多，应该根据图像的用途决定图像应存为何种格式。在图形图像处理中，可用于图形图像文件存储的格式非常丰富，下面是常用的几种图像文件格式。

（1）BMP 格式。位图文件格式，是 Windows 采用的图像文件存储格式，在 Windows 环境下运行的所有图像处理软件都支持这种格式。BMP 格式称为设备无关位图格式，Windows 能够在任何类型的显示设备上显示 BMP 位图。

（2）GIF 格式。GIF 格式的文件支持 64 000 像素的图像，256 色 16 M 色的调色板，单个文件中的多重图像，按行扫描的迅速解码，有效压缩以及硬件无关性。支持透明图像格式和动画格式，通常文件比较小，广泛运用在网页制作中。

（3）TIFF 格式。简称 TIF 格式，是一种极其灵活易变的格式，支持多种压缩方法，具有特殊的图像控制函数以及许多其他特性。该格式适用于不同的应用程序与平台之间的转换。

（4）JPEG 格式。简称 JPG 或 JPE 格式，支持真彩色，可以设定压缩比率，在保证图像质量和颜色下文件可以比较小，便于文件传送，因此在网页上得到广泛使用。

（5）Targa 格式。简称 TGA 格式，可支持任意大小的图像。图形专业工作用户使用 TGA 点阵格式保存和处理有真实感的三维有源图像。

（6）PSD 格式。是 PhotoShop 图像处理软件的默认数据格式。该格式可以存储成 RGB 或 CMYK 模式，也能自定颜色数目储存。PSD 文件可将不同的物件以图层分别存储，很适用于修改和制作各种特色效果。

四、视频

1. 视频的概念

（1）基本概念。视频又称为运动图像或活动图像，是连续地随着时间变化的一幅幅单独的画面序列组成的图像，这些组成视频的基本单元称为帧。当视频帧以足够快的速度连续播放时，这些视频帧的画面效果会叠加在一起，从人眼的观察角度会形成一种连续活动的效果，即“视觉暂留”现象。

每秒钟播放的帧数称为帧率，单位是 f/s，典型的帧率有 24 f/s、25 f/s、30 f/s 等几种。常见的视频信号源有：电视、摄像机、录像机、VCD 机、DVD 机等，当每秒钟播放的帧画面到达一定数值以后（例如 24 f/s 左右），画面的运动效果就会流畅起来。如果是从追求画面播放效果的角度看，这个数值是越大越好（如高速摄像机达 150 f/s），但帧率大会导致信息量加大，如果存放到计算机中去，会占据很大的存储空间。

（2）电视的制式。电视的传播介质是电缆或无线电波。由于电视原始信号信息量很大，必须采用特殊的手段才能传输。由于各国政治、经济等原因，致使现今世界各国使用的电视制式标准有多种。制式的区分主要在于其帧频（场频）的不同、分辨率的不同、信号带宽以及载频的不同、色彩空间的转换关系不同等。从使用的角度来看，目前有三种彩色电视制式：NTSC 制式、PAL 制式和 SECAM 制式三种。

1）NTSC 制式。即正交平衡调幅制，1952 年由美国国家电视标准委员会定义的彩色电视广播标准，帧率为每秒 30 帧，每帧 525 行。

2）PAL 制式。即正交平衡调幅逐行倒相制，1962 年由德国制定。其帧率为每秒 25 帧，每帧 625 行。

3）SECAN 制式。即行轮换调频制，彩色电视广播标准，由法国制定，称为顺序传送彩色与存储制。

以上三种制式目前尚无法统一，我国采用的是 PAL－D 制式。一般家庭影院都兼 NTSC、PAL 制式，也有很多很多产品兼容以上三种制式。

2. 视频文件压缩与视频文件格式

（1）视频文件压缩。计算机只能处理数字视频信号，所以，模拟视频信号必须先进行数字化处理，将模拟信号转换为数字信号，而进行数字视频信号转换之前应对视频信号进行压缩。对于一个时间长度为 1 min，图像分辨率为 640×480 dpi，每秒播放 30 帧的未压缩的彩色视频的信息量为：

$$640\times480\times3\times3\ 060=1\ 658\ 880\ 000\text{字节}$$

其中不包括音频信号在内，约 1.6 GB，如此大的信息量说明视频信息压缩及解压缩技术的重要性和必要性。否则，视频信息是无法被计算机处理的。另外也要对视频中的音频信号进行压缩处理。

解决数字视频数据量大的问题是要对视频信息进行压缩编码的处理。由于视频信息中各种画面的内部有着信息的相关性，相邻的画面又有高度的相容性，加上人眼的视觉特性，所以数字视频的数据量可以压缩几倍甚至几百倍。视频信息压缩编码的方法很多，较好的方案是多种算法的综合应用。

视频信息的数字化以及压缩编码需要使用专门的解压卡来完成，在采集数字视频信号的同时就进行压缩编码的处理，称为实时压缩。由于编码过程十分复杂，所以进行实时采集和压缩的视频卡的价格比较高，通常的多媒体计算机是不配置的。数字视频的解码过程比编码简单，一般可以使用较便宜的解压卡来完成，由于计算机的性能和配置不断的提高，现在可以用软件来完成解压过程了，并可以使用各种媒体播放软件来播放。

（2）视频文件格式。多媒体计算机中常用的视频格式有 MPEG，AVI，MOV，RM，RMVB 等。

1）MPEG 格式。MPEG（Moving Pictures Experts Group）是“动态图像专家组”的英文缩写，是国际标准化组织（ISO）于 1988 年成立的专责制定有关运动压缩编码标准的工作组，所制定的标准是国际通用标准，叫 MPEG 标准。该标准主要由视频、音频和系统 3 个大部分组成，MPEG－X 指的就是“视频、音频、数据的压缩标准版本”，VCD，SVCD 和 DVD 都是这种格式。MPEG 文件格式采用了有损压缩方法减少运动图像中的冗余信息，即 MPEG 的压缩方法，依据是相邻两幅画面绝大多数是相同的，把后续图像中和前面图像有冗余的部分去除，从而达到压缩的目的（其最大压缩比可达到 200：1）。目前 MPEG 格式有三个压缩标准，分别是 MPEG－1，MPEG－2 和 MPEG－4，另外，MPEG－7 与 MPEG－21 仍处在研发阶段。

MPEG－1 是 MPEG 的小画面模式，具有 352×240 的图像分辨率，每秒 30 帧的播放速度，用 CD 音质的伴音，适用于 1.5 MBps 以下数据传输率的传输/存储系统中应用。VCD 采用的就是 MPEG－1 编码格式，这种视频格式的文件扩展名包括 mpg，mlv， mpe，mpeg 及 VCD 光盘中的 dat 文件等。

MPEG－2 格式主要应用在 DVD/SVCD 的制作（压缩）方面，同时在一些 HDTV（高清晰电视广播）和一些高要求视频编辑、处理上面也有相当的应用。使用 MPEG－2 的压缩算法，可以把一部 120 min 长的电影压缩到 4～8 GB 的大小。这种视频格式的文件扩展名包括 mpg，mpe，mpeg，m2v 及 DVD 光盘上的 vob 文件等。

MPEG－3 是 ISO/IEC 最初为 HDTV（高清晰电视广播）制定的编码和压缩标准，但由于 MPEG－2 的出色性能已能适用于 HDTV，因此，MPEG－3 标准并未制定，通常所说的 MP3 指的是 MPEG Layer Ⅲ，只是 MPEG 的一个音频压缩标准。

MPEG－4 是为了播放流式媒体的高质量视频而专门设计的，它可利用很窄的带宽，通过帧重建技术，压缩和传输数据，以求使用最少的数据获得最佳的图像质量。MPEG－4 能够保存接近于 DVD 画质的小体积视频文件，在这种文件格式中还包含了以前 MPEG 压缩标准所不具备的比特率的可伸缩性、动画精灵、交互性甚至版权保护等一些特殊功能。这种视频格式的文件扩展名包括 asf，mov 和 DivX AVI 等。

2）AVI 格式。AVI（Audio Video Interleave）是 Microsoft 公司推出的数字视频格式。在 AVI 文件中，运动图像和伴音数据以交织的方式存储，并独立于硬件设备。构成一个 AVI 文件的主要参数包括影像、伴音和压缩参数等，AVI 的视窗大小可按 4∶3 的比例或随意调整，视窗越大，数据量越大。AVI 的帧率可以调整而且与数据量成正比，不同的帧率会产生不同的画面连续效果。AVI 格式具同步控制和实时播放、高效地读取数据、开放的文件结构等特点，是个人计算机上常用的视频数据格式。

3）MOV 格式。MOV 是 QuickTime Windows 的专用格式，具有跨平台、存储空间要求小的技术特点，采用了有损压缩方式。MOV 格式有 4 个版本，其中以 4.0 版本的压缩率最好，这种编码支持 16 位图像深度的帧内压缩和帧间压缩，帧率每秒 10 帧以上。

4）WMV 格式。全称为 Windows Media Video，是微软推出的一种采用独立编码方式并且可以直接在网上实时观看视频节目的文件压缩格式。WMV 格式的主要优点包括：本地或网络回放、可扩充的媒体类型、部件下载、可伸缩的媒体类型、流的优先级化、多语言支持、环境独立性、丰富的流间关系以及扩展性等。

5）RM 格式。Real Networks 公司所制定的音频视频压缩规范称为 Real Media，用户可以使用 RealPlayer 或 RealOne Player 对符合 RealMedia 技术规范的网络音频/视频资源进行实况转播并且 RealMedia 可以根据不同的网络传输速率制定出不同的压缩比率，从而实现在低速率的网络上进行影像数据实时传送和播放。这种格式的另一个特点是用户使用 RealPlayer 或 RealOne Player 播放器可以在不下载音频/视频内容的条件下实现在线播放。RM 作为目前主流网络视频格式，还可以通过其 Real Server 服务器将其他格式的视频转换成 RM 视频并由 Real Server 服务器负责对外发布和播放。

6）RMVB 格式。是一种由 RM 视频格式升级延伸出的新视频格式，它的先进之处在于 RMVB 视频格式打破了原先 RM 格式那种平均压缩采样的方式，在保证平均压缩比的基础上合理利用比特率资源，即静止和动作场面少的画面场景采用较低的编码速率，这样可以留出更多的带宽空间，而这些带宽会在出现快速运动的画面场景时被利用。这样在保证了静止画面质量的前提下，大幅地提高了运动图像的画面质量，从而图像质量和文件大小之间就达到了微妙的平衡。另外，相对于 DVDrip 格式，RMVB 视频也是有着较明显的优势，一部大小为 700 MB 左右的 DVD 影片，如果将其转录成同样视听品质的 RMVB 格式，其容量在 400 MB 左右。这种视频格式还具有内置字幕和无需外挂插件支持等独特优点。可以使用 RealOne Player2.0 或 RealPlayer8.0 加 RealVideo9.0 以上版本的解码器来播放这种视频格式。

7）3GP 格式。3GP 是手机视频格式之一。3GP 是通信业标准协议的格式，其最大的优点就是视频文件可以压缩得很小，但同时就会损失其视频质量。一个视频质量的高低与许多因素有关，例如源文件的质量，转换时设置的参数等。该格式是“第三代合作伙伴项目”（3GPP）制定的一种多媒体标准，使用户能使用手机享受高质量的视频、音频等多媒体内容。其核心由包括高级音频编码（AAC）、自适应多速率（AMR）、MPEG—4 和 H.263 视频编码解码器等组成，目前大部分支持视频拍摄的手机都支持 3GPP 格式的视频播放。

3. 视频信息合成实例

Premiere 是 Adobe 公司推出的基于非线性编辑设备的视音频编辑软件，该软件被广泛地应用于电视节目制作、广告制作、电影剪辑等领域，成为 PC 和 MAC 平台上应用最为广泛的视频编辑软件。

Adobe 公司相继推出了 Premiere 4.0，4.2，5.0，5.5，6.0，6.5，7.0 等版本，其中 5.0 以后的版本都同时支持 Win 95/98、Win NT、Win 2000、Win XP。Premiere 从 7.0 版本开始改名为 Premiere Pro，Premiere Pro 1.5 和 Premiere Pro 2.0。

Adobe Premiere Pro 2.0 软件是 Adobe 新发布的一款专业视频编辑工具，从 DV 到未经压缩的 HD，几乎可以获取和编辑任何格式，并输出到录像带、DVD 和 Web。Premiere Pro 2.0 还提供了与其他 Adobe 应用程序的集成功能。

（1）Premiere Pro 2.0 的主要功能

1）多视频编辑（Multicam editing）。提供了多摄像机摄像编辑功能，可以从一个多摄像窗口中查看多个视频轨道，并实时在轨道之间通过转换进行编辑。基于源素材时间码轻松同步剪辑，如图 3—2—5 所示。

图 3—2—5　多视频轨道编辑

2）加速客户评论和核准。提供了 Adobe Clip Notes（Adobe 剪辑注释），可以加速评论。将视频嵌入到 PDF 文件，通过 E-mail 发送有特定时间码注释的文件给客户评论，然后查看映射到时间轴的注释，如图 3—2—6 所示。

图 3—2—6　加速客户评论和核准

3）从时间轴进行 DVD 创作。从 Adobe Premiere Pro 时间轴直接创建高质量、可驱动菜单的 DVD。为数字样片（digital dailies）、测试碟（test discs）或最终产品（final delivery）制作全分辨率、交互式的 DVD，如图 3—2—7 所示。

图 3—2—7　从时间轴进行 DVD 创作

4）HDV 编辑。可以在没有转换或质量损失的原始格式中捕获和编辑 HDV 内容。Adobe Premiere Pro 2.0 用流行的 Sony 和 JVC 公司 HDV 格式摄像机和磁带录像机进行工作。

5）SD 和 HD 支持。使用 AJA Video 的 Xena HS 实时编码卡捕获、编辑以及发布全分辨率的 SD 或 HD。

6）增强的色彩校正工具。利用新的色彩校正工具，为特定的任务分别进行优化。快速色彩校正允许用户快速简易调节，而色彩校正工作允许用户为专业作品做更多的选择性修改。

7）支持 10－bit 和 16－bit 色彩解析度。支持 10－bit 视频和 16－bit PSD 文件，维持源素材完整性。

8）32－bit 内部色彩处理。以对色彩、对比度和曝光的不同变化维持最大限度的图像质量，没有了条纹和低 bit 深度处理引致的现象。

9）加速的 GPU 渲染。能自动调整和充分利用用户的显卡，加速动画、不透明度、色彩和图像畸变效果的预览和渲染。

10）Adobe Bridge。可从 Adobe Bridge 中浏览、组织以及预览文件，然后拖放用户所需要的内容。可以搜索或编辑诸如关键字、语言和格式这样的 XMP 元数据，如图 3—2—8 所示。

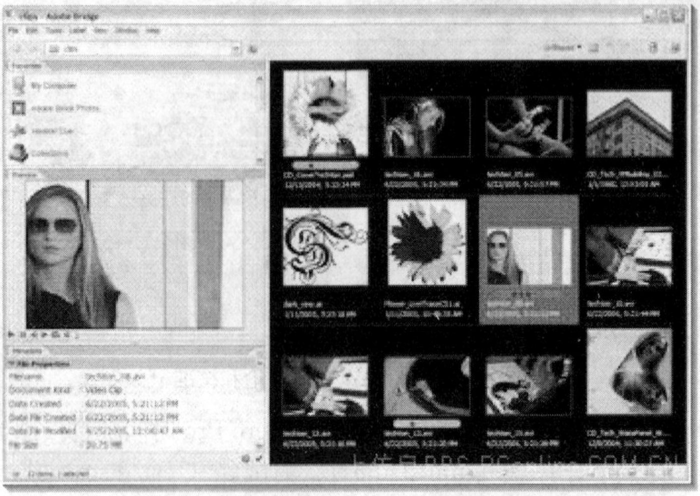

图 3—2—8　Bridge 窗口

（2）Premiere Pro 2.0 的运行环境

1）CPU 处理器。Intel® Pentium® 4 1.4 GHz 处理器 DV 编辑（Pentium 4 3.4 GHz 处理器编辑高清电视节目，双 Intel Xeon™ 2.8 GHz 处理器编辑高清电视节目，支持 SSE2 以上功能的 AMD 处理器）。

2）操作系统 Windows® XP Professional sp2 或者 Windows® XP Professional Home Edition sp2。

3）内存。DV 编辑要求 512 MB 内存，HDV 和 HD 编辑要求 2 G 以上内存。

4）硬盘。要求至少有 4 GB 以上空间，DV 和 HDV 编辑要求硬盘转速为 7 200 转，编辑 HD 要求用 RAID 0 以上阵列硬盘。

5）声卡。要求具有 Microsoft DirectX 功能声卡（支持多声道 ASIO 功能的兼容声卡）。

6）光驱。安装 DVD 光驱，DVD 刻录功能的要有 DVD 刻录机。

7）屏幕设置。1 280×1 024，32 位色。

8）第三方捕捉卡。回放要求 Adobe Premiere Pro 2.0 认证的捕捉。

9）接口。OHCI 兼容的 IEEE 1394 接口的 DV 设备来采集 DV 和 HDV 信号（AJA Xena HS for HD）

10）其他。安装 QuickTime 6.5 软件，要求用电话激活或者在互联网上激活该软件。

单元考核要点

考核类型	考核范围	考核点	重要程度
理论知识	多媒体信息的输入和处理	PowerPoint 2003 的工作视图	★★
		创建演示文稿的几种方法	★★
		制作演示文稿的几种方法	★★
		幻灯片的几种动画效果	★★
		演讲文稿的风格	★★
		播放效果的控制	★★
	多媒体信息的储存和输出	多媒体技术的概念	★★
		多媒体计算机系统的组成	★★
		声音的表示方法	★★
		常见声音文件格式	★★
		图形图像信息的表示	★★
		图形图像的压缩及存储格式	★★
		视频的概念	★★
		视频文件压缩与动画视频文件格式	★★
操作技能	多媒体信息的输入和处理	PowerPoint 2003 的启动和退出	★★
		创建演示文稿	★★
		简单播放控制方法	★★
		预览演示文稿	★★
		保存演示文稿	★★
		打开已有的演示文稿	★★
		创建表格和图表	★★
		自选图形的编辑和修饰	★★
		翻页动画的设置	★★
		自定义项目动画效果	★★
		动画效果设定	★★
		创建相册	★★
		主题网络模板	★★
		设置播放时间	★★
		设置声音信息	★★
		设置视频信息	★★
	多媒体信息的存储与输出	保存演示文稿	★★
		隐藏演示文稿	★★
		设置演示文稿的自动播放	★★
		打印演示文稿	★★

单元测试题

一、单项选择题（下列每题的选项中，只有1个是正确的，请将其代号填在横线空白处）

1. PowerPoint 演示文稿的扩展名是________。
   A. DOC　　B. XLS　　C. PPT　　D. POT
2. 下列不是 PowerPoint 视图的是________。
   A. 普通视图　　B. 幻灯片视图
   C. 备注页视图　　D. 大纲视图
3. 如要终止幻灯片的放映，可直接按________键。
   A. Ctrl+C　　B. Esc　　C. End　　D. Alt+F4
4. 下列操作中，不是退出 PowerPoint 操作的是________。
   A. 单击“文件”下拉菜单中的“关闭”命令
   B. 单击“文件”下拉菜单中的“退出”命令
   C. 按组合键 Alt+F4
   D. 双击 PowerPoint 窗口的“控制菜单”图标

5. 使用________下拉菜单中的“背景”命令改变幻灯片的背景。
   A. 格式　　B. 幻灯片放映　　C. 工具　　D. 视图
6. 对于演示文稿中不准备放映的幻灯片可以用________下拉菜单中的“隐藏幻灯片”命令隐藏。
   A. 工具　　B. 幻灯片放映　　C. 视图　　D. 编辑
7. 打印演示文稿时，如“打印内容”栏中选择“讲义”，则每页打印纸上最多能输出________张幻灯片。
   A. 2　　B. 4　　C. 6　　D. 8
8. ________不是合法的“打印内容”选项。
   A. 幻灯片　　B. 备注页　　C. 讲义　　D. 幻灯片浏览
9. 在 PowerPoint 中，可以为文本、图形设置动画效果，使用的是________菜单中的“预设动画”命令。
   A. 格式　　B. 视图　　C. 幻灯片放映　　D. 工具
10. 在 PowerPoint 2003 中，幻灯片母版是________。
    A. 幻灯片模板的总称
    B. 用户定义的第一张幻灯片，以供其他幻灯片调用
    C. 用户自己设计的幻灯片模板
    D. 统一各种格式的特殊模板
11. 在 PowerPoint 中，只有在________视图下，“超级链接”功能才起作用。
    A. 幻灯片放映　　B. 幻灯片浏览　　C. 大纲　　D. 普通
12. PowerPoint 中演示文稿与幻灯片的关系是：________。

A. 演示文稿中包含幻灯片　　B. 相互包含
C. 幻灯片中有演示文稿　　D. 相互独立

13. 在 PowerPoint 中插入幻灯片的操作可以在________下进行。
A. 幻灯片浏览视图　　B. 普通视图
C. 大纲视图　　D. 放映视图

14. 幻灯片上可以插入________多媒体信息。
A. 声音、音乐和图片　　B. 声音和影片
C. 声音和动画　　D. 剪贴画、图片、声音和影片

15. PowerPoint 的母版有________种类型。
A. 3　　B. 5　　C. 4　　D. 6

16. PowerPoint 的“设计模板”包含________。
A. 预定义的幻灯片版式　　B. 预定义的幻灯片背景颜色
C. 预定义的幻灯片配色方案　　D. 预定义的幻灯片样式和配色方案

17. PowerPoint 的“超级链接”命令可实现________。
A. 幻灯片之间的跳转　　B. 演示文稿幻灯片的移动
C. 中断幻灯片的放映　　D. 在演示文稿中插入幻灯片

18. 在________模式下可对幻灯片进行插入、编辑对象的操作。
A. 幻灯片视图　　B. 大纲视图
C. 幻灯片浏览视图　　D. 备注页视图

19. 在________视图方式下能实现用一个屏显示多张幻灯片。
A. 幻灯片视图　　B. 大纲视图
C. 幻灯片浏览视图　　D. 备注页视图

20. 在________模式下，不能使用视图菜单中的演讲者备注选项添加备注。
A. 幻灯片视图　　B. 大纲视图
C. 幻灯片浏览视图　　D. 备注页视图

二、技能题

1. 编辑简单幻灯片，操作要求如下：

（1）插入一张新的幻灯片，作为第 1 张幻灯片，该幻灯片的版式为“项目清单”；输入标题文字：祝你快乐，在副标题处输入“制作人：你的姓名”。

（2）设置第一张幻灯片应用设计模板为“Echo”。

（3）将第二张与第三张幻灯片互换。

（4）删除最后一张幻灯片。

（5）在第一张幻灯片插入一个影片。

（6）对所有的幻灯片设置切换效果：垂直百叶窗方式，中速；换页方式：“鼠标单击换页码”及“每隔 15 s”。

（7）在幻灯片母版中，插入一张图片，设置图片动画效果：随机线条，伴随风铃声。

（8）设置幻灯片放映方式为：循环放映，按 ESC 键中止。

2. 制作贺卡，操作要求如下：

（1）启动 PowerPoint 时，新建一个演示文稿

（2）编辑第一张幻灯片

➢ 设置幻灯片背景：选择贺年卡纹理。（其他纹理：\ 图片和背景 \ 贺年卡纹理）

➢ 插入图片：按样文插入“Happy Newyear”线条和贺岁图。

➢ 插入文本框，输入以下内容：“大 展 宏 图 · 财 源 滚 滚”，字体设置为：白色，44 号，“宋体”。

➢ 设置自定义动画，选中贺岁图，设置效果：回旋；选中文字，设置效果：鼠标单击时，自左侧，速度快。

（3）编辑第二张幻灯片

➢ 插入图片，按样文插入“情人节”线条、蝴蝶结图和心图。

➢ 插入文本框，按样文输入以下内容：“情人节快乐”；字体设置为：白色，44 号，“宋体”。

➢ 设置自定义动画，选中线条，设置效果：擦除；选中蝴蝶结图，设置效果：缩放。

（4）编辑第三张幻灯片

➢ 设置背景，背景填充为填充效果，双色：颜色 1 为浅粉，颜色 2 为粉红色。底纹样式为：“水平”－“变形 2”。

➢ 插入图片，按样文插入母亲节镜框图和“Happy Mother's Day”图。

➢ 插入文本框，按样文在相应位置输入以下内容：“祝你母亲节快乐”；字体设置为：玫瑰红色，40 号，“华文行楷”。

➢ 设置自定义动画，选中文本框，设置效果：彩色波纹，颜色为紫色。

（5）编辑第四张幻灯片

➢ 设置背景，背景填充为填充效果：“纹理”－“F”。（其他纹理：\ 图片和背景 \ F）

➢ 插入文本框，按样文在相应位置输入第一个文本内容：“Happy Father's Day ”；字体设置为：白色，24 号，“Arial Narrow”。第二个文本内容：“您辛苦啦!”，文鼎淹水体，40 号，橘黄色。

➢ 插入图片：父亲图和烟斗图。

➢ 设置自定义动画，选中父亲图，设置效果：飞入，自右侧，速度快；选中文本，设置效果：旋转，方向水平，速度慢；选中烟斗，设置效果：放大/缩小；尺寸：150%，速度：中。

（6）编辑第五张幻灯片

➢ 设置背景，背景填充效果为“纹理”－“T”。

➢ 插入文本框，按样文在相应的位置上，输入以下内容：“教师节快乐！小花上”；字体设置为 44 号，加粗，颜色为黑色“文鼎体”。

➢ 插入图片，教师节图。

➢ 设置自定义动画，设置图片效果为：向内溶解，速度非常快；设置文本效果：挥舞，速度快。

（7）编辑第六张幻灯片

➢插入图片，圣诞边框和圣诞图。

➢插入文本框，按样文输入第一个文本框内容：“圣诞快乐”；字体设置为 48 号，颜色为橘黄色的“文鼎香肠体”；第二个文本框内容：“MERRY CHRISTMAS”，字体设置为 20 号，颜色为绿色的“Greek Diner Inline TT”。

➢设置自定义动画，设置第一个文本效果：空翻，快速；第二个文本效果：缩放；显示比例：从屏幕底部缩小；速度：0.08 s。

（8）编辑第七张幻灯片

➢插入背景，背景填充为填充效果，双色：颜色 1 为咖啡色，颜色 2 为红色；底纹样式为：“垂直”—“变形 2”。

➢插入文本框，按样文输入第一个文本框内容：“生 · 日 · 永 · 远 · 快 · 乐”；字体设置为 22 号，颜色为白色“方正舒体”；第二个文本框内容：“FOR MY DEAR FRIEND”，颜色为绿色“Times New Roman”，并按样文在相应位置插入一条白色直线；第三个文本框内容：“生日快乐”，绿色，44 号，文鼎雕刻体，并按样文调整相应的位置。

➢插入图片：生日蜡烛。

➢设置自定义动画，设置图片效果：切入，自底部；速度：非常快；设置第三个文本效果：爆炸，颜色：黄色；速度：非常快。

（9）编辑第八张幻灯片

➢插入背景，背景填充效果为：“纹理”—“W”。

➢插入图片：绿边框－1、绿边框－2 和叶子。

➢插入文本框，按样文在相应的位置上输入第一个文本：“*Best Wish For You*”，白色，24 号，字体为：“Times New Roman”。

第二个文本内容：“好久不见！近来可好？大牛上”；字体设置为 44 号，颜色为深绿色“文鼎圆立体”，并加下划线。

➢设置自定义动画，设置图片效果：螺旋飞入，快速；设置第二个文本效果：缩放；显示比例：轻微放大；速度：0.08 s。

（10）设置幻灯片切换，设置所有幻灯片从全黑中淡出，慢速。

（11）设置换片方式，每隔 5 s。

单元测试题答案

一、单项选择题

1. C　2. B　3. D　4. C　5. D　6. C　7. B　8. C　9. D　10. A　11. A　12. B　13. B　14. D　15. C　16. B　17. A　18. C　19. C　20. A

二、技能题

答案略。

第4单元

网络操作

在计算机的应用中，网络技术占据着举足轻重的地位，计算机的应用已经离不开网络了。网络的应用主要体现在局域网应用和广域网应用上，从操作者的角度来看，网络技术的操作主要包括局域网使用、因特网（Internet）操作、网页制作等。

局域网技术是当前计算机网络研究与应用的一个热点问题，是目前技术发展最快的领域之一。局域网技术广泛应用于办公自动化、生产自动化、企事业单位的管理、银行业务处理、军事指挥控制、商业管理等方面。局域网由网络硬件和网络软件两部分组成，网络硬件用于实现局域网的物理连接，为连接在局域网上的计算机之间的通信提供一条物理信道和实现局域网间的资源共享。网络软件则主要用于控制并具体实现信息的传送和网络资源的分配与共享。这两部分互相依赖、共同完成局域网的通信功能。

在因特网上操作，应掌握多种浏览器的使用、搜索引擎和电子邮件的深入使用、电子公告栏的使用及利用FTP上传与下载数据等。由于因特网的广泛运用，学习掌握网页制作工具，编写网页，对深入了解因特网技术是非常必要的。

第一节 局域网操作

培训目标
- 能够完成简单局域网的组建
- 能够使用一种常见网络操作系统

一、局域网常见设备

局域网硬件包括网络服务器、网络工作站、网卡、网络设备、传输介质和介质连接部件，以及各种适配器。其中网络设备是指计算机接入网络和网络与网络之间互连时所必需的设备，如网络适配器（网卡）、集线器（Hub）、交换机、路由器、机柜等。

1. 网络适配器（网卡）

网络适配器 NIC（Network Interface Card），也称网卡，是计算机与网络相互连接的接口，如图 4—1—1 所示。网卡的基本功能有：实现并行到串行的数据转换、数据包的装配和拆装、网络存取控制、数据缓存和网络信号等，一台计算机可以同时安装两块或两块以上的网卡。

图 4—1—1 网卡

网卡的种类很多，按网络的类型可分为 ATM 网卡、令牌环网卡和以太网网卡等；按介质可分为双绞线网卡、光纤网卡、无线网卡；按带宽的速率可分为 10 M 网卡、100 M网卡、10/100 M 自适应网卡、1 000 M 网卡几种；按应用方式可分为工作站网卡和服务器专用网卡；按总线类型可分为 ISA 网卡、EISA 网卡和 PCI 网卡三大类。

2. 集线器

集线器（Hub）是局域网中计算机和服务器的连接设备，是局域网的星型连接点，每个工作站是用双绞线连接到集线器上，由集线器对工作站进行集中管理，如图 4—1—2所示。

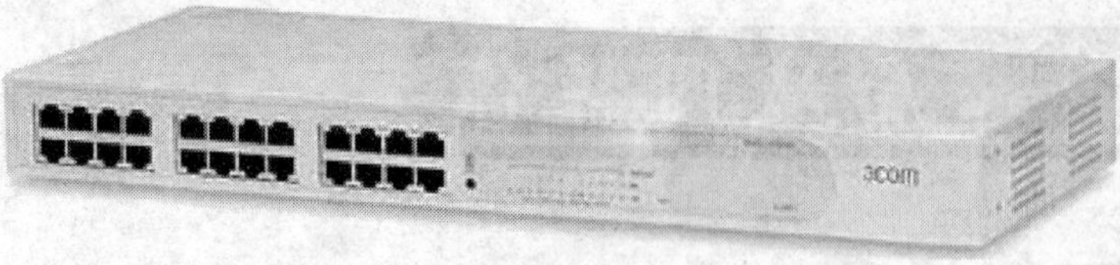

图 4—1—2　集线器

集线器（Hub）实质上为多端口的中继器，使用时可把集线器连接的网络看成一个共享式总线，在集线器的内部，各端口之间相互连在一起。使得所有计算机节点都可以直接连接在中心集线器的端口上，整个网络呈现星状放射结构。

3. 交换机

交换机（Switch）是集线器的换代产品，其作用与集线器相同，也是将作为传输介质的线缆汇聚在一起，以实现计算机之间的连接。所不同的是，交换机能够为计算机提供更高的传输速率。

交换机是目前应用最为广泛的集线设备，在大型网络中，还可以利用交换机的 VLAN 功能划分广播域，减少网络风暴对整个网络带来的负面影响。

交换机有多种分类标准，按网络的覆盖范围，可分为广域网交换机和局域网交换机；按传输介质和传输速度，可分为以太网交换机、100 兆以太网交换机、千兆以太网交换机、10 千兆以太网交换机、自适应交换机、ATM 交换机、FDDI 交换机和令牌环交换机；按应用网络的层次，可分为企业级交换机、部门级交换机和工作组交换机、桌机型交换机；按端口的结构，可分为固定端口交换机和模块化交换机；按工作协议层，可分为第二层交换机、第三层交换机和第四层交换机；按管理功能，可分为网管型交换机和管理型交换机。图 4—1—3 和图 4—1—4 所示为两种流行的交换机。

图 4—1—3　万兆骨干交换机

图 4—1—4　企业级骨干交换机

交换机技术发展的方向是智能化、模块化、可管理。随着技术的不断发展，交换机与路由器之间的界限越来越模糊，某些核心交换机已经具有网络路由选择功能，而现在应用广泛的宽带路由器又提供了一个或者多个交换机端口。图 4—1—5 所示为一种 IPV6 核心路由交换机。

图 4—1—5　IPV6 核心路由交换机

4. 路由器

路由器（Router）是用来连接不同的网络以及接入因特网的，如图 4—1—6 和图 4—1—7 所示。路由器实际上是一种专用计算机，用于计算并确定数据传输的路由。路由器的主要作用有两个，一是用于连接不同类型的网络，二是用于隔离广播域，避免广播风暴。无论是局域网之间的连接，还是局域网接入 Internet，都离不开路由器。图 4—1—6所示是一种汇聚路由器，图 4—1—7 所示是一种城域汇聚路由器。

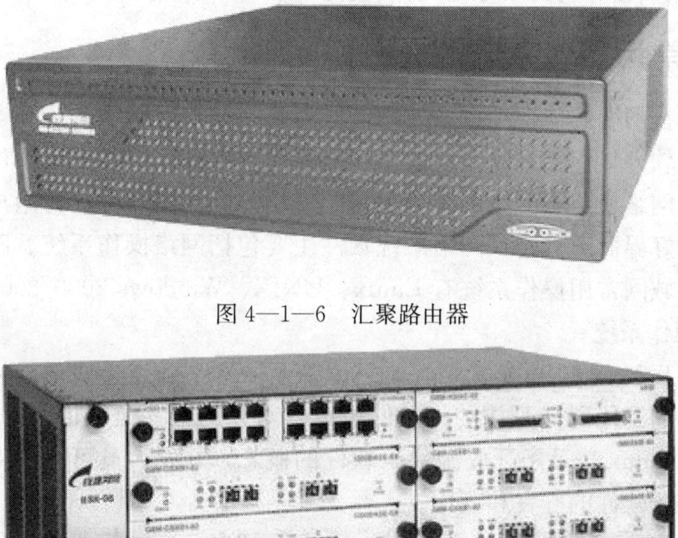

图 4—1—6　汇聚路由器

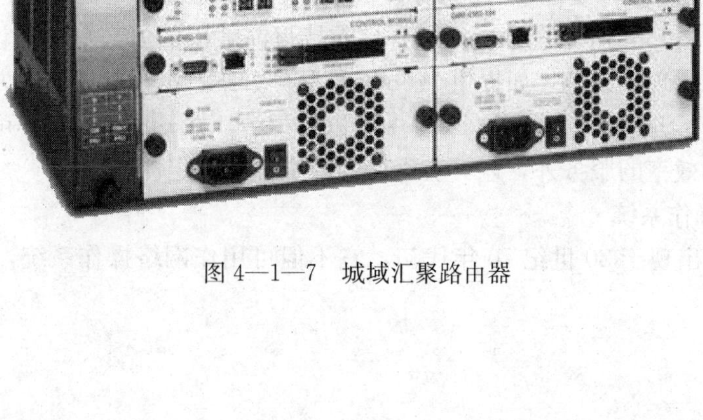

图 4—1—7　城域汇聚路由器

5. 机柜

机柜是用来容纳网络设备的架子，如图 4—1—8 所示。标准机柜的结构比较简单，主要包括基本框架、内部支撑系统、布线系统、通风系统。

图 4—1—8　机柜

机柜里的设备安装遵循一定的顺序，一般从上到下依次是光纤配线架、网络设备(包括交换机、路由器、防火墙等)、双绞线配线架。

二、局域网常用操作系统简介

网络软件是在网络环境下运行和使用，或者控制和管理网络运行和通信双方交流信息的一种计算机软件，包括网络系统软件和网络应用软件。网络系统软件是控制和管理网络运行、提供网络通信和网络资源分配与共享功能的网络软件，为用户提供访问网络和操作网络的友好界面。其中，网络系统软件主要包括网络操作系统、网络协议和网络通信软件等，局域网常用操作系统有 Linux、UNIX、Windows 2000/2003 Server 等。

1. Linux 操作系统

Linux 出现于 20 世纪 90 年代初，是可以从互联网上随意免费下载的自由软件。其中许多组成部分的源代码是开放的，人们可以针对它的某些欠缺进行修改，继续开发，并且重新发布。Linux 普及了开放源代码软件的概念，开发人员可以自由地交换知识产权，这样更有利于软件的开发和利用。

Linux 提供了对多种硬件平台的支持，它不但可在普通计算机上运行，还可在 Apple 系统、DEC Aplpha 等系统中运行，并且支持目前使用的大部分外部设备。Linux 在局域网中的应用表现很出色，如提供 Web 网页服务方案、电子邮件服务方案以及文件和打印共享等服务。几乎所有在 Windows 中可以实现的，在 Linux 中同样可以做到，除了这些低成本、高效率的服务外，还具有很好的安全性和稳定性。

2. UNIX 操作系统

UNIX 最早出现于 20 世纪 70 年代初，它不但可用作网络操作系统，还可作为单机操作系统使用。

由于UNIX主要是针对多任务、多用户环境而设计的，它在内存管理、文件和目录权限以及用户权限等方面都有严格的标准。另外，在网络信息的保密性、数据的安全备份等方面也提供了有效的保护措施，从而保证了系统的安全性和可靠性。它还可以很方便地接入国际互联网，如果需要让局域网连入互联网时，可使用UNIX操作系统。

由于UNIX的微内核是公开的，世界上许多公司都纷纷推出了自己的UNIX版本，它们相互之间的兼容性很差。另外，UNIX本身对硬件的兼容性也不强，这些原因在一定程度上制约了它的普及应用。UNIX的技术要求较高，对于它的安装、管理或维护，一般的用户是很难做到的，目前只用于组建广域网或大规模的局域网，在中小型局域网中较少应用。

3. Windows 2000 Server 操作系统

（1）Windows 2000系列操作系统。在Windows 95/98的基础上，微软公司于2000年3月推出了Windows 2000中文版。针对于不同的用户群，它推出了四个不同的版本。

Windows 2000 Professional（专业版）。该版本针对商业和个人用户，适用于任何规模商务环境中的桌面操作系统以及网络应用的客户端软件。

Windows 2000 Server（服务器版）。该版本包含Windows 2000 Professional的所有功能和特性，并提供了简单而高效的网络管理服务，如支持DHCP，DNS，WNS，WWW和FTP服务等，还提供微软新推出的终端服务。它的适用范围是文件服务器、打印服务器、Web服务器以及工作组应用等，适用于工作组和部门服务器安装等中、小型网络。

Windows 2000 Advanced Server（高级服务器版）。该版本针对企业级的高级服务器用户，包含Windows 2000 Server的所有功能和特性，另包含其他一些附加功能，用于增强电子商务和经营方式应用。它用于大型企业网和需要较强数据库功能的场合。

Windows 2000 Datacenter Server（数据服务中心服务器版）。该版本包含Windows 2000 Advanced Server的所有功能，支持更多的内存和CPU。它适用于大型数据仓库应用、在线事务处理应用以及大规模仿真等大型网络应用。

（2）Windows 2000 Server的新特性。Windows 2000 Server是Windows NT Server 4.0的升级版，用户可从NTS 4.0直接升级到Windows 2000 Server，与NTS 4.0相比，它具有下面的优点：

1）Windows 2000 Server在系统结构、错误检测等方面得到了较大的改进，从而提高了其可靠性和可扩展性，它支持多种文件系统，包括FAT 16、FAT 32以及NTFS三种类型，而新版的FAT 32和NTFS 5.0文件系统在功能上也做了一些改进。

2）具有良好的即插即用功能，支持的硬件设备数量和类型更为广泛，在安装和设置一些硬件设备后，不再重新启动计算机就可正常使用。

3）能够长时间连续工作。由于一些应用程序在使用时调入的内存可能全部或部分驻留其中，并长期占用内存空间，当积累到一程度时，就可能影响计算机的正常运行，这时只有重新启动计算机释放大量的内存，而使用Windows 2000 Server则不必担心这一点，它可以连续工作几个星期也不发生这种情况；另外，它还具有系统恢复功能，当磁盘受到破坏或者出现故障时，利用该功能可恢复并还原整个系统。

4）Windows 2000 Server 提供了活动目录这项管理服务。在其中存储了有关网络对象的信息，只要用户在服务器中设置活动目录后，该服务器管理的用户才可以访问任何一个与该服务器相连的其他域服务器上的资源，或者获得所需要的服务，而不需要进行其他的设置。

5）Windows 2000 Server 具有强大的系统集成功能。一方面表现为对多系统集成环境的支持，它与 UNIX、NetWare、NTS 4.0 之间保持良好的交互性，用户可方便地将 Windows 2000 Server 服务器或网络集成到目前所使用的网络中。

6）在网络功能方面，Windows 2000 Server 支持路由和远程管理功能。它合并和集成了 NTS 4.0 中独立单一的路由和远程管理功能，提供了多协议局域网到局域网、局域网到广域网的路由服务。系统管理员可随时通过互联网和有线电话登录到服务器，从而对整个系统进行远程管理。由于其配置有 DHCP 和 IIS 等，如果局域网共享一个账号接入互联网时，不需要在服务器端安装网关软件或代理服务器软件，只要经过简单的设置，就可以接入互联网。Windows 2000 Server 还具有上面所提到的种种优点，但是在安装该操作系统时，所需的硬件配置较高，其最低的配置为 Pentium 166 的 CPU、64M 的内存以及 2 G 左右的硬盘空间，如果要充分发挥其性能，则需要更高的配置。

Windows 2000 Server 以良好的稳定性、安全性，以及易管理和易维护等特点，目前被广泛应用于中小型局域网中，成为组建中小型网络时首选的服务器操作系统。

单元 4

三、对等局域网的构建

1. 网线的制作

(1) RJ－45 头的制作

1）制作工具。RJ－45 制作专用工具，也称压线钳，如图 4—1—9 所示，它有三个功能，即剥线、切线、压线。

其中，剥线口用来剥开电线的塑胶皮，钳口有刃，但不密合，握紧把手时，刀刃仅切开电线的外皮，并不切断电线，适合于各种导线的剥线。使用时将要剥线的位置放在钳孔，然后将握把向内施力，一手抓住电线，另一只手将握把顺势向外拉，即可将外皮剥去。压线时，将 RJ－45 头塞入压线口，用力握紧把手。剪切口用来切断电线，选取合适长度时用。

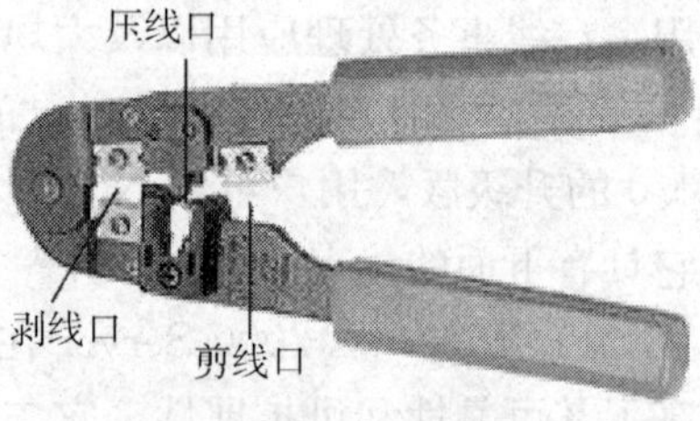

图 4—1—9 压线钳

2）RJ－45 制作步骤。双绞线的连接器是 RJ－45，也称为水晶头，如图 4—1—10 所示，一条双绞线的两端用压线钳将 8 根线按照线序标准与 RJ－45 紧密连接好。

双绞线的线序按照 EIA/TIA568B 和 EIA/TIA568A 标准，见表 4—1—1。8 根针脚的排列顺序确定方法：将水晶头有塑料弹簧片的一面向下，有针脚的朝上，使有针脚的一端指向远离身体的方向，有方型孔的一端对着身体，此时，最左边的是第 1 脚，最右边的是第 8 脚。

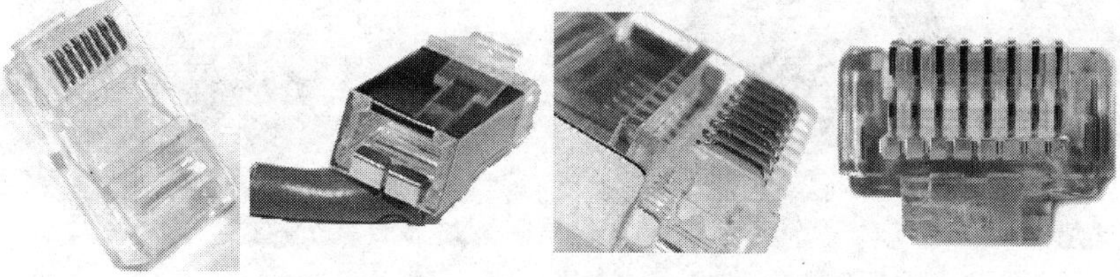

图 4—1—10　RJ—45 水晶头

表 4—1—1　　EIA/TIA568B 和 EIA/TIA568A 标准

线序	1	2	3	4	5	6	7	8
TIA568B	白橙	橙	白绿	蓝	白蓝	绿	白棕	棕
	TD+	TD−	RD+	—	—	RD−	—	—
TIA568A	白绿	绿	白橙	蓝	白蓝	橙	白棕	棕
	RD+	RD−	TD+	—	—	TD−	—	—

注：TD+、TD−代表发送数据，RD+、RD−代表接收数据，对应的橙和绿两个线对分别组成发送和接收回路，可以实现双向同时传输。

双绞线按连接的方式一般分为直通线和交叉线。直通线的两端均采用同一标准（通常采用 T568B），能用于异种网络设备间的连接，如计算机与集线器/交换机的连接、集线器/交换机与路由器的连接，这是一种用得最多的连接方式。交叉线的两端采用不同的连接标准（一端用 T568A，另一端用 T568B），能用于同种类型设备连接，如计算机与计算机的直联、集线器/交换机与下级集线器/交换机（普通口）的级联。

网线的制作步骤如下：

①剪断：利用压线钳的剪线刀口剪取适当长度的网线，原则上，剪取网线的长度应比实际稍长一些。

②剥皮：用压线钳的剪线刀口将线头剪齐，再将线头放入剥线刀口，让线头触及挡板，稍微握紧压线钳慢慢旋转，让刀口划开双线的保护胶皮，拔下胶皮。关键是握紧压线钳的压力，力度过小，划不破保护胶皮，力度过大，则会连同线芯的绝缘层也被破坏，甚至会剪断线芯。

③排序：每对线都是相互缠绕在一起的，制作网线时必须将 4 个线对的 8 条细导线一一拆开，理顺，捋直，然后按所需的线序规则，根据线的排列顺序与线的颜色对应排好。

④剪齐：把线尽量抻直（不要缠绕）、压平（不要重叠）、挤紧理顺（朝一个方向紧靠），然后用压线钳把线头剪齐。这样，在双绞线插入水晶头后，每条线都能良好接触水晶头中的插针，避免接触不良，如图 4—1—11 所示。

⑤插入。一手以拇指和中指捏住水晶头，使有塑料弹片的一侧向下，针脚一方朝向远离自己的方向，并用食指抵住；另一手捏住双绞线外面的胶皮，缓缓用力将 8 条导线同时沿 RJ—45 头内的 8 个线槽插入，一直插到线槽的顶端。

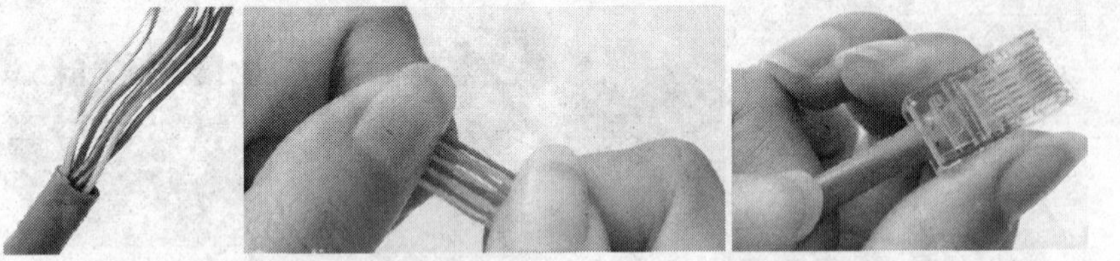

图 4—1—11　RJ－45 的制作

⑥压线。在压线之前，可以从水晶头的顶部检查，看看是否每一组线缆都紧紧地顶在水晶头的末端。确认线序无误后，将 RJ－45 头从无牙的一侧推入压线钳夹槽后，用力握紧压线钳，将突出在外面的针脚全部压入水晶头内，如图 4—1—12 所示，压线之后水晶头凸出在外面的针脚全部压入水晶并头内，而且水晶头下部的塑料扣位也压紧在网线的保护胶皮上。

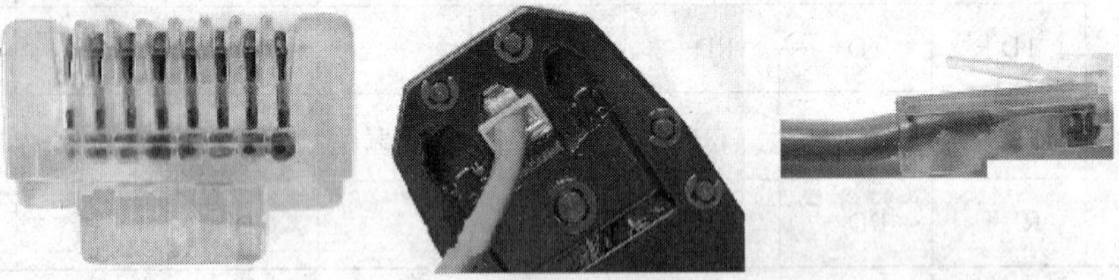

图 4—1—12　压线

⑦完成。按照相同的方法和线序，将双绞线的另一个水晶头压制好，一条网线的制作即告完成。

⑧测试。网线接好后，并不能保证就已经没有问题，还需要对网线进行检测，以确定是否有连接故障。建议使用电缆测试仪进行测试（见图 4—1—13），RJ－45 两端的接口插入测试仪的两个接口，打开测试仪，它的两组指示灯都在闪动。若测试的是直通线，测试仪上的 8 个指示灯应该依次为绿色闪过，网线制作成功，可以顺利完成数据的发送与接收。若测试是交叉线，其中一端同样是依次由 1～8 闪动绿灯，而另一端应按 3→6→1→4→5→2→7→8的顺序闪动绿灯。

（2）信息模块的制作

1）冲压工具。冲压工具，常称打线钳，如图 4—1—14 所示。它是一种将双绞线冲压至插座中，即利用弹性力量将传输线压入金属管脚之间，同时能剥落传输线包皮的工具。这样可以保证传输线与金属管脚之间保持良好的电器接触，也可以将多余的传输线切除。

2）RJ－45 模块的制作步骤：

①剥线。剥除电缆端部的包皮，长度适当，大约为 4～5 cm。如果剥除长度过多，数据传输速率就会降低。将传输线放置在插座中央。工作时，应确保传输线处于中央区域。如果发生歪斜，数据传输速率也会降低。同时，应确保电缆应有 0.3 cm 处于插座中。

②卡线。将每对双绞线分离出来，逐一将与槽口标识颜色一致的线放入空槽中（建议均采用 T568B 标准）。

③打线。将打线工具的刃口朝外，放在槽口上，垂直槽口用力按下，听到“喀哒”一声就行了，如图 4—1—15 所示。

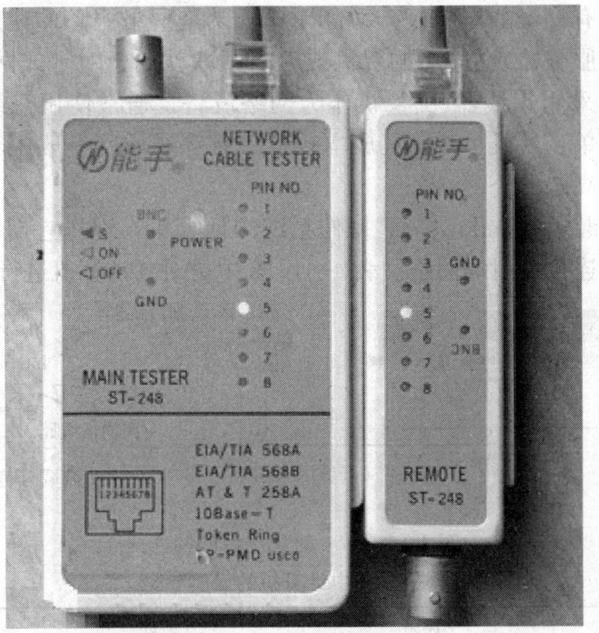

图 4—1—13　电缆测试仪

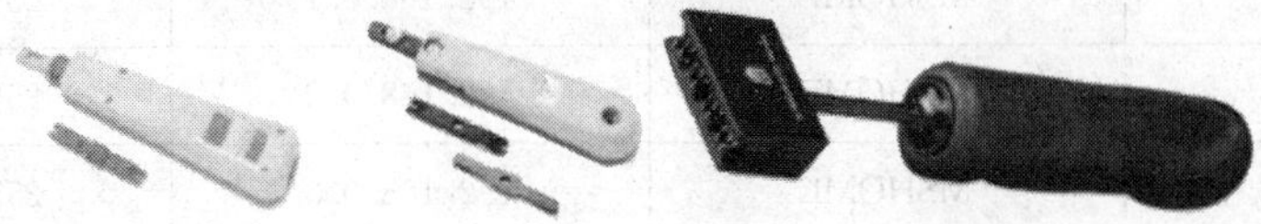

图 4—1—14　打线钳

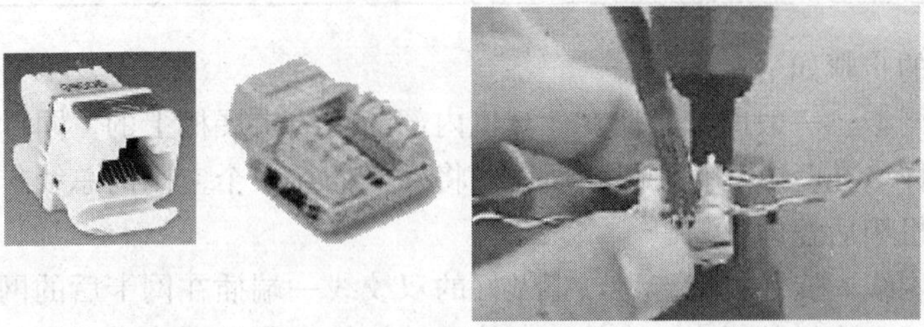

图 4—1—15　信息模块的制作

④检查。同样打好其他的跳线，注意最后要再检查一下，以免出现错误，再将线头剪掉，然后将模块装上面板，如图 4—1—16 所示。

图 4—1—16　信息插座

2. 对等局域网的创建

对等式网络又称为“点对点”网络，是局域网的一种形式，网络中的各台计算机处于平等的地位，具有完全的自主权。每台计算机既是网络服务的使用者（工作站），又是服务的提供者（服务器）。简单的双机或三机互联就属于对等式网络，当所连接的计算机较多时，一般采用集线器/交换机作为网络设备，通常使用双绞线作为传输介质。对等式网络组建简单、易维护，而且成本较低。对等局域网一般用于计算机较为集中，且对安全性要求不高的办公网络。

假设有四台安装了 Windows XP 操作系统的计算机，现将它们按如图 4—1—17 所示的星型拓扑结构连接成对等网络。表 4—1—2 中是对各计算机进行设置的参数。

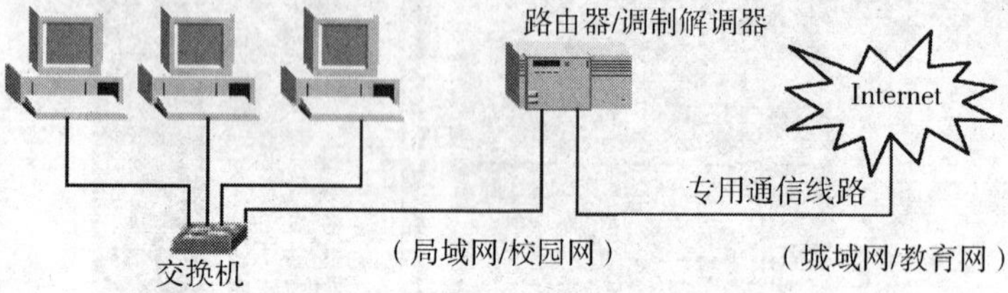

图 4—1—17　对等局域网的连接

表 4—1—2　　对等网络中计算机的设置参数

计算机名	工作组	IP 地址	子网掩码
计算机 1	MSHOME	192.168.0.1	255.255.255.0
计算机 2	MSHOME	192.168.0.2	255.255.255.0
计算机 3	MSHOME	192.168.0.3	255.255.255.0
计算机 4	MSHOME	192.168.0.4	255.255.255.0

创建过程的步骤如下：

（1）安装网卡。一般网卡是插在计算机内部的总线扩展槽上的。同计算机其他板卡的安装过程一样，在断电后打开机箱后盖，将网卡插在一个空闲的总线扩展槽上，固定好螺丝，盖上机箱后盖即可。

（2）连接网线。安装好网卡后，把做好的双绞线一端插在网卡后的网线接口，另一端连接集线器或交换机的任意一个接口。接通计算机和集线器或交换机的电源，如果集线器或交换机对应连接口上的 LED 发光二极管闪烁，网卡上的 LED 发光二极管常亮，说明网卡、网线、集线器或交换机均基本正常。

（3）安装网卡驱动程序。由于大多数的网卡都具有即插即用的功能，而 Windows XP 系统又具有强大的即插即用功能，所以许多网卡基本上不需要用户手动安装驱动程序，系统会自动搜索新硬件并安装其驱动程序。

如果所用的网卡的驱动程序不在 Windows XP 系统的硬件列表中，即不能被系统识别，则可以从磁盘进行安装，具体操作步骤如下：

1）单击“开始”按钮，在“开始”菜单中选择“控制面板”，打开“控制面板”窗口，在其中双击“添加硬件”选项，弹出如图 4—1—18 所示的“添加硬件向导”对话框。

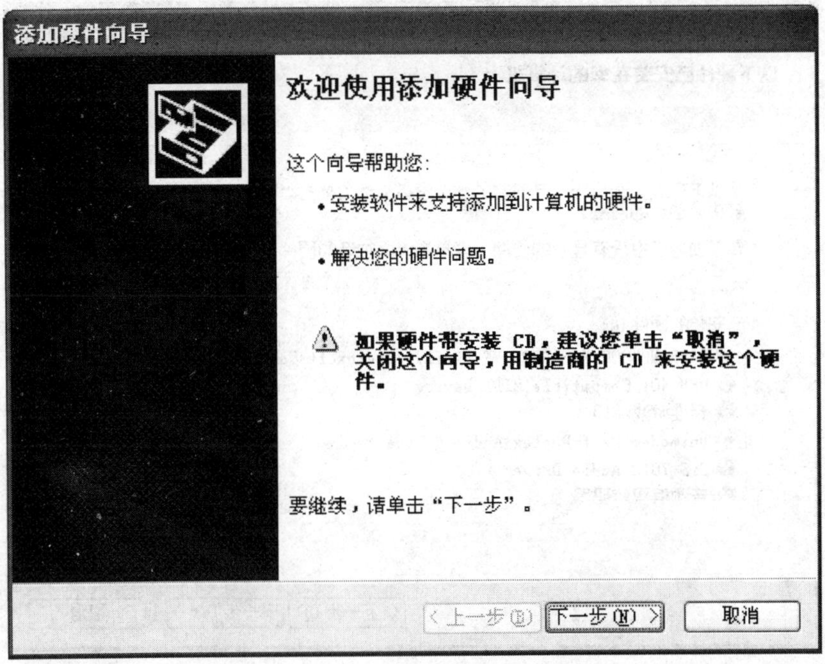
添加硬件向导
欢迎使用添加硬件向导
这个向导帮助您:
•安装软件来支持添加到计算机的硬件。
•解决您的硬件问题。
如果硬件带安装 CD，建议您单击“取消”，关闭这个向导，用制造商的 CD 来安装这个硬件。
要继续，请单击“下一步”。
< 上一步(B)
下一步(N) >
取消

图 4—1—18 “添加硬件向导”对话框

2）单击“下一步”按钮，该向导开始搜索系统是否有未安装的硬件，弹出如图4—1—19所示的对话框，询问用户是否已连接好新硬件。

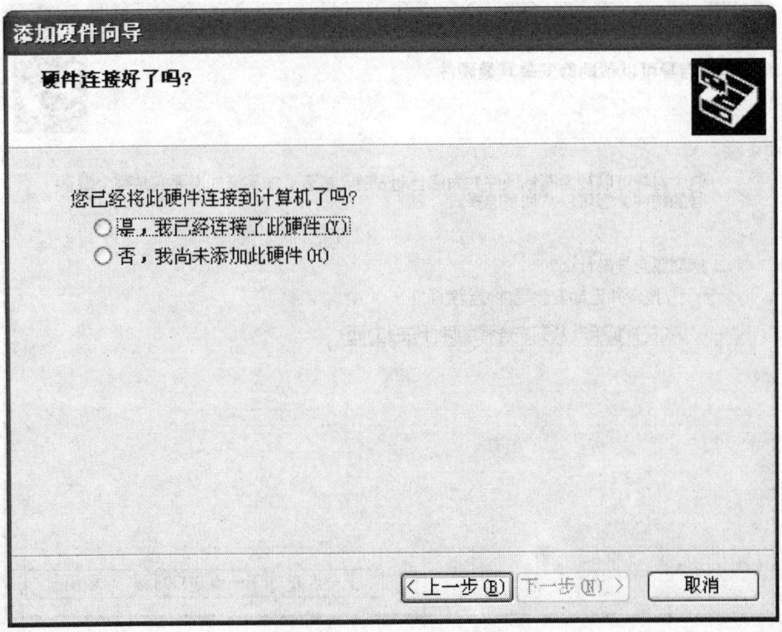
添加硬件向导
硬件连接好了吗?
您已经将此硬件连接到计算机了吗?
是，我已经连接了此硬件(Y)
否，我尚未添加此硬件(N)
< 上一步(B)
下一步(N) >
取消

图 4—1—19 “硬件连接好了吗?”对话框

3）选择“是，我已经连接了此硬件”单选项，单击“下一步”按钮，弹出如图4—1—20所示的“已安装的硬件”对话框。

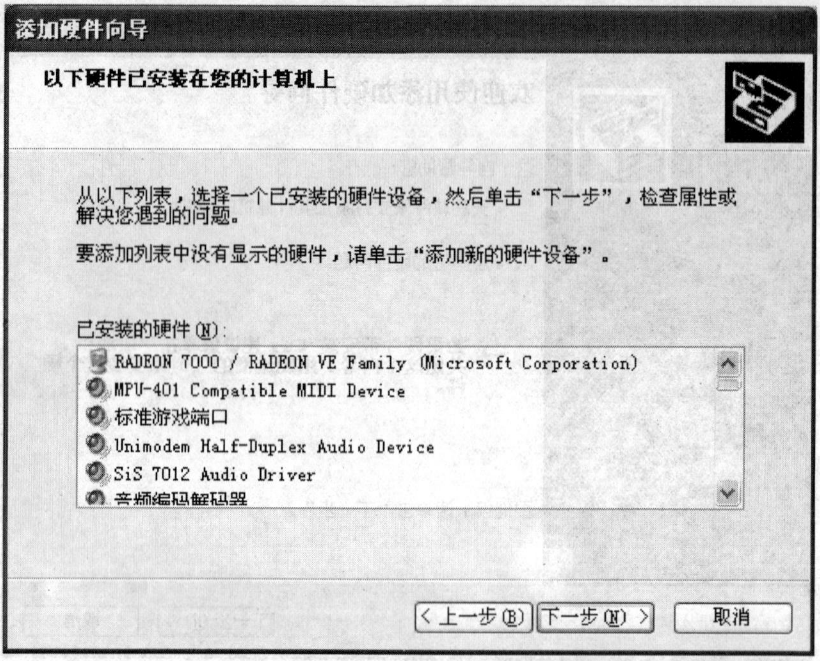
添加硬件向导
以下硬件已安装在您的计算机上
从以下列表，选择一个已安装的硬件设备，然后单击“下一步”，检查属性或解决您遇到的问题。
要添加列表中没有显示的硬件，请单击“添加新的硬件设备”。
已安装的硬件(N)：
RADEON 7000 / RADEON VE Family (Microsoft Corporation)
MPU-401 Compatible MIDI Device
标准游戏端口
Unimodem Half-Duplex Audio Device
SiS 7012 Audio Driver
音频编码解码器
< 上一步(B)
下一步(N) >
取消

图 4—1—20　“已安装的硬件”对话框

4）选择“添加新的硬件设备”选项，单击“下一步”按钮，弹出如图 4—1—21 所示的对话框，选择进行安装的方式。

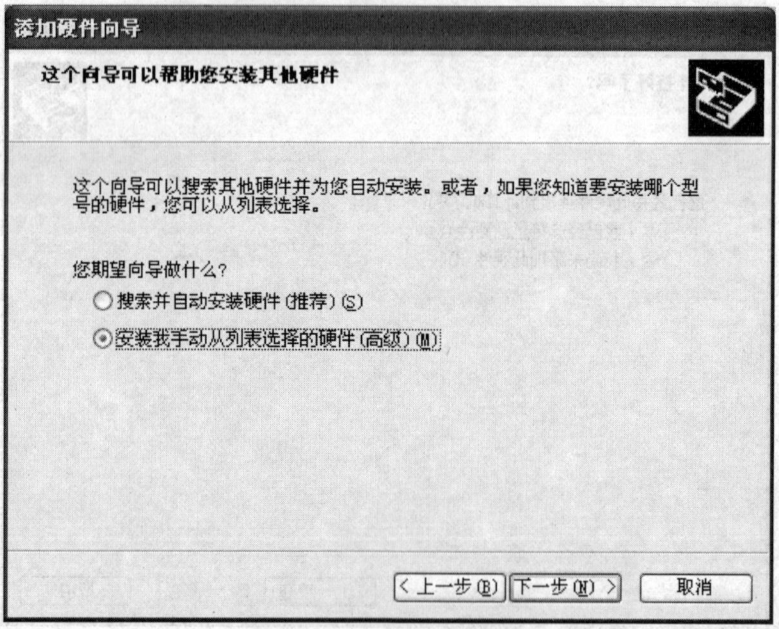
添加硬件向导
这个向导可以帮助您安装其他硬件
这个向导可以搜索其他硬件并为您自动安装。或者，如果您知道要安装哪个型号的硬件，您可以从列表选择。
您期望向导做什么？
搜索并自动安装硬件(推荐)(S)
安装我手动从列表选择的硬件(高级)(M)
< 上一步(B)
下一步(N) >
取消

图 4—1—21　安装其他硬件对话框

5）单击“安装我手动从列表选择的硬件”单选项，单击“下一步”按钮，弹出如图 4—1—22 所示的“选择安装硬件类型”对话框。

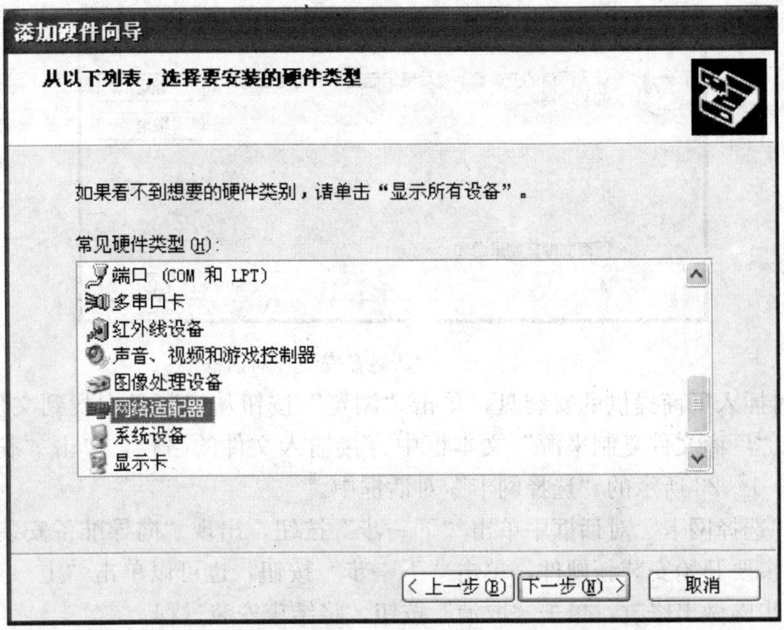

图 4—1—22　“选择安装硬件类型”对话框

6）选择“网络适配器”选项，单击“下一步”按钮，弹出如图 4—1—23 所示的“选择网卡”对话框。

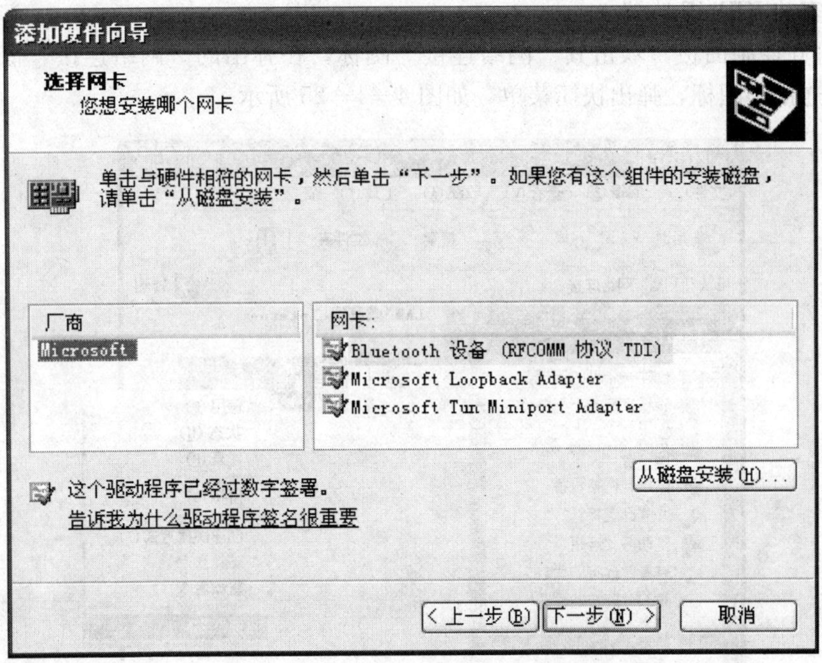

图 4—1—23　“选择网卡”对话框

7）该对话框中提供了经过驱动程序签名的网卡厂商和型号，单击“从磁盘安装”按钮，弹出如图 4—1—24 所示的“从磁盘安装”对话框。

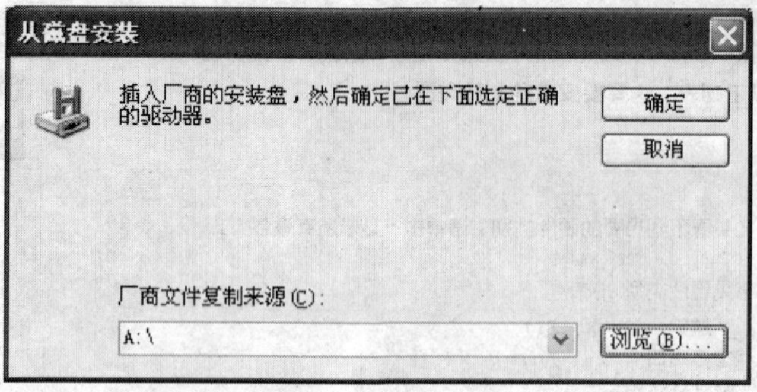

图 4—1—24 “从磁盘安装”对话框

8）此时插入厂商提供的安装盘，单击“浏览”按钮从安装盘中找到文件的正确路径，或者在“厂商文件复制来源”文本框中直接输入文件的路径，单击“确定”按钮，返回到图 4—1—23 所示的“选择网卡”对话框中。

9）在“选择网卡”对话框中单击“下一步”按钮，出现“向导准备安装您的硬件”对话框，如果要开始安装新硬件，单击“下一步”按钮，也可以单击“上一步”按钮返回到相应的步骤做出修改，单击“取消”按钮，将结束安装过程。

10）当确定安装后，会出现“正在复制文件”的对话框，表明了文件复制的进程。

11）在添加硬件完毕后，出现“正在完成添加硬件向导”，提示用户已完成该设备的安装，单击“完成”按钮，关闭“添加硬件向导”。

（4）安装 ICP/IP 协议

1）打开控制面板，双击其“网络连接”图标，在弹出的“网络连接”窗口中，右击“本地连接”图标，弹出快捷菜单，如图 4—1—25 所示。

图 4—1—25 “网络连接”窗口

2）选择“属性”命令，弹出如图 4—1—26 所示的“本地连接属性”对话框，选择“常规”选项卡。

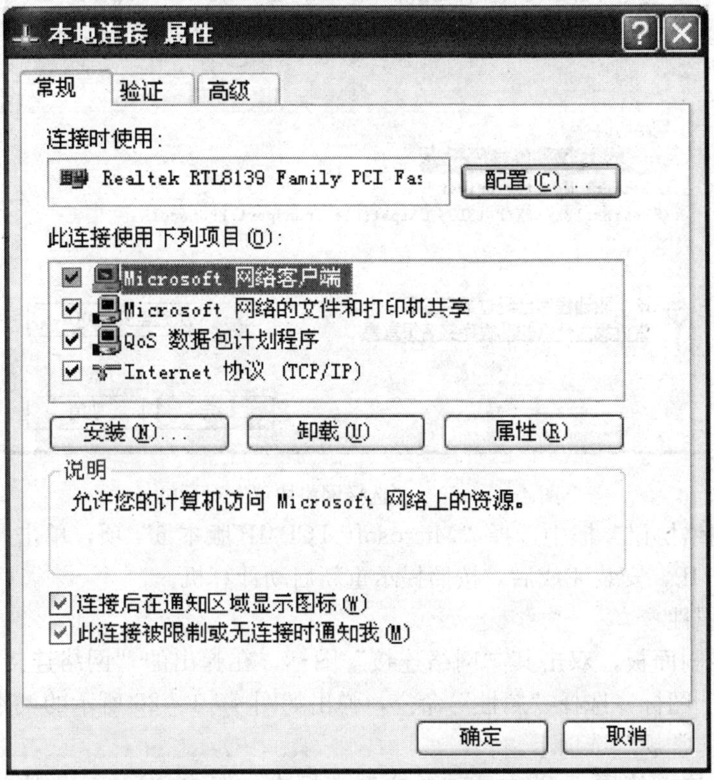

图 4—1—26 “本地连接属性”对话框

3）单击“安装”按钮，出现如图 4—1—27 所示的“选择网络组件类型”对话框。

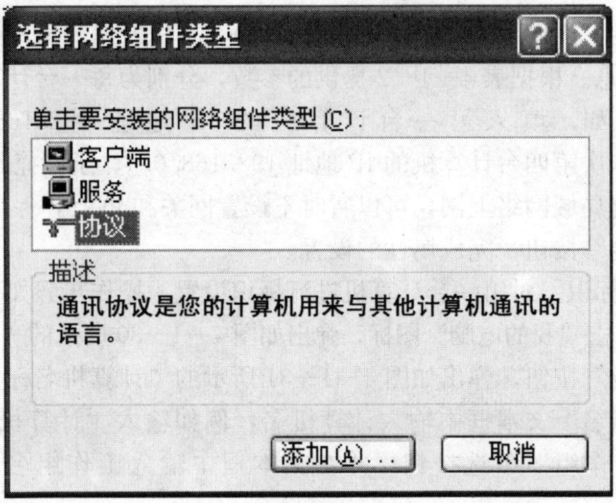

图 4—1—27 “选择网络组件类型”对话框

4）选择“单击要安装的网络组件类型”框中的“协议”，单击“添加”按钮，弹出如图 4—1—28 所示的“选择网络协议”对话框。

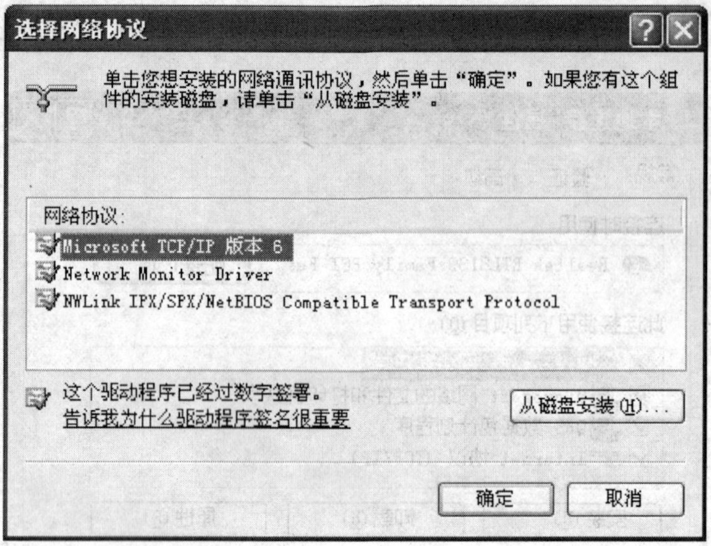

图 4—1—28 “选择网络协议”对话框

5）在“网络协议”框中选择“Microsoft TCP/IP 版本 6”项，单击“确定”按钮，开始安装 TCP/IP，安装完成后，按照提示重新启动计算机。

（5）设置属性

单元 4

1）打开控制面板，双击其“网络连接”图标，在弹出的“网络连接”窗口中，右击“本地连接”图标，选择“属性”命令，弹出如图 4—1—26 所示的“本地连接属性”对话框，选择“常规”选项卡。

2）在“此连接使用下列项目”下拉列表框中，双击“Internet 协议（TCP/IP）”项，打开如图 4—1—29 所示的“Internet 协议（TCP/IP）属性”对话框，选择“常规”选项卡。

3）单击“使用下面的 IP 地址”单选按钮，填入本机所属局域网的 IP 地址、子网掩码、默认网关等信息。根据表 4—1—2 提供的参数，分别为每一台计算机填入 IP 地址和子网掩码等。例如，填入第一台计算机的 IP 地址 192.168.0.1，子网掩码 255.255.255.0，依次第四台计算机的 IP 地址 192.168.0.4，子网掩码 255.255.255.0。

4）如果不通过局域网络上网，可以暂时不设置网关和 DNS，保持默认值。

5）单击“确定”按钮，完成属性的设置。

（6）设置网络标识。对第一台计算机进行标识设置，操作步骤如下：

1）在桌面上右击“我的电脑”图标，弹出如图 4—1—30 所示的“系统属性”对话框。

2）单击“更改”按钮，弹出如图 4—1—31 所示的“计算机名称更改”对话框。

3）在“计算机名”文本框中输入计算机名，例如输入“计算机 1”；在“隶属于”选项组中选择“工作组”单选按钮，并在文本框中输入工作组名，例如输入“MS-HOME”。

4）单击“确定”按钮，重新启动计算机。

5）对其他的计算机进行相同的设置，完成对等网络的创建。

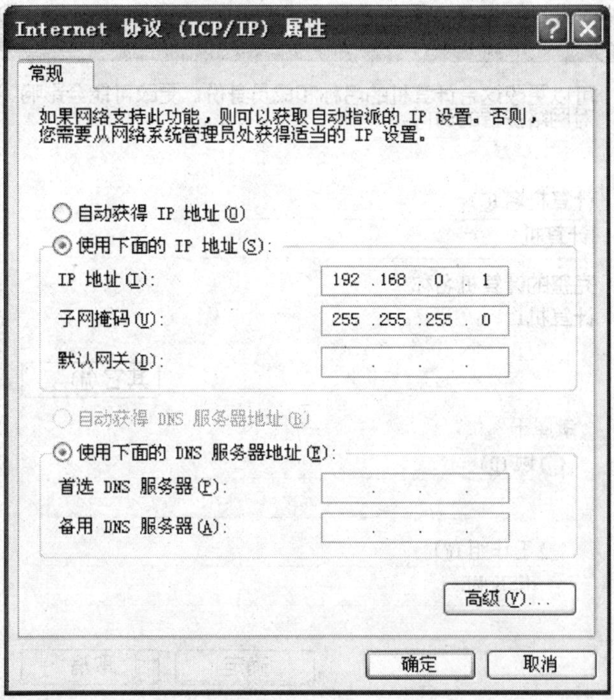

图 4—1—29 “Internet 协议（TCP/IP）属性”对话框

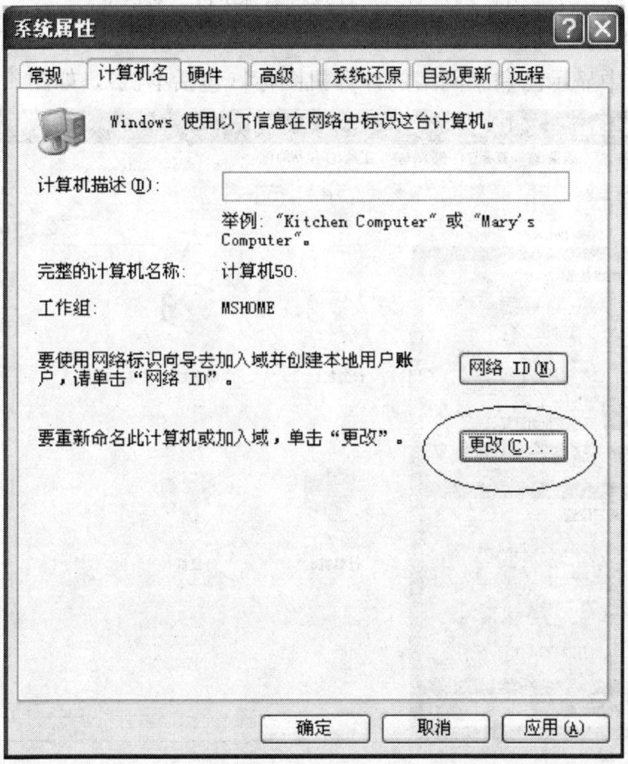

图 4—1—30 “系统属性”对话框

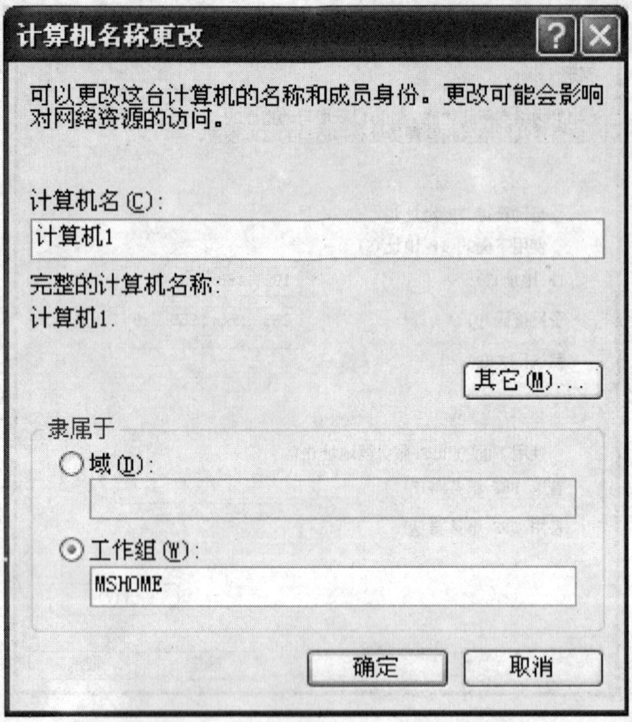

图 4—1—31 “计算机名称更改”对话框

6）双击桌面上的“网上邻居”图标，打开“网上邻居”窗口，单击左边的“网络任务”窗格，在窗口中显示已登录网络的计算机图标（包括本机），如图 4—1—32 所示。

图 4—1—32 “网上邻居”窗口

3. 对等局域网络的应用

对等网络组建成功后，网络上的计算机可以通过共享驱动器、文件夹、打印机等多种形式共享资源。打开“网上邻居”，即可查询整个网络的计算机所共享的网络资源，并在允许的权限范围内进行访问。

（1）共享本地计算机。共享本地计算机是指将一台计算机的资源，如驱动器、文件夹、打印机等设置为共享方式，以便与网络中的其他计算机进行资源共享。设置共享的操作步骤如下：

1）双击桌面上的“我的电脑”图标，打开“我的电脑”窗口，右击 D 盘盘符，弹出如图 4—1—33 所示的快捷菜单。

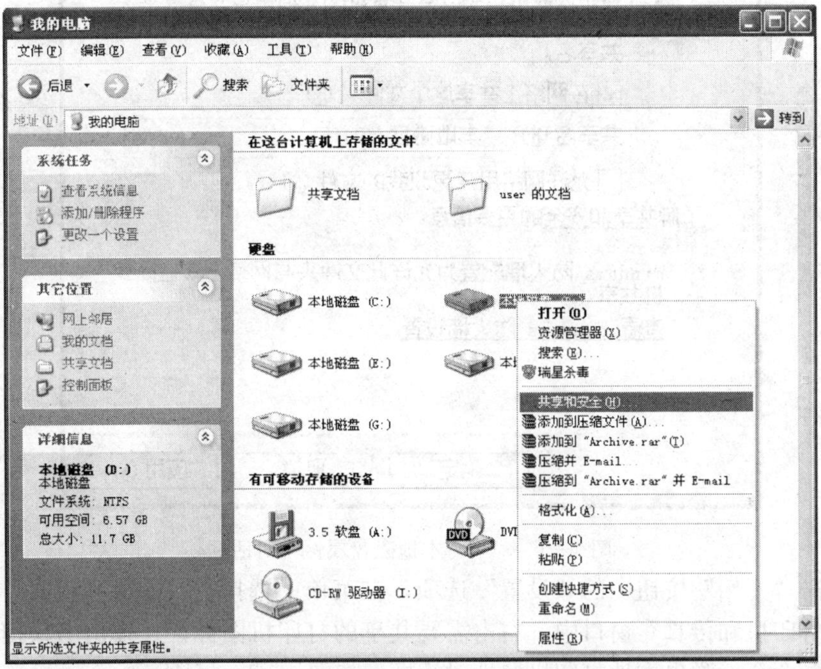

图 4—1—33　“共享和安全”命令

2）选择“共享和安全”命令，弹出“本地磁盘属性”对话框，如图 4—1—34 所示。

3）在“网络共享和安全”项目框中选择“在网络上共享这个文件夹”框，单击“应用”按钮，完成共享设置。

4）双击桌面上的“网上邻居”图标，在打开的窗口即可看到网络中其他处于连机状态的计算机，双击某计算机名称可以看到该机允许共享的所有资源。

（2）打印机的共享设置

1）共享本地打印机

①如果未安装本地打印机，应添加本地打印机。单击“开始”按钮中的“设置”选项，在菜单中选择“打印机和传真”命令，在打开的“打印机和传真”窗口中的“打印机任务”窗格中，单击“添加打印机”链接命令，根据向导完成本地打印机驱动程序的安装。

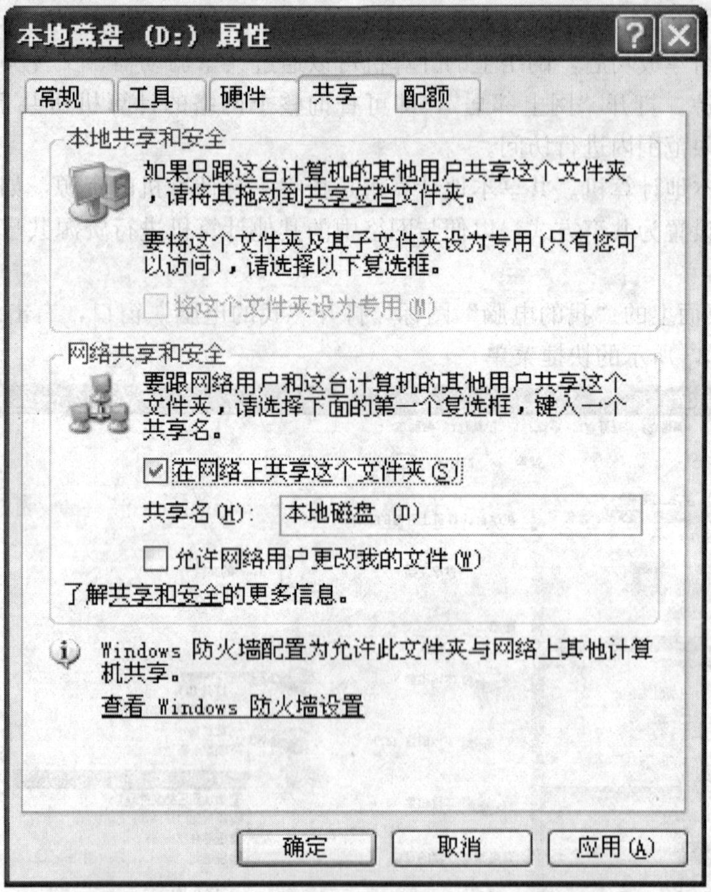
本地磁盘 (D:) 属性
常规
工具
硬件
共享
配额
本地共享和安全
如果只跟这台计算机的其他用户共享这个文件夹，请将其拖动到共享文档文件夹。
要将这个文件夹及其子文件夹设为专用(只有您可以访问)，请选择以下复选框。
将这个文件夹设为专用(M)
网络共享和安全
要跟网络用户和这台计算机的其他用户共享这个文件夹，请选择下面的第一个复选框，键入一个共享名。
在网络上共享这个文件夹(S)
共享名(H):
本地磁盘 (D)
允许网络用户更改我的文件(W)
了解共享和安全的更多信息。
Windows 防火墙配置为允许此文件夹与网络上其他计算机共享。
查看 Windows 防火墙设置
确定
取消
应用(A)

图 4—1—34 “本地磁盘属性”对话框

②单击“开始”按钮中的“设置”选项，在菜单中选择“打印机和传真”命令，在打开的“打印机和传真”窗口中，右击需要共享的打印机图标，在弹出的快捷菜单中选择“共享”命令，弹出本地打印机属性对话框，如图 4—1—35 所示。

③单击“共享这台打印机”单选按钮，在“共享名”文本框中输入一个打印机共享名，例如输入“打印机”。

④单击“确定”按钮，完成设置。

2）客户机的设置。网络中的打印机服务端设置好后，还要在客户机（即需要使用共享打印机的计算机）中添加这台打印机，才能实现网络共享打印。

①单击“开始”按钮中的“设置”菜单，选择“打印机和传真”命令，在打开的“打印机和传真”窗口中的“打印机任务”窗格中，单击“添加打印机”链接命令。

②在弹出的“欢迎使用添加打印机向导”对话框中，单击“下一步”按钮，弹出如图 4—1—36 所示的“本地或网络打印机”对话框。

③选择“网络打印机或连接到其他计算机的打印机”单选按钮，单击“下一步”按钮，弹出如图 4—1—37 所示的“指定打印机”对话框。

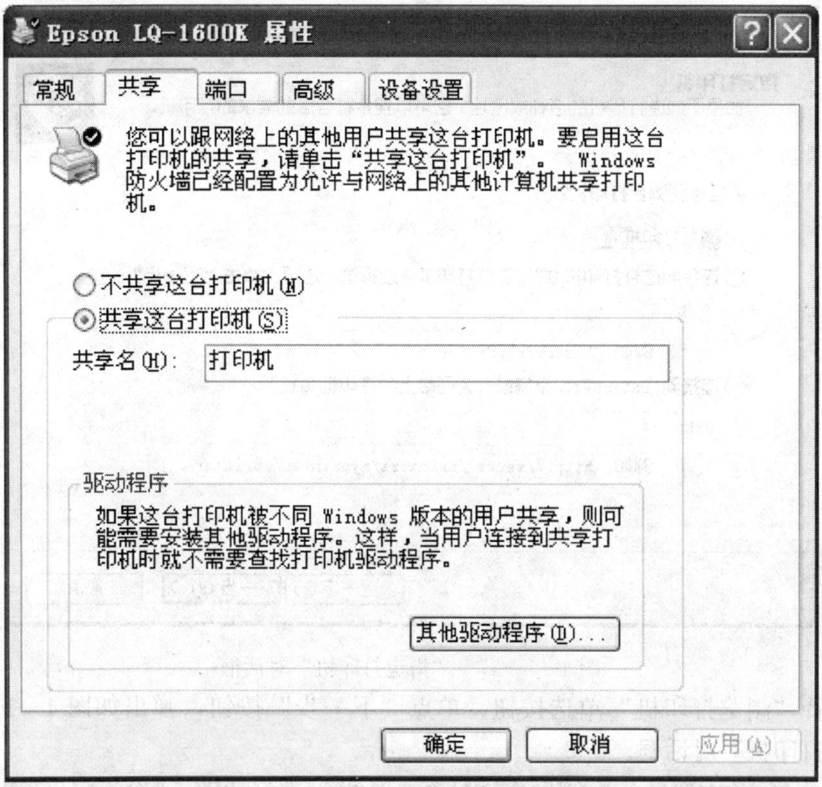
Epson LQ-1600K 属性
常规
共享
端口
高级
设备设置
您可以跟网络上的其他用户共享这台打印机。要启用这台打印机的共享，请单击“共享这台打印机”。 Windows 防火墙已经配置为允许与网络上的其他计算机共享打印机。
不共享这台打印机(N)
共享这台打印机(S)
共享名(H): 打印机
驱动程序
如果这台打印机被不同 Windows 版本的用户共享，则可能需要安装其他驱动程序。这样，当用户连接到共享打印机时就不需要查找打印机驱动程序。
其他驱动程序(D)...
确定
取消
应用(A)

图 4—1—35 “本地打印机属性”对话框

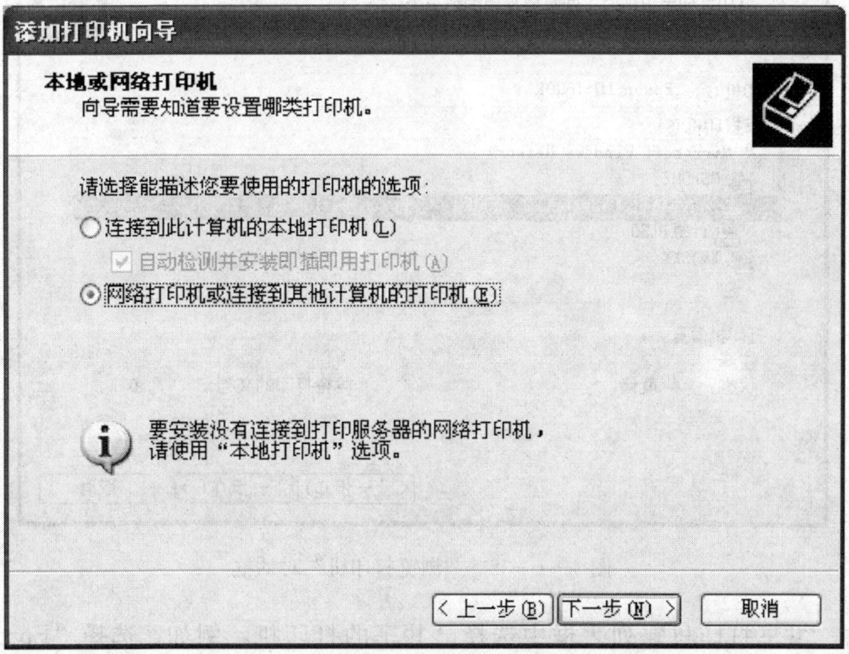
添加打印机向导
本地或网络打印机
向导需要知道要设置哪类打印机。
请选择能描述您要使用的打印机的选项:
连接到此计算机的本地打印机(L)
自动检测并安装即插即用打印机(A)
网络打印机或连接到其他计算机的打印机(E)
要安装没有连接到打印服务器的网络打印机，请使用“本地打印机”选项。
< 上一步(B)
下一步(N) >
取消

图 4—1—36 “本地或网络打印机”对话框

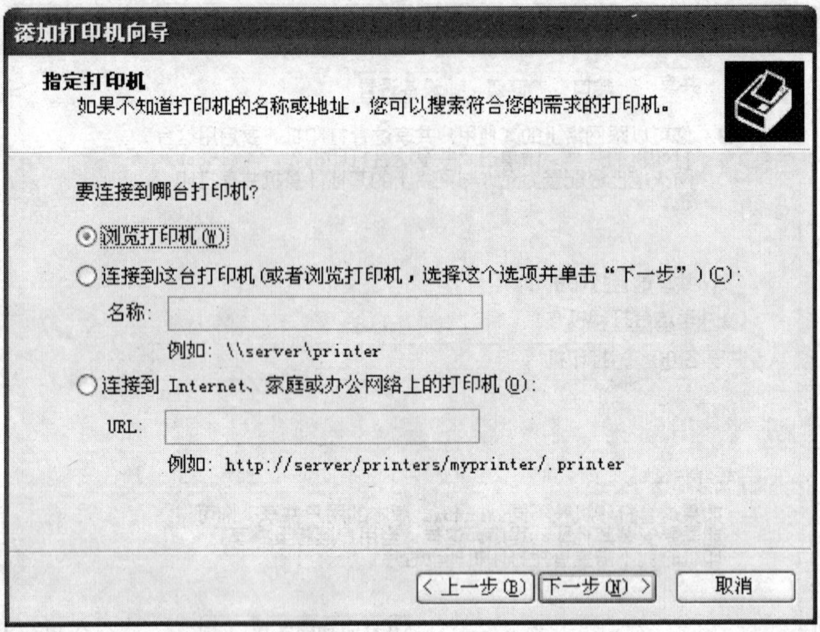

图 4—1—37 “指定打印机”对话框

④选择“浏览打印机”单选按钮，单点“下一步”按钮，弹出如图 4—1—38 所示的“浏览打印机”对话框。

单元 4

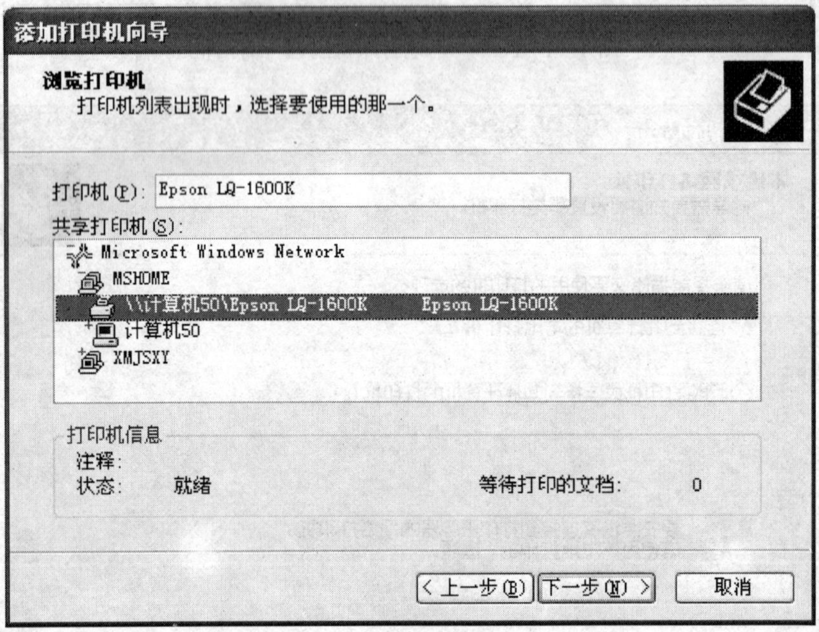

图 4—1—38 “浏览打印机”对话框

⑤在“共享打印机”列表框中选择已共享的打印机，例如，选择“Epson LQ—1600K”，单击“下一步”按钮，弹出如图 4—1—39 所示的“默认打印机”对话框。

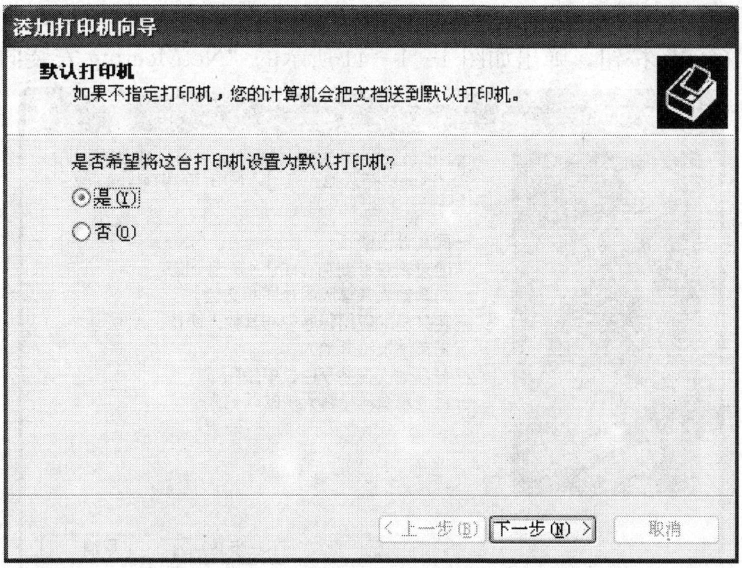
添加打印机向导
默认打印机
如果不指定打印机，您的计算机会把文档送到默认打印机。
是否希望将这台打印机设置为默认打印机？
是(Y)
否(O)
< 上一步(B)
下一步(N) >
取消

图 4—1—39 “默认打印机”对话框

⑥单击“是”单选按钮，将共享打印机设为默认打印机，单击“下一步”按钮，在弹出的“完成添加打印机向导”对话框中，单击“完成”按钮，完成设置，并在打印机窗口中能看到已添加的共享打印机图标。

⑦在应用软件中打印文档。

(3) 对等网中使用 NetMeeting

1) NetMeeting 功能简介。Microsoft NetMeeting 的功能非常强大，它能在 Internet 上召开网络视频会议，可以自如地在网上做很多事情：例如可以和其他人聊天，和其他人一起操作彼此屏幕上的电子白板，和其他人协同完成演示文稿、表格统计，利用麦克风主持音频会议，利用摄像机和视频捕捉卡主持视频会议等。

2) NetMeeting 的安装。在 Windows XP 中，首次运行 NetMeeting，必须进行安装，具体操作步骤如下：

①单击“开始”按钮中的“运行”命令，弹出如图 4—1—40 所示的“运行”对话框。

运行
请键入程序、文件夹、文档或 Internet 资源的名称，Windows 将为您打开它。
打开(O):
conf
确定
取消
浏览(B)...

图 4—1—40 “运行”对话框

②在“打开”文本框中输入“conf”，conf 是 NetMeeting 在 Windows XP 中的安装程序。

③单击“确定”按钮，弹出如图 4—1—41 所示的“NetMeeting 安装向导”对话框。

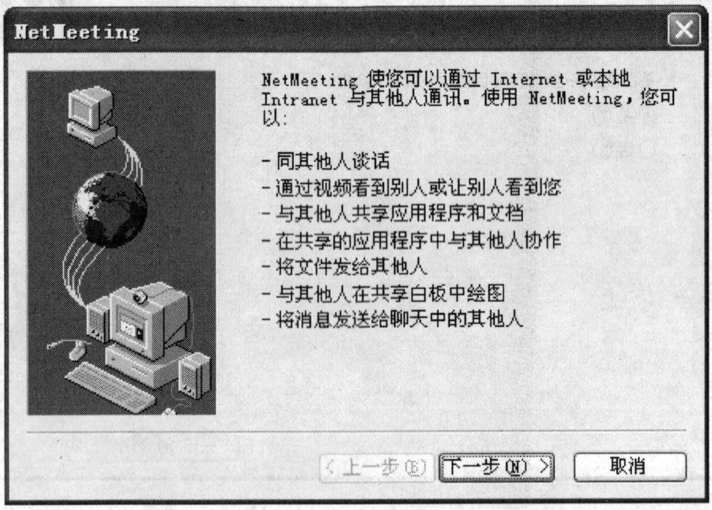
NetMeeting
NetMeeting 使您可以通过 Internet 或本地 Intranet 与其他人通讯。使用 NetMeeting，您可以:
- 同其他人谈话
- 通过视频看到别人或让别人看到您
- 与其他人共享应用程序和文档
- 在共享的应用程序中与其他人协作
- 将文件发给其他人
- 与其他人在共享白板中绘图
- 将消息发送给聊天中的其他人
< 上一步(B)
下一步(N) >
取消

图 4—1—41　“NetMeeting 安装向导”对话框

④单击“下一步”按钮，弹出如图 4—1—42 所示的“个人信息”对话框。

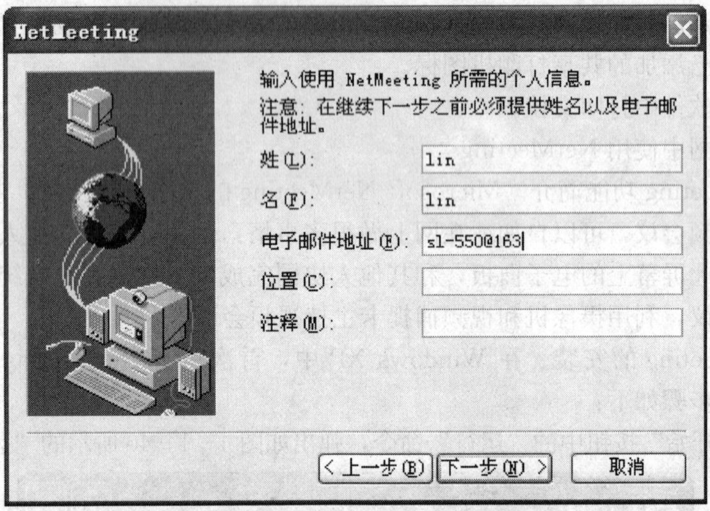
NetMeeting
输入使用 NetMeeting 所需的个人信息。
注意: 在继续下一步之前必须提供姓名以及电子邮件地址。
姓(L):
lin
名(F):
lin
电子邮件地址(E):
sl-550@163
位置(C):
注释(M):
< 上一步(B)
下一步(N) >
取消

图 4—1—42　“个人信息”对话框

⑤在该对话框中输入个人信息，其中姓名、电子邮件为必填项，后两项任意。单击“下一步”按钮，弹出如图 4—1—43 所示的“选择目录”对话框。

⑥选择默认的“当 NetMeeting 启动时登录到目录服务器”单选按钮，单击“下一步”按钮，弹出如图 4—1—44 所示的“连接速度”对话框。

⑦选择“局域网”单选按钮，单击“下一步”按钮，弹出如图 4—1—45 所示的“创建快捷方式”对话框。

⑧选择默认方式，单击“下一步”按钮，弹出如图 4—1—46 所示的“音频调节向导”对话框。

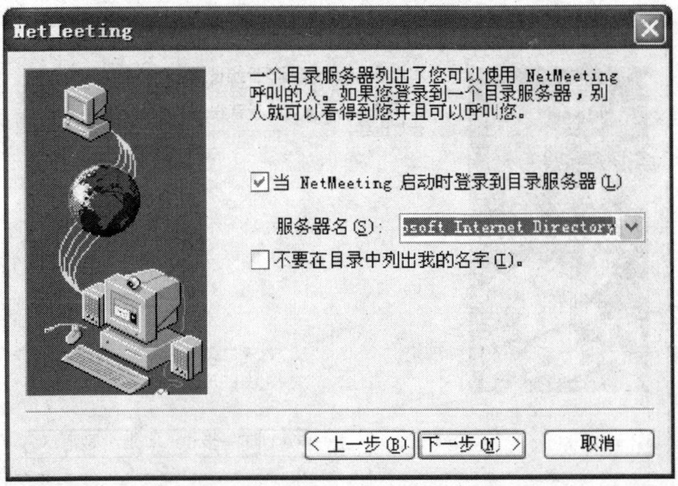

图 4—1—43 “选择目录”对话框

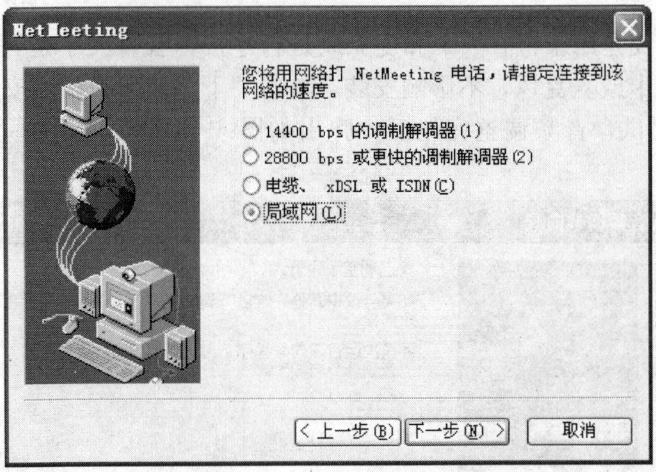

图 4—1—44 “连接速度”对话框

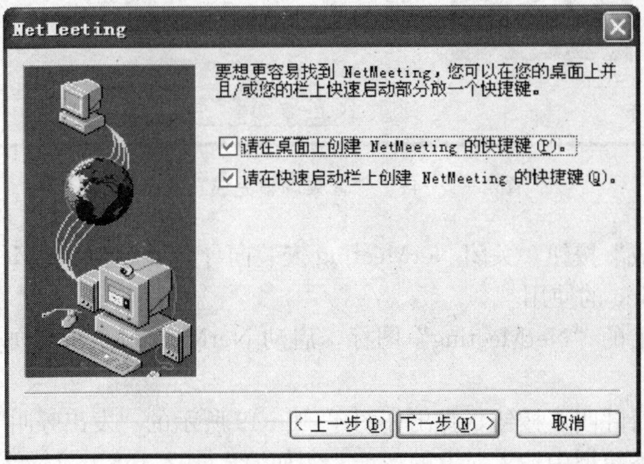

图 4—1—45 “创建快捷方式”对话框

单元 4

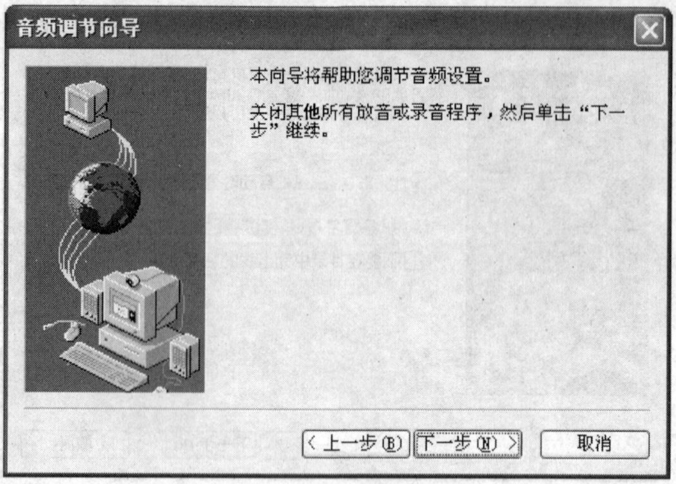
音频调节向导
本向导将帮助您调节音频设置。
关闭其他所有放音或录音程序，然后单击“下一步”继续。
< 上一步(B)
下一步(N) >
取消

图 4—1—46 “音频调节向导”对话框

⑨该向导主要是用于检查声卡和麦克风是否连接，音量大小是否合适等，如果计算机中未安装声卡或麦克风，不影响安装。单击“下一步”按钮，安装向导将对声卡和麦克风进行测试，音频调整完毕后，弹出如图 4—1—47 所示的“音频调整完成”对话框。

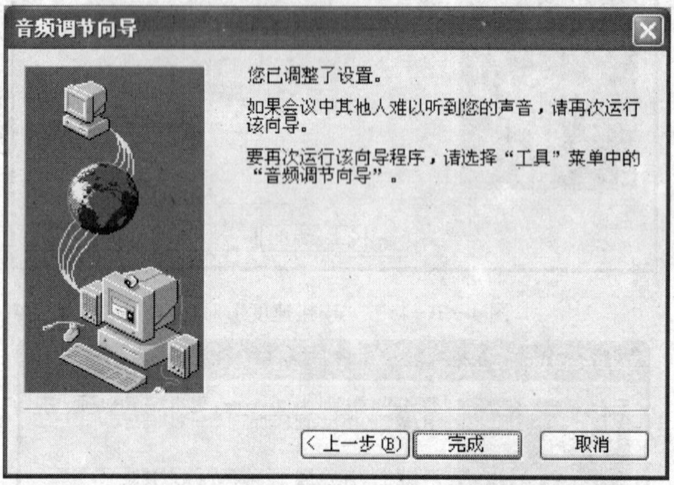
音频调节向导
您已调整了设置。
如果会议中其他人难以听到您的声音，请再次运行该向导。
要再次运行该向导程序，请选择“工具”菜单中的“音频调节向导”。
< 上一步(B)
完成
取消

图 4—1—47 “音频调整完成”对话框

⑩单击“完成”按钮，关闭 NetMeeting 安装向导，并启动 NetMeeting。

3）NetMeeting 的使用

①双击桌面上的“NetMeeting”图标，启动 NetMeeting，弹出如图 4—1—48 所示的主窗口。

②单击“进行呼叫”按钮，弹出如图 4—1—49 所示的“发出呼叫”对话框。

③在“到”下拉框中输入对方的地址，例如输入 192.168.0.2，单击“呼叫”按钮，弹出如图 4—1—50 所示的“呼叫等待”对话框。

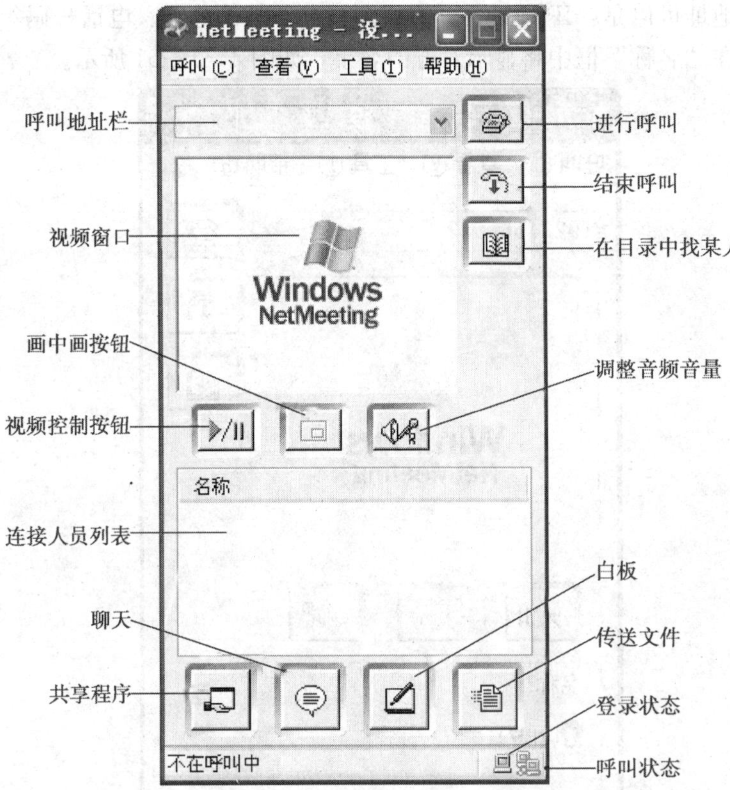

图 4—1—48 NetMeeting 主窗口

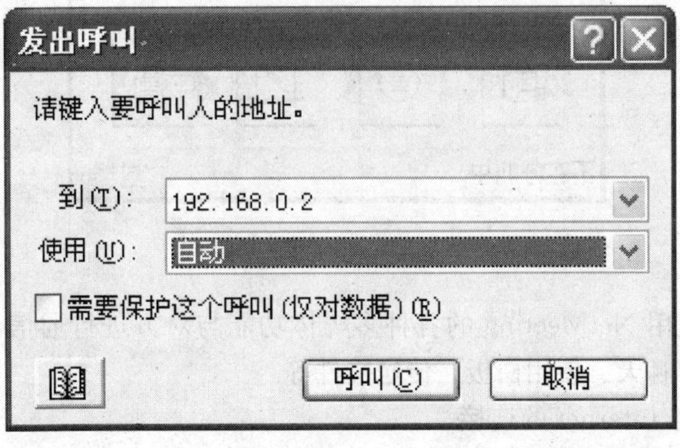

图 4—1—49 "发出呼叫"对话框

图 4—1—50 "呼叫等待"对话框

④对方的地址可以是：IP 地址、计算机名、电子邮件地址、电话号码等。如果对方接受呼叫后，在“名称”框中将显示对方的名字，如图 4—1—51 所示。

图 4—1—51 接受呼叫

⑤这时可以使用 NetMeeting 的各种多媒体功能与对方进行通信，例如，进行共享程序、视频会议、聊天、使用白板、传送文件等。

4. 局域网络与 Internet 的连接

使在图 4—1—17 所示的局域网络中的计算机连接 Internet，具体操作步骤如下：

(1) 由网络管理员提供网关地址和域名解析地址，假设如下：

网关：192.168.0.126

DNS 服务器：192.168.1.11 和 192.168.1.12

(2) 右击桌面上的“网上邻居”图标，在弹出的“网络连接”窗口中，右击“本地连接”图标，选择“属性”命令，在弹出的“本地连接属性”对话框，单击“常规”选项卡。

(3) 在“此连接使用下列项目”下拉列表框中，双击“Internet 协议（TCP/IP）”

项，打开“Internet 协议（TCP/IP）属性”对话框。

（4）在“默认网关”中填入“192.168.0.126”。

（5）单击“使用下面的 DNS 服务器地址”单选按钮，在“首选 DNS 服务器”中填入“192.168.1.11”，在“备用 DNS 服务器”中填入“192.168.1.12”，如图 4—1—52 所示。

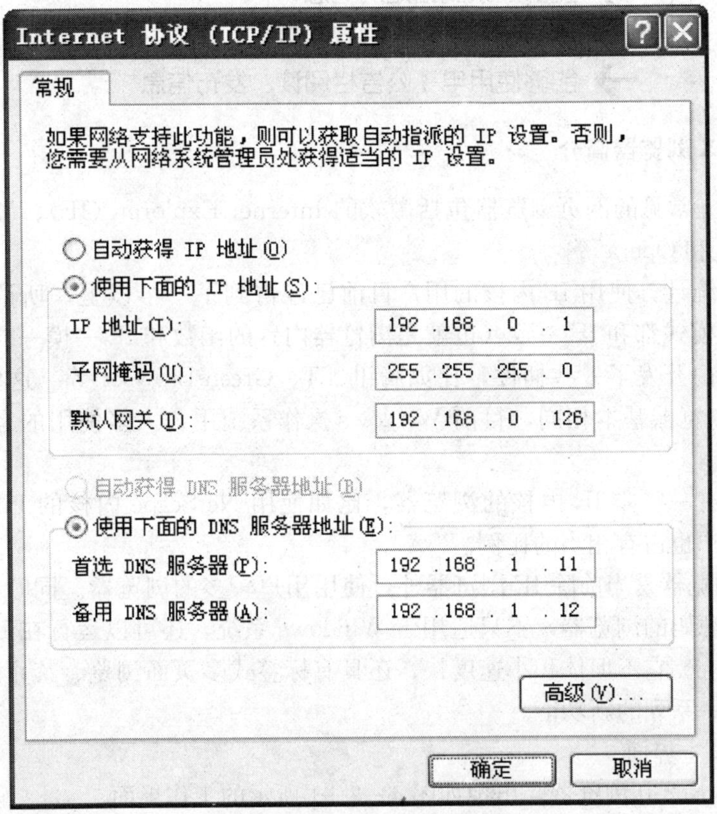

图 4—1—52　设置网关和 DNS

（6）单击“确定”按钮后，返回“本地连接属性”对话框，再单击“确定”按钮，完成设置，此时可以利用 IE 来浏览网页了。

第二节　因特网操作

培训目标

→ 能够安装、设置浏览器
→ 能够维护和管理电子邮件
→ 能够搜索到指定的信息
→ 能够下载所需要的软件
→ 能够使用电子公告栏阅读、发布信息

一、Firefox 浏览器简介

个人电脑上常见的网页浏览器包括微软的 Internet Explorer（IE）、Mozilla 的 Firefox（火狐狸）和 Opera 等。

据不完全统计，使用 IE 内核的用户目前已经占到了一半以上。所谓 IE 内核，就是基本的显示模式都和 IE 一致（也就是浏览器内置的函数和 IE 一模一样），只是更换了界面或者专门开发了一些插件，比如腾讯 TT、Green Browser 等。这些浏览器的使用方法与 IE 浏览器基本相同，目前 Windows 操作系统用户大多使用的是 IE 内核的浏览器。

另外，还有一些非 IE 内核的浏览器，比如使用 NetScape 内核的 Firefox 浏览器，目前使用的用户也占有相当的比例。

Firefox 浏览器是当前除 IE 浏览器外，使用用户较多的浏览器。同时该浏览器是个自由的、开放源码的浏览器，不只适用于 Windows 系统，还可以运行在 Linux 与 MAC 操作系统平台上。它不但体积小速度快，还具有标签式多页面浏览、禁止弹出窗口、自定制工具栏等一系列的新功能。

1. Firefox 主界面

打开 Firefox 2.0 浏览器，出现如图 4—2—1 所示的工作界面。

Firefox 浏览器的工作界面相对比较简单，主要由常用工具栏、地址栏和书签栏等组成。具体的操作方法与 IE 浏览器类似，这里就不多介绍了。

2. Firefox 搜索功能

Firefox 2.0 内置了四款搜索引擎，即有 Yahoo、Google、百度等搜索引擎；同时还可以对 eBay 和 Taobao 购物网站里销售的商品进行搜索，方便用户网上购物，如可以选择 eBay，然后输入“数码相机”，就可以搜索到相应的该购物网站上销售的该产品了，如图 4—2—2 所示。

Firefox 2.0 可以自行添加搜索引擎，以满足不同的需要。直接选择要使用的搜索引擎，然后输入要搜索的关键字，就可以进行搜索了。

3. 收藏夹管理

选择“书签”菜单中的“管理书签”命令，会出现如图 4—2—3 所示的书签管理器。Firefox 的书签管理比较人性化，允许用户自建文件夹与书签，同时还可以在书签菜

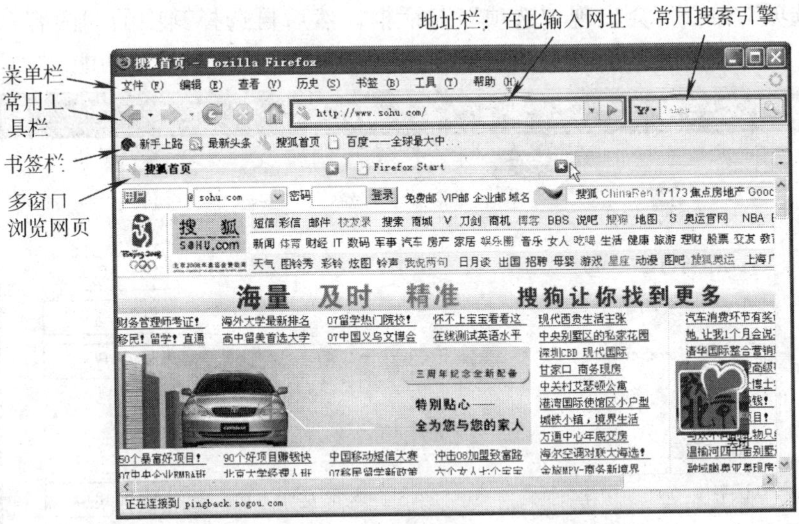

图 4—2—1　Firefox 浏览器的工作界面

图 4—2—2　内置的搜索引擎和购物搜索

单中新建分隔条来分隔每个文件夹，使其更加方便分类等。最主要的是书签可以按名称、地址、关键字、描述、添加时间、上次修改时间和上次访问时间来进行排序，很大程度上方便了用户的使用。

4. 广告过滤

Firefox 提供了广告过滤功能，能够设置是否过滤弹出窗口、载入图像等。选择“工具”菜

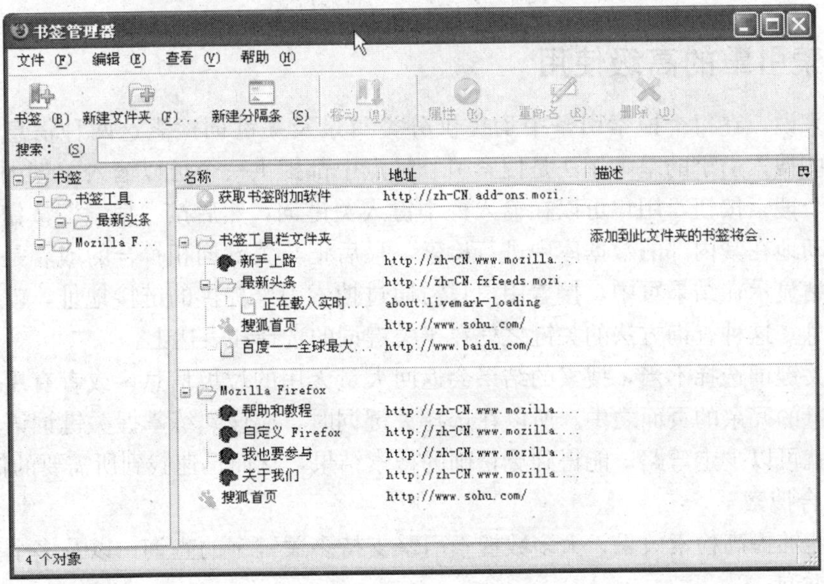

图 4—2—3　书签管理器

单中的“选项”命令，会出现“选项”对话框，然后再选择其中的“内容”，如图 4—2—4 所示。在该选项卡中，用户可以根据需要设置相应的广告过滤功能。

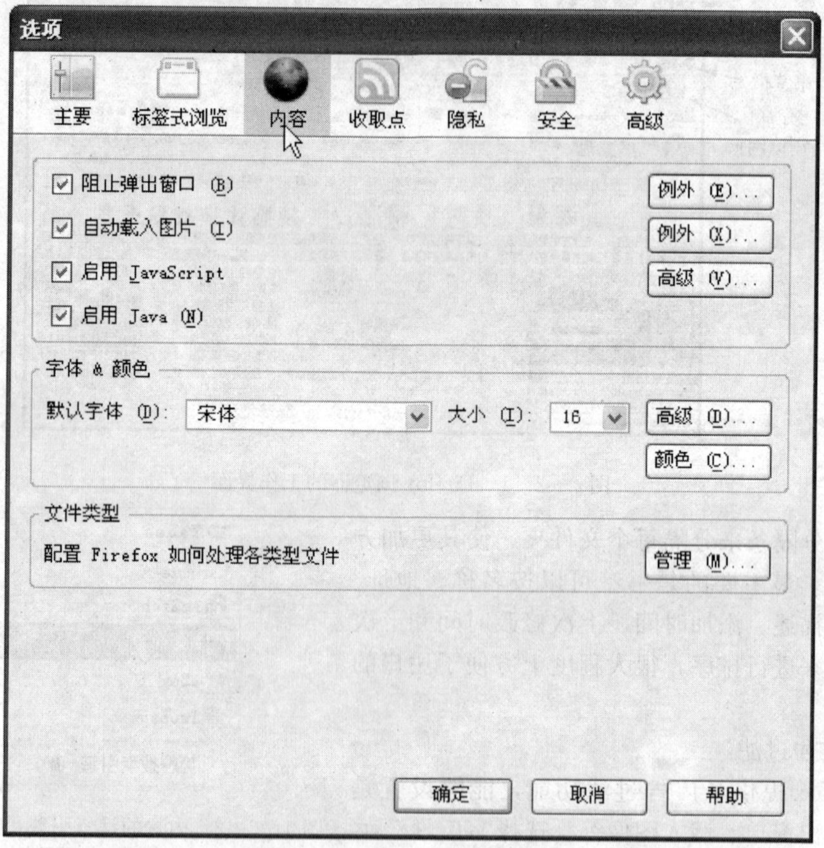

图 4—2—4　广告过滤设置

二、搜索引擎的高级使用

一般来说，在每个搜索引擎中均提供分类目录及关键词检索这两种信息查询的方法。而这些搜索引擎的基本用法是搜索引擎站点中都提供一个可以输入关键词的文本输入框和一个搜索按钮，用户可以在输入框中键入关键词，然后按“搜索”按钮，搜索引擎就会自动地在其内部的数据库中进行检索，最后把与关键词相符合的或者是与关键词相近的网站显示在结果页中，接着用户只需通过搜索引擎提供的链接地址，就可以访问到相关信息。这种查询方法的关键之处在于关键词的选择和表达上。

如果关键词选择不当，搜索的结果会返回大量无用的垃圾信息，或者有用的信息被淹没在大量的冗余的页面之中。所以在选择关键词时，应该熟练掌握关键词语法表达方式，这样就可以少走弯路，能得到更精确的搜索结果，从而迅速找到所需要的信息。

1. 组合搜索

为了能够提高检索效果，大多数搜索引擎支持多关键字的查询，以及多个关键字逻辑组合的查询。

当要查的关键词较为冗长时，建议拆成几个关键词来搜索，词与词之间用空格隔开。多数情况下，输入两个关键词搜索，就已经有很好的搜索结果。在多个关键字组合查询时，词与词之间除了用空格隔开，还可以用一些特定的逻辑符号隔开，来表示特定的查询条件。

(1)“+”符号，有些搜索引擎用“and”符号表示。用于强调页面中必须包含某关键字。例如，在“百度搜索”中，在关键字中输入“经典老歌 MP3”则会查找出含有“经典老歌”或“MP3”的页面来。

如果在关键词前用“+”，例如“经典老歌+MP3”，表示查询结果中，必须出现“MP3”。

(2)“-”符号，有些搜索引擎用“not”符号表示。用于有目的地删除某些无关网页，语法是“A -B”。Yahoo，百度等搜索引擎都支持这种语法。

例如，要在 Yahoo 中文搜索引擎中查找关于“c 程序设计实验”但不含“c++”的资料，可使用如下关键字组合查询：“c 程序设计实验-c++”，结果如图 4—2—5 所示。

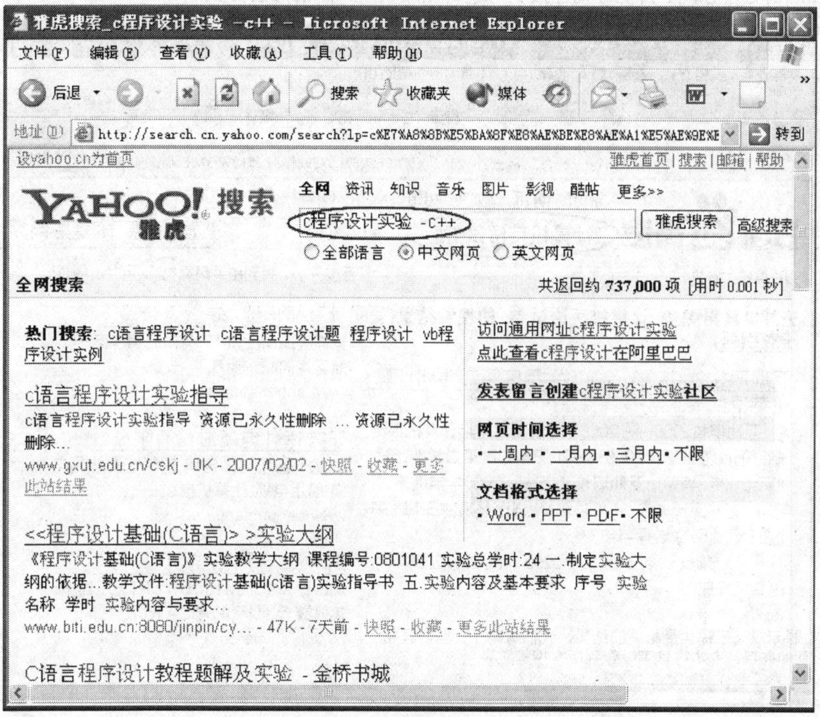

图 4—2—5 中文搜索引擎组合搜索

(3)“|”符号。有些搜索引擎用“or”符号表示。在百度中，可以使用“A | B”来搜索或者包含关键词 A，或者包含关键词 B 的网页。

例如：要查询“网页设计素材”或“风景”相关资料，无需分两次查询，只要输入“网页设计素材 | 风景”搜索即可。

当然各个搜索引擎的操作方式有所不同，用户可以根据所使用的搜索引擎工具的说明再进行组合查询。

2. 指定搜索

如果直接键入关键字或关键字组合，搜索引擎会把包括关键字的网站和与关键字意义相近的网站地址一起返回给用户。例如：键入“网上教学”，搜索引擎就会把“网上学习”“远程教学”以及“网上教学”等内容的网址一起反馈给用户，这种查询方法往往会返回大量不确切的信息。

有时用户希望能查询一些精确或有特殊要求的信息，比如只查询网站名称等，则可以使用一些特殊方法来查询。

(1) 精确查询。可以利用双引号，来查询完全符合关键字串的网站。例如：键入“计算机英语试卷”，会找出包含“计算机英语试卷”连续7个字的网站。这种查询方法要求用一对半角的双引号来把关键字包括起来，这样的查询结果会比较精确，不会返回大量的多余的信息。

图4—2—6所示为使用百度搜索引擎查询加双引号的关键字的例子，只找到相关网页6篇。如果没有加双引号，则大约找到5 000多篇相关网页。

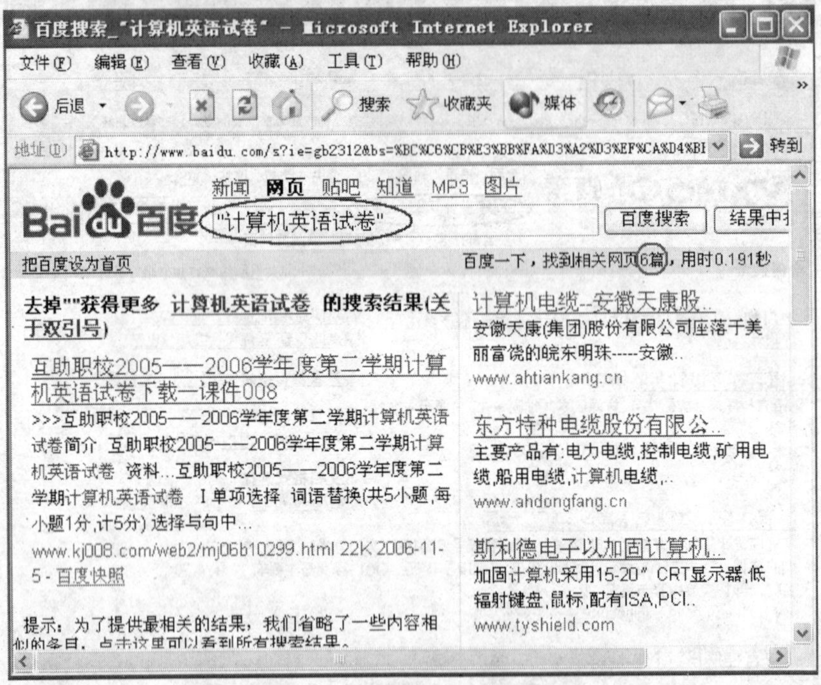

图4—2—6 查询有双引号的关键字

(2) 特殊搜索命令。对普通用户而言，熟练掌握前面介绍的几种搜索方法就已经足够了。但有时用户难免会有一些特殊的需求，而搜索引擎也支持一些特殊的搜索命令，以方便用户精确定位所需信息。

1) 标题搜索。多数搜索引擎都支持针对网页标题的搜索，命令是“title:”，在Yahoo中是“t:”（注意冒号为英文字符且后面不跟空格）。例：在搜索引擎中输入“title（或t）：常见病毒特征”查询，则结果都是网页标题中包含关键字“常见病毒特征”的相关网页信息。

2）网站搜索。如果想针对某个网站进行搜索，命令是“site:”，有些搜索引擎使用的是“host/url/domain”等命令。如想查找 126 网站的所有网页，可以输入：“site（或 host/url/domain）：www. 126. com”。

图 4—2—7 所示是在 Google 搜索引擎中搜索“site：www. 126. com title：邮箱”所查到的相关网页，该命令的含义是在 www. 126. com 网站中查找网页标题有“邮箱”内容的网页。

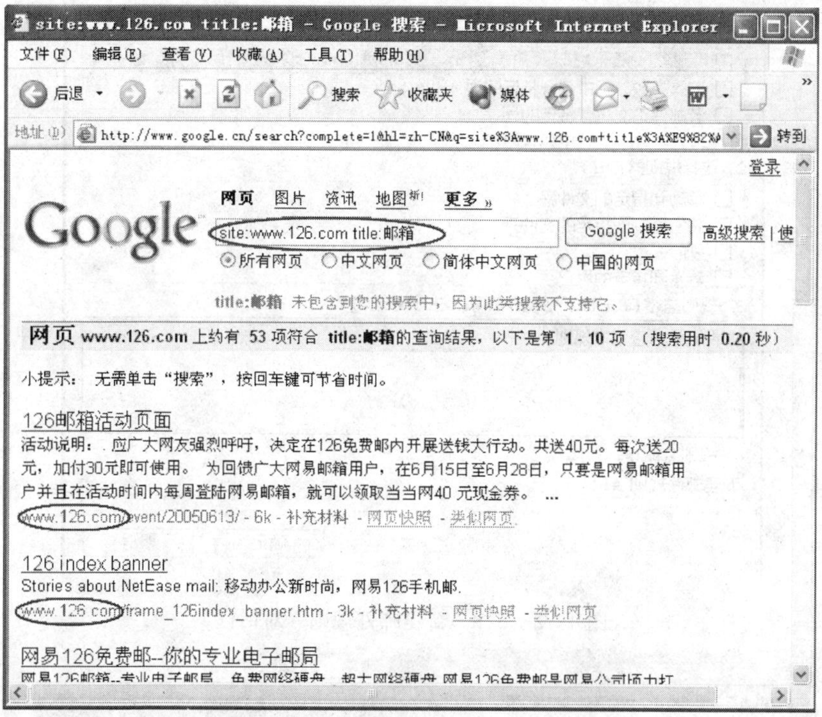

图 4—2—7 “site”命令查询相关内容

除上述命令外，还有其他一些特殊搜索命令，如“filetype:”（限定搜索的文档类别）、“daterange:”（限定搜索的时间范围）、“phonebook:”（查询电话）等，许多引擎提供了比较完备的搜索功能，具体可参考搜索引擎的使用说明。

三、电子邮件的高级应用

1. 垃圾邮件的处理

在日常的工作和生活中，电子邮箱经常会收到很多的垃圾邮件，用户通过设置电子邮件程序中的反垃圾邮件功能，可以有效地防止垃圾邮件。下面主要介绍在 Outlook Express 邮件程序中垃圾邮件的处理方法。

Outlook Express 6 是微软提供的一款免费的邮件客户端软件，在 Internet 中是用户使用率最高的。如果合理利用“邮件规则”功能，可以起到很好的垃圾邮件过滤效果。

在 Outlook Express 6 主窗口中单击“工具→邮件规则→邮件”，出现如图 4—2—8

所示的“新建邮件规则”对话框。

下面以过滤“广告”信息为例来介绍新建一个“新建邮件规则”。

（1）在“选择规则条件”栏中勾选“若邮件正文包含特定的词”选项后，单击“规则描述”栏中的“包含特定的词”，在“键入特定文字”对话框中输入“广告”关键字，单击“添加”按钮，如图4—2—9所示。

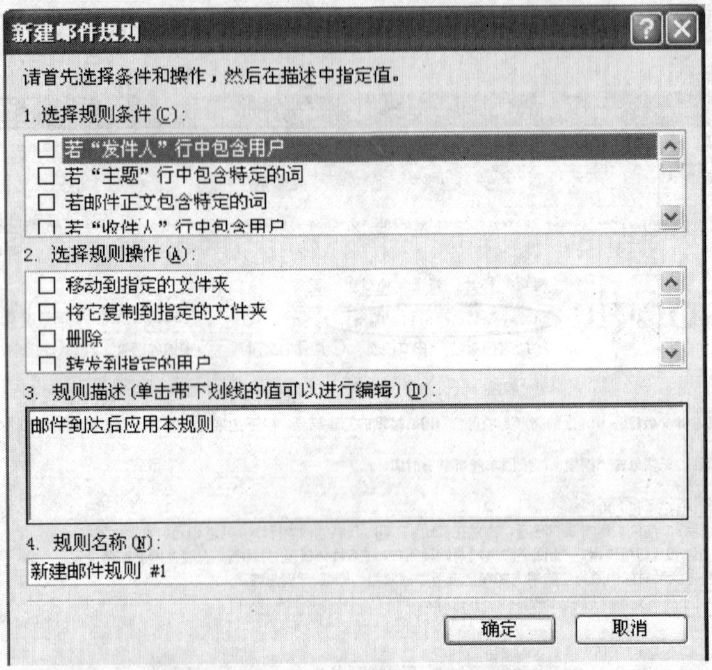

图4—2—8 “新建邮件规则”对话框

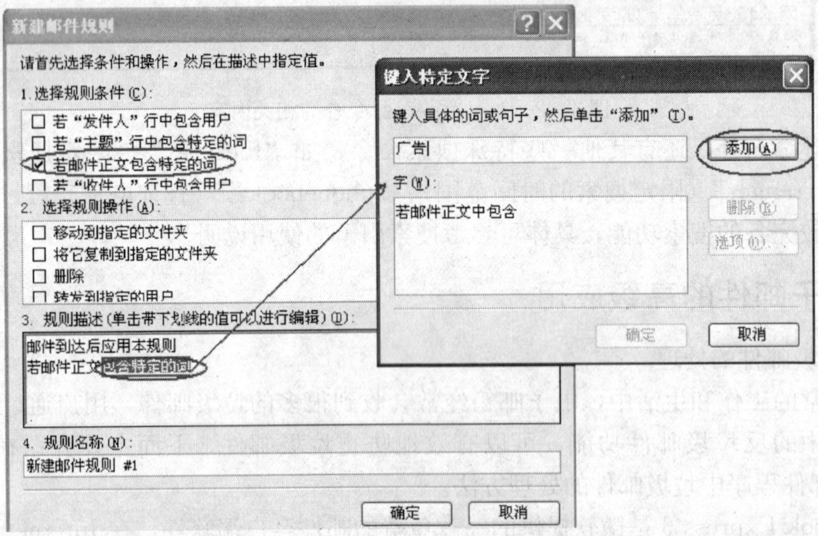

图4—2—9 设置过滤

（2）设好特定的词后，单击“确定”按钮，返回“新建邮件规则”对话框。

(3) 在“新建邮件规则”对话框中的“选择规则操作”栏中勾选“移动到指定的文件夹”选项后，单击“规则描述”中的“指定的”字样，在“移动”对话框中指定垃圾邮件存放的文件夹，如图 4—2—10 所示。

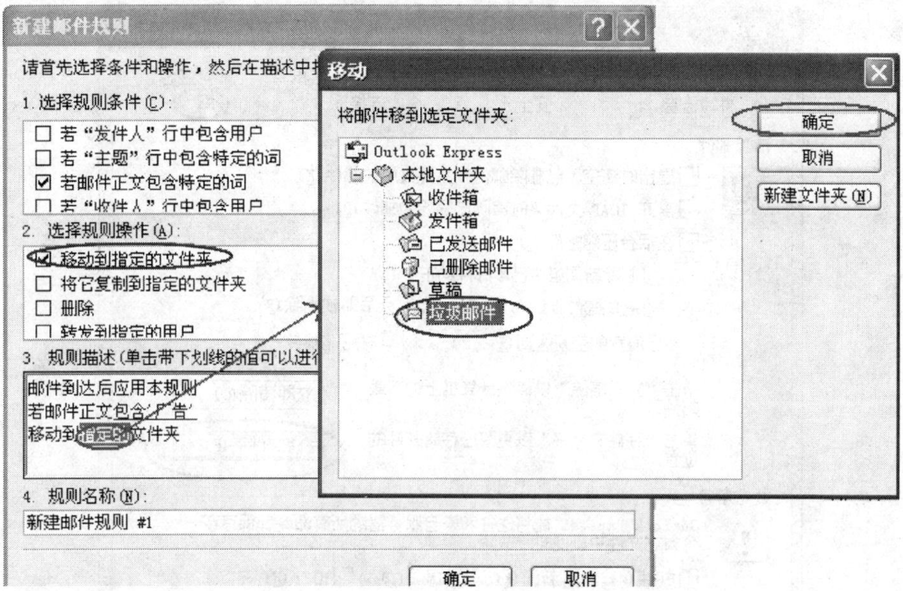

图 4—2—10　指定垃圾邮件存放的文件夹

图 4—2—10 中的“垃圾邮件”文件夹是使用“新建文件夹”按钮新建的，可以根据需要创建文件夹或使用现有的文件夹。

(4) 最后单击“确定”按钮，返回“新建邮件规则”对话框。

(5) 在“规则名称”栏中为该规则起个名字，点击“确定”按钮，完成规则的新建。

如果对于某些已知的垃圾邮件地址，可以直接添加到“阻止发件人”标签页中，单击“添加”按钮，在地址栏中输入该邮件地址，在阻止内容中选中“电子邮件”，单击“确定”按钮，这样就能有效阻止从该地址发来的邮件了。

2. 邮件存储位置的设置

为了避免由于计算机故障等问题导致的邮件丢失的问题，用户可以通过更改邮件存储的位置，将电子邮件转移到非系统盘上或特定位置进行保存。

下面主要介绍在 Outlook Express 中邮件存储位置的设置方法。

(1) 在 Outlook Express 中单击“工具”菜单中的“选项”命令，弹出“选项”对话框，选择“维护”选项卡，如图 4—2—11 所示。

(2) 单击“存储文件夹”按钮，会出现“存储位置”对话框，如图 4—2—12 所示。在该对话框中用户可以看到在默认情况下，Outlook Express 邮件的保存位置文件夹，这个保存位置跟不同用户的计算机环境有关，在更改该存储位置之前，建议先将这个文件夹中的所有文件复制到邮件要保存的新的文件夹，然后再更改位置，建议新的位置在非系统盘比较好。

(3) 单击图 4—2—12 中的“更改”按钮，指定新的存储位置，最后单击“确定”

按钮即可。

这样如果计算机系统重装以后，只要再次进入“维护”设置窗口中更改“存储位置”为邮件所保存的文件夹，然后就可以找回以前收发过的所有邮件了。

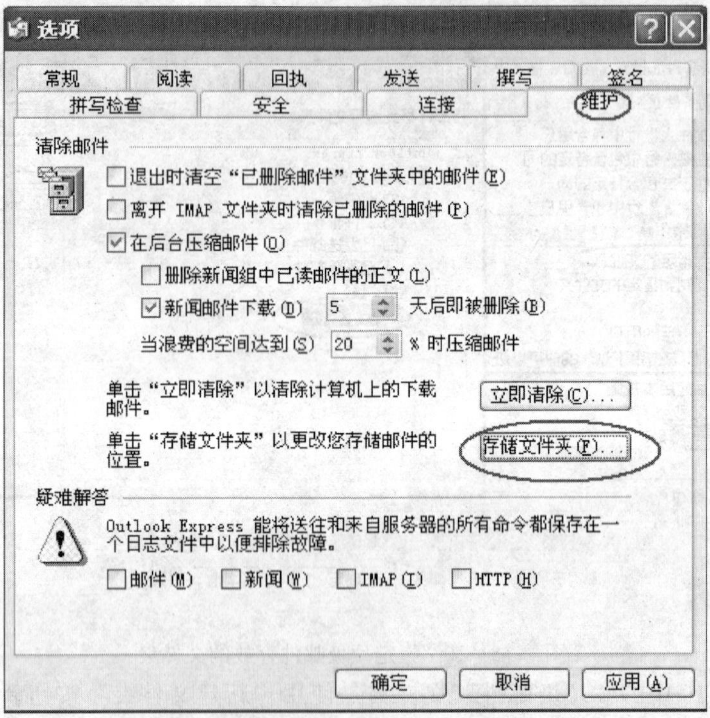

图 4—2—11 “选项”对话框

图 4—2—12 “存储位置”对话框

四、电子公告栏的应用

电子公告栏 BBS（Bulletin Board System），又称电子公告牌、论坛等。BBS 是一种电子信息服务系统。它向用户提供了一块公共电子白板，每个用户都可以在上面发布信息或提出看法。

早期的 BBS 由教育机构或研究机构管理。一般需要远程登录到服务器，才可以访问。现在多数网站上都建立了自己的 WWW 的 BBS 系统，一般称论坛，供网民通过网络来结交更多的朋友，表达更多的想法。目前国内的 BBS 已经十分普遍，可以说是不计其数，涉及方方面面的内容，如学术类、情感类、商业类等。

下面主要介绍 WWW 形式的 BBS 的使用。

要进入 WWW 形式的电子公告栏，一般先用浏览器进入某个网站（如人民日报），再通过链接进入某个 BBS（如健康论坛），看看别人怎么说，要发表意见的话把事先写好的文章贴上去或者临时打上去就行了，俗称贴帖子。许多 BBS 只允许注册过的用户上去贴帖子，所以如果是第一次进入论坛，一般需先注册，如果注册过的，则使用用户名和密码登录即可。

1. 阅读公告栏中的信息

下面以新浪论坛 http：//bbs. sina. com. cn/为例介绍具体的操作方法。

（1）在浏览器地址中输入 BBS 的网址：如“http：//bbs. sina. com. cn/”，会出现如图 4—2—13 所示的 BBS 主页。

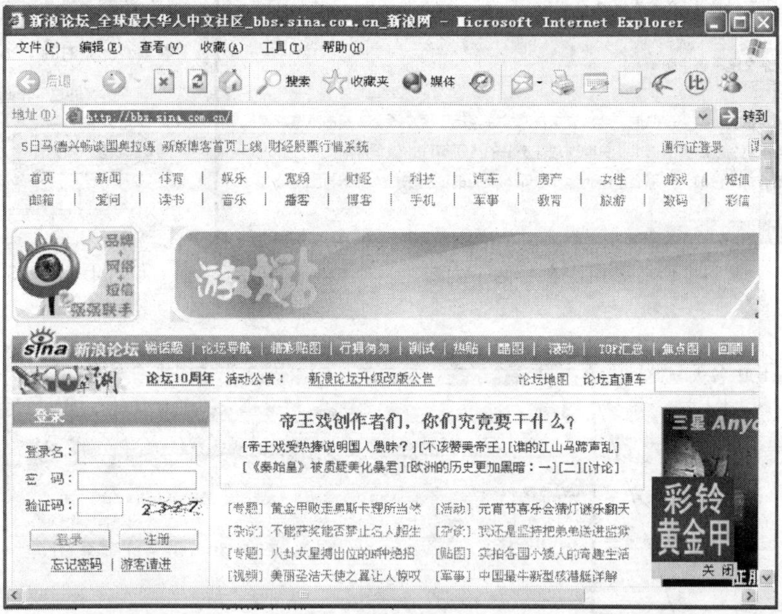

图 4—2—13　新浪论坛首页

（2）在论坛中有很多分类和文章，用户只要点击相应的分类进去，或直接单击某个文章标题即可看到别人发表的帖子内容了。图 4—2—14 所示为直接点击首页中的某篇文章后，所看到的文章内容。

如果对看到的文章有什么看法，可以回复。只要单击“回复”按钮即可输入自己对该文章的看法，然后发表即可。

2. 向公告栏中发布信息

要发布信息，如果没有会员名，则需先注册，这里就不介绍注册方法了。假设已有会员名，则可在首页左下方直接以会员名和密码登录。

（1）登录成功后，页面原登录位置会出现如图 4—2—15 所示的界面，只要点击“进入论坛”即可进入论坛了。

（2）先进入的是论坛的各大分类板块，如图4—2—16左边所示，例如点击“衣食住行”则会出现如图 4—2—16 所示的界面右边所示的新的页面，用户可以在此看别人发表的文章，只要点击文章标题即可看到相应的内容。如要发表自己的帖子，则单击“发帖子”按钮即可。

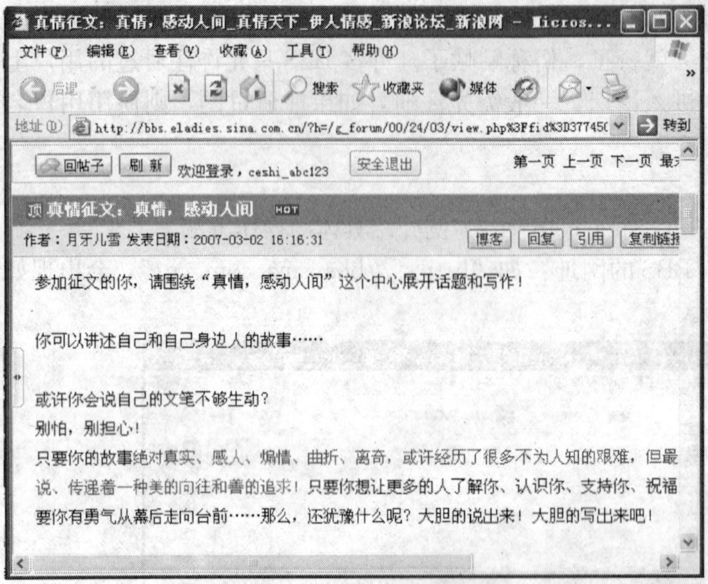

图 4—2—14　查看帖子内容

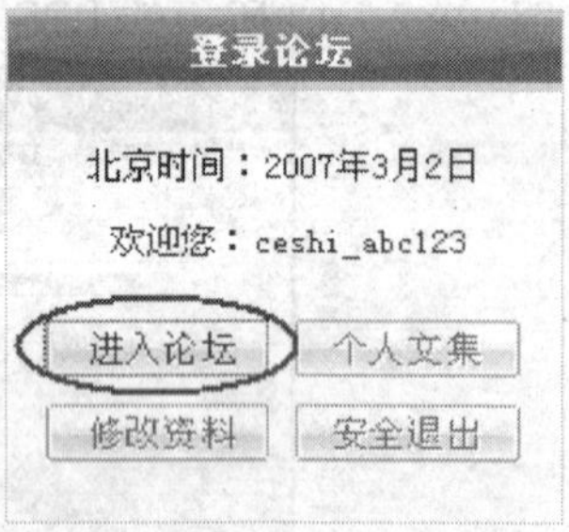

图 4—2—15　登录成功部分界面

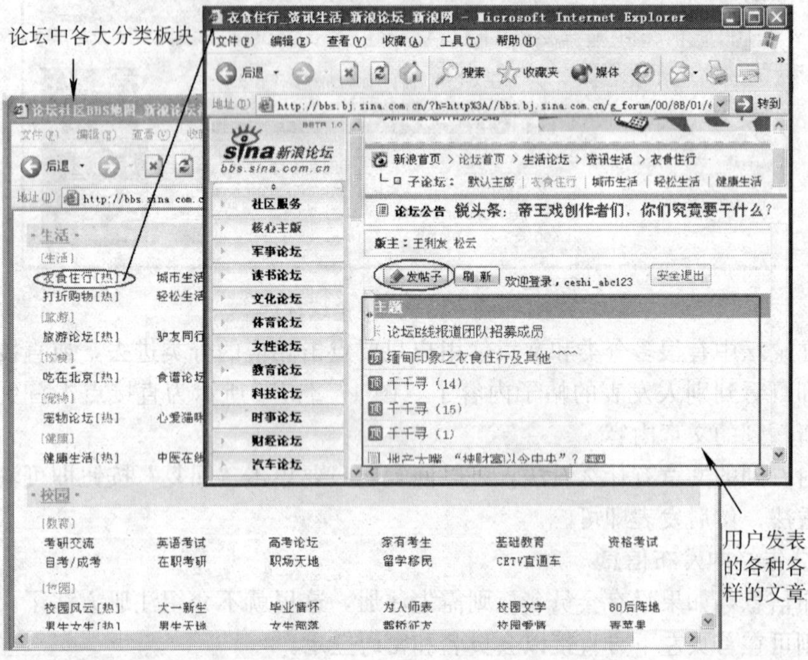

图 4—2—16　进入论坛

（3）点击“发帖子”后，会出现如图 4—2—17 所示的输入帖子内容的界面，用户可以在这里输入相应的文章主题和内容。

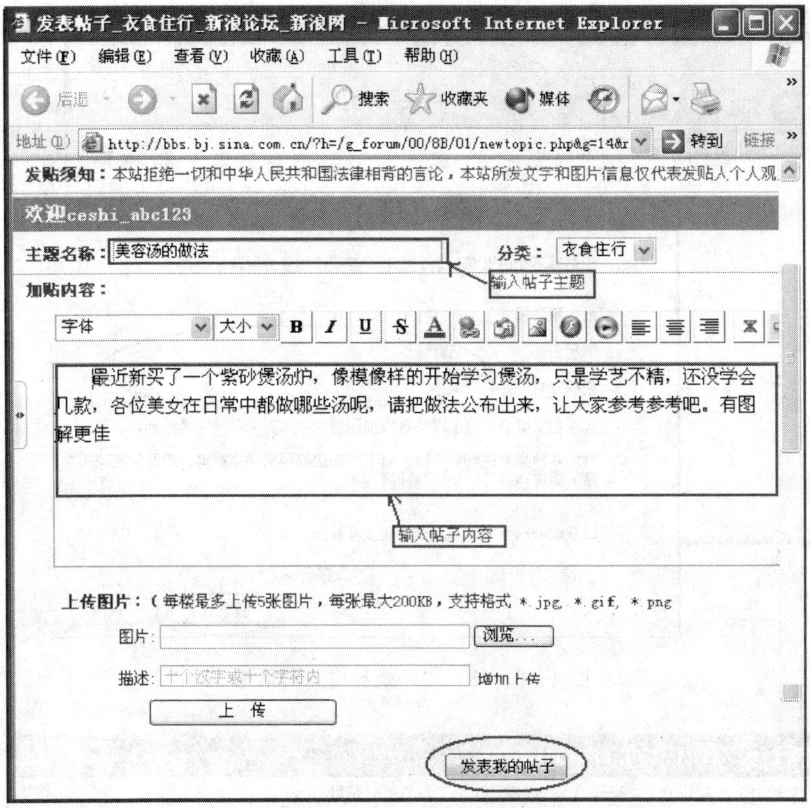

图 4—2—17　输入帖子标题和内容

（4）输入完毕后，单击“发表我的帖子”，就会把这篇文章发表在论坛上了。

五、使用 FTP 上传与下载数据

FTP 即文件传输协议，是 Internet 的一种服务。也就是说用这种方式在网络上传输文件，可以通过它进行远程的文件复制。可以把文件从远程的计算机复制到本地的计算机，即 FTP 下载数据。也可以把文件从本地的计算机复制到远程的计算机上，又称 FTP 上传数据。

1. 在 Windows XP 中使用 FTP 功能

（1）打开“我的电脑”，或者打开 IE 浏览器，在地址栏中输入 FTP 地址，格式为：ftp：//FTP 地址：端口，如图 4—2—18 所示。

（2）输入 ftp 地址后回车，则会出现上图所示的“登录身份”对话框，用户可以在此填写在该站的“用户名”和“密码”（有些 FTP 站点也可以匿名登录）。

（3）输入登录用户名和密码后，单击“登录”按钮，如果登录成功，则一般会出现如图 4—2—19 所示的界面。

（4）使用 FTP 和使用“我的电脑”的方法一样，复制、粘贴或者是拖动文件，就可以上传、下载文件了。例如：要下载其中的“others”文件夹，只要复制该文件夹，然后粘贴到本地计算机中，即是从该 FTP 站点下载数据了。

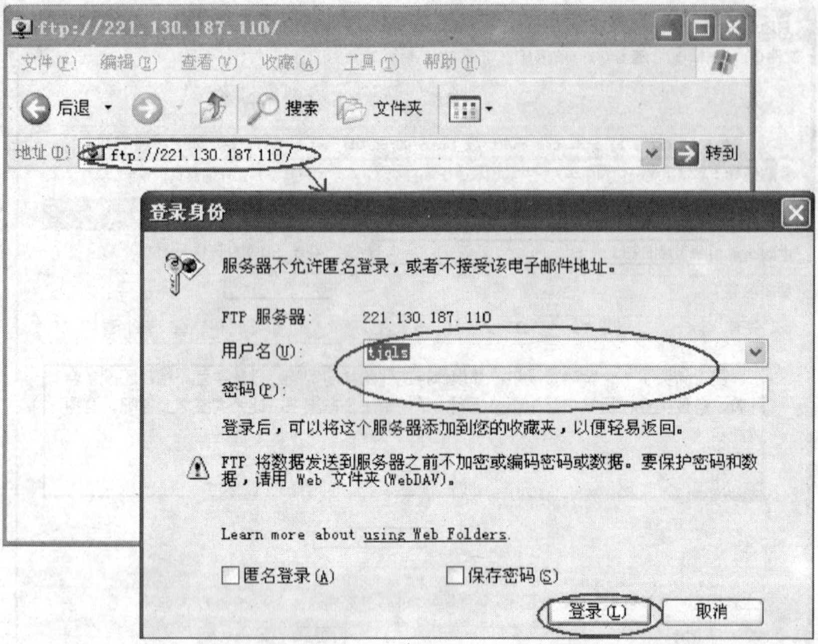

图 4—2—18 “登录身份”对话框

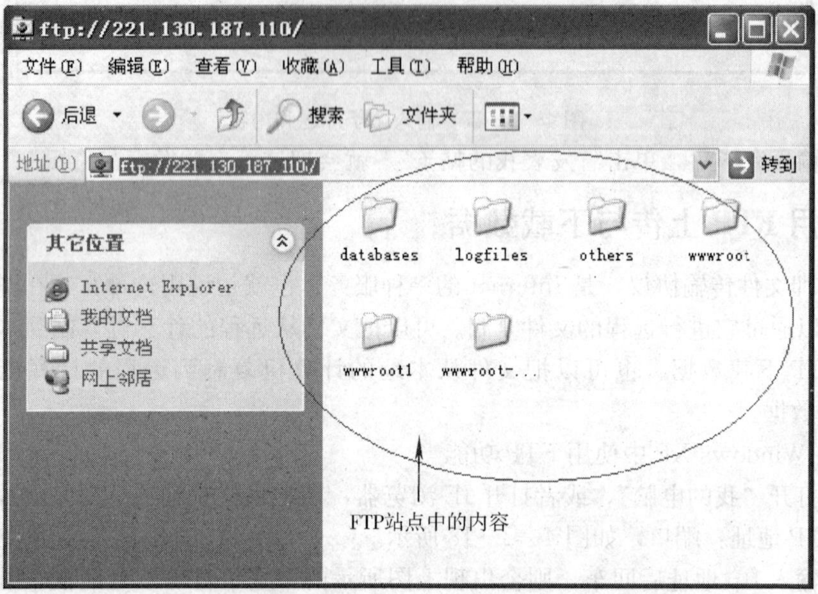

图 4—2—19 FTP 站点中的内容

2. 利用 FTP 工具上传

使用 FTP 的方式很多，可以使用 Windows XP 系统自带的 FTP 功能，更多的是使用专门的 FTP 工具，如 CuteFtp、BulletProof、Leaf Ftp、Crystal FTP 等。后面将以 CuteFtp 软件为例介绍利用 FTP 工具上传网页的方法和步骤，在此不赘述。

第三节 Dreamweaver 8.0 网页制作

培训目标

→ 能够用 Dreamweaver 完成 1～2 幅含有文字、图片、动画等多媒体信息的网页制作

→ 能够将制作的网页上载

Macromedia Dreamweaver 是一个用于可视化设计与管理网页和网站的专业级 HTML 编辑器，具有可视化的编辑界面，用户不需要编写复杂的 HTML 源代码就可以直接生成跨平台、跨浏览器的网页。利用 Dreamweaver 中的可视化编辑功能，可以快速创建 Web 页面而无需编写任何代码。

Dreamweaver 有很多编码工具和特性，如一个 HTML、CSS 和 JavaScript 参考，一个 JavaScript 调试器和代码编辑器（代码视图和代码检查器）。可以使用代码编辑器直接在 Dreamweaver 中编辑 JavaScript、XML 和其他文本文档。Macromedia 往返 HTML 技术可以使得在导入 HTML 文档时不需重新格式化代码——当然在需要的时候，也可以让 Dreamweaver 清理和重新格式化 HTML。

Dreamweaver 目前最新的版本为 8.0 版，之前常用的版本还有 MX 版和 2004 版，新版本只是在部分功能上进行改进，使用起来与前面的版本大同小异。

一、Dreamweaver 8.0 的启动和退出

1. Dreamweaver 8.0 的启动

（1）菜单方式。单击“开始”菜单中的“程序”组中的级联菜单“Macromedia”下的“Macromedia Dreamweaver”。

（2）快捷方式。在桌面上创建 Macromedia Dreamweaver 的快捷图标，双击该图标，从桌面快速启动。

（3）文件启动方式。找到需要打开的 Dreamweaver 的网页文档，在弹出的快捷菜单中选择“使用 Dreamweaver 8 编辑”，进入 Dreamweaver，同时打开文档。

2. Dreamweaver 8.0 的退出

（1）单击 Dreamweaver 8.0 窗口标题栏右边的关闭按钮。

（2）同时按下 Alt＋F4 组合键。

（3）双击标题栏左边的控制菜单。

（4）单击标题栏左边的控制菜单，再单击“关闭”。

（5）右击标题栏的任意空白处，选择“关闭”。

（6）单击“文件”菜单中的“退出”命令。

3. Dreamweaver 8.0 的窗口组成

Dreamweaver 8.0 在第一次启动时会出现“工作区设置”对话框，如图 4—3—1 所示。

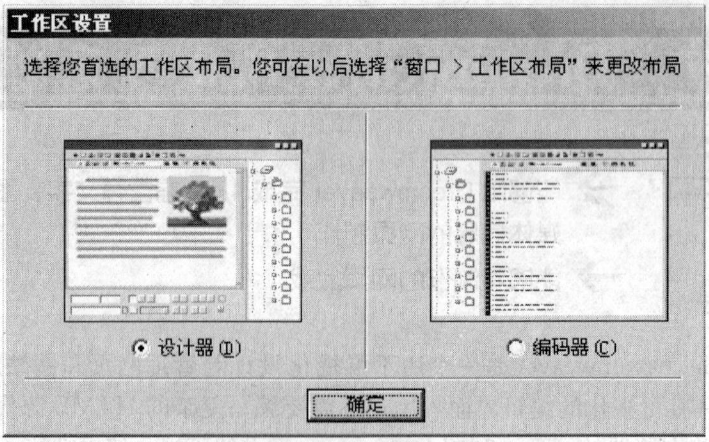

图 4—3—1　“工作区设置”对话框

“设计器”布局：“设计器”工作区为设计人员针对可视化 Web 站点创建工作优化地集成了 Dreamweaver 里所有相关的窗口和面板。在该视图中，Dreamweaver 显示文档的完全可编辑的可视化表示形式，类似于在浏览器中查看页面时看到的内容。

“编码器”布局是一个用于编写和编辑 HTML、JavaScript、服务器语言代码（如 PHP 或 ColdFusion 标记语言）以及任何其他类型代码的手工编码环境。

启动 Dreamweaver 8.0 后，出现如图 4—3—2 所示的窗口。其中主要包括“文档”窗口、“插入”栏、“文档”工具栏、标签选择器、“属性”检查器、面板组和“文件”面板等。

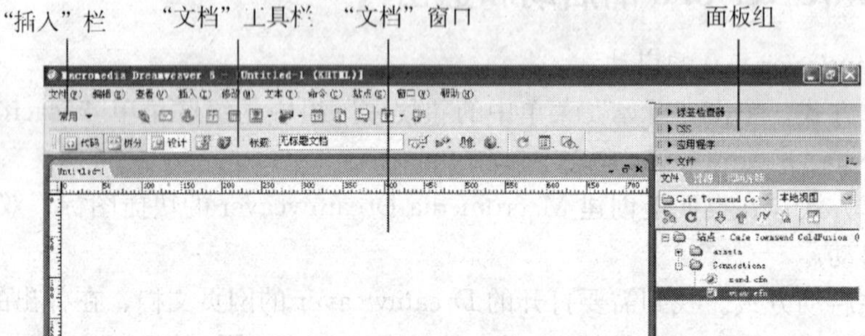

图 4—3—2　Dreamweaver 8.0 窗口

（1）“文档”窗口。用于显示和编辑当前文档。

单元 4

(2)“插入”栏。包含用于创建和插入对象（如表格、层和图像）的按钮，如图 4—3—3 所示。当鼠标指针移动到一个按钮上时，会出现一个工具提示，其中含有该按钮的名称。

图 4—3—3 “插入”栏

这些按钮被组织到几个类别中，可以在“插入”栏的左侧进行切换，如图 4—3—4 所示。

图 4—3—4 切换“插入”栏类别

“插入”栏的类别功能如下：

1）“常用”类别。可以创建和插入最常用的对象，例如图像和表格。

2）“布局”类别。可以插入表格、div 标签、层和框架。还可以从三个表格视图中进行选择，即“标准”（默认）“扩展表格”和“布局”。当选择“布局”模式后，可以使用 Dreamweaver 布局工具——“绘制布局单元格”和“绘制布局表格”。

3）“表单”类别。包含用于创建表单和插入表单元素的按钮。

4）“文本”类别。可以插入各种文本格式设置标签和列表格式设置标签，例如 b, em，p，h1 和 ul。

5）“HTML”类别。可以插入用于水平线、头内容、表格、框架和脚本的 HTML 标签。

6）“服务器代码”类别。仅适用于使用特定服务器语言的页面，这些服务器语言包括 ASP，ASP. NET，CFML Basic，CFML Flow，CFML Advanced，JSP 和 PHP。这些类别中的每一个都提供了服务器代码对象，可以将这些对象插入“代码”视图中。

7）“应用程序”类别。可以插入动态元素，例如记录集、重复区域以及记录插入和更新表单。

8）“Flash 元素”类别。可以插入 Macromedia Flash 元素。

9）“收藏夹”类别。可以将“插入”栏中最常用的按钮分组和组织到某一常用位置。

(3)“文档”工具栏。“文档”工具栏中包含按钮，这些按钮可以在文档的不同视图间快速切换：“代码”视图、“设计”视图、同时显示“代码”和“设计”视图的拆分视图。工具栏中还包含一些与查看文档、在本地和远程站点间传输文档有关的常用命令和选项，如图 4—3—5 所示。

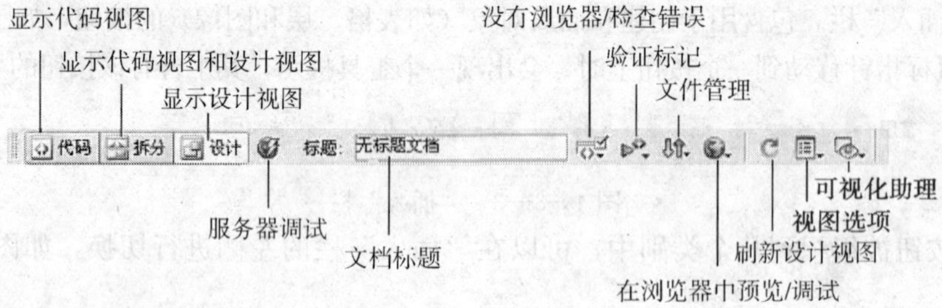

图 4—3—5 “文档”工具栏

“文档”工具栏中的选项如下：

1）显示代码视图。仅在“文档”窗口中显示“代码”视图。

2）显示代码视图和设计视图。在“文档”窗口的一部分中显示“代码”视图，而在另一部分中显示“设计”视图。

3）显示设计视图。仅在“文档”窗口中显示“设计”视图。

4）服务器调试。显示一个页面出错报告，便于调试当前 ColdFusion 页。

5）文档标题。为文档输入一个标题，它将显示在浏览器的标题栏中。如果文档已经有了一个标题，则该标题将显示在该区域中。

6）没有浏览器/检查错误。可以检查跨浏览器兼容性。

7）验证标记。可以验证当前文档或选定的标签。

8）文件管理。显示“文件管理”弹出菜单。

9）在浏览器中预览/调试。可以在浏览器中预览或调试文档。从弹出菜单中选择一个浏览器。

10）刷新设计视图。在“代码”视图中进行更改后刷新文档的“设计”视图。在执行某些操作（如保存文件或单击该按钮）之前，在“代码”视图中所做的更改不会自动显示在“设计”视图中。

11）视图选项。为“代码”视图和“设计”视图设置选项，其中包括对哪个视图显示在上面进行选择。该菜单中的选项用于当前视图，如“设计”视图、“代码”视图或两者都可。

12）可视化助理。可以使用不同的可视化助理来设计页面。

（4）状态栏。状态栏位于文档窗口的底部，它显示当前正创建的文档有关的其他信息，如图 4—3—6 所示。

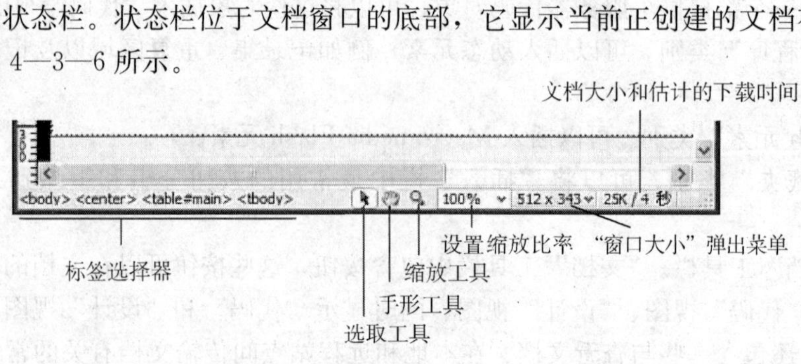

图 4—3—6 状态栏

单元 4

1）标签选择器。显示环绕当前选定内容的标签的层次结构。单击该层次结构中的任何标签以选择该标签及其全部内容。如：单击〈body〉可以选择文档的整个正文。

2）手形工具。单击文档并将其拖到“文档”窗口中。单击选取工具可禁用手形工具。

3）缩放工具和“设置缩放比率”弹出式菜单。为文档设置缩放级别。

4）“窗口大小”弹出菜单（仅在“设计”视图中可见）。将“文档”窗口的大小调整到预定义或自定义的尺寸，右侧是页面（包括全部相关的文件，如图像和其他媒体文件）的文档大小和估计下载时间。

（5）“属性”检查器。可以检查和编辑当前选定页面元素（如文本和插入的对象）的最常用属性。“属性”检查器中的内容根据选定的元素会有所不同，如果当前选择了一幅图像，那么属性面板上就出现该图像的相关属性，如图 4—3—7 所示。

图 4—3—7　“属性”检查器

（6）面板组。除了以上介绍的面板外，在 Dreamweaver 中将其他的面板组织到面板组中。面板组中选定的面板显示为一个选项卡。每个面板组都可以展开或折叠，并且可以和其他面板组停靠在一起或取消停靠。

（7）“文件”面板。文件面板中显示的是当前站点的文件，可以在其中进行文件操作，如“复制”和“粘贴”等。也可以通过双击面板中的文件在文档窗口打开该文件进行编辑。

二、建立站点

要制作一个能够被方便浏览的网站，首先需要在本地磁盘上制作这个网站，然后把这个网站传到互联网的 Web 服务器上。放置在本地磁盘上的网站被称为“本地站点”，位于互联网 Web 服务器里的网站被称为“远程站点”。Dreamweaver 8 提供了对本地站点和远程站点的管理功能。

1. 规划站点结构

网站是多个网页的集合，其包括一个首页和若干个分页，一个网站是由多张网页组成的集合，其包括一张首页和若干子页面。这种集合不是简单的组合，为了达到最佳效果，在创建任何 Web 站点页面之前，要对站点的结构进行设计和规划。决定要创建多少页，每页上显示什么内容，页面布局的外观以及各页是如何互相链接起来的。

注意：站点内还可以设置文件夹，为了方便管理和查找，使站点结构清晰明了，通常将文件分门别类放置在不同的文件夹内。

2. 创建站点

在创建站点之前，应先在本地磁盘上建一个以英文或者数字命名的文件夹，用来存放整个站点的文件，这里以 E：\myweb 为例，创建站点的操作步骤如下：

（1）单击“站点”菜单中的“新建站点”命令，打开如图 4—3—8 所示的新建“编辑文件”对话框。

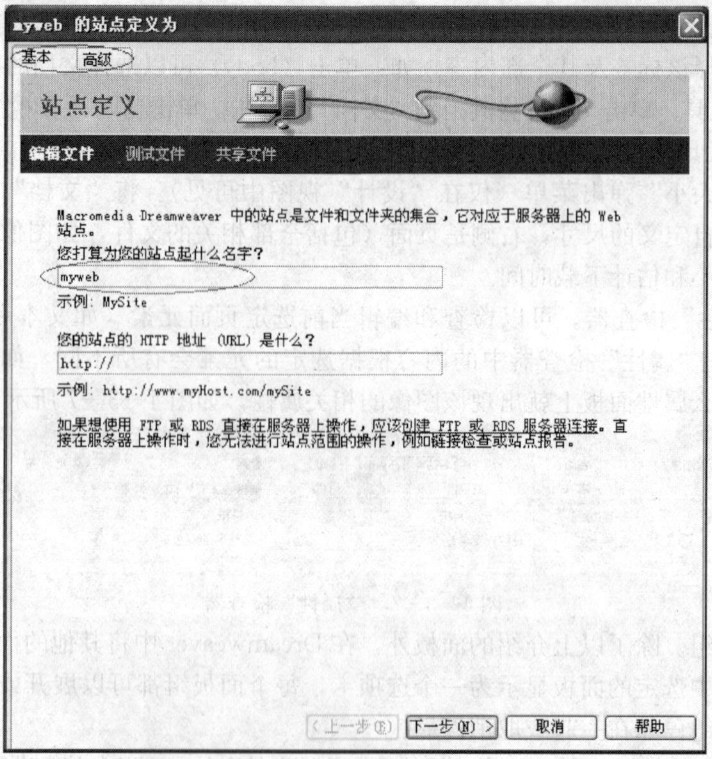
myweb 的站点定义为
基本
高级
站点定义
编辑文件
测试文件
共享文件
Macromedia Dreamweaver 中的站点是文件和文件夹的集合，它对应于服务器上的 Web 站点。
您打算为您的站点起什么名字？
myweb
示例：MySite
您的站点的 HTTP 地址 (URL) 是什么？
http://
示例：http://www.myHost.com/mySite
如果想使用 FTP 或 RDS 直接在服务器上操作，应该创建 FTP 或 RDS 服务器连接。直接在服务器上操作时，您无法进行站点范围的操作，例如链接检查或站点报告。
< 上一步(B)
下一步(N) >
取消
帮助

图 4—3—8 “编辑文件”对话框

对话框中有“基本”和“高级”两个选项卡，“基本”选项卡是使用“站点定义向导”来引导设计者逐步完成设置过程，“高级”选项卡是使用“高级”设置来根据需要分别设置本地、远端和测试文件夹。

(2) 单击“基本”选项卡，在文本框内可以输入一个站点名字以在 Dreamweaver 8 中标识该站点，这个名字只是一个站点标识，取什么名字与今后发布的网站无关。由于建立的是本地站点，站点的 HTTP 地址可以不填。单击“下一步”按钮，弹出如图 4—3—9所示的对话框，询问是否要使用服务器技术。

(3) 由于建立的是一个静态的页面，单击“否，我不想使用服务器技术”单选按钮，单击“下一步”按钮，弹出如图 4—3—10 所示的对话框。

(4) 当前建立的站点是在本地磁盘，选择“编辑我的计算机上的本地副本，完成后再上传到服务器”单选按钮，在下面的文本框中填站点文件夹的位置。直接在文本框中输入完整的文件夹路径，或者用文本框右边的选择器来定位站点文件夹。单击“下一步”按钮，弹出如图 4—3—11 所示的对话框。

(5) 在“您如何连接到远程服务器?”的下拉列表框中选择一种连接方式，如果只是在本地编辑站点，可以选择“无”列表项，单击“下一步”按钮，弹出如图 4—3—12 所示的对话框。

(6) 该对话框是对前面所做的设置进行一个总览，如果不满意，可以单击“上一步”按钮进行修改，单击“完成”按钮，结束设置。创建了一个名为“myweb”的站点。

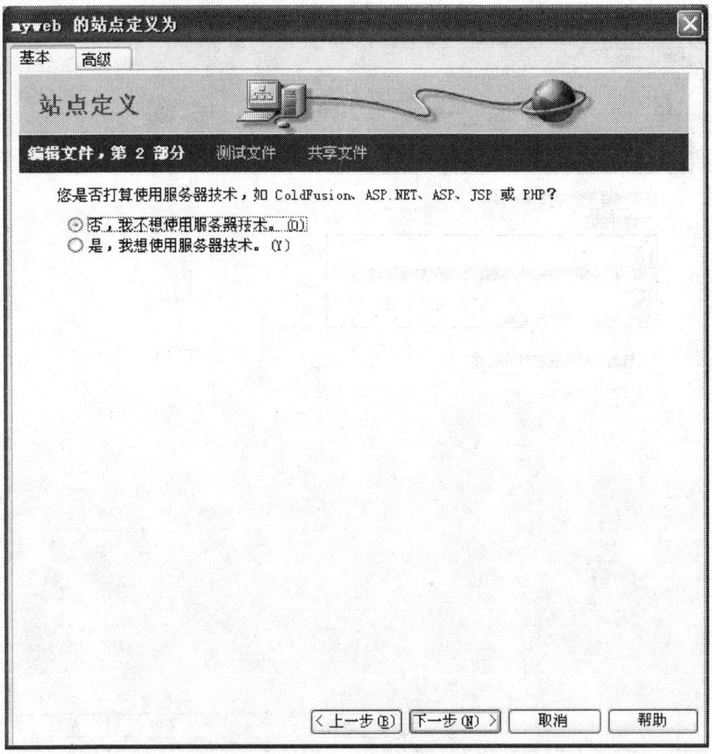
myweb 的站点定义为
基本
高级
站点定义
编辑文件，第 2 部分
测试文件
共享文件
您是否打算使用服务器技术，如 ColdFusion、ASP.NET、ASP、JSP 或 PHP?
否，我不想使用服务器技术。(O)
是，我想使用服务器技术。(Y)
< 上一步(B)
下一步(N) >
取消
帮助

图 4—3—9 “编辑文件第 2 部分”对话框

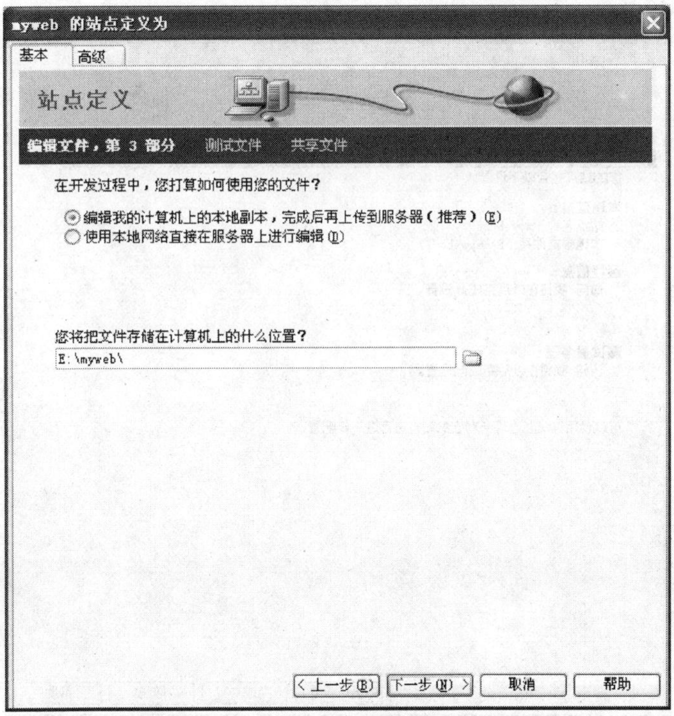
myweb 的站点定义为
基本
高级
站点定义
编辑文件，第 3 部分
测试文件
共享文件
在开发过程中，您打算如何使用您的文件?
编辑我的计算机上的本地副本，完成后再上传到服务器（推荐）(E)
使用本地网络直接在服务器上进行编辑 (D)
您将把文件存储在计算机上的什么位置?
E:\myweb\
< 上一步(B)
下一步(N) >
取消
帮助

图 4—3—10 “编辑文件第 3 部分”对话框

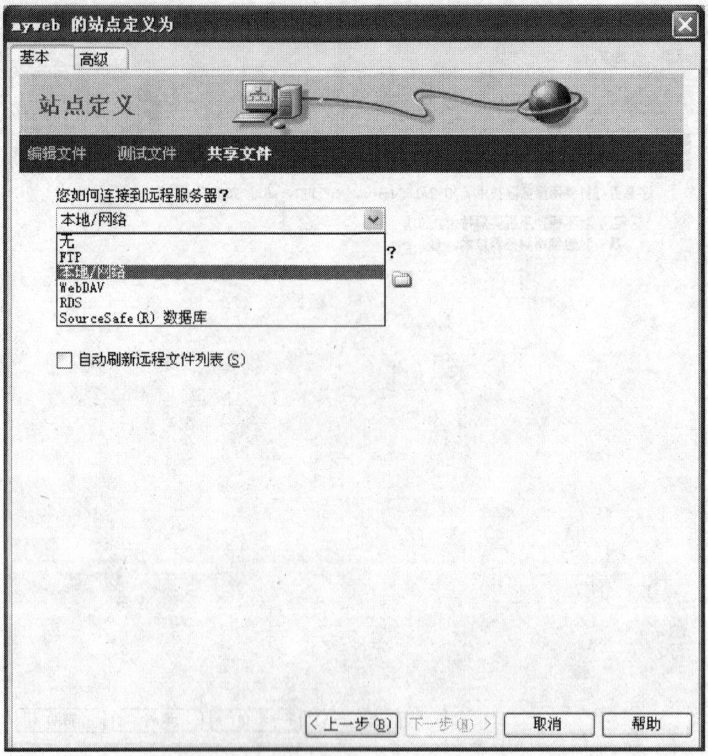

图 4—3—11　“共享文件”对话框

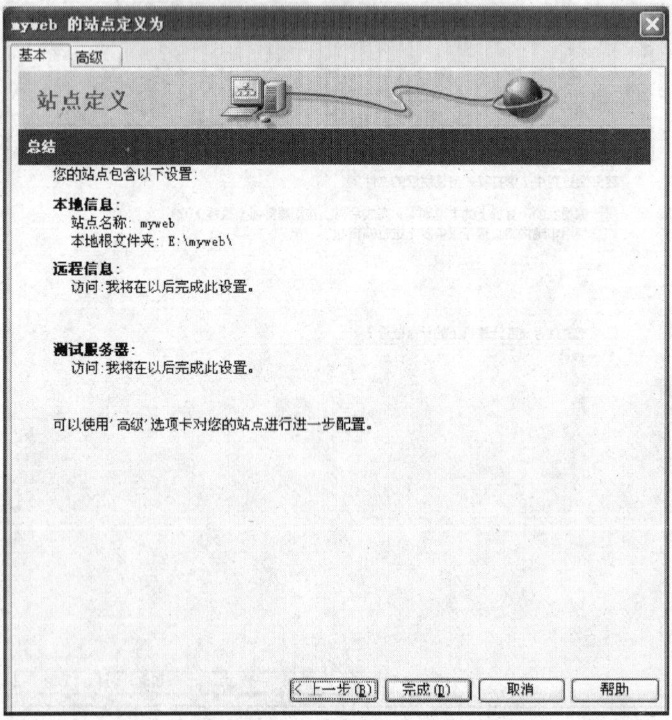

图 4—3—12　“总结”对话框

(7) 若要修改建立好的站点设置，可单击“站点”菜单中的“ 管理站点”命令，打开如图 4—3—13 所示的“管理站点”对话框。

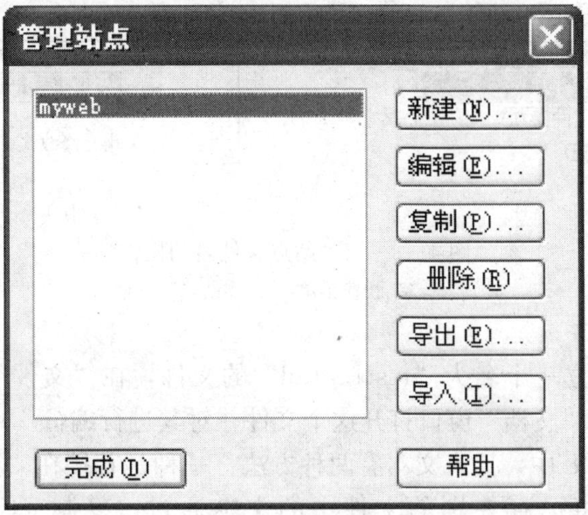

图 4—3—13 “管理站点”对话框

(8) 在“管理站点”左边窗口中会出现刚才建立好的站点“myweb”，如果有多个站点，将会在这里列出。选中要修改的站点名称，单击右边的“编辑”按钮，打开如图 4—3—8 所示的“编辑文件”对话框，重复以上步骤，就可以修改站点设置。

三、建立页面

在建立好站点后，在“文件”面板中会出现这个站点，如图 4—3—14 所示。

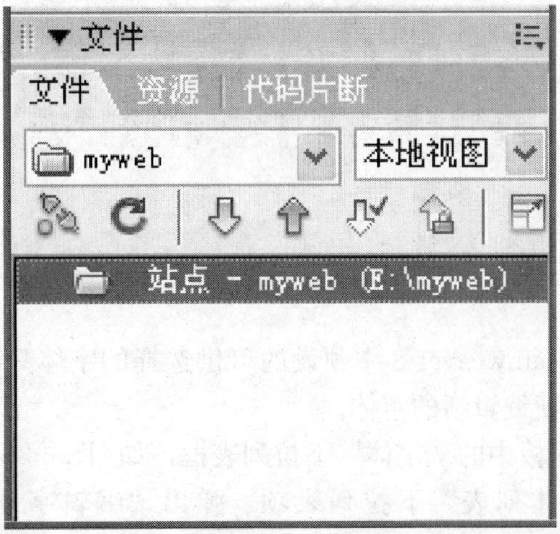

图 4—3—14 新建的站点

在站点上单击鼠标右键，选择“新建文件”，如图 4—3—15a 所示，即可建立一个名为 untitled. html 的空文件。在“文件”面板中可以对其修改文件名，在修改文件名时，只对“untitled”进行修改，应保留其后缀“. html”，如图 4—3—15b 所示。

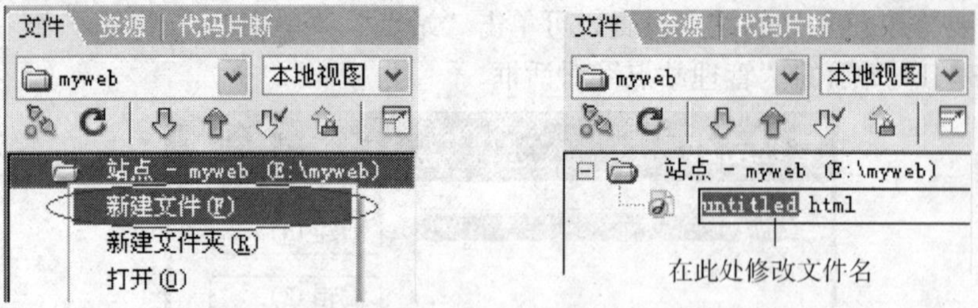
文件
资源
代码片断
myweb
本地视图
站点 - myweb (E:\myweb)
新建文件(F)
新建文件夹(R)
打开(O)
untitled.html
在此处修改文件名

a）　　b）

图 4—3—15　站点文件名的操作

a）“站点”快捷菜单　b）“站点”文件名

1. 文本编辑

按上面的方法建立一个名为“test1. html”的文件，在“文件”面板中用鼠标左键双击这个文件，可在“文档”窗口打开这个文件并对其进行编辑。

在 Dreamweaver 8 中，插入文本有两种方法：一种是直接在“文档”窗口中使用键盘输入，另一种是将已存在别的文件中的文本通过“复制（Ctrl＋C)”和“粘贴(Ctrl＋V)”的方法复制到该文档中。

Dreamweaver 8 可以定义文本的字体、字号、颜色、样式等内容，这些内容均可在“属性”面板中进行设置。

【例 4—3—1】 建立如图 4—3—16 所示的效果。设置标题格式为：隶书、36 磅、红色、加粗、居中对齐。设置正文格式为：楷体、24 磅、颜色为＃009999。

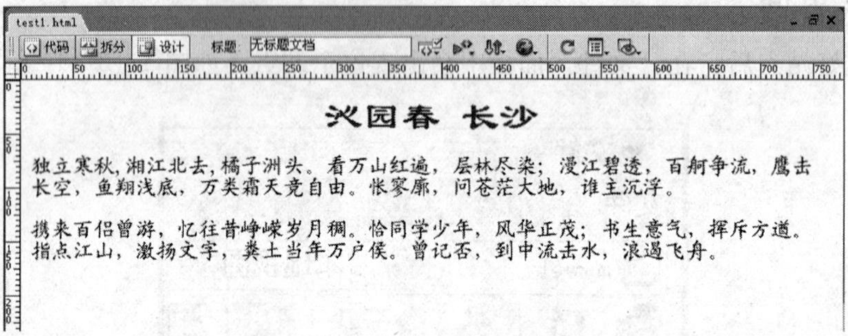
test1.html
代码
拆分
设计
标题:
无标题文档
沁园春 长沙
独立寒秋，湘江北去，橘子洲头。看万山红遍，层林尽染；漫江碧透，百舸争流，鹰击长空，鱼翔浅底，万类霜天竞自由。怅寥廓，问苍茫大地，谁主沉浮。
携来百侣曾游，忆往昔峥嵘岁月稠。恰同学少年，风华正茂；书生意气，挥斥方遒。指点江山，激扬文字，粪土当年万户侯。曾记否，到中流击水，浪遏飞舟。

图 4—3—16　文字格式的设置

操作步骤如下：

（1）设置字体。Dreamweaver 8 中预设的可供选择的字体只有 6 项英文字体，要想使用中文字体，必须重新编辑新的字体。

1）打开“属性”面板中的“字体”下拉列表框，如图 4—3—17 所示。

2）选择“编辑字体列表”下拉列表项，弹出“编辑字体列表”对话框，如图 4—3—18所示。

3）在“字体列表”列表框中选择“在以下列表中添加字体”。

4）在“可用字体”列表框中选择“隶书”。

5）单击“〈〈”按钮，在“选择的字体”栏中将会出现“隶书”。

6）单击“＋”按钮，将“隶书”添加到“字体列表”中。

图 4—3—17 “字体”下拉列表框

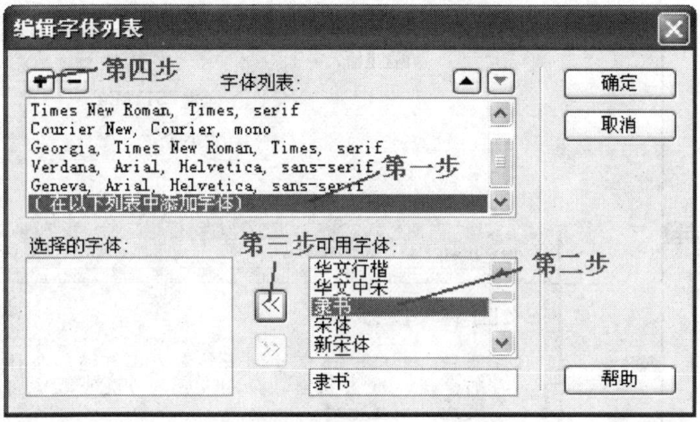

图 4—3—18 “编辑字体列表”对话框

重复以上操作可以继续添加别的字体，单击“确定”按钮，结束字体添加，在“属性面板”中“字体”后的下拉列表框中添加了字体，如图 4—3—19 所示，这时就可以对文字进行中文字体设置了。

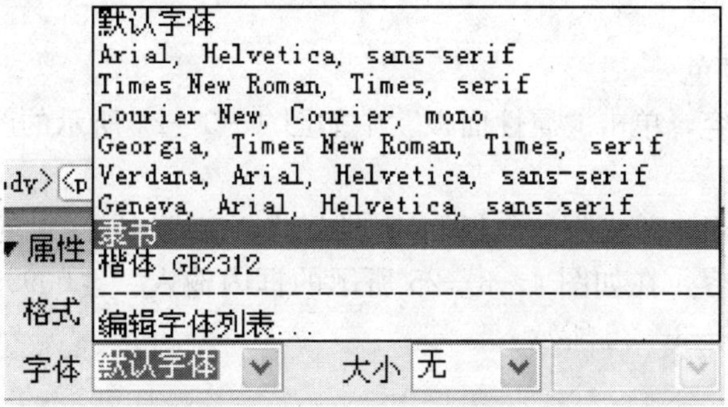

图 4—3—19 已添加字体的下拉列表框

7）选定标题内容，在“属性面板”中的字体列表中选择“隶书”，设置标题的字体。

8）选定正文内容，将正文设置为“楷体”，如图 4—3—20 所示。

（2）设置字号

1）选定标题内容，在“属性面板”中的“大小”下拉列表框中选择“36”，如图 4—3—21 所示。

2）选定正文内容，在下拉列表框中输入正文的大小为 24 磅，如图 4—3—22 所示，字号的设置效果如图 4—3—23 所示。

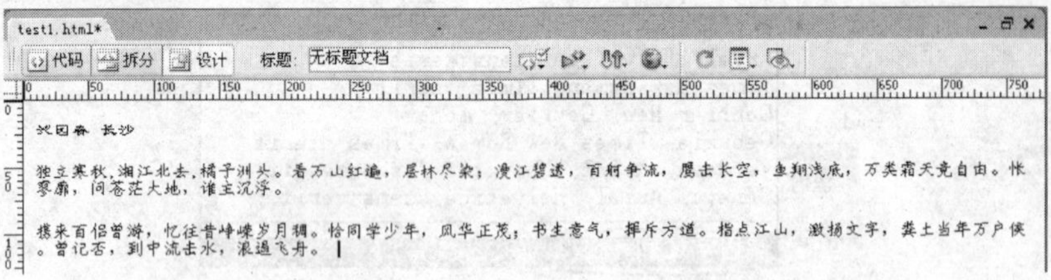

图 4—3—20　标题和正文字体效果

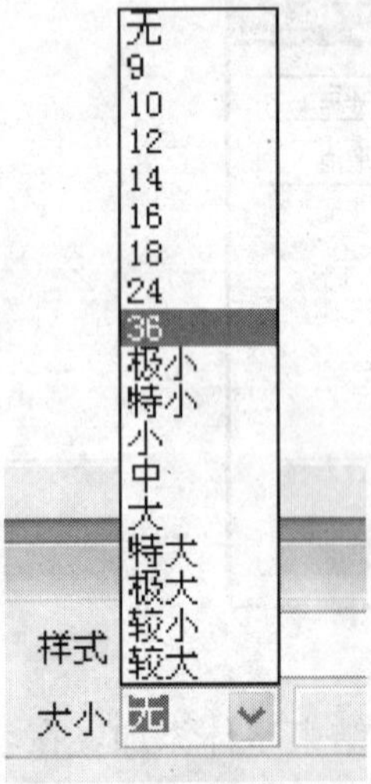
无
9
10
12
14
16
18
24
36
极小
特小
小
中
大
特大
极大
较小
较大
样式
大小

图 4—3—21　设置标题字号

在这里输入字号
样式 STYLE4
大小

图 4—3—22　设置正文大小

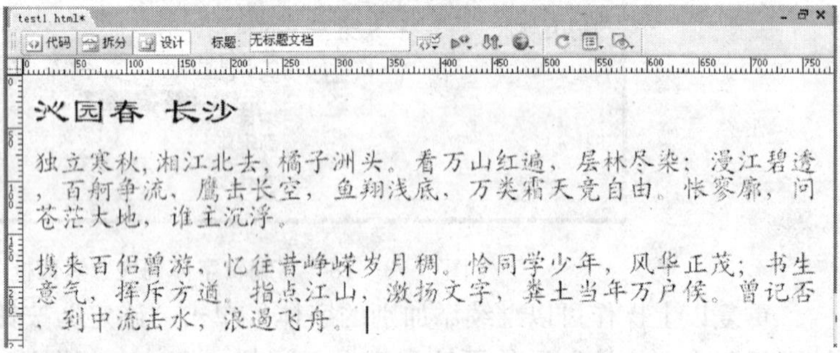
沁园春 长沙
独立寒秋，湘江北去，橘子洲头。看万山红遍，层林尽染；漫江碧透，百舸争流，鹰击长空，鱼翔浅底，万类霜天竞自由。怅寥廓，问苍茫大地，谁主沉浮。
携来百侣曾游，忆往昔峥嵘岁月稠。恰同学少年，风华正茂；书生意气，挥斥方遒。指点江山，激扬文字，粪土当年万户侯。曾记否，到中流击水，浪遏飞舟。

图 4—3—23　文字设置效果

(3) 设置文字颜色

1) 选定标题内容，单击“属性面板”中如图 4—3—24 所示的颜色按钮，弹出颜色选择面板。

2) 鼠标变为笔形，单击颜色面板上的“红色”，完成标题颜色的设置。

3) 选定正文内容，在如图 4—3—25 所示的框内输入“＃009999”，为正文内容颜色，设置结果如图 4—3—26 所示。

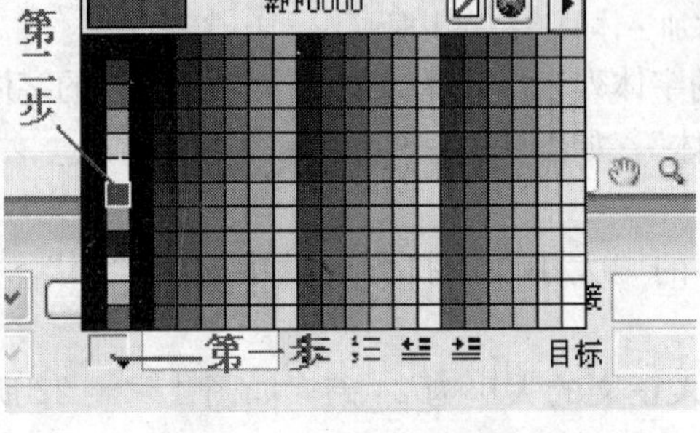
#FF0000
第二步
第一步
目标

图 4—3—24　颜色选择面板

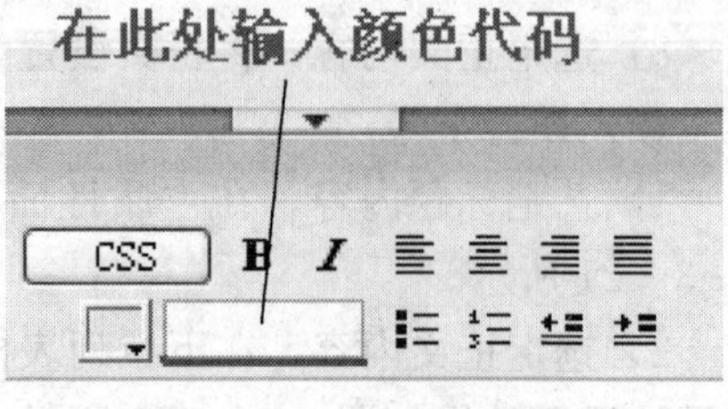
在此处输入颜色代码
CSS

图 4—3—25　输入颜色代码

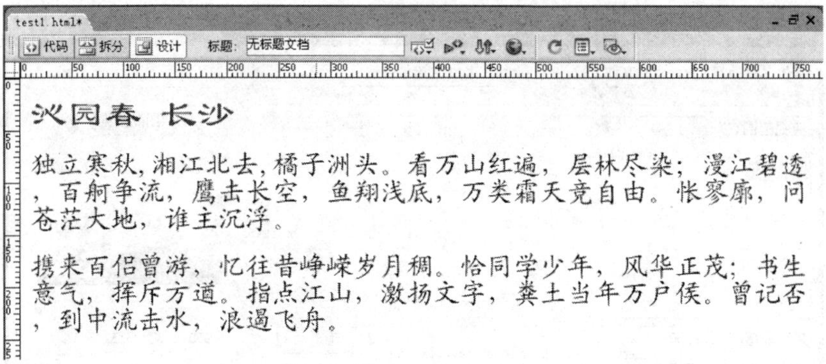

图 4—3—26　颜色设置效果

(4) 设置加粗和倾斜。选定标题内容，在如图 4—3—27 所示的位置设置文字的“粗体”和“倾斜”。

(5) 设置文字对齐。选定标题内容，在如图 4—3—28 所示相应位置可以设置各种对齐方式，选择其中的居中对齐完成设置。

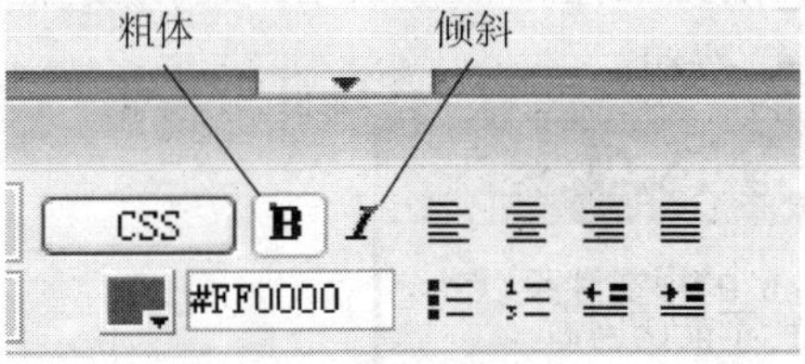

图 4—3—27　设置加粗和倾斜

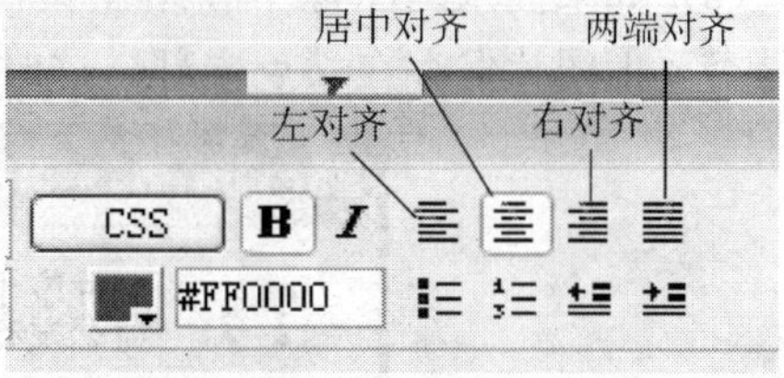

图 4—3—28　设置文字对齐

以上设置完成后点击保存，将设置好的页面保存到站点内。

2. 插入图像

在文档中插入图像时，Dreamweaver 自动在 HTML 源代码中生成对该图像文件的引用。为了确保此引用的正确性，该图像文件必须位于当前站点中。在进行站点规划时，应该建立一个专用文件夹来存放图像资源。

在进行插入操作之前，为了避免使图像链接出现错误，将要插入的图像复制到站点中用于存放图像文件的文件夹内，本例为“E:\myweb\img”。插入图像的具体步骤如下：

(1) 将插入点定位在需插入图像的位置，单击常用“插入栏”的“图像”按钮，如图 4—3—29 所示。

图 4—3—29　常用“插入栏”

(2) 在弹出的“选择图像源文件”对话框中找到文件所在的位置，如图 4—3—30 所示。在左边选择源文件，右边预览框中显示该文件的内容，单击“确定”按钮，插入图片。

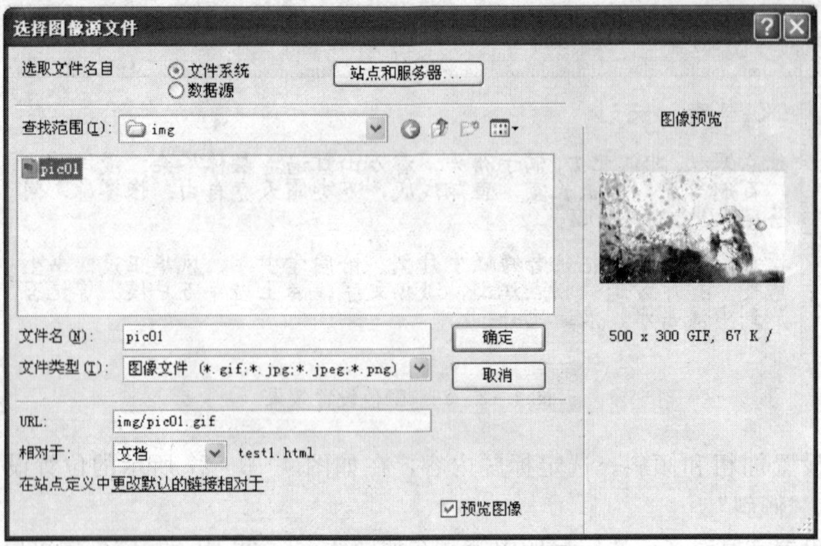

图 4—3—30 “选择图像源文件”对话框

(3) 如果插入的图像不在站点文件夹内，会出现如图 4—3—31 所示的对话框，询问是否要把图片保存在站点内部，这时单击“是”按钮。

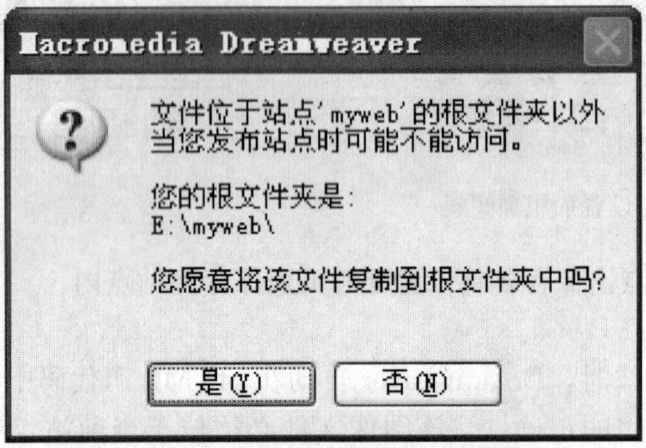

图 4—3—31 图像不在站点内的提示

(4) 单击“是”按钮，选择站点的图片文件夹，即“E：\myweb\img”，打开如图 4—3—32 所示的“复制文件为”对话框。

完成后的结果如图 4—3—33 所示。

3. 插入动画

与插入图像类似，插入动画也应注意将动画文件存放在站点内。例如在站点内建立一个名为“swf”的文件夹，用来存放动画文件。插入动画的具体步骤如下：

(1) 将插入定位点移至要插入动画的位置，单击常用“插入栏”中的“媒体”按钮，在下拉列表中选择“Flash”，如图 4—3—34 所示。

(2) 在打开的“选择文件”对话框中，依照图像插入的步骤可以完成动画的插入。插入后的动画不会像图像那样直接显示出来，而是只显示占位符，如图 4—3—35 所示。

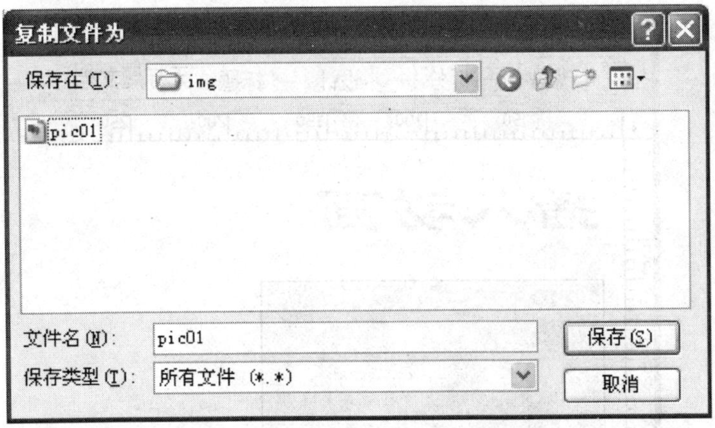

图 4—3—32 “复制文件为”对话框

图 4—3—33 插入图像效果

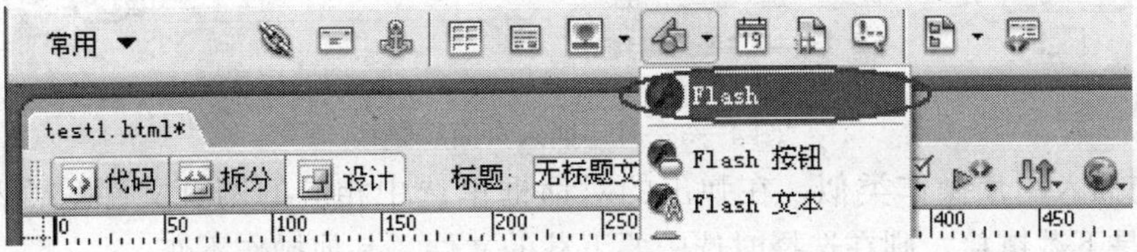

图 4—3—34 “媒体”按钮

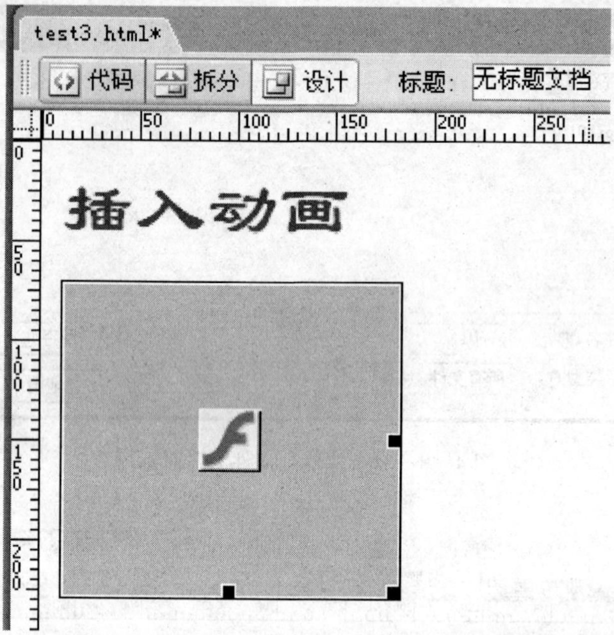

图 4—3—35　插入动画占位符

(3) 选定该动画文件，在“属性”面板中，单击如图 4—3—36 所示的“插放”按钮，可以预览动画效果。

图 4—3—36　动画“插放”按钮

4. 插入超链接

一个网站内会有很多的页面，页面之间彼此独立的网站是无法运行的。为了建立起网页之间的联系就必须要使用“超级链接”。“超级链接”可以链接各种资源文件，如：网页、下载文件、网站地址、邮件地址等。

(1) 插入页面之间的超链接

1) 选定要建立超级链接的文字或者图片，单击“属性面板”中的“链接”下拉列表框右侧的黄色文件夹图标，如图 4—3—37 所示。

图 4—3—37　插入页面超链接

2) 与插入图片操作类似，在弹出的对话框里选中相应的网页文件，插入超链接。若插入的是下载链接，则在选择时选中要下载的文件，其他操作不变。

以上所有的资源文件都应存放在网页站点文件夹内。

(2) 邮件地址的超级链接。单击邮件地址超级链接，弹出操作系统默认的邮件发送程序并自动填上收件人。选择要插入链接的文件，单击如图 4—3—38 所示的“插入”栏的“电子邮件链接”按钮，弹出如图 4—3—39 所示的“电子邮件链接”对话框，在“E-Mail”文本框中输入一个 E-Mail 地址。

图 4—3—38 “电子邮件链接”按钮

图 4—3—39 “电子邮件链接”对话框

5. 删除超链接

删除超链接只需选中超链接的文本，将“属性”对话框中“链接”栏中的链接删除后按“回车”键确定即可。

四、表格

表格是网页制作的一个重要组成部分，用表格可以实现网页的精确排版和定位，表格的结构如图 4—3—40 所示。

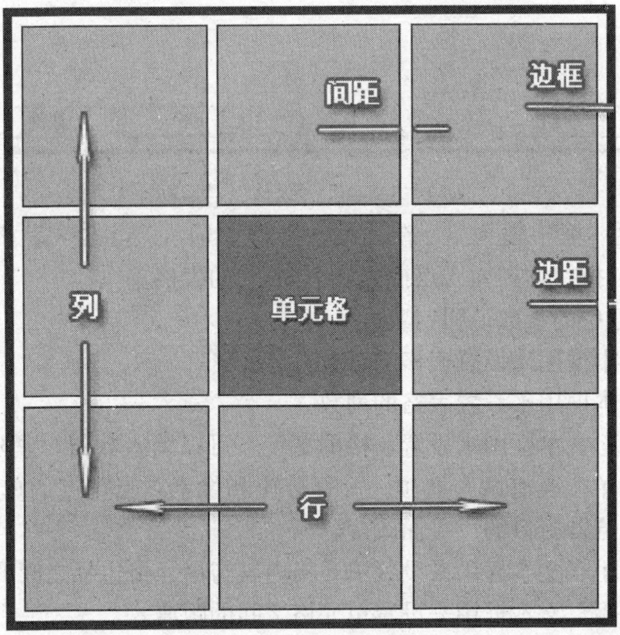

图 4—3—40 表格结构

在表格中，横向称为行，纵向称为列，行列交叉部分称为单元格。单元格中的内容和边之间的距离叫边距或填充，单元格和单元格之间的距离称间距，整张表格的边缘称为边框。

1. 插入表格

插入一个 3 行，5 列，宽度为 600 像素的表格，操作步骤如下：

（1）将插入定位点移至要插入表格的位置上。

（2）单击“常用”工具栏上的“表格”按钮，弹出如图 4—3—41 所示的“表格”对话框。

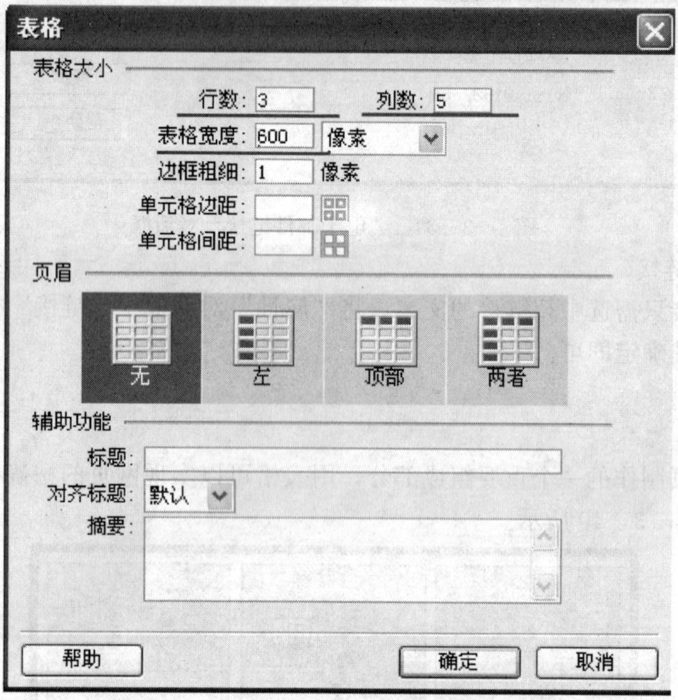

图 4—3—41　“表格”对话框

（3）在“行数”框中输入 3，在“列数”框中输入 5，在“表格宽度”框中输入 600，单击“确定”按钮，在插入点插入一个 3×5 的表格。

“表格”对话框中的参数说明：

1）“行数”文本框用来设置表格的行数。

2）“列数”文本框用来设置表格的列数。

3）“表格宽度”文本框用来设置表格的宽度，可以填入数值，紧随其后的下拉列表框用来设置宽度的单位，有两个选项——百分比和像素。当宽度的单位选择百分比时，表格的宽度会随浏览器窗口的大小而改变。

4）“单元格边距”文本框用来设置单元格内容与单元格边界之间的距离。

5）“单元格间距”文本框用来设置单元格之间的距离。

6）“边框粗细”用来设置表格的边框的宽度。

7）“页眉”定义页眉样式，可以在四种样式中选择一种。

8）“标题”定义表格的标题。

9）“对齐标题”定义表格标题的对齐方式。

10）“摘要”可以在这里对表格进行注释。

2. 编辑表格

（1）选定单元格对象。对于表格、行、列、单元格属性的设置是以选择这些对象为前提的。

1）选定整个表格。将鼠标放在表格边框的任意处，当出现这样的标志时单击即可选定整个表格，或在表格内任意处单击，然后在状态栏选中〈table〉标签即可；或在单元格任意处单击，点鼠标右键在弹出菜单中选择“表格→选择表格”。

2）选定某一单元格。按住 Ctrl 键，鼠标在需要选定的单元格单击即可；或选中状态栏中的〈td〉标签。

3）选定连续的单元格。按住鼠标左键从一个单元格的左上方开始向要连续选择单元格的方向拖动。要选中不连续的几个单元格，可以按住 Ctrl 键，依次单击要选择的单元格。

4）选定某一行或某一列，将光标移动到行左侧或列上方，鼠标指针变为向右或向下的箭头图标时，单击即可。

（2）表格属性。选中一个表格后，可以通过属性面板更改表格属性，表格属性的对话框如图 4—3—42 所示。

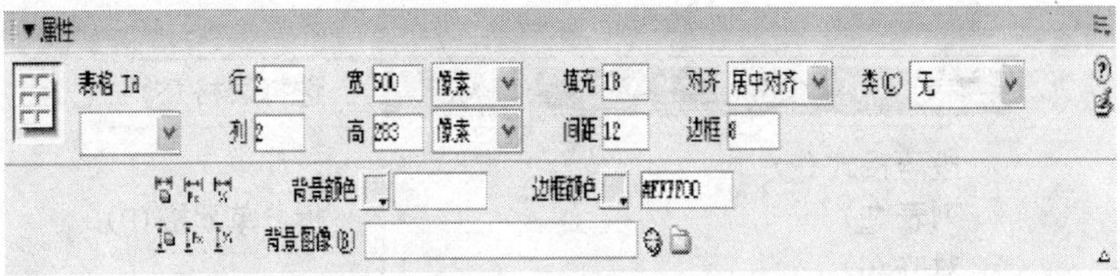

图 4—3—42　“表格属性”对话框

对话框中的参数说明：

1）“填充”文本框用来设置单元格边距，“间距”文本框用来设置单元格间距。

2）“对齐”下拉列表框用来设置表格的对齐方式，默认的对齐方式一般为左对齐。

3）“边框”文本框用来设置表格边框的宽度。

4）“背景颜色”文本框用来设置表格的背景颜色。

5）“边框颜色”用来设置表格边框的颜色。

在“背景图像”文本框填入表格背景图像的路径，可以给表格添加背景图像，也可以在文本框加上链接路径。还可以单击文本框后的“浏览”按钮，查找图像文件。在“选择图像源”对话框中定位并选择要设置为背景的图片。

（3）单元格属性。把光标移动到某个单元格内，可以利用单元格属性面板对这个单元格的属性进行设置，单元格属性的对话框如图 4—3—43 所示。

对话框中的参数说明：

1）“水平”文本框用来设置单元格内元素的水平排版方式，是居左、居右或是居中。

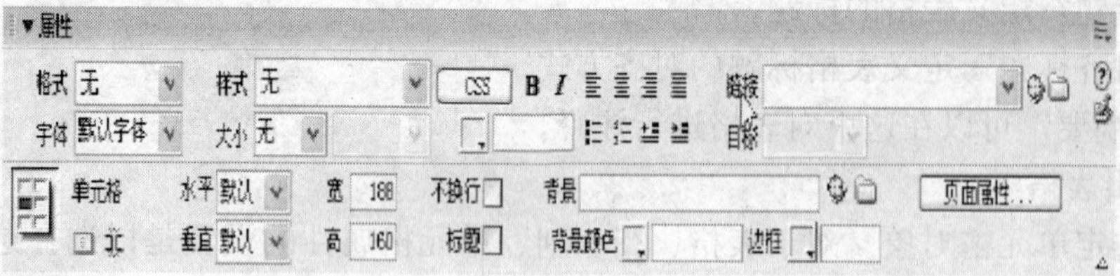

图 4—3—43　“单元格属性”对话框

2）“垂直”文本框用来设置单元格内的垂直排版方式，是顶端对齐、底端对齐或是居中对齐。

3）“高”和“宽”文本框用来设置单元格的宽度和高度。

4）“不换行”复选框可以防止单元格中较长的文本自动换行。

5）“标题”复选框使选择的单元格成为标题单元格，单元格内的文字自动以标题格式显示出来。

6）“背景”文本框用来设置表格的背景图像。

7）“背景颜色”文本框用来设置表格的背景颜色。

8）“边框”文本框用来设置表格边框的颜色。

（4）插入行和列

1）选中要插入行或列的单元格，单击鼠标右键，在弹出的如图 4—3—44 所示的快捷菜单中，选择“插入行”或“插入列”或“插入行或列”命令。

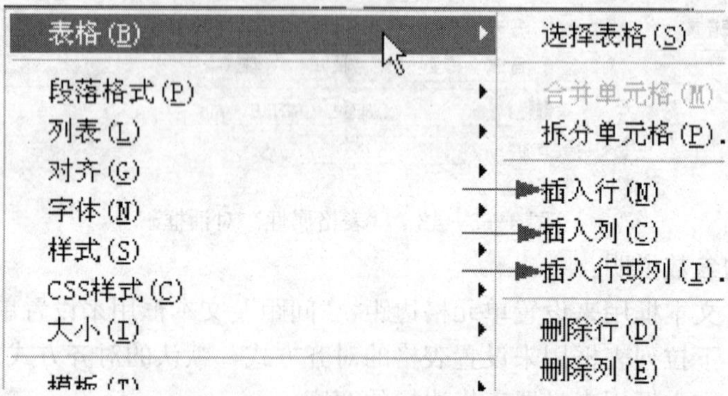

图 4—3—44　表格快捷菜单

2）如果选择了“插入行”命令，在选择行的上方就插入了一个空白行，如果选择了“插入列”命令，就在选择列的左侧插入了一列空白列。

3）如果选择了“插入行或列”命令，将弹出如图 4—3—45 所示的“插入行或列”对话框。

4）可以设置插入行还是列，插入的数量，以及使在当前选择的单元格的上方或下方插入行，左侧或是右侧插入列。

5）要删除行或列，选择要删除的行或列，单击鼠标右键，在弹出菜单中选择“删除行”或“删除列”命令即可。

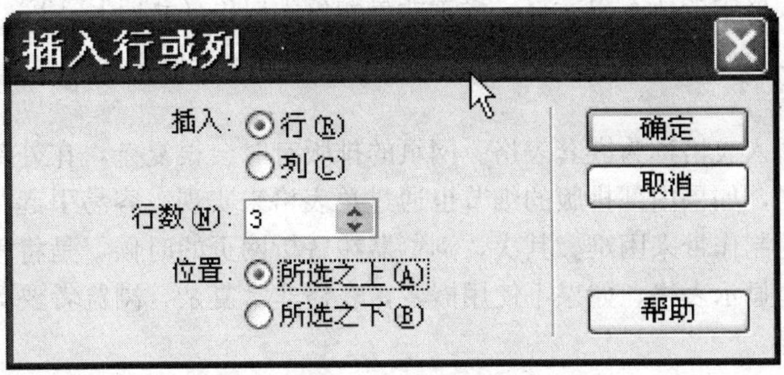

图 4—3—45 “插入行或列”对话框

(5) 拆分与合并单元格。拆分单元格时，将光标放在待拆分的单元格内，单击属性面板上的“拆分”按钮；合并单元格时，选中要合并的单元格，单击属性面板中的“合并”按钮即可。

3. 表格修饰

新建好的表格可以对其进行边距、填充、间距和背景等的设置。在如图 4—3—46 所示的三个表格中，表格一是直接插入后的效果，表格二与表格三是修饰后的效果。

图 4—3—46 表格修饰实例

表格二的制作方法：

选中整张表格后在属性面板中设置间距为 0、边框为 1、边框颜色为红色（＃FF0000），如图 4—3—47 所示。

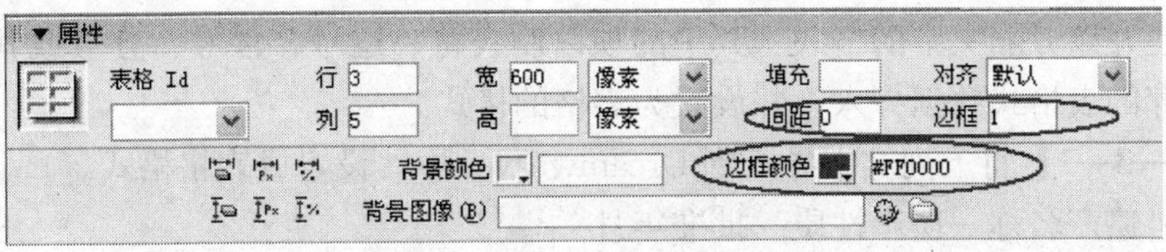

图 4—3—47 表格二的制作

表格三为细边框表格，其边框线为 1 像素（依照表格二的制作方法制作的表格边框为 2 像素），其制作方法为：

(1) 选中整张表格，设置间距为 1、边框为 0、背景颜色为红色（＃FF0000）。

（2）选中表格中的所有单元格，设置背景颜色为白色（＃FFFFFF）。

（3）制作完成后按 F12 键保存，在 IE 浏览器中显示表格效果。

4. 表格嵌套

在表格中插入表格称为嵌套表格。网页的排版有时会很复杂，在外部需要一个表格来控制总体布局，如果内部排版的细节也通过总表格来实现，容易引起行高、列宽等的冲突，给表格的制作带来困难。其次，浏览器在解析网页的时候，是将整个网页的结构下载完毕之后才显示表格，如果不使用嵌套，表格非常复杂，浏览者要等待很长时间才能看到网页内容。

引入嵌套表格，由总表格负责整体排版，由嵌套的表格负责各个子栏目的排版，并插入到总表格的相应位置中，各司其职，互不冲突。另外，通过嵌套表格，利用表格的背景图像、边框、单元格间距和单元格边距等属性可以得到漂亮的边框效果，制作出精美的音画贴图网页。

可以像对任何其他表格一样对嵌套表格进行格式设置，但其宽度受所在单元格的宽度的限制，如图 4—3—48 所示。

图 4—3—48　表格嵌套实例

在表格单元格中嵌套表格的操作方法：

（1）插入总表格。

（2）将光标置于要插入嵌套表格的一个单元格中。

（3）单击“插入”菜单中的“表格”命令，在弹出的“插入表格”对话框中进行设置。

（4）单击“确定”按钮，该表格即出现在总表格中。

5. 导入表格数据

Dreamweaver 可以将在另一个应用程序（例如：记事本、Microsoft Excel 或数据库）中创建并以分隔文本的格式（其中的项以制表符、逗号、冒号、分号或其他分隔符隔开）保存的表格式数据导入，并设置为表格的格式。

【例 4—3—2】将下列文本导入到 Dreamweaver 中，设置成表格格式。

序号　遗产名称　遗产性质　批准年月

1　长城　文化遗产　1987 年 12 月

2　北京故宫　文化遗产　1987 年 12 月

3　敦煌莫高窟　文化遗产　1987 年 12 月

4　秦始皇陵及兵马俑　文化遗产　1987 年 12 月

5　周口店“北京人”遗址　文化遗产　1987 年 12 月

6　泰山风景名胜区　文化和自然双重遗产　1987 年 12 月

7　黄山风景名胜区　文化和自然双重遗产　1990 年 12 月

8　武陵源风景名胜区　自然遗产　1992 年 12 月

9　九寨沟风景名胜区　自然遗产　1992 年 12 月

10　黄龙风景名胜区　自然遗产　1992 年 12 月

操作步骤：

➢选择“文件”→“导入”→“导入表格式数据”，或选择“插入”→“表格对象”→“导入表格式数据”，会出现“导入表格”对话框。

➢单击“浏览”按钮选取所需的文件，在“定界符”中选择“Tab”，单击“确定”完成设置，设置效果如图 4—3—49 所示。

序号	遗产名称	遗产性质	批准年月
1	长城	文化遗产	1987年12月
2	北京故宫	文化遗产	1987年12月
3	敦煌莫高窟	文化遗产	1987年12月
4	秦始皇陵及兵马俑	文化遗产	1987年12月
5	周口店“北京人”遗址	文化遗产	1987年12月
6	泰山风景名胜区	文化和自然双重遗产	1987年12月
7	黄山风景名胜区	文化和自然双重遗产	1990年12月
8	武陵源风景名胜区	自然遗产	1992年12月
9	九寨沟风景名胜区	自然遗产	1992年12月
10	黄龙风景名胜区	自然遗产	1992年12月

图 4—3—49　表格导入数据

6. 页面布局

在网上浏览网页时，一般较少看到有表格的网页，这是因为在进行网页设计时常将表格的边框线宽度设为 0，所以在浏览器中看不到表格。在 Dreamweaver 中看到的只是表格边框的虚线，其实许多网页都是利用表格来布置网页的页面的，在网页中存在大量的表格。

图 4—3—50 所示的页面是利用表格进行页面布局来实现的。具体操作步骤如下：

(1) 插入一个 3 列 1 行的表格，宽度为 640 像素，高为 460 像素，边框、间距、填充均为 0。

(2) 选中左边的单元格，在属性面板中设置其背景颜色为＃FF9933。选中中间的单元格，设置其背景颜色为＃ffffcc。选中右边单元格，设置其背景颜色为＃cd853f，如图 4—3—51 所示。

(3) 设置左边单元格的宽为 140 像素、垂直对齐为顶端对齐。在左边单元格内插入一个 2 行 1 列、宽为 140 像素的表格，设置其边框、间距、填充均为 0，在该表格的两个单元格中分别插入相应的图片。

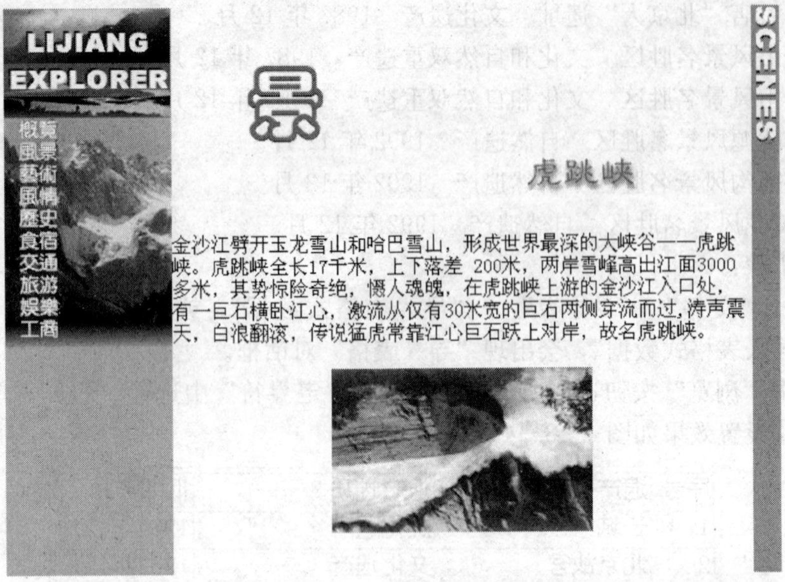

图 4—3—50　页面布局实例图

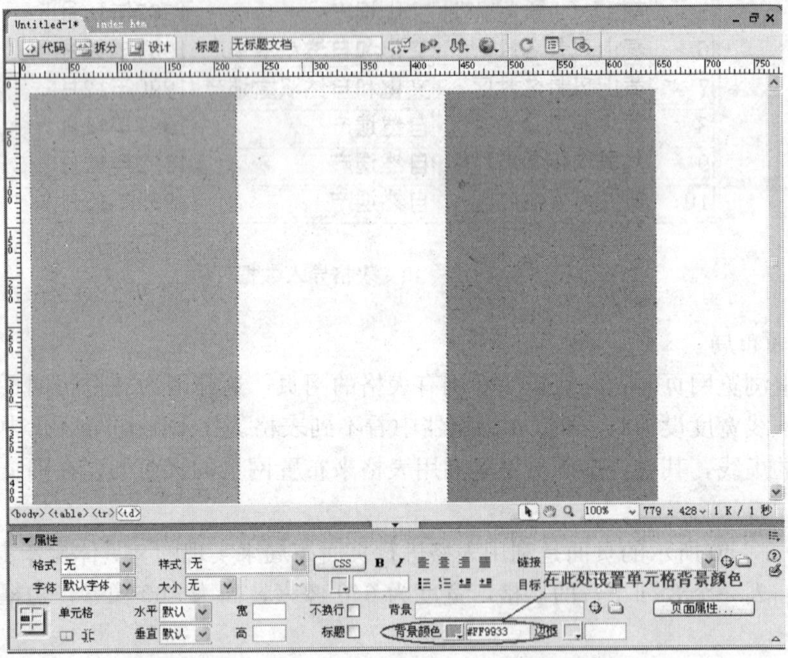

图 4—3—51　设置左边单元格背景颜色

（4）用同样的方法完成右边单元格的设置，如图 4—3—52 所示。

（5）切换到“布局”模式，在插入工具栏上单击“布局表格”按钮，分别在中间单元格的适当位置上拉出三个布局表格框，如图 4—3—53 所示。

（6）切换成“标准”模式，在相应位置插入图片及文字，即可完成设置，进行布局设置后需重新设置单元格的背景颜色，设置后的效果如图 4—3—54 所示。

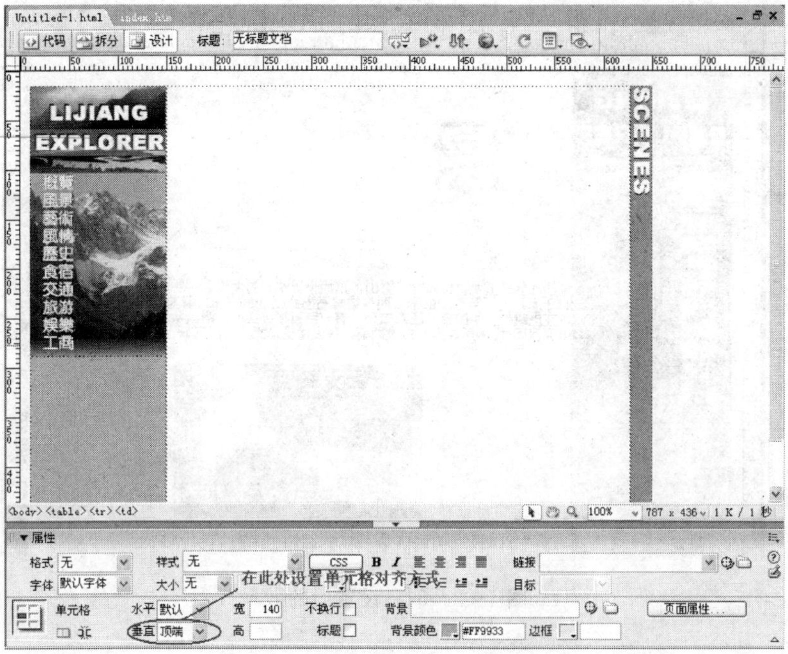

图 4—3—52　设置右边单元格

图 4—3—53　三个布局表格框

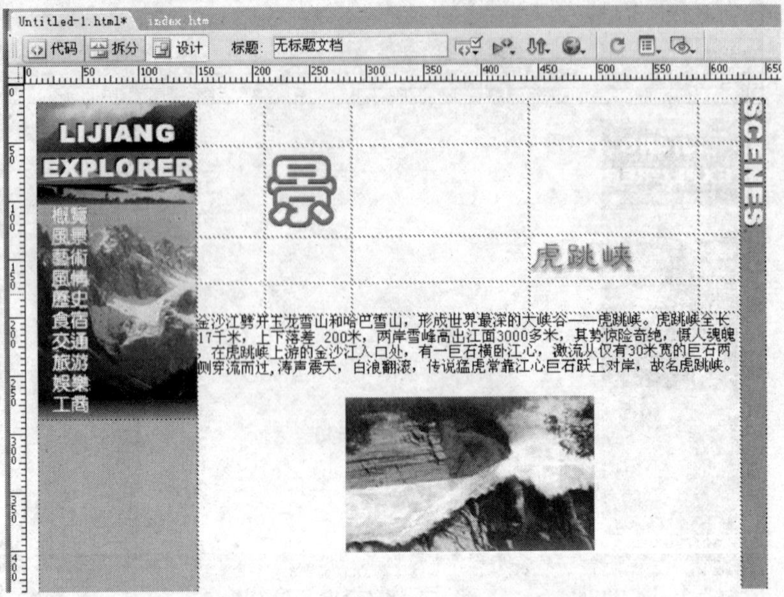

图 4—3—54　设置后的效果

五、框架

在浏览网页的时候，常常会遇到这样的一种导航结构：就是超级链接做在左边，单击以后链接的目标出现在右面，或者在上边单击链接指向的目标，页面出现在下面。要做出这样的效果，必须使用框架。

框架的作用是将浏览器窗口划分为若干个区域，每个区域可以分别显示不同的网页。当在网页中使用框架时，Dreamweaver 会创建一个无标题的框架集网页，在每个新框架中创建无标题网页，如图 4—3—55 所示。

图 4—3—55　框架示意图

这是一个左右结构的框架，事实上这样的一个结构是由三个网页文件组成的。首先外部的框架是一个网页，图中用 index. htm 命名；框架中左边命名为 A，指向的是一个网页 A. htm；右边命名为 B，指向的是一个网页 B. htm。

1. 框架的创建

以创建一个左右结构的框架为例，其操作步骤为：

（1）单击“文件”菜单中的“新建”命令，弹出“新建文档”对话框，单击“常规”选项卡，如图 4—3—56 所示。

（2）在“类别”列表框中选择“框架集”项，在“框架集”列表框中选择“左侧固定”项。

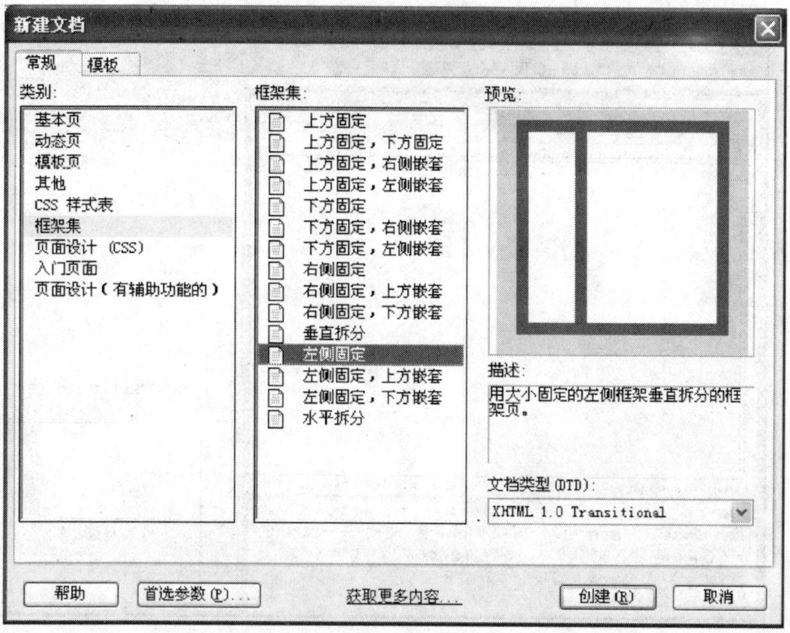

图 4—3—56 “新建文档”对话框

(3) 单击“创建”按钮,弹出“框架标签辅助功能属性”对话框,可以分别更改左右框架的标题,单击“确定”按钮,完成框架页面的创建,如图 4—3—57 所示。

图 4—3—57 “框架标签辅助功能属性”对话框

2. 框架的设置

(1) 单击“窗口”菜单中的“框架”命令,弹出如图 4—3—58 所示的“框架”面板。

(2) Dreamweaver 在创建框架时会给每一个框架一个初始的名称,因此,在“框架”面板中,左框架名为:leftFrame,右框架名为:mainFrame。

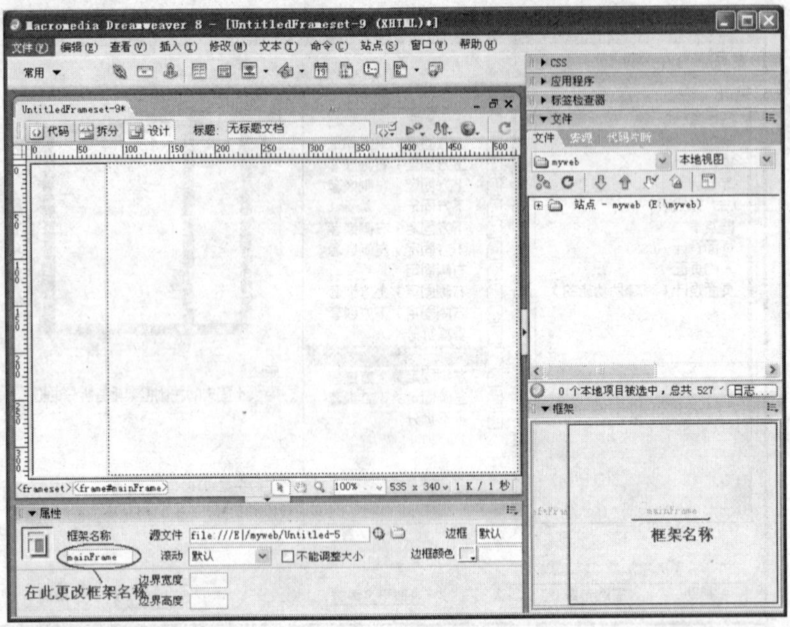

图 4—3—58 “框架”面板

除了上面所说的在框架创建时对框架进行更名，可以通过框架属性面板对框架重新命名，了解这一点非常重要。创建超级链接时，要依据它正确控制指向的页面。

（3）在框架属性面板中还可以进行边界宽度、边界高度、边框颜色等设置。

（4）在设计视图中用鼠标拖动中间的分隔线可以改变左右框架的大小。

3. 编辑框架页面

框架页面的编辑主要是对页面的背景颜色、页面中的文本颜色、链接、页边距等相关属性进行设置，编辑框架页面与编辑普通页面相同，所以输入文本、插入图片、表格和表单的方法是一样的，在此不再叙述。

在框架页面中，要实现按左边的超级链接，对应的页面出现在右边，操作步骤如下：

在左边的页面中做上超级链接，指向一个已经存在的页面，注意做好链接以后，要在目标栏中选择显示链接对应页面的框架名称，本例中设置为 mainFrame，如图 4—3—59所示。

六、表单

表单是网页设计者与浏览者之间沟通的桥梁，应用范围非常广泛。例如制作留言板、讨论区、搜索界面和订单等。

表单有两个重要组成部分，一是描述表单的 HTML 源代码；另一个是用于处理用户在表单域中输入的信息服务器端的应用程序或客户端脚本，例如 CGI 和 ASP 等。

1. 插入文本框

文本框接受任何类型的字母数字文本输入内容。文本可以单行或多行显示，也可以以密码域的方式显示，在这种情况下，输入文本将被替换为星号或项目符号，以避免旁观者看到这些文本，如图 4—3—60 所示。

图 4—3—59　在左边页面中建立超级链接

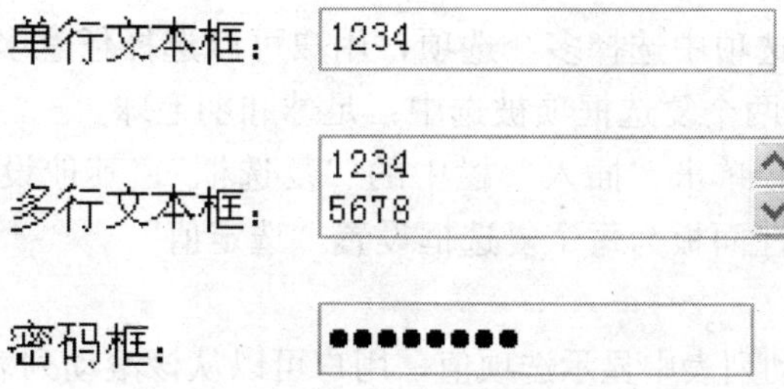

图 4—3—60　文本框的设计

插入文本框的方法如下：

（1）改变“插入”栏为“表单”类，单击插入栏上如图 4—3—61 所示的“文本字段”按钮。

图 4—3—61　“表单”类

（2）在弹出的“输入标签辅助功能属性”对话框中，直接单击“确定”按钮，系统询问“是否添加表单标签”对话框，选择“否”按钮，在光标所处的位置插入一个单行文本框。

（3）如需插入多行文本框和密码框，只需要选中插入的单行文本框，在属性面板中修改其类型即可，如图 4—3—62 所示。

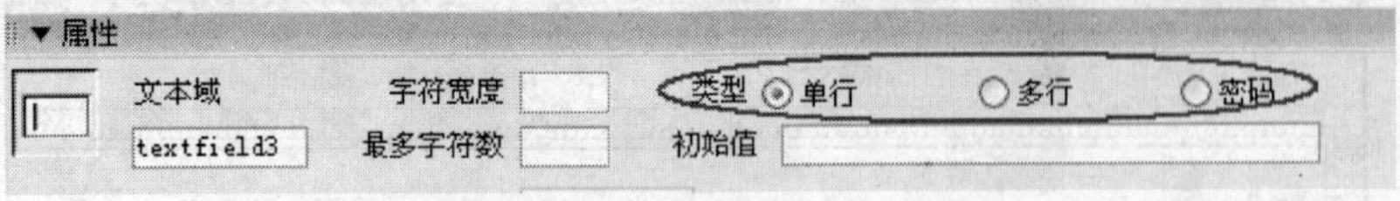

图 4—3—62 选择文本框类型

2. 插入单选按钮与复选框

单选按钮代表互相排斥的选择。在某单选按钮组（由两个或多个共享同一名称的按钮组成）中选择一个按钮，就会取消选择该组中的所有其他按钮。例如在图 4—3—63 中，高中是当前选择的选项，如果用户单击了“本科”按钮，则“高中”按钮的选项被取消。

图 4—3—63 单选按钮的设计

与插入文本框类似，单击“插入”栏中的“单选按钮”可插入一个，这时还应该将光标移至其后为其添加说明文字，如“初中”。选中单选按钮，在属性面板还应该为其设置“选定值”为“初中”。

复选框允许在一组选项中选择多个选项，用户可以选择任意多个适用的选项。如图 4—3—64 所示，其中的两个复选框项被选中：足球和羽毛球。

要插入一个复选框，单击“插入”栏中的“复选框”，其他设置与插入单选按钮相同，同样的要注意在属性面板为每个复选框设置“选定值”。

3. 插入下拉列表

下拉列表在一个滚动列表中显示选项值，用户可以从该滚动列表中选择一个选项，如图 4—3—65 所示，在下拉列表中的两个项“男”和“女”，用户可以选择其中的一项。

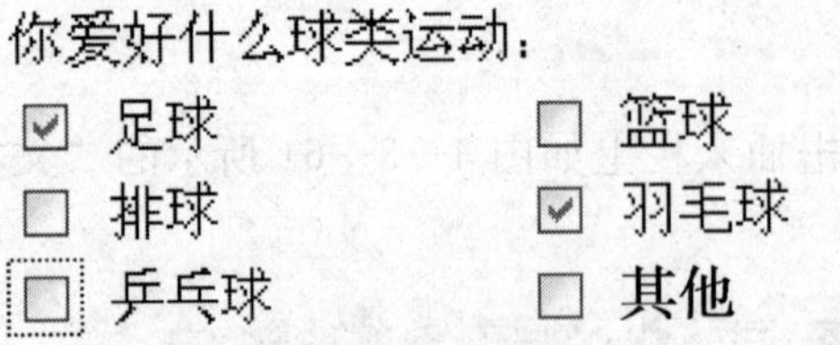

图 4—3—64 复选框的设计

图 4—3—65 下拉列表形式

要插入一个下拉列表，单击“插入”栏中的“列表/菜单”即可在光标位置插入一个空的列表。选中这个列表在属性面板中单击“列表值”按钮，单击“+”按钮后分别在“项目标签”和“值”的位置输入相应的内容即可，如图 4—3—66 所示。

4. 插入按钮

使用按钮可将表单数据提交到服务器，或者重置该表单。标准表单按钮通常带有“提交”“重置”或“发送”标签。

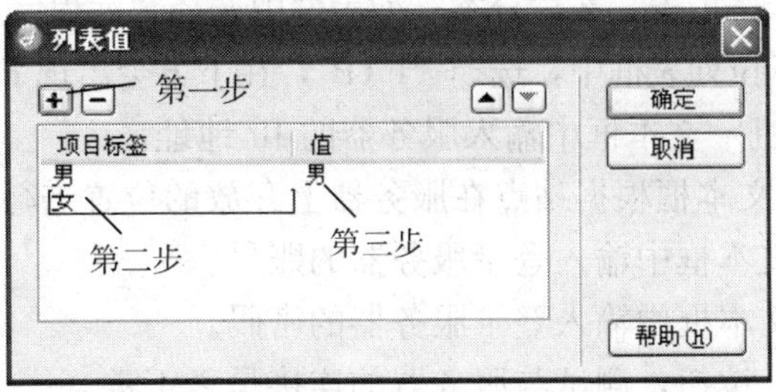

图 4—3—66　下拉列表的设计

插入按钮，只需在“插入”栏上单击“按钮”图标即会在光标处插入一个按钮，可以在属性面板上对按钮进行功能的修改，如：“提交表单”或“重设表单”，也可以自定义按钮的功能。

七、网页的上传方法

已建立好的站点必须上传到配置好的服务器中才能让互联网用户访问，下面介绍三种上传的方法。

1. 利用 Dreamweaver 上传

(1) 单击“站点”菜单中的“站点管理”命令，弹出如图 4—3—67 所示的“站点定义为”对话框。

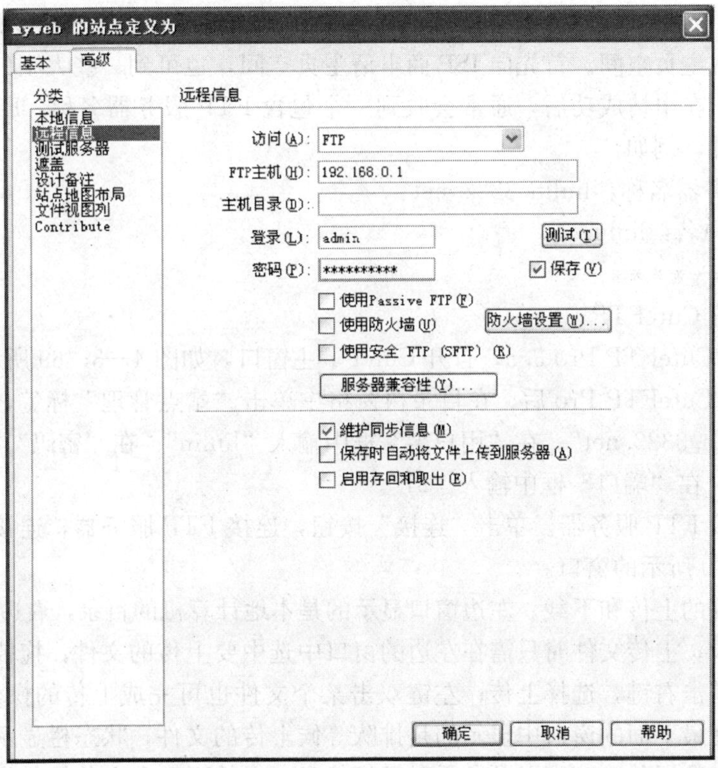

图 4—3—67　“站点定义为”对话框

（2）选择“高级”选项卡，在“分类”列表框中选择“远程信息”项，在“远程信息”项目组中的“访问”下拉列表框中，选择“FTP”，在下方会出现FTP的站点输入框。

（3）在“FTP主机”文本框中输入服务器的IP地址。

（4）“主机目录”文本框根据站点在服务器上存放的位置进行设置。

（5）在“登录”文本框中输入登录服务器的账号。

（6）在“密码”文本框中输入登录服务器的密码。

（7）单击“测试”按钮，测试与服务器的连接是否正常。

如果将“保存时自动将文件上传到服务器”选中，则在保存编辑后的页面时将保存后的页面上传到服务器中。如果未选中该项则需要在文件面板中单击“上传文件”按钮进行上传，如图4—3—68所示。

2. 利用IE直接上传

利用IE浏览器可以登录到设置了FTP服务的服务器，将站点文件夹复制到服务器上的相应文件夹内即可。

登录FTP服务器可以在IE的地址栏上输入FTP服务器的IP地址或域名，如:“FTP：//192.168.0.1”。如果服务器需要认证，可单击“文件”菜单中的“登录”命令，输入账号和密码，进行登录。

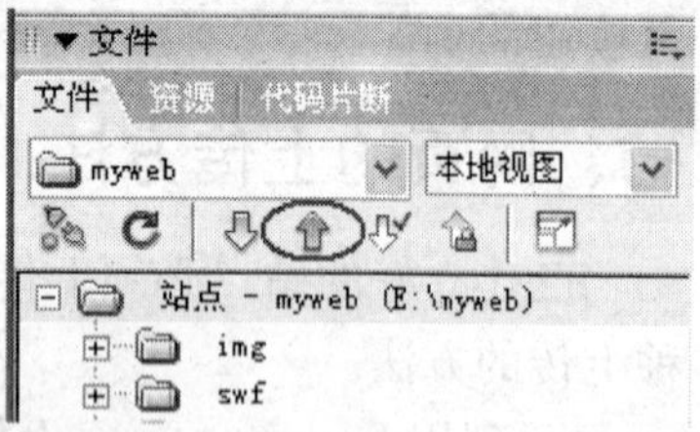

图4—3—68 “上传文件”按钮

3. 利用FTP工具上传

下面以CuteFtp软件为例，介绍利用FTP工具上传网页的方法和步骤。

（1）获取主页空间。首先向ISP商申请主页空间，也可到一些大型的门户网站上申请免费空间。在申请成功后，通常会收到一个包含FTP服务器名称，FTP用户名及密码的电子邮件，例如：

FTP服务器名称：linlin.3322.net

FTP用户名：linlin

密码：********

（2）设置CuteFTP

1）运行CuteFTP Pro 3.3，打开CuteFT主窗口，如图4—3—69所示。

2）进入CuteFTP Pro后，在目录树窗格中单击“站点管理”标签，在“主机”框中输入“linlin.3322.net”；在“用户名”框中输入“linlin”；在“密码”框中输入“********”；在“端口”框中输入“21”。

（3）连接FTP服务器。单击“连接”按钮，连接FTP服务器，连接成功后将出现如图4—3—70所示的窗口。

（4）文件的上传和下载。左边窗口显示的是本地计算机的目录，右边的是FTP服务器上的根目录。上传文件时只需在左边的窗口中选中要上传的文件，拖拽到右边的窗口中（还可以单击右键，选择上传；左键双击某个文件也可完成上传的操作），这样就开始上传了。在最下面的窗口中显示的是排队等候上传的文件，状态栏显示的是正在上传的文件名称、数据传输速度以及所需时间等信息。文件下载和上传操作类似，只是在右边的窗口中执行相应的操作即可。

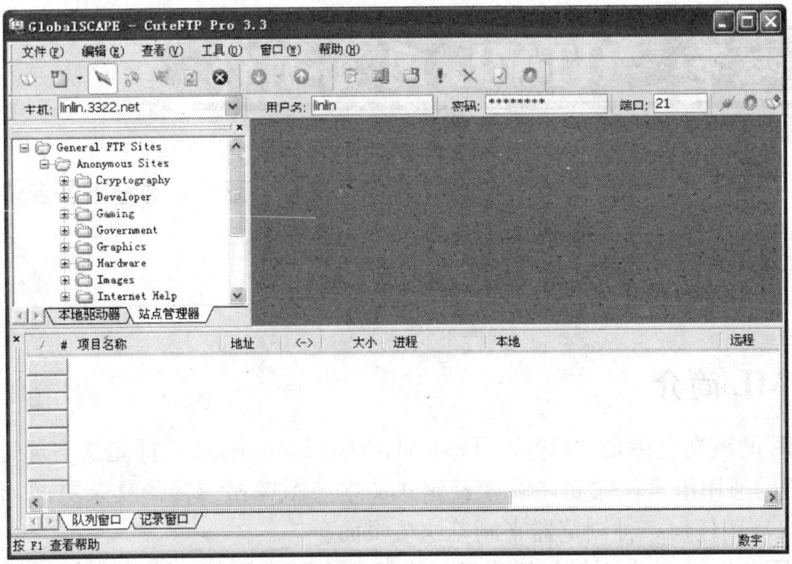

图 4—3—69　CuteFTP Pro 主窗口

图 4—3—70　FTP 连接后的界面

注意：站点的首页文件的文件名应为 index. html 或 index. htm，并且有大小写之分，如果站点内容缺少这个文件，则在浏览器中仍然无法访问页面。

(5) 浏览网页。打开浏览器，输入所制作网页的站点域名，浏览网站的页面。如果要对网页进行更新，只要将新文件上传服务器覆盖旧文件即可更新。

第四节 HTML 网页制作

培训目标

- 能够完成 1～2 幅含有文字、图片、动画等多媒体信息的网页的制作
- 能够将制作的网页上传

一、HTML 简介

HTML 的英文全称是“Hyper Text MarkUp Language”，即超文本标记语言。HTML 是网络的通用语言，它允许设计者建立文本与图像相结合的复杂页面，网上的任何其他人可以使用任何一种浏览器来浏览这些页面。

一个 HTML 文件中不仅包括要显示在网页上的文字信息，还包括了对浏览器的一些指示。例如哪些文字应放置在何处、显示模式等；在网页上的什么位置显示图片、动画、声音等其他形式的资源以及它们所存放的地方等。

使用记事本或其他文本编辑器就可以编写 HTML 文件，HTML 文件的扩展名是 .htm 或 .html。

1. 实例

打开记事本，在其中输入以下代码，然后将其保存成 first. html。

```
〈html〉
〈head〉
〈title〉最简单的网页〈/title〉
〈/head〉
〈body〉
这是第一个 HTML 网页制作例子
〈/body〉
〈/html〉
```

双击文件 first. html 即可看到这个网页的效果，如图4—4—1所示。

2. HTML 标签

在上例中的第一个标签是〈html〉，这个标签的作用在于告诉浏览器这是 HTML 文件的头，文件的最后一个标签是〈/html〉，它与〈html〉是成对出现的，表示 HTML 文件到此结束。

3. HEAD 标签

在〈head〉和〈/head〉之间的内容，是文件的头信息，头信息是不显示出来的，在浏览器里不会看到其中的内容。但是这并不表示这些信息没有用处，例如可以在头信息里加上一些关键词，有助于搜索引擎能够搜索到所需的网页。

4. BODY 标签

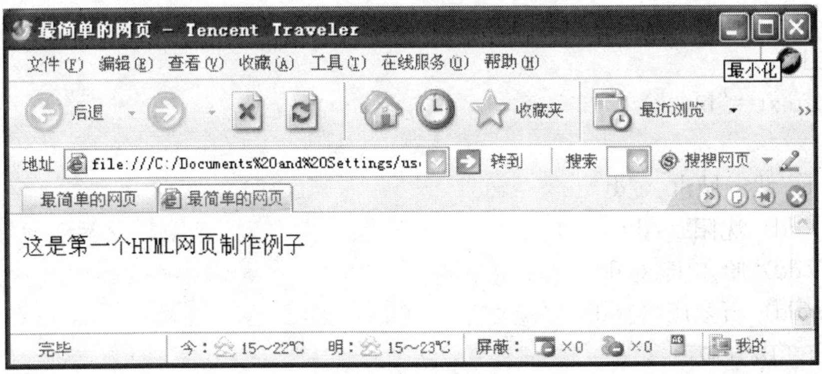

图 4—4—1　一个 HTML 实例

在〈body〉和〈/body〉之间的信息为正文，正文的内容将会在浏览器中显示。

5. 标题文字

在〈title〉和〈/title〉之间的内容，是这个文件的标题。在浏览器最顶端的标题栏可以看到这个标题，〈title〉标签应该放在〈head〉标签内。

二、格式与文字标签

网页设计中很大一部分的设计内容是版式的设计，其中格式和文字是版式设计中量最大的一部分。因此，掌握格式与文字标签的应用能制作出精美的网页来。

1. 格式标签

HTML 中的格式标签有：

(1)〈p〉〈/p〉。〈p〉〈/p〉标签对用来创建一个段落，在此标签对之间加入的文本将按照段落的格式显示在浏览器上。另外，〈p〉标志还可以使用 align 属性说明对齐方式，语法是：

〈p align=""〉〈/p〉

其中，align 为 Left（左对齐）、Center（居中）和 Right（右对齐）三个值中的任何一个。

例如，〈p align="Center"〉〈/p〉表示标志的文本使用居中的对齐方式。

(2)〈br〉。〈br〉是用来创建一个回车换行的简单标志，没有结束标志。〈br〉是换行，产生行间距，而〈p〉标记是段落，产生段间距。

(3)〈blockquote〉〈/blockquote〉。〈blockquote〉〈/blockquote〉标签对是用来将其中的文本在浏览器中按两边缩进的方式显示出来。

(4)〈dl〉〈/dl〉，〈dt〉〈/dt〉和〈dd〉〈/dd〉。〈dl〉〈/dl〉标签对用来创建一个普通的列表，〈dt〉〈/dt〉标签对用来创建列表中的上层项目，〈dd〉〈/dd〉标签对用来创建列表中最下层项目，〈dt〉〈/dt〉和〈dd〉〈/dd〉都必须放在〈dl〉〈/dl〉标志对之间。

以下是一个创建普通列表的例子。

〈html〉

〈head〉

```
〈title〉一个普通列表〈/title〉
〈/head〉
〈body text="blue"〉
〈dl〉
    〈dt〉北方城市〈/dt〉
      〈dd〉沈阳〈/dd〉
      〈dd〉哈尔滨〈/dd〉
      〈dd〉石家庄〈/dd〉
    〈dt〉南方城市〈/dt〉
      〈dd〉广州〈/dd〉
      〈dd〉厦门〈/dd〉
      〈dd〉杭州〈/dd〉
〈/dl〉
〈/body〉
〈/html〉
```

效果如图 4—4—2 所示。

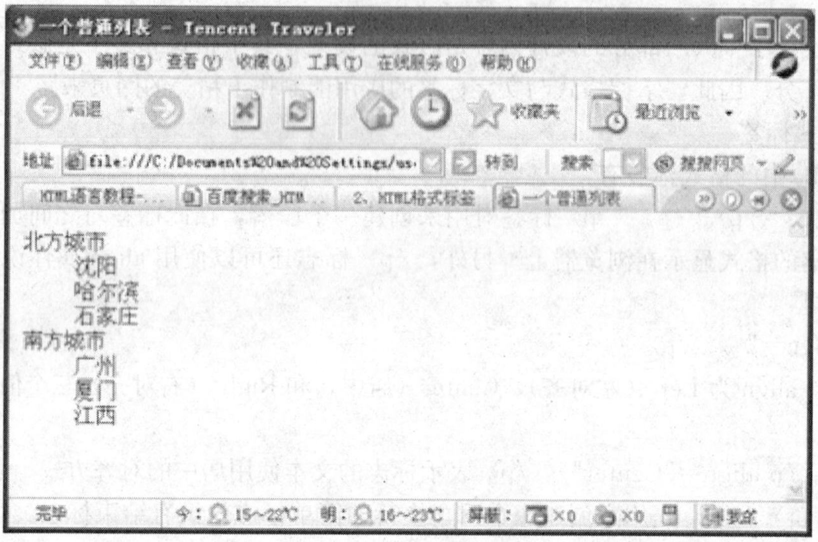

图 4—4—2　普通列表实例

(5)〈ol〉〈/ol〉〈ul〉〈/ul〉〈li〉〈/li〉。〈ol〉〈/ol〉标签对用来创建一个标有数字的编号列表；〈ul〉〈/ul〉标签对用来创建一个标有圆点的项目列表；〈li〉〈/li〉标签对只能在〈ol〉〈/ol〉或〈ul〉〈/ul〉标签对之间使用，此标签对用来创建一个列表项，若〈li〉〈/li〉放在〈ol〉〈/ol〉之间则每个列表项加上一个数字，若在〈ul〉〈/ul〉之间则每个列表项加上一个圆点。

以下是一个标有数字和圆点的列表例子。

```
〈html〉
〈head〉
```

```
〈title〉〈/title〉
〈/head〉
〈body text="blue"〉
〈ol〉
〈p〉北方城市〈/p〉
〈li〉沈阳〈/li〉
〈li〉哈尔滨〈/li〉
〈li〉石家庄〈/li〉
〈/ol〉
〈ul〉
〈p〉南方城市〈/p〉
〈li〉广州〈/li〉
〈li〉厦门〈/li〉
〈li〉杭州〈/li〉
〈/ul〉
〈/body〉
〈/html〉
```

效果如图 4—4—3 所示。

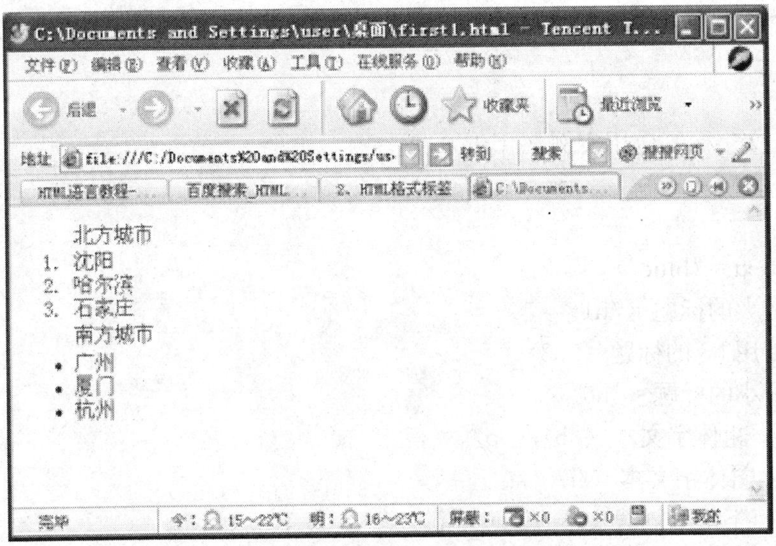

图 4—4—3　标有数字和圆点的列表实例

(6) 〈div〉〈/div〉。〈div〉〈/div〉标签对用来排版大块 HTML 段落，也可以格式化表。该标签对的用法与〈p〉〈/p〉标签对非常相似，也有 align 对齐方式属性。

2. 文字标签

HTML 中的文字标签有：

(1) 〈pre〉〈/pre〉。〈pre〉〈/pre〉标签对用来对文本进行预处理操作。

(2) 〈h1〉〈/h1〉……〈h6〉〈/h6〉。HTML 语言提供了一系列对文本中的标题进

单元
4

行操作的标签对：〈h1〉〈/h1〉……〈h6〉〈/h6〉一共有六对标题的标签对。其中，〈h1〉〈/h1〉是最大的标题，〈h6〉〈/h6〉是最小的标题，即是标签中 h 后面的数字越大标题文本就越小。如果 HTML 文档中需要输出标题文本的话，可以使用这六对标题标签对中的任何一对。

(3)〈b〉〈/b〉、〈i〉〈/i〉、〈u〉〈/u〉。〈b〉〈/b〉标签对使文本以粗体字的形式输出；〈i〉〈/i〉标签对使文本以斜体字的形式输出；〈u〉〈/u〉标签对使文本以下加一划线的形式输出。

(4)〈tt〉〈/tt〉、〈cite〉〈/cite〉、〈em〉〈/em〉、〈strong〉〈/strong〉。〈tt〉〈/tt〉标签对使文字格式按打字机字体输出；〈cite〉〈/cite〉用来输出引用方式的字体，通常是斜体；〈em〉〈/em〉用来输出需要强调的文本（通常是斜体加黑体）；〈strong〉〈/strong〉则用来输出加重文本（通常也是斜体加黑体）。

(5)〈font〉〈/font〉。〈font〉〈/font〉标签对用于改变输出文本的字体大小、颜色，这些改变主要是通过对它的两个属性 size 和 color 的控制来实现的。size 属性用来改变字体的大小，取值为 1～7；默认为 3。－1 是比默认值少 1，还可以取－2，－3，＋2，＋3 等。color 属性则用来改变文本的颜色，颜色的取值是十六进制 RGB 颜色码或 HTML 语言给定的颜色常量名。

单元 4

从下面的几个示例中，可以了解上表中文本标签的使用方法。在记事本中输入以下的实例并保存为 html 格式的文件，双击打开即可看到各标签的效果。

【例 4—4—1】文字标签的应用

```
〈html〉
〈head〉
〈title〉文字标签应用实例〈/title〉
〈/head〉

〈body text＝"blue"〉
〈h1〉最大的标题〈/h1〉
〈h3〉使用 h3 的标题〈/h3〉
〈h6〉最小的标题〈/h6〉
〈p〉〈b〉粗体字文本〈/b〉〈/p〉
〈p〉〈i〉斜体字文本〈/i〉〈/p〉
〈p〉〈u〉下加一划线文本〈/u〉〈/p〉
〈p〉〈tt〉打字机风格的文本〈/tt〉〈/p〉
〈p〉〈cite〉引用方式的文本〈/cite〉〈/p〉
〈p〉〈em〉强调的文本〈/em〉〈/p〉
〈p〉〈strong〉加重的文本〈/strong〉〈/p〉
〈p〉〈font size＝"＋1" color＝"red"〉size 取值"＋1"、color 取值"red" 时的文本
〈/font〉〈/p〉
〈/body〉
```

〈/html〉

效果如图 4—4—4 所示。

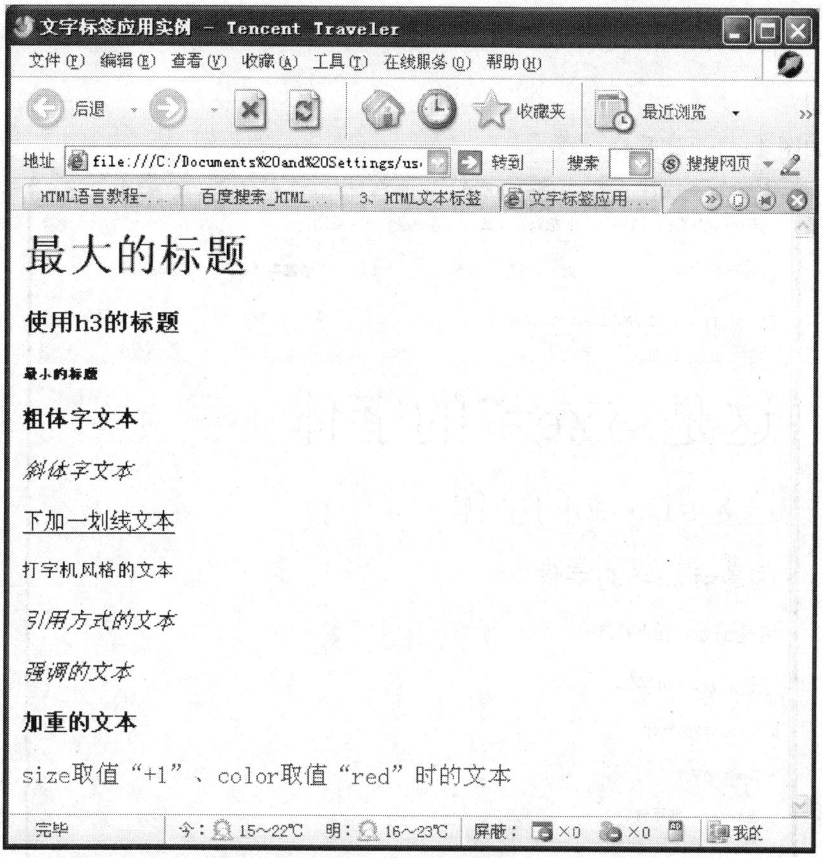

图 4—4—4　文字标签实例

【例 4—4—2】 文字大小的应用

FONT 是设置字号大小的标签，该标签有一个属性 SIZE，通过指定 SIZE 属性就能设置字号大小，而 SIZE 属性的有效值范围为 1～7，其中缺省值为 3。可以在 SIZE 属性值之前加上“＋”“－”字符来指定相对于字号初始值的增量或减量。

〈html〉

〈head〉

〈title〉字号大小〈/title〉

〈/head〉

〈body〉

〈font size＝7〉这是 size＝7 的字体〈/font〉〈P〉

〈font size＝6〉这是 size＝6 的字体〈/font〉〈P〉

〈font size＝5〉这是 size＝5 的字体〈/font〉〈P〉

〈font size＝4〉这是 size＝4 的字体〈/font〉〈P〉

〈font size＝3〉这是 size＝3 的字体〈/font〉〈P〉

〈font size=2〉这是 size=2 的字体〈/font〉〈P〉
〈font size=1〉这是 size=1 的字体〈/font〉〈P〉
〈font size=－1〉这是 size=－1 的字体〈/font〉〈P〉
〈/body〉
〈/html〉

效果如图 4—4—5 所示。

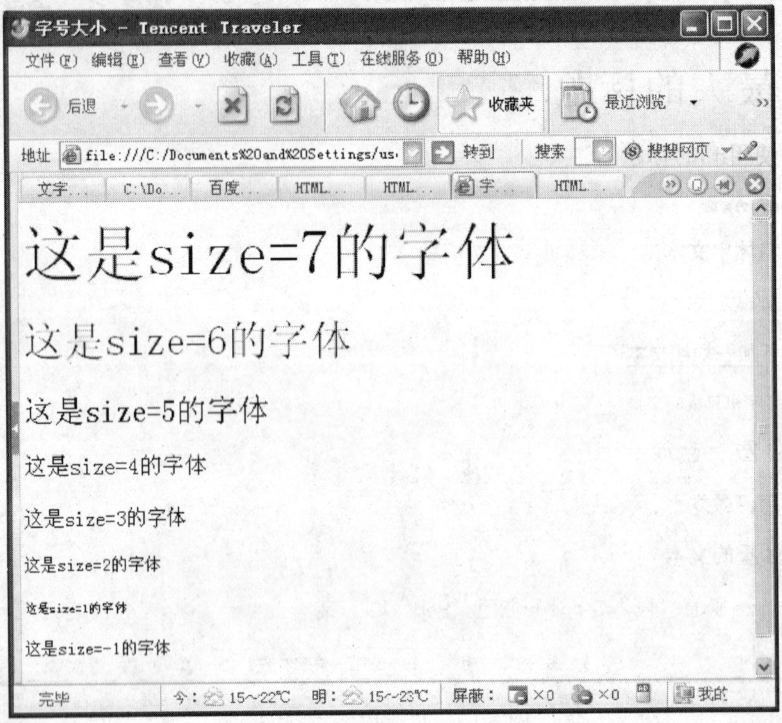

图 4—4—5　文字大小实例

【例 4—4—3】文字颜色的应用

设置文字颜色的格式为：〈font color=color _ value〉…〈/font〉其中，颜色值可以是一个十六进制数（用“＃”作为前缀），也可以是如图 4—4—6 所示的 16 种颜色名称。

〈HTML〉
〈HEAD〉
〈TITLE〉文字的颜色〈/TITLE〉
〈/HEAD〉
〈BODY BGCOLOR=000080〉
〈CENTER〉
〈FONT COLOR=WHITE〉色彩斑斓的世界〈/FONT〉〈BR〉
〈FONT COLOR=RED〉色彩斑斓的世界〈/FONT〉〈BR〉
〈FONT COLOR=＃00FFFF〉色彩斑斓的世界〈/FONT〉〈BR〉
〈FONT COLOR=＃FFFF00〉色彩斑斓的世界〈/FONT〉〈BR〉

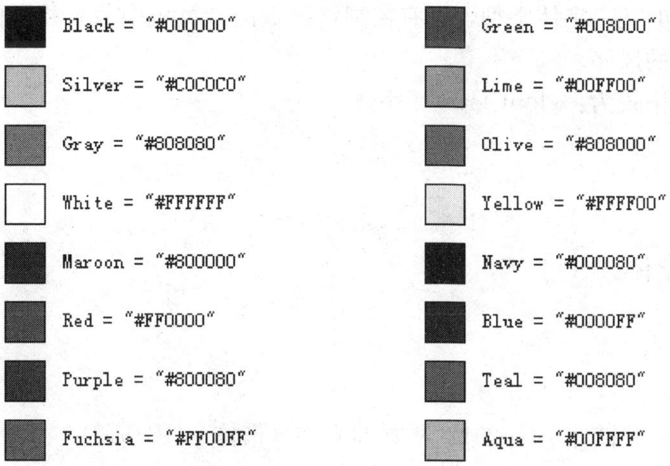

图 4—4—6　文字颜色代码

〈FONT COLOR=＃FFFFFF〉色彩斑斓的世界〈/FONT〉〈BR〉
〈FONT COLOR=＃00FF00〉色彩斑斓的世界〈/FONT〉〈BR〉
〈FONT COLOR=＃C0C0C0〉色彩斑斓的世界〈/FONT〉〈BR〉
〈/CENTER〉
〈/BODY〉
〈/HTML〉

效果如图 4—4—7 所示。

图 4—4—7　文字颜色实例

【例 4—4—4】文字字体的应用

HTML 4.0 提供了定义字体的功能，用 FACE 属性来完成这个工作。FACE 的属性值可以是本机上的任一字体类型，只有在浏览网页的计算机中装有相同的字体，才可以浏览到预先设计的风格。

改变字体的格式为：〈font face="字体"〉

应用代码如下：

〈HTML〉
〈HEAD〉
〈TITLE〉字体〈/TITLE〉
〈/HEAD〉
〈BODY〉
〈CENTER〉
〈FONT face="楷体_GB2312"〉欢迎光临（楷体_GB2312）〈/FONT〉〈P〉
〈FONT face="宋体"〉欢迎光临（宋体）〈/FONT〉〈P〉
〈FONT face="仿宋_GB2312"〉欢迎光临（仿宋）〈/FONT〉〈P〉
〈FONT face="黑体"〉欢迎光临（黑体）〈/FONT〉〈P〉
〈FONT face="Arial"〉Welcom my homepage.（Arial）〈/FONT〉〈P〉
〈FONT face="Comic Sans MS"〉Welcom my homepage.（Comic Sans MS）〈/FONT〉〈P〉
〈/CENTER〉
〈/BODY〉
〈/HTML〉

效果如图 4—4—8 所示。

图 4—4—8 文字字体实例

三、图像控制标签

1. 插入图片

在 HTML 中插入图片的语句是：〈img src＝"URL"〉，没有结束标签，其中 URL 表示图片的相对路径或绝对路径，为了防止因文件移动后图像的绝对路径改变而使图像无法显示。应尽量使用相对路径。HTML 支持的图像有 jpg 格式和 gif 格式，在网页中插入的图片不宜过大，否则会影响显示速度。

URL 是统一资源定位器的缩写，在 Internet 的 Web 服务器上用于指定信息的位置，一般形式为如下几种：

〈img src＝"cuug. gif"〉：图形文件放在当前目录中。

〈img src＝"image/cuug. gif"〉：图形文件放在当前目录的一个子目录 images 中。

〈img src＝"c：/image/cuug. gif"〉：图形文件放在 C 盘一个子目录 images 中。

〈img src＝"http：//www. cuug. com/cuug. gif"〉：图形文件来自 www. cuug. com 网址。

从以上格式得知，〈img〉标签并不是真正地把图像加入到 html 文档中，而是将标签中的 src 属性赋值，这个值只是图形文件的文件名。

〈img〉标签中的 src 属性必须赋值，另外，〈img〉标签还有 alt、align、border、width 和 height 属性。align 属性是图像的对齐方式；border 属性是图像的边框，可以取大于或者等于 0 的整数，默认单位为像素；width 和 Height 属性是图像的宽和高，默认单位为像素；alt 属性是当鼠标移动到图像上时显示的文本。

【例 4—4—5】 插入网易的 Logo 图片。

〈html〉

〈body〉

〈p〉

网易的 Logo 图片：〈img src＝"http：//images. 163. com/homepage/logo. gif"〉

〈/p〉

〈/body〉

〈/html〉

效果如图 4—4—9 所示。

图 4—4—9 插入网易 Logo 图片

【例 4—4—6】 插入一个产品的图片，设该图片的文件名为 mode. gif，将以下的 HTML 代码文本与图片文件保存在同一个目录下。

〈html〉
〈head〉
〈title〉插入一个产品图片〈/title〉
〈/head〉
〈body〉
〈p align="center"〉〈img src="BS. GIF" WIDTH="112" HEIGHT="128"〉〈/p〉
〈hr width="600" size="1" color="＃0000FF"〉
〈/body〉
〈/html〉

效果如图 4—4—10 所示。

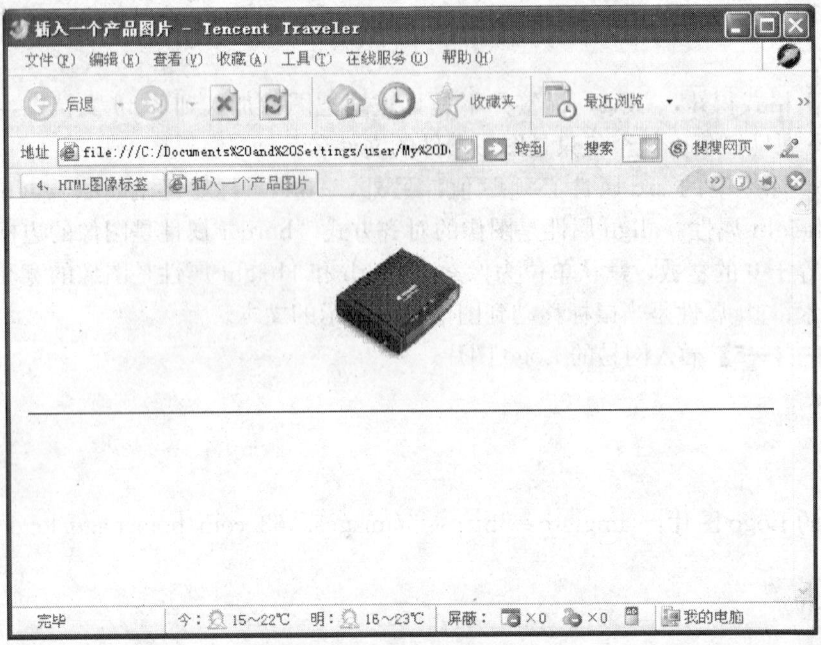

图 4—4—10　插入一个产品图片

2. 图像控制

图像的控制是由〈img〉标签的 align 属性进行的。其值包括 top、middle、bottom、left、right，这些值是相对于图片旁边的文字而言的。属性 Vspace 和 Hspace 用来控制图片周围文字与图片的距离。border 属性是图片决定是否有边框及边框的大小，width 属性和 height 属性用来控制图片的显示大小。

垂直对齐方式有居上、居中、居下三种，其格式分别为：

居上：〈img src="url" align="top"〉

居中：〈img src="url" align="middle"〉

居下：〈img src="url" align="bottom"〉

水平对齐方式有居左、居中、居右三种，其格式分别为：

居左：〈img src="url" align="left"〉

居中：〈img src="url" align="center"〉

居右：〈img src="url" align="right"〉

以下是实现各种对齐方式效果的 HTML 代码，设有一个文件名为“star. gif”的图片，将代码文件和图片文件存放在同一个目录下。

〈html〉
〈body〉
〈p〉图片的垂直对齐方式：〈/p〉
〈p〉〈img src="star. gif" align=top〉垂直居上〈/p〉
〈p〉〈img src="star. gif" align=middle〉垂直居中〈/p〉
〈p〉〈img src="star. gif" align=bottom〉垂直居下〈/p〉

〈p〉图片的水平对齐方式：〈/p〉
〈p〉〈img src="star. gif" align="left"〉水平居左〈/p〉
〈p〉〈img src="star. gif" align="center"〉水平居中〈/p〉
〈p〉〈img src="star. gif" align="right"〉水平居右〈/p〉
〈/body〉
〈/html〉

效果如图 4—4—11 所示。

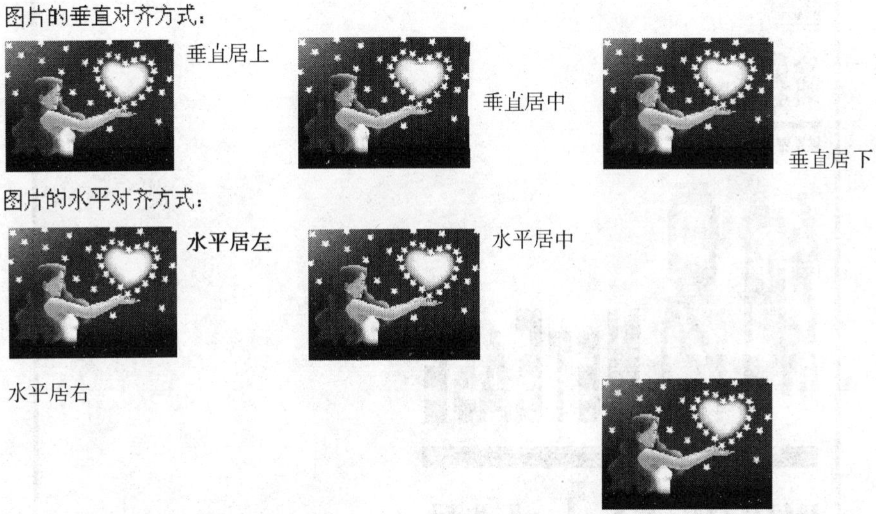

图 4—4—11　图像控制实例

在缺省状况下，图片显示原有的大小，使用 height 和 width 属性可以改变图片的高度和宽度。不过图片的大小一旦被改变，图片会相应放大或缩小，显示出来的结果可能会很难看。下例可以实现改变图片大小的效果：

〈html〉

〈body〉

〈p〉使用 Height 和 Width 属性来改变图片的大小。〈/p〉

〈p〉〈img src="http：//images. 163. com/homepage/logo. gif"〉〈/p〉

〈p〉〈img src="http：//images. 163. com/homepage/logo. gif" width="30" height="30"〉〈/p〉

〈p〉〈img src="http：//images. 163. com/homepage/logo. gif" width="100" height="80"〉〈/p〉

〈p〉〈img src="http：//images. 163. com/homepage/logo. gif" width="300" height="300"〉〈/p〉

〈/body〉

〈/html〉

效果如图 4—4—12 所示。

图 4—4—12 改变图像大小的实例

四、表格

表格标签是制作网页中很重要的工具，许多网页都是使用多重表格来设计的。表格不但可以固定文本或图像的显示位置，而且还可以任意地进行背景和前景颜色的设置。

1. 插入表格

（1）〈table〉〈/table〉。〈table〉〈/table〉标签对用来创建一个表格，table 标签具有表 4—4—1 的属性。

表 4—4—1　　**table 标签属性表**

属　　性	功　　能
〈table bgcolor=""〉	设置表格的背景色
〈table border=""〉	设置边框的宽度，若不设置此属性，则边框宽度默认为 0
〈table bordercolor=""〉	设置边框的颜色
〈table bordercolorlight=""〉	设置边框明亮部分的颜色
〈table bordercolordark=""〉	设置边框昏暗部分的颜色
〈table cellspacing=""〉	设置表格格子之间空间的大小
〈table cellpadding=""〉	设置表格格子边框与其内部内容之间空间的大小
〈table width=""〉	设置表格的宽度，单位用绝对像素值或总宽度的百分比

（2）〈tr〉〈/tr〉和〈td〉〈/td〉。〈tr〉〈/tr〉标签对用来创建表格中的每一行，该标签对只能放在〈table〉〈/table〉标签对之间使用，在此标签对之间加入文本无效，在〈tr〉〈/tr〉之间只能紧跟〈td〉〈/td〉标签对。

〈td〉〈/td〉标签对用来创建表格中一行中的每一个格子，该标签对只有放在〈tr〉〈/tr〉标签对之间才有效，要输入文本，只有放在〈td〉〈/td〉标签对才有效。

（3）〈th〉〈/th〉。〈th〉〈/th〉标签对用来设置表格头，通常是黑体居中文字。

〈html〉

〈body〉

〈h4〉一行一列的表格〈/h4〉

〈table border="1"〉

〈tr〉

〈td〉100〈/td〉

〈/tr〉

〈/table〉

〈h4〉一行三列的表格〈/h4〉

〈table border="1"〉

```
<tr>
<td> 100 </td>
<td> 200 </td>
<td> 300 </td>
</tr>
</table>

<h4> 两行三列的表格 </h4>
<table border="1">
<tr>
<td> 100 </td>
<td> 200 </td>
<td> 300 </td>
</tr>
<tr>
<td> 400 </td>
<td> 500 </td>
<td> 600 </td>
</tr>
</table>

</body>
</html>
```

单元 4

效果如图 4—4—13 所示。

2. 表格设置

(1) 表格的大小。一般情况下，表格的总长度和总宽度是根据各行和各列的总和自动调整的，如果要直接固定表格的大小，可以使用下列方式：

<table width=n1 height=n2>

width 和 height 属性分别指定表格一个固定的宽度和长度，n1 和 n2 可以用像素来表示，也可以用百分比（与整个屏幕相比的大小比例）来表示。

下例是一个长为 200 像素、宽为 100 像素的表格。

```
<html>
<body>
<table border="1" width="200" height="100">
<tr>
<td> 100 </td>
<td> 200 </td>
</tr>
```

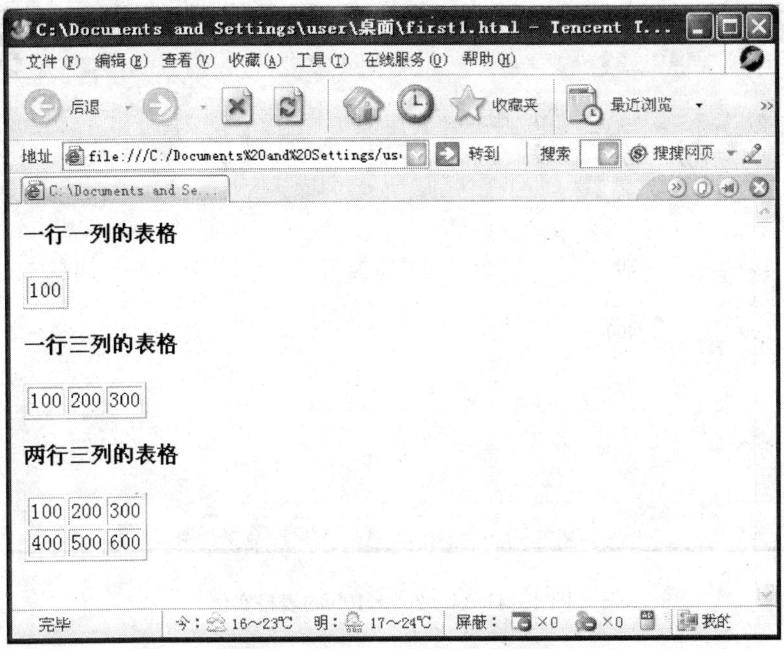

图 4—4—13　表格标签实例

〈tr〉

〈td〉 300 〈/td〉

〈td〉 400 〈/td〉

〈/tr〉

〈/table〉

〈/body〉

〈/html〉

效果如图 4—4—14 所示。

将上例中〈table border="1" width="200" height="100"〉改成〈table border="1" width=20% height=10%〉即可变成一个长为屏幕的 20%，宽为屏幕的 10%的表格。

（2）边框尺寸设置。在以上几个例子中都有 border="1" 这个属性，这是用来表示表格边框厚度和框线的。将 border 设成不同的值，有不同的效果，如果不设置这个属性，默认值是 0。

下例是一个边框为 10 的表格：

〈html〉

〈body〉

〈table border=10 width=250〉

〈tr〉

〈td〉 苹果 〈/td〉

〈td〉 香蕉 〈/td〉

〈td〉 葡萄 〈/td〉

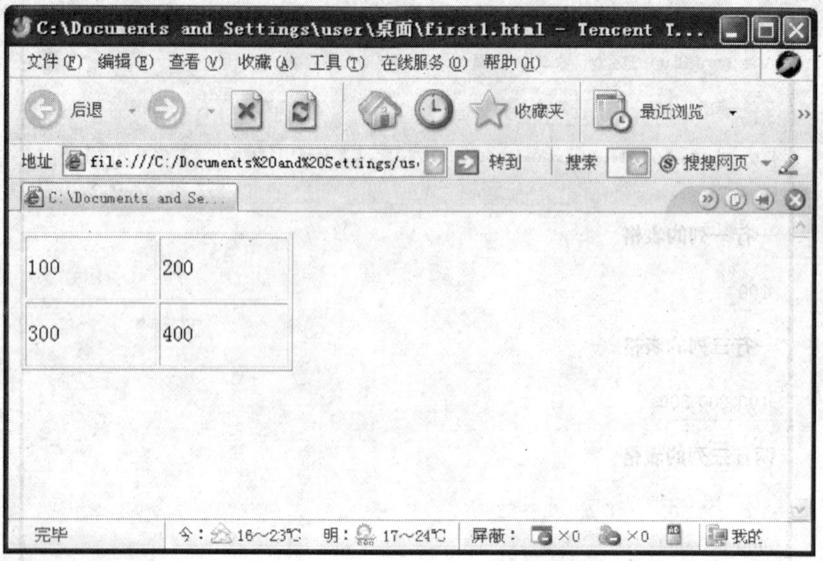

图 4—4—14　200×100 的表格实例

〈tr〉

〈td〉 200 千克 〈/td〉

〈td〉 200 千克 〈/td〉

〈td〉 100 千克 〈/td〉

〈/table〉

〈/body〉

〈/html〉

效果如图 4—4—15 所示。

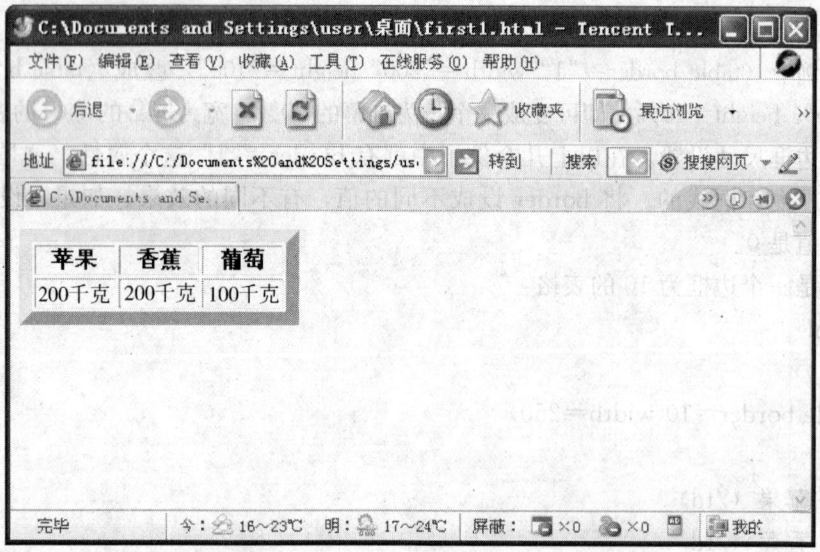

图 4—4—15　改变边框尺寸的表格实例

(3) 单元格间距。格与格之间的线为格间线，它的宽度称为单元格间距，可以使用〈table〉中的 cellspacing 属性加以调节。格式是：

〈table　cellspacing＝＃〉　　　＃表示要取用的像素值

下例是一个单元格间距为 5 的表格：

〈html〉
〈body〉
〈table border＝3　cellspacing＝5〉
〈tr〉
〈td〉苹果〈/td〉
〈td〉香蕉〈/td〉
〈td〉葡萄〈/td〉
〈tr〉
〈td〉200 千克〈/td〉
〈td〉200 千克〈/td〉
〈td〉100 千克〈/td〉
〈/table〉
〈/html〉
〈/body〉

效果如图 4—4—16 所示。

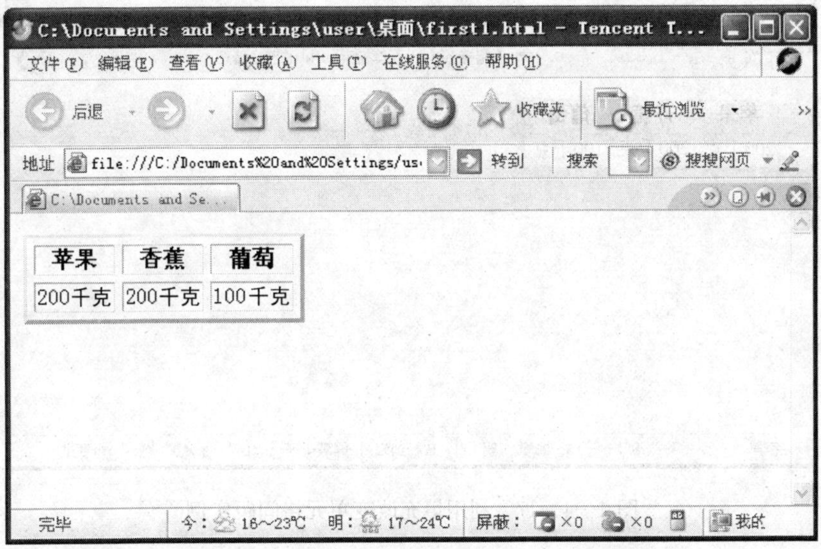

图 4—4—16　改变单元格间距的表格实例

(4) 填充。单元格的内容与格线之间的宽度称为填充，可以使用〈table〉中的 cellpadding 属性加以调节。格式是：

〈table　cellpadding＝＃〉　　　＃表示要取用的像素值

下例是一个填充为 3 的表格：

〈html〉
〈body〉
〈table border＝3　cellpadding＝3〉
〈tr〉
〈td〉苹果〈/td〉
〈td〉香蕉〈/td〉
〈td〉葡萄〈/td〉
〈tr〉
〈td〉200 千克〈/td〉
〈td〉200 千克〈/td〉
〈td〉100 千克〈/td〉
〈/table〉
〈/html〉
〈/body〉

效果如图 4—4—17 所示。

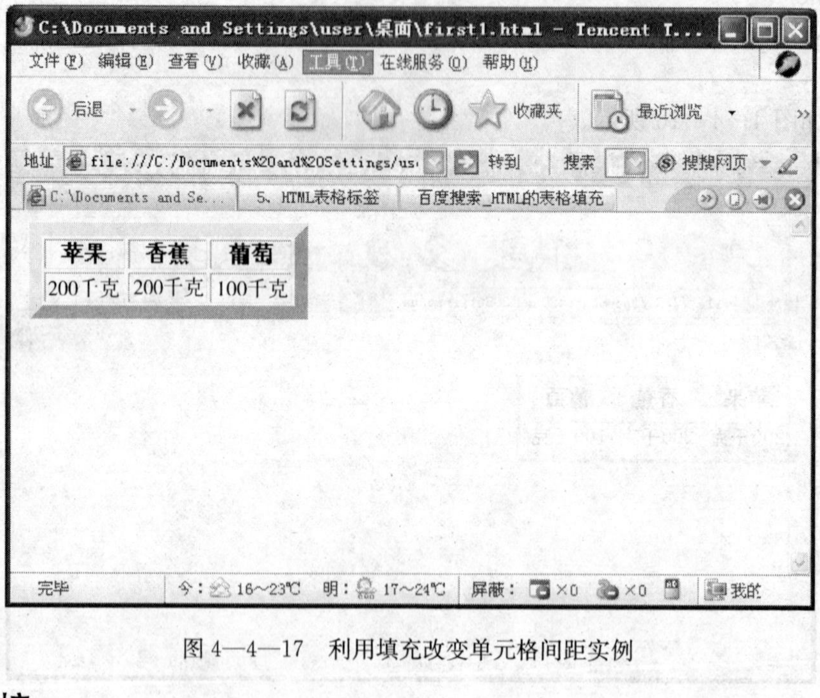

图 4—4—17　利用填充改变单元格间距实例

五、链接

1. 标签链接

超文本中的链接是其最重要的特性之一，使用者可以从一个页面直接跳转到其他的页面、图像或者服务器。一个链接的基本格式如下：

〈a href＝"资源地址"〉链接文字〈/a〉

标签〈a〉表示一个链接的开始，〈/a〉表示链接的结束；

属性“href”定义了这个链接所指的地方；

通过点击“链接文字”可以到达指定的文件。

下面是一个超链接的实例，其中有一个链接到“网易”，有一个链接到“下一页”。

〈html〉

〈head〉

〈title〉链接示例〈/title〉

〈p〉

〈a href="http：//www.163.com"〉网易〈/a〉

〈/p〉

〈p〉

〈a href="next.hmt"〉下一页〈/a〉

〈/p〉

〈/head〉

〈/html〉

效果如图 4—4—18 所示。

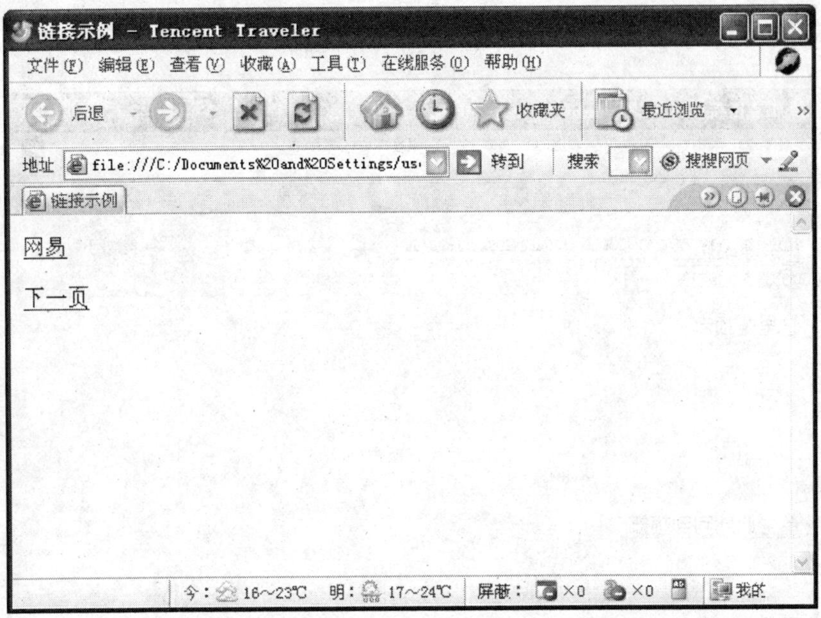

图 4—4—18　标签链接实例

2. 锚点链接

锚点链接是指直接指到某文件上部、下部或中央部分的链接，即链接到某一页的一个具体位置。制作锚点链接方法是：

（1）在需要链接的段落前插入锚点，格式是：

〈a name="链接位置名称"〉〈/a〉

"链接位置名称"可以自己定义一个容易识别的字符串。

（2）调用此链接部分的文件，定义链接格式：

〈a name="文件名＃链接位置名称"〉链接文字〈/a〉

如果是在一个文件内跳转，文件名可以省略不写。

以下是一个锚点链接的例子。

〈html〉

〈head〉

〈title〉锚点链接示例〈/title〉

〈a name="Top"〉这里是顶部〈/a〉

〈br〉〈br〉〈br〉〈br〉〈br〉〈br〉〈br〉〈br〉

〈br〉〈br〉〈br〉〈br〉〈br〉〈br〉〈br〉〈br〉

〈br〉〈br〉〈br〉〈br〉〈br〉〈br〉〈br〉〈br〉

〈br〉〈br〉〈br〉〈br〉〈br〉〈br〉〈br〉〈br〉

〈a href="＃Top"〉单击此处回到顶部〈/a〉

〈/head〉

〈/html〉

效果如图 4—4—19 所示。

图 4—4—19　锚点链接示例

单元考核要点

考核类别	考核范围	考核点	重要程度
理论知识	局域网操作	局域网技术概述	★★
		局域网的发展	★★
		局域网的特点	★★
		总线型拓扑结构	★★
		星型拓扑结构	★★
		环型拓扑结构	★★
		网络适配器（网卡）的作用	★★
		集线器的作用	★
		交换机的作用	★
		路由器的作用	★
		机柜的作用	★
		Linux 操作系统的主要功能	★
		UNIX 操作系统的主要功能	★
		Windows 2000 Server 操作系统主要功能	★★
		对等局域网的构建	★★
	因特网操作	浏览器相关知识	★★
		浏览器搜索信息的几种方法	★★★
		浏览下载软件的几种方法	★★
		电子邮件的维护和管理	★★
		电子公告栏的应用	★★
		使用 FTP 上传与下载数据的方法	★★
	局域网操作 Dreamweaver 8.0 网页制作（与 FrontPage 2003 网页制作任选其一）	Dreamweaver 8.0 的功能	★★
		建立站点的方法	★★
		建立页面的方法	★★
		建立超链接的几种方法	★★
		建立表格	★★
		创建框架	★★
		创建表单	★★
	HTML 网页制作	HTML 的概念	★★
		HTML 的基本语法	★★
操作技能	局域网操作	网络适配器（网卡）的识别	★★
		集线器的识别	★★
		交换机的识别	★★
		路由器的识别	★★
		机柜的识别	★★
		Windows 2000 Server 的简单操作	★★
		构建一个简单对等局域网络	★★

单元 4

续表

考核类别	考核范围	考核点	重要程度
理论知识	因特网操作	安装、设置浏览器	★★
		使用浏览器搜索指定信息	★★★
		用浏览器下载软件	★★★
		创建电子邮件账号	★★★
		邮件管理	★★
		阅读公告栏中的信息	★★
		向公告栏中发布信息	★★
		利用 FTP 上传与下载数据	★★
	Dreamweaver 8.0 网页制作	Dreamweaver 8.0 的启动和退出	★★
		站点的建立	★★★
		页面的建立	★★★
		编辑文本	★★
		查找/替换文本中的内容	★★
		设置文本格式	★★
		建立超链接	★★★
		删除超链接	★★
		创建表格	★★★
		编辑表格	★★
		表格修饰	★★
		表格嵌套	★★
		套用表格样式	★★
		导入表格数据	★★
		框架的创建和设置	★★
		编辑框架页面	★★
		插入文本框	★★
		插入单选按钮和复选框	★★
		插入下拉列表与复选框	★★
		插入按钮	★★
	HTML 网页制作	HEAD 标签	★★
		BODY 标签	★★
		标题	★★★
		格式及文字标签	★★
		插入图片	★★★
		图像控制	★★
		插入表格	★★★
		表格设置	★★
		标签链接	★★★
		锚点链接	★★
		框架结构	★★
		表单	★★

单元测试题

一、单项选择题（下列每题的选项中，只有1个是正确的，请将其代号填在横线空白处）

1. 计算机网络最突出的特征是________。

A. 运算速度快　　B. 运算精度高　　C. 存储容量大　　D. 资源共享

2. 建立一个计算机网络需要有网络硬件设备和________。

A. 体系结构　　B. 资源子网　　C. 传输介质　　D. 网络操作系统

3. Internet 采用的基础协议是________。

A. HTML　　B. OSMA　　C. SMTP　　D. TCP/IP

4. 互联网上的服务都是基于一种协议，WWW 服务是基于________协议。

A. SMTP　　B. TELNET　　C. HTTP　　D. FTP

5. IP 地址是由一组长度为________的二进制数字组成。

A. 8 位　　B. 16 位　　C. 32 位　　D. 20 位

6. 域名与 IP 地址的关系是________。

A. 一个域名对应多个 IP 地址　　B. 一个 IP 地址对应多个域名

C. 域名与 IP 地址没有任何关系　　D. 一一对应

7. 电子邮件系统使用的传输协议是________。

A. HTTP　　B. SMTP　　C. HTML　　D. FTP

8. E-Mail 地址格式正确表示的是________。

A. 主机地址@用户名　　B. 用户名，用户地址

C. 电子邮箱号，用户密码　　D. 用户名@主机域名

9. FTP 的作用是________。

A. 信息查询　　B. 远程登录

C. 文件传输服务　　D. 发送电子邮件

10. 超文本的含义是________。

A. 该文本中包含有图形、图像　　B. 该文本中包含有二进制字符

C. 该文本中包含有与其他文本的链接　　D. 该文本中包含有多媒体信息

11. 当从 Internet 获取邮件时，用户的电子信箱是设在________。

A. 用户的计算机上　　B. 发信给用户的计算机上

C. 用户的 ISP 的服务器上　　D. 根本不存在电子信箱

12. 在浏览网页时，若超链接以文字方式表示时，文字通常带有________。

A. 引号　　B. 括号　　C. 下划线　　D. 方框

13. 使用浏览器访问 Internet 上的 Web 站点时，看到的第一个画面叫________。

A. 主页　　B. Web 页　　C. 文件　　D. 图像

14. 一个有 3 个框架的 Web 页实际上有________个独立的 HTML 文件。

A. 2　　B. 3　　C. 4　　D. 5

15. 下列说法正确的是________。

A. 创建网页前必须应先创建站点　B. 创建网页就是创建站点

C. 创建网页也可以不必创建站点　D. 网页和站点都是文件

16. 网页经过编辑修改，必须________，才能在IE浏览器中预览。

A. 切换到HTML页面状态　B. 在普通页面状态下

C. 保存现在网页　D. 切换到预览页面状态

17. 保存含有图片的网页时________。

A. 图片就存在网页文件中

B. 图片文件单独存放

C. 网页存放在图片文件中

D. 网页文件和图片文件必须存在一个目录下

18. 在Dreamweaver中，下面关于定义站点的说法错误的是________。

A. 首先定义新站点，打开站点定义设置窗口

B. 在站点定义设置窗口的站点名称中填写网站的名称

C. 在站点设置窗口中，可以设置本地网站的保存路径，而不可以设置图片的保存路径

D. 本地站点的定义比较简单，基本上选择好目录就可以了

19. 在Dreamweaver中，中文输入时欲键入空格应该________。

A. 在编辑窗口直接输入一个半角空格　B. 代码中输入“ ”

C. 在编辑窗口输入一个全角空格　D. 在编辑窗口输入两次空格

20. 在Dreamweaver中，可以为链接设立目标，表示在新窗口打开网页的是________。

A. _blank　B. _parent　C. _self　D. _top

21. 在Dreamweaver中，下面不能对其直接设置超链接的对象是________。

A. 任何文字　B. 图像　C. 图像的一部分　D. FLASH影片

22. 关于网页中超链接的说法，不正确的是________。

A. 网页中可以指定一个E-Mail地址作为目标

B. 网页可以指定一个新的网页作为目标

C. 网页中可以指定一个工具按钮作为超链接的目标

D. 网页可以指定一幅图片作为超链接的目标

23. 关于框架下列说法正确的是________。

A. 框架一经建立就不能修改

B. 框架的内容可以修改，但大小不能修改

C. 框架可以通过模板建立

D. 凡是有框架的网页必定有表格

24. 以下可以上传网页到服务器的有________。

A. CuteFTP　B. Dreamweaver中地站点管理器

C. IE　D. 以上均可

25. 设置表格边框为“1”，以下说法正确的是________。

A. 该表格的边框为“2”像素

B. 该表格的边框为“1”像素

C. 该表格的边框为“0”像素

D. 无法设置

26. 下面关于绝对地址与相对地址的说法错误的是________。

A. 在 HTML 文档中插入图像其实只是写入一个图像链接的地址，而不是真的把图像插入到文档中

B. 使用相对地址时，图像的链接起点是此 HTML 文档所在的文件夹

C. 使用相对地址时，图像的位置是相对于 Web 的根目录

D. 如果要经常进行改动，推荐使用绝对地址

27. 在表格的单元格中不能插入的对象是________。

A. 图片　B. 表格　C. 声音　D. 动画

28. 如果不想在段落间留有空行，可以按________组合键。

A. Enter　B. Ctrl＋Enter　C. Alt＋Enter　D. Shift＋Enter

29. 在网页中连续输入空格的方法是________。

A. 连续按空格键

B. 按下 Ctrl 键再连续按空格键

C. 转换到中文的全角状态下连续按空格键

D. 按下 Shift 键再连续按空格键

30. HTML 语言中的网页标题的标记是________。

A. 〈html〉　B. 〈br〉　C. 〈title〉　D. 〈p〉

31. 以下不能用来定义表格内容的标记为________。

A. 〈br〉　B. 〈tr〉　C. 〈th〉　D. 〈td〉

32. 为了标识一个 HTML 文件的正文内容应该使用的 HTML 标记是________。

A. 〈head〉〈/head〉　B. 〈boby〉〈/body〉

C. 〈html〉〈/html〉　D. 〈table〉〈/table〉

33. HTML 代码〈tr〉〈/tr〉表示________。

A. 创建一个表格　B. 开始表格中的每一行

C. 开始一行中的每一个格子　D. 设置表格头

34. HTML 代码〈img src="url"〉表示________。

A. 添加一个图像　B. 排列对齐一个图像

C. 设置围绕一个图像的边框的大小　D. 加入一条水平线

二、技能题

1. 根据 T568B 标准制作一条直通的网线（双绞线）。

2. 按以下设置资料一览表中的内容建立一个对等局域网络，并进行设置，使网络中的计算机能相互共享数据。

设置资料一览表

机名	操作系统	IP 地址
USE_1	Windows XP	192.168.1.1
USE_2	Windows XP	192.168.1.2
USE_3	Windows XP	192.168.1.3
USE_4	Windows XP	192.168.1.4
子网掩码：255.255.255.0		
默认网关：192.168.58.254		
DNS 服务器：192.168.10.1		

单元测试题答案

一、单项选择题

1.D　2.D　3.D　4.C　5.C　6.D　7.B　8.D　9.C　10.D　11.C　12.C　13.A　14.C　15.C　16.C　17.B　18.C　19.C　20.A　21.C　22.C　23.C　24.D　25.A　26.B　27.C　28.D　29.C　30.C　31.A　32.B　33.B　34.A

二、技能题

答案略。

理论知识考核试卷

题号	一	二	总分	总分人
题型	单选题	判断题		
配分	70	30		
得分				

得分	评阅人

一、单项选择题（下列每题的选项中，只有1个是正确的，请将其代号填在横线空白处；每题1分，共70题，满分70分。）

1. 在文档中加入评语又不想修改正文，可使用Word的________。

A. 尾注　　B. 脚注　　C. 批注　　D. 页眉或页脚

2. ________适用于长文档的编辑和管理。

A. 页面视图　　B. 普通视图　　C. 全屏幕视图　　D. 大纲视图

3. 在下列中，不属于样式管理的是________。

A. 复制样式　　B. 删除样式　　C. 套用样式　　D. 更名样式

4. Word 2003提供的标题样式为________。

A. 标题1、标题2、标题3

B. 大标题、中标题、小标题

C. 宋体、居中、行距：1.5倍行距

D. 正文＋宋体

5. 新样式可以通过________来实现。

A. “文件”→“打开”　　B. “格式”→“样式”

C. “格式”→“样式库”　　D. “工具”→“选项”

6. 要自动生成目录，一般在文档中应包含________样式。

A. 表格　　B. 标题

C. 页眉和页脚　　D. 样式

7. 在Excel 2003中，进行排序时，可以指定________级。

A. 1　　B. 2　　C. 3　　D. 4

8. 下列说法正确的是________。
A. 单列数据排序要选定“以当前选定区域排序”
B. 单列数据排序要选定“扩展选定区域”
C. 多列数据排序要选定“以当前选定区域排序”
9. 数据筛选的目的是________。
A. 排序数据 B. 分类数据
C. 汇总数据 D. 显示符合条件的数据
10. 只有建立了________后，才能进行分级显示。
A. 排序 B. 筛选 C. 数据透视表 D. 分类与汇总
11. 数据透视表是________。
A. 交互式报表 B. 含有图形的工作表
C. 排序后的工作表 D. 汇总表
12. 用筛选条件“数学＞65 与总分＞250”对成绩数据表进行筛选后，在筛选出结果中都是________。
A. 数学分大于 65 的记录
B. 数学分大于 65 且总分大于 250 的记录
C. 总分大于 250 的记录
D. 数学分大于 65 或总分大于 250 的记录
13. 下列不是 PowerPoint 视图的是________。
A. 普通视图 B. 幻灯片视图 C. 备注页视图 D. 大纲视图
14. 使用________下拉菜单中的“背景”命令改变幻灯片的背景。
A. 格式 B. 幻灯片放映 C. 工具 D. 视图
15. 对于演示文稿中不准备放映的幻灯片可以用________下拉菜单中的“隐藏幻灯片”命令隐藏。
A. 工具 B. 幻灯片放映 C. 视图 D. 编辑
16. 打印演示文稿时，如“打印内容”栏中选择“讲义”，则每页打印纸上最多能输出________张幻灯片。
A. 2 B. 4 C. 6 D. 8
17. 在 PowerPoint 中，可以为文本、图形设置动画效果，使用的是________菜单中的“预设动画”命令。
A. 格式 B. 视图 C. 幻灯片放映 D. 工具
18. 在 PowerPoint 2003 中，幻灯片母版是________。
A. 幻灯片模板的总称
B. 用户定义的第一张幻灯片，以供其他幻灯片调用
C. 用户自己设计的幻灯片模板
D. 统一各种格式的特殊模板
19. 在 PowerPoint 中，只有在________视图下，“超级链接”功能才起作用。
A. 幻灯片放映 B. 幻灯片浏览 C. 大纲 D. 普通

试卷

20. PowerPoint 中演示文稿与幻灯片的关系是________。
A. 演示文稿中包含幻灯片　　B. 相互包含
C. 幻灯片中有演示文稿　　D. 相互独立
21. 在 PowerPoint 中插入幻灯片的操作可以在________下进行。
A. 幻灯片浏览视图　　B. 普通视图
C. 大纲视图　　D. 放映视图
22. 幻灯片上可以插入________多媒体信息。
A. 声音、音乐和图片　　B. 声音和影片
C. 声音和动画　　D. 剪贴画、图片、声音和影片
23. PowerPoint 的母版有________种类型。
A. 3　　B. 5　　C. 4　　D. 6
24. PowerPoint 的"设计模板"包含________。
A. 预定义的幻灯片版式　　B. 预定义的幻灯片背景颜色
C. 预定义的幻灯片配色方案　　D. 预定义的幻灯片样式和配色方案
25. PowerPoint 的"超级链接"命令可实现________。
A. 幻灯片之间的跳转　　B. 演示文稿幻灯片的移动
C. 中断幻灯片的放映　　D. 在演示文稿中插入幻灯片
26. 在________模式下可对幻灯片进行插入、编辑对象的操作。
A. 幻灯片视图　　B. 大纲视图
C. 幻灯片浏览视图　　D. 备注页视图
27. 在________视图方式下能实现用一个屏显示多张幻灯片。
A. 幻灯片视图　　B. 大纲视图
C. 幻灯片浏览视图　　D. 备注页视图
28. 在________模式下，不能使用视图菜单中的演讲者备注选项添加备注。
A. 幻灯片视图　　B. 大纲视图
C. 幻灯片浏览视图　　D. 备注页视图
29. 下列________图形压缩格式是有损压缩格式。
A. BMP　　B. GIF　　C. JPG　　D. TIFF
30. 光学分辨率是________设备的技术指标。
A. 数字照相机　　B. CD－ROM　　C. 摄像机　　D. 扫描仪
31. 多媒体计算机中有两种表示声音的方法：一种是合成法，另一种是________。
A. 模拟法　　B. 采样法　　C. 压缩法　　D. 数字波形法
32. 用 Windows XP 操作系统中的________可以产生波形文件。
A. 录音机程序　　B. CD 播放程序
C. 媒体播放机程序　　D. Windows Media Player
33. 在多媒体技术中，数字视频信息应用的前提是________。
A. 图像压缩　　B. 动画压缩　　C. 视频压缩　　D. 音频压缩
34. 位图和________是图形图像的基本存储格式。

试卷

A. 矢量图　　B. 点阵图　　C. 平面图　　D. 立体图

35. 目前用来记录声音的计算机文件格式主要有________。

A. DOC，VOC，MP3　　B. VOC，MP3，WAV

C. MP3，BMP，AVI　　D. WAV，WPS，PSD

36. 在多媒体技术的特性中，最重要的特性是________。

A. 多维化　　B. 交互性　　C. 集成化　　D. 可视化

37. 计算机网络最突出的特征是________。

A. 运算速度快　　B. 运算精度高　　C. 存储容量大　　D. 资源共享

38. 建立一个计算机网络需要有网络硬件设备和________。

A. 体系结构　　B. 资源子网　　C. 传输介质　　D. 网络操作系统

39. Internet 采用的基础协议是________。

A. HTML　　B. OSMA　　C. SMTP　　D. TCP/IP

40. 互联网上的服务都是基于一种协议，WWW 服务是基于________协议。

A. SMTP　　B. TELNET　　C. HTTP　　D. FTP

41. IP 地址是由一组长度为________的二进制数字组成。

A. 8 位　　B. 16 位　　C. 32 位　　D. 20 位

42. 电子邮件系统使用的传输协议是________。

A. HTTP　　B. SMTP　　C. HTML　　D. FTP

43. E-Mail 地址格式正确表示的是________。

A. 主机地址@用户名　　B. 用户名，用户地址

C. 电子邮箱号，用户密码　　D. 用户名@主机域名

44. FTP 的作用是________。

A. 信息查询　　B. 远程登录

C. 文件传输服务　　D. 发送电子邮件

45. 超文本的含义是________。

A. 该文本中包含有图形、图像

B. 该文本中包含有二进制字符

C. 该文本中包含有与其他文本的链接

D. 该文本中包含有多媒体信息

46. 当从 Internet 获取邮件时，用户的电子信箱是设在________。

A. 用户的计算机上　　B. 发信给用户的计算机上

C. 用户的 ISP 的服务器上　　D. 根本不存在电子信箱

47. 在浏览网页时，若超链接以文字方式表示时，文字上通常带有________。

A. 引号　　B. 括号　　C. 下划线　　D. 方框

48. 使用浏览器访问 Internet 上的 Web 站点时，看到的第一个画面叫________。

A. 主页　　B. Web 页　　C. 文件　　D. 图像

49. 一个有 3 个框架的 Web 页实际上有________个独立的 HTML 文件。

A. 2　　B. 3　　C. 4　　D. 5

50. 下列说法正确的是________。
A. 创建网页前必须应先创建站点　B. 创建网页就是创建站点
C. 创建网页也可以不必创建站点　D. 网页和站点都是文件

51. 网页经过编辑修改，必须________，才能在 IE 浏览器中预览。
A. 切换到 HTML 页面状态　B. 在普通页面状态下
C. 保存现在网页　D. 切换到预览页面状态

52. 保存含有图片的网页时，________。
A. 图片就存在网页文件中
B. 图片文件单独存放
C. 网页存放在图片文件中
D. 网页文件和图片文件必须存在一个目录下

53. 在 Dreamweaver 中，下面关于定义站点的说法错误的是________。
A. 首先定义新站点，打开站点定义设置窗口
B. 在站点定义设置窗口的站点名称中填写网站的名称
C. 在站点设置窗口中，可以设置本地网站的保存路径，而不可以设置图片的保存路径
D. 本地站点的定义比较简单，基本上选择好目录就可以了

54. 使用浏览器访问网站时，第一个被访问的网页称为________。
A. 网页　B. 网站　C. HTML 语言　D. 主页

55. 在 Dreamweaver 中，中文输入时欲键入空格应该________。
A. 在编辑窗口直接输入一个半角空格
B. 代码中输入“ ”
C. 在编辑窗口输入一个全角空格
D. 在编辑窗口输入两次空格

56. 在 Dreamweaver 中，可以为链接设立目标，表示在新窗口打开网页的是________。
A. _ blank　B. _ parent　C. _ self　D. _ top

57. 在 Dreamweaver 中，不能对其直接设置超链接的是________。
A. 任何文字　B. 图像　C. 图像的一部分　D. FLASH 影片

58. 关于网页中超链接的说法，不正确的是________。
A. 网页中可以指定一个 E-Mail 地址作为目标
B. 网页可以指定一个新的网页作为目标
C. 网页中可以指定一个工具按钮作为超链接的目标
D. 网页可以指定一幅图片作为超链接的目标

59. 关于框架下列说法正确的是________。
A. 框架一经建立就不能修改
B. 框架的内容可以修改，但大小不能修改
C. 框架可以通过模板建立

D. 凡是有框架的网页必定有表格

60. 以下可以上传网页到服务器的有________。

A. CuteFTP　　B. Dreamweaver 中地站点管理器

C. IE　　D. 以上均可

61. 设置表格边框为“1”，以下说法正确的是________。

A. 该表格的边框为“2”像素　　B. 该表格的边框为“1”像素

C. 该表格的边框为“0”像素　　D. 无法设置

62. 下面关于绝对地址与相对地址的说法错误的是________。

A. 在 HTML 文档中插入图像其实只是写入一个图像链接的地址，而不是真的把图像插入到文档中

B. 使用相对地址时，图像的链接起点是此 HTML 文档所在的文件夹

C. 使用相对地址时，图像的位置是相对于 Web 的根目录

D. 如果要经常进行改动，推荐使用绝对地址

63. 在表格的单元格中不能插入的对象是________。

A. 图片　　B. 表格　　C. 声音　　D. 动画

64. 如果不想在段落间留有空行，可以按________组合键。

A. Enter　　B. Ctrl＋Enter

C. Alt＋Enter　　D. Shift＋Enter

65. 在网页中连续输入空格的方法是________。

A. 连续按空格键

B. 按下 Ctrl 键再连续按空格键

C. 转换到中文的全角状态下连续按空格键

D. 按下 Shift 键再连续按空格键

66. HTML 语言中的网页标题的标记是________。

A. 〈html〉　　B. 〈br〉　　C. 〈title〉　　D. 〈p〉

67. 以下不能用来定义表格内容的标记为________。

A. 〈br〉　　B. 〈tr〉　　C. 〈th〉　　D. 〈td〉

68. 为了标识一个 HTML 文件的正文内容应该使用的 HTML 标记是________。

A. 〈head〉〈/head〉　　B. 〈boby〉〈/body〉

C. 〈html〉〈/html〉　　D. 〈table〉〈/table〉

69. HTML 代码〈tr〉〈/tr〉表示________。

A. 创建一个表格　　B. 开始表格中的每一行

C. 开始一行中的每一个格子　　D. 设置表格头

70. HTML 代码〈img src= “url”〉表示________。

A. 添加一个图像

B. 排列对齐一个图像

C. 设置围绕一个图像的边框的大小

D. 加入一条水平线

得分	评阅人

二、判断题（下列判断正确的请打"√"，错误的打"×"；每题1分，共30题，满分30分）

1. 电子邮件就是利用 Internet 网收发邮件，具有快速、便宜、功能强大的特点。（ ）

2. IP 地址包括网络地址和网内计算机，必须符合 IP 通信协议，具有唯一性，共含有 32 个二进制位。（ ）

3. 在计算机网络中，LAN 网指的是广域网。（ ）

4. 通过拨号电话线连接到因特网上的计算机都需要安装 Modem。（ ）

5. URL 是 Internet 网上各种信息资源的地址。（ ）

6. 使用 Outlook Express 撰写的邮件只能发送给一个收件人，而不能把同一邮件发送给多个收件人。（ ）

7. Outlook Express 只能发送 HTML 格式的邮件，其他任何类型的文件都不能正确发送。（ ）

8. FTP 文件传送就是把文件从一台计算机转移到另一台计算机上。（ ）

9. WWW 服务器是一台提供信息查询与浏览服务的计算机，用户可以使用浏览器访问 WWW 服务器，获取信息。（ ）

10. 局域网常见的拓扑结构有星型、总线型和环型结构。（ ）

11. 局域网中共享的文件必须放进一个文件夹中才可以共享。（ ）

12. 硬件的评测主要指标有 CPU 的字长、CPU 的速度和程序的运行等。（ ）

13. 同一个局域网中，可以出现相同的计算机名，只要不在同一个工作组就行了。（ ）

14. 计算机系统的可靠性常用平均无故障时间和平均故障修复时间来表示。（ ）

15. 在 Excel 中，若一个图表内嵌于源工作表，打印该源工作表时，也将内嵌图表一起打印出来。（ ）

16. 在 Excel 中，单元格的数据至少包括三个方面的信息：格式、内容及附注。（ ）

17. 在 Excel 中，宏是根据需要，由软件自动建立的。（ ）

18. 在局域网的拓扑结构中，所有工作站都直接连接到一台集线器或交换机上的叫总线型网络结构。（ ）

19. 现在流行的 Internet 的基础是 UNIX。（ ）

20. 网卡是局域网中的重要设备，通过它可以连接到远程网络中。（ ）

21. 由于光纤的价格便宜，所以是局域网络广泛使用的传输介质。（ ）

22. 结构化布线系统是一个能够支持语音、数据、图像的布线系统。（ ）

23. 通常情况下，用户是通过局域网络系统上 Internet 的。（ ）

24. 搜索引擎是一些 Web 站点，具有收其他 Web 站点信息的数据库，管理着 Internet 的 Web 站点。 (　　)

25. HTML 是制作网页的语言，必须在网页中进行编辑。 (　　)

26. HTML 语言中的标记，必须成对出现。 (　　)

27. 在网页制作中，使用最多的一种图像格式是 GIF，因为它支持透明图像格式和动画格式，且文件较小。 (　　)

28. 多媒体计算机系统由计算机硬件、实时压缩和解压缩、I/O 接口组成。 (　　)

29. 与数字波形表示法相比，MIDI 的数据量相差 2～3 个数量级。 (　　)

30. 彩色图像所使用的颜色描述方法，叫彩色模型。 (　　)

试卷

理论知识考核试卷答案

一、单项选择题

1. C 2. D 3. C 4. A 5. B 6. B 7. C 8. A 9. D 10. A 11. A 12. B 13. B 14. D 15. C 16. B 17. D 18. A 19. A 20. B 21. B 22. D 23. C 24. B 25. A 26. C 27. C 28. A 29. C 30. D 31. D 32. A 33. C 34. A 35. B 36. B 37. D 38. D 39. D 40. C 41. C 42. B 43. D 44. C 45. D 46. C 47. C 48. A 49. C 50. C 51. C 52. B 53. C 54. D 55. C 56. A 57. C 58. C 59. C 60. D 61. A 62. B 63. C 64. D 65. C 66. C 67. A 68. B 69. B 70. A

二、判断题

1. √ 2. √ 3. × 4. √ 5. √ 6. × 7. × 8. × 9. √ 10. √ 11. √ 12. × 13. × 14. √ 15. √ 16. √ 17. × 18. × 19. √ 20. × 21. × 22. √ 23. × 24. × 25. × 26. √ 27. √ 28. × 29. √ 30. √

试卷

操作技能考核试卷

题号	一	二	三	四	五	六	七	总分	阅卷人
题型	文字排版	数学公式	幻灯片	网页设计	HTML	局域网络	打印机连接		
配分	25	10	15	20	10	10	10		
得分									

考试需知：在硬盘的根目录下建立一个文件夹，例如：“KSML”，用于存放操作结果。

一、文字排版（25%）

图卷—1 为某一文档的排版样稿，请在 Word 中输入文档原稿或直接调入原稿，按下列要求进行操作，将文档排版成如图卷—1 所示的文稿，将结果以“KS1”命名，保存在硬盘的 KSML 文件夹中。

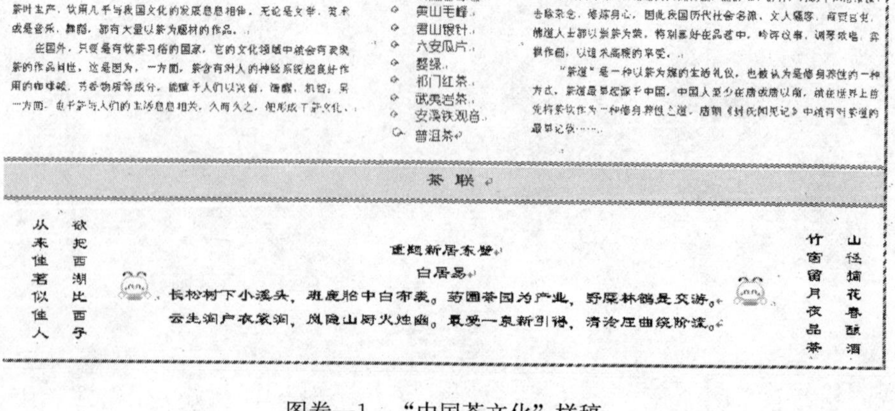

图卷—1 “中国茶文化”样稿

文档原稿：（横线下）

中国茶文化

茶艺

我国是茶的故乡。翻开我国五千年的文明发展史，人们不难发现，茶叶生产、饮用几乎与我国文化的发展息息相伴。无论是文学、美术或是音乐、舞蹈，都有大量以茶为题材的作品。

在国外，只要是有饮茶习俗的国家，它的文化领域中就会有表现茶的作品问世。这是因为，一方面，茶含有对人的神经系统起良好作用的咖啡碱、芳香物质等成分，能赋予人们以兴奋、清醒、机智；另一方面，由于茶与人们的生活息息相关，久而久之，便形成了茶文化。

茶道

茶饮具有清新、雅逸的天然特性，能静心、静神，有助于陶冶情操、去除杂念、修炼身心，因此我国历代社会名流、文人骚客、商贾官吏、佛道人士都以崇茶为荣，特别喜好在品茗中，吟诗议事、调琴歌唱、弈棋作画，以追求高雅的享受。

"茶道"是一种以茶为媒的生活礼仪，也被认为是修身养性的一种方式，茶道最早起源于中国。中国人至少在唐或唐以前，就在世界上首先将茶饮作为一种修身养性之道，唐朝《封氏闻见记》中就有对茶道的最早记载……

十大名茶

- 西湖龙井
- 洞庭碧螺春
- 黄山毛峰
- 君山银针
- 六安瓜片
- 婺绿
- 祁门红茶
- 武夷岩茶
- 安溪铁观音
- 普洱茶

茶　联

欲把西湖比西子

从来佳茗似佳人

山径摘花春酿酒

竹窗留月夜品茶

重题新居东壁

白居易

长松树下小溪头，班鹿胎中白布裘。

药圃茶园为产业，野麋林鹤是交游。
云生涧户衣裳润，岚隐山厨火烛幽。
最爱一泉新引得，清泠屈曲绕阶流。

操作要求：

1. 在版面的相应位置插入艺术字“中国茶文化”和图片。

2. “茶联”一行的底纹为黄色，并水平居中放置，字体隶书，三号字，褐色。

3. 在相应位置分别放置“茶艺”“十大名茶”和“茶道”等作小题，其中：

（1）字体设置：隶书，三号字，褐色；段落间距：段前段后各 0.5 行。

（2）“茶艺”、“茶道”的正文设置：字体小五号，绿色；段落行距：固定值 15 磅；“十大名茶”的正文设置：字体幼圆，五号，褐色。

（3）设置项目符号（云遮日）：自定义；字体：webdings；颜色：褐色。

4. “重题新居东壁”一栏中的字体均设置：隶书，四号字，深红色。

5. 在两边插入文本框，分别输入 2 个茶联的内容，文字竖排。

6. 在茶联边上插入如图卷—1 所示的图片。

7. 输入茶诗“重题新居东壁”，段落间距：段前段后都为 0 行。

8. 如图卷—1 所示，在版面的右边和下边加上边框，并设置为自定义的绿色花纹线条。

9. 如图卷—1 所示，给“茶联”一行添加上、下边框，并设置为自定义的绿色，双波浪线条。

10. 在页眉中插入图片。

二、公式编辑（10%）

在 Word 中输入如图卷—2 所示的公式，将结果以“KS2”命名，保存在硬盘的 KSML 文件夹中。

$$\cos\beta = \sqrt{1 - \left(\frac{\sqrt{10}}{10}\right)^2} = \frac{3}{10}\sqrt{10}$$

$$y = e^{-\int \cos x dx}\left(c_1 \int e^{\int \cos x dx} dx + c_2\right)$$

$$= e^{-\sin x}\left(c_1 \int e^{\sin x} dx + c_2\right)$$

图卷—2 “数学公式”样稿

三、在 PowerPoint 中，根据如图卷—3 至图卷—8 所示的样稿，按以下的操作要求进行设置，将结果以“KS3”命名，保存在硬盘的 KSML 文件夹中。（20%）

1. 设置母版

（1）标题幻灯片

页脚区：输入“凌志广告部企划”，字体幼圆，字号 16，蓝色，左对齐；并将页脚区放置在页面的左下方，删除“日期区”和“数字区”。

插入图案：插入 2 条直线，实线，淡紫色，2 磅，分别交叉放置在页面中央；在交

试卷

叉直线的右下方，插入一幅图片。

(2) 幻灯片母版

母版标题样式：字体隶书，字号48；加粗，蓝色；水平居中。

母版文本样式：第1级项目符号样式：字体幼圆，加粗，淡紫色。

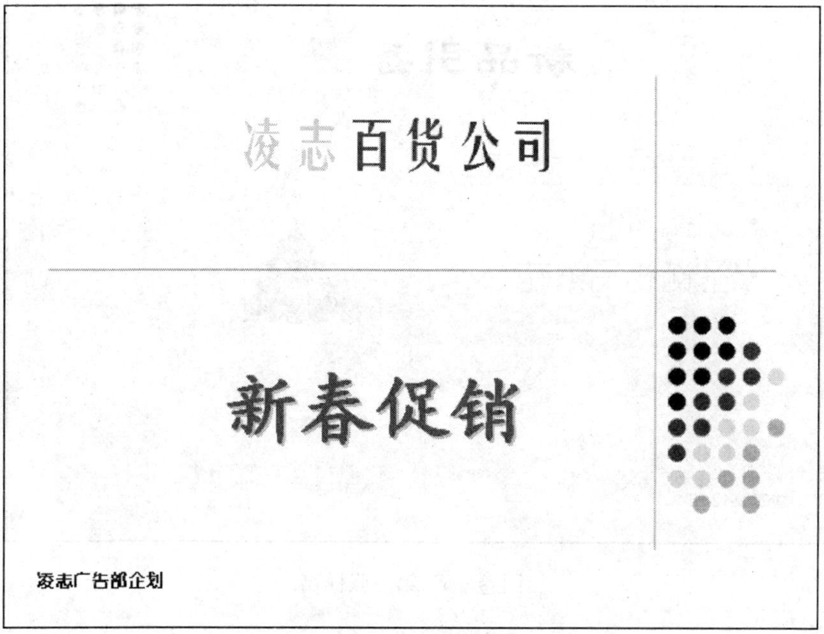
凌志百货公司
新春促销
凌志广告部企划

图卷—3　第一张样稿

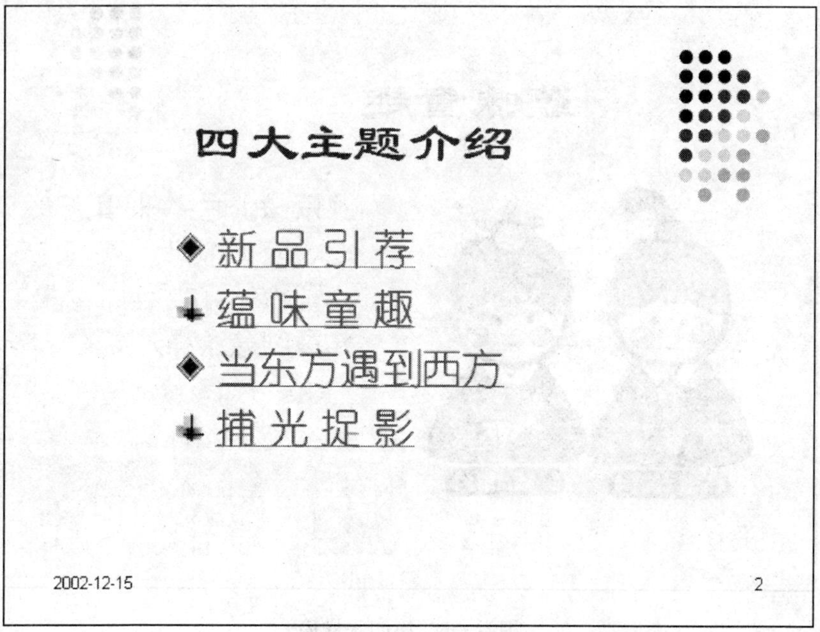
四大主题介绍
新品引荐
蕴味童趣
当东方遇到西方
捕光捉影
2002-12-15
2

图卷—4　第二张样稿

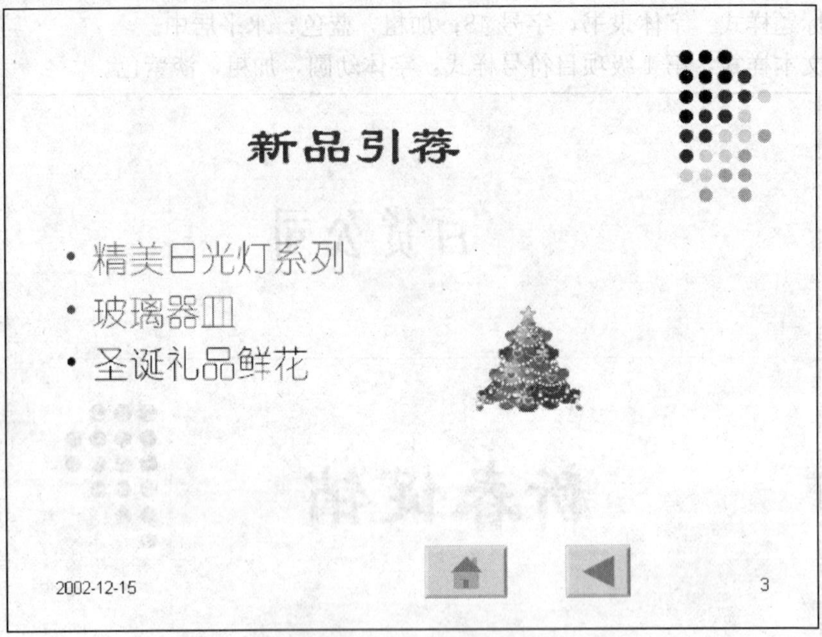
新品引荐
• 精美日光灯系列
• 玻璃器皿
• 圣诞礼品鲜花
2002-12-15
3

图卷—5　第三张样稿

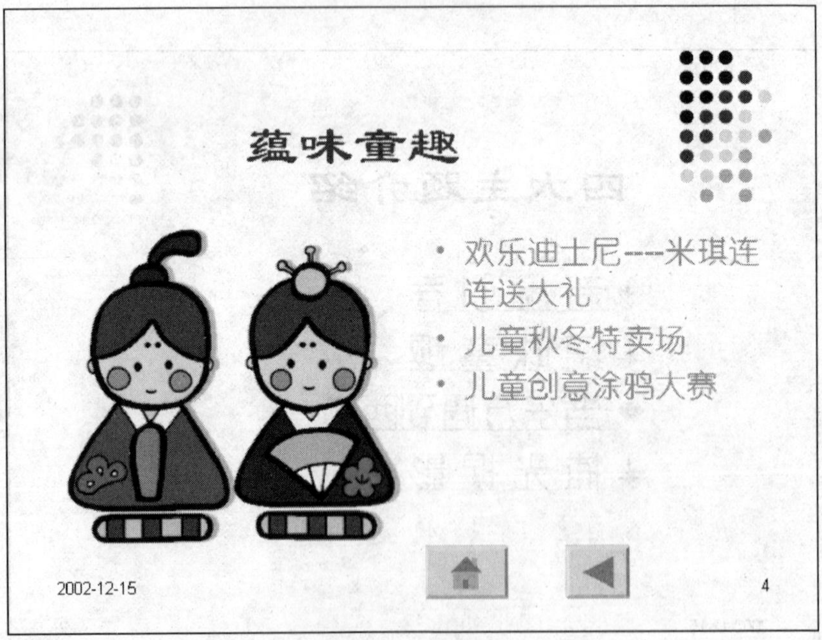
蕴味童趣
• 欢乐迪士尼---米琪连连送大礼
• 儿童秋冬特卖场
• 儿童创意涂鸦大赛
2002-12-15
4

图卷—6　第四张样稿

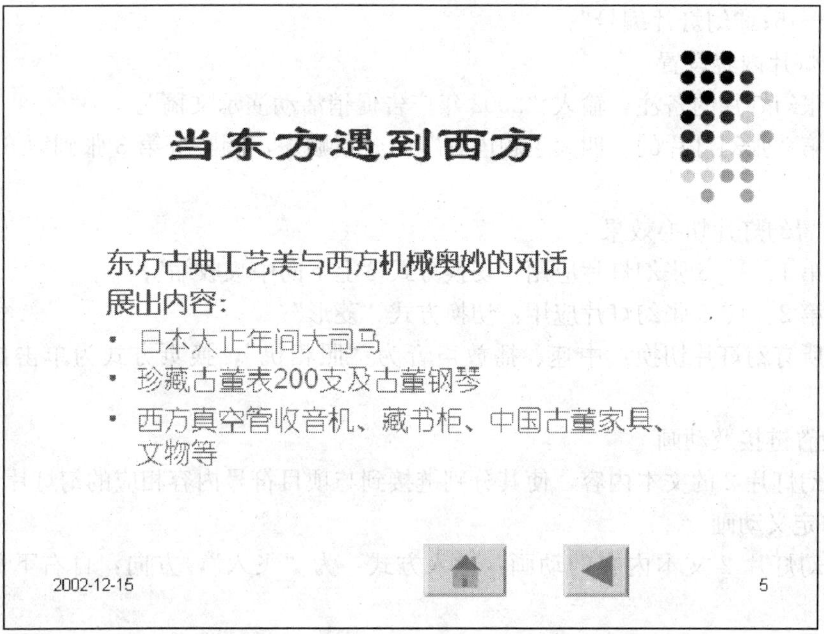
当东方遇到西方
东方古典工艺美与西方机械奥妙的对话
展出内容:
• 日本大正年间大司马
• 珍藏古董表200支及古董钢琴
• 西方真空管收音机、藏书柜、中国古董家具、文物等
2002-12-15
5

图卷—7　第五张样稿

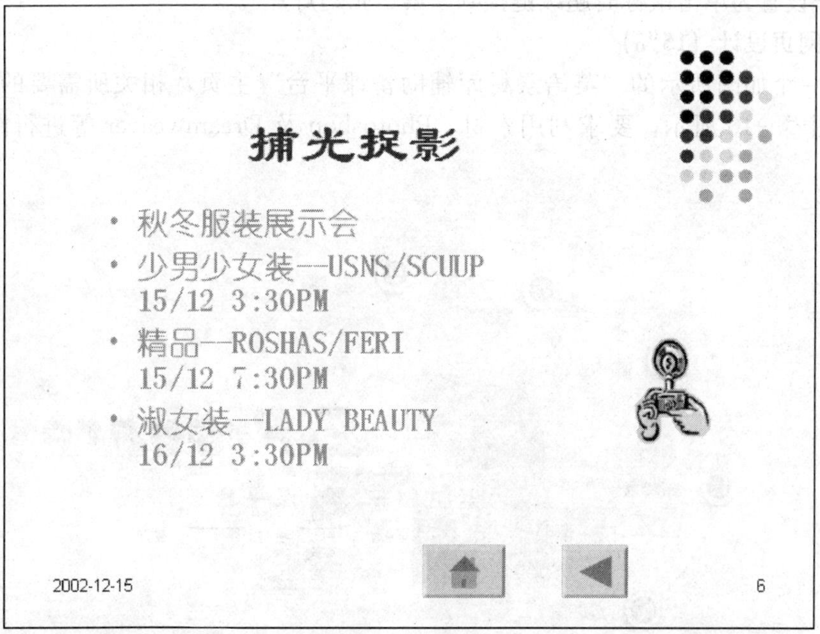
捕光捉影
• 秋冬服装展示会
• 少男少女装—USNS/SCUUP 15/12 3:30PM
• 精品—ROSHAS/FERI 15/12 7:30PM
• 淑女装—LADY BEAUTY 16/12 3:30PM
2002-12-15
6

图卷—8　第六张样稿

“日期区”“数字区”：文字颜色设为蓝色；删除“页脚区”。

（3）设置“页眉和页脚”

除第 1 张标题幻灯片外，其余幻灯片包含内容：“日期和时间”为“固定”；

2002—12—15；“幻灯片编号”。

2. 幻灯片内容设置

第1张幻灯片的备注：输入“2002年广告促销活动演示文稿”。

根据第2张幻灯片的“四大主题内容”的介绍顺序，调整好第3张到第6张幻灯片的位置。

3. 设置幻灯片切换效果

（1）第1、3、5张幻灯片应用：切换方式“上下向中央收缩”；

（2）第2、4、6张幻灯片应用：切换方式“菱形”；

（3）所有幻灯片切换：中速、播放声音为“照相机”，换页方式为单击鼠标换页，间隔8 s。

4. 设置链接及动画

设置幻灯片2的文本内容，使其分别链接到与项目符号内容相应的幻灯片中。

5. 自定义动画

设置幻灯片2文本内容的动画：进入方式：为“飞入”，方向：自右下部，速度：非常快。

6. 动作按钮

在第3～6张幻灯片中插入动作按钮：添加一个“第一张”动作按钮（第1行第2列），动作设置为单击鼠标时超级链接到“第二张幻灯片”。

四、网页设计（15%）

设计一个如图所示的“英语素材库辅助备课平台”主页，相关所需要的素材如图卷—9、图卷—10所示，要求利用素材、Photoshop及Dreamweaver等进行图片处理、网页设计。

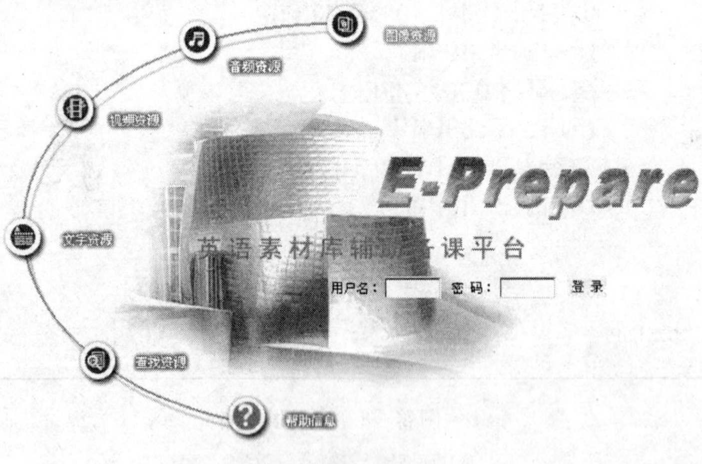

图卷—9　网页样稿

图卷—10　素材

五、根据下列的要求，用 HTML 编辑制作一个简单的网页，并将结果以“KS4”命名，保存在硬盘的 KSML 文件夹中。(10%)

1. 标题为“欢乐的家”，将标题依次设置为隶书、36 磅、居中。

2. 在标题下插入一个 3 行 4 列的表格。

六、局域网络操作（10%）

1. 根据 T568B 标准制作一条直通的网线（双绞线）。

2. 设将有一台计算机通过局域网络连接因特网，网管提供的数据如下：

IP 地址：10.4.211.77

网关：10.4.211.1

DNS：211.98.4.1

子网掩码：255.255.255.0

请对计算机进行相关设置，以便其顺利上网并浏览信息。

七、完成微型计算机主机与打印机的正确连接的操作。(10%)

1. 正确连接信号线。

2. 正确连接电源线。

3. 打印机自检操作。

4. 安装打印机驱动程序。

5. 打印测试。

图5-10 菜肴

五、根据下列的要求，用HTML编辑制作一个简单的网页，并将结果以"KS4"命名，保存在指定的KSML文件夹中。（10分）

1. 标题为"[illegible]"，将标题设置为[illegible]、36磅、居中

2. 在标题下插入一个[illegible]行[illegible]列的表格。

六、局域网络操作（10分）

利用T568B标准制作一条直通的网线（双绞线）。

按照[illegible]将其连接到[illegible]网，设置相关的参数如下：

IP地址：[illegible]

网关：[illegible]

DNS：211.[illegible]

子网掩码：255.255.255.[illegible]

请对计算机进行相关设置，以使其能连接上网并浏览信息。

七、完成微型计算机主机与打印机的正确连接操作。（10分）

1. 安装主板信号线

2. 连接硬盘的数据线

3. [illegible]

4. 安装打印机驱动程序

5. 打印测试页